동아시아
1:14,000,000
0 200 400㎞
(원뿔 도법)
카자흐 고원
Kazakh Highland
카자흐스탄
KAZAKHSTAN
키르기스스탄
KYRGYZSTAN
타지키스탄
TADZHIKISTAN
텐산 산맥
(天山山脈)
준가얼 분지
투루판 분지
Turfan Basin
타림 분지
Tarim Basin
타클라마칸 사막
Takla Makan Des.
신장웨이우얼자치구
[新疆維吾爾自治區]
알타이 산맥
Altai Mts.
항가이 산맥
Hangayn Mts.
사얀 산맥
Sayan Mts.
몽골
MONGOLIA
몽골 고원
Mongolian Plat.
고비 사막
Gobi Des.
아얼진 산맥
(阿爾金山脈)
치롄 산맥
(祁連山脈)
차이다무 분지
(柴達木盆地)
쿤룬 산맥
(崑崙山脈)
카라코람 산맥
Karakoram Mts.
카슈미르
KASHMIR
시짱(티베트)자치구
[西藏自治區]
티베트 고원
Tibet Plat.
칭하이 성
[靑海省]
탕구라 산맥
(唐古拉山脈)
바옌카라 산맥
(巴顔喀拉山脈)
히말라야 산맥
Himalaya Mts.
에베레스트 산
Everest Mt.
네팔
NEPAL
부탄
BHUTAN
인도
INDIA
히마찰 프라데시
HIMACHAL PRADESH
우타르 프라데시
UTTAR PRADESH
간쑤 성
[甘肅省]
쓰촨 성
[四川省]
쓰촨 분지
(四川盆地)
윈난 성
[雲南省]
북회귀선
Tropic of Cancer
미얀마
MYANMAR
샨 고원
Shan Plat.
라오스
LAOS
타이
THAILAND
베트남
VIETNAM
우루무치
(烏魯木齊)
란저우
(蘭州)
시닝
(西寧)
청두
(成都)
쿤밍
(昆明)
라싸
(拉薩)
카트만두
Kathmandu
알마티
Almaty
비슈케크
Bishkek
하노이
Hanoi
비엔티안
Vientiane
만달레이
Mandalay

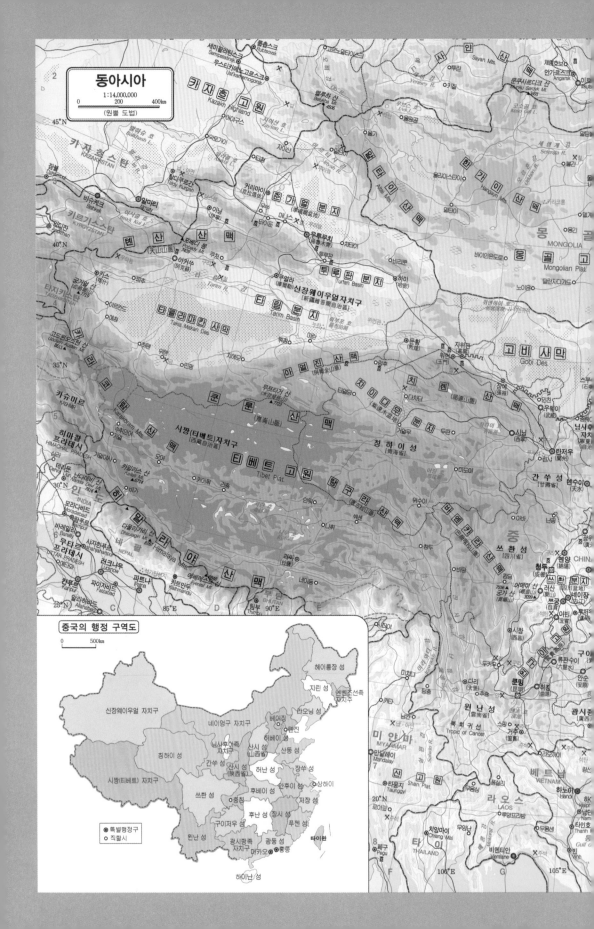

중국의 행정 구역도
0 500㎞
헤이룽장 성
지린 성
옌볜조선족 자치주
랴오닝 성
신장웨이우얼 자치구
네이멍구 자치구
베이징
톈진
허베이 성
닝샤후이족 자치구
산시 성 (山西省)
산둥 성
칭하이 성
간쑤 성
산시 성 (陝西省)
허난 성
장쑤 성
시짱(티베트) 자치구
안후이 성
상하이
후베이 성
쓰촨 성
충칭
저장 성
후난 성
장시 성
구이저우 성
푸젠 성
윈난 성
광시좡족 자치구
광둥 성
타이완
마카오
홍콩
하이난 성
특별행정구
직할시

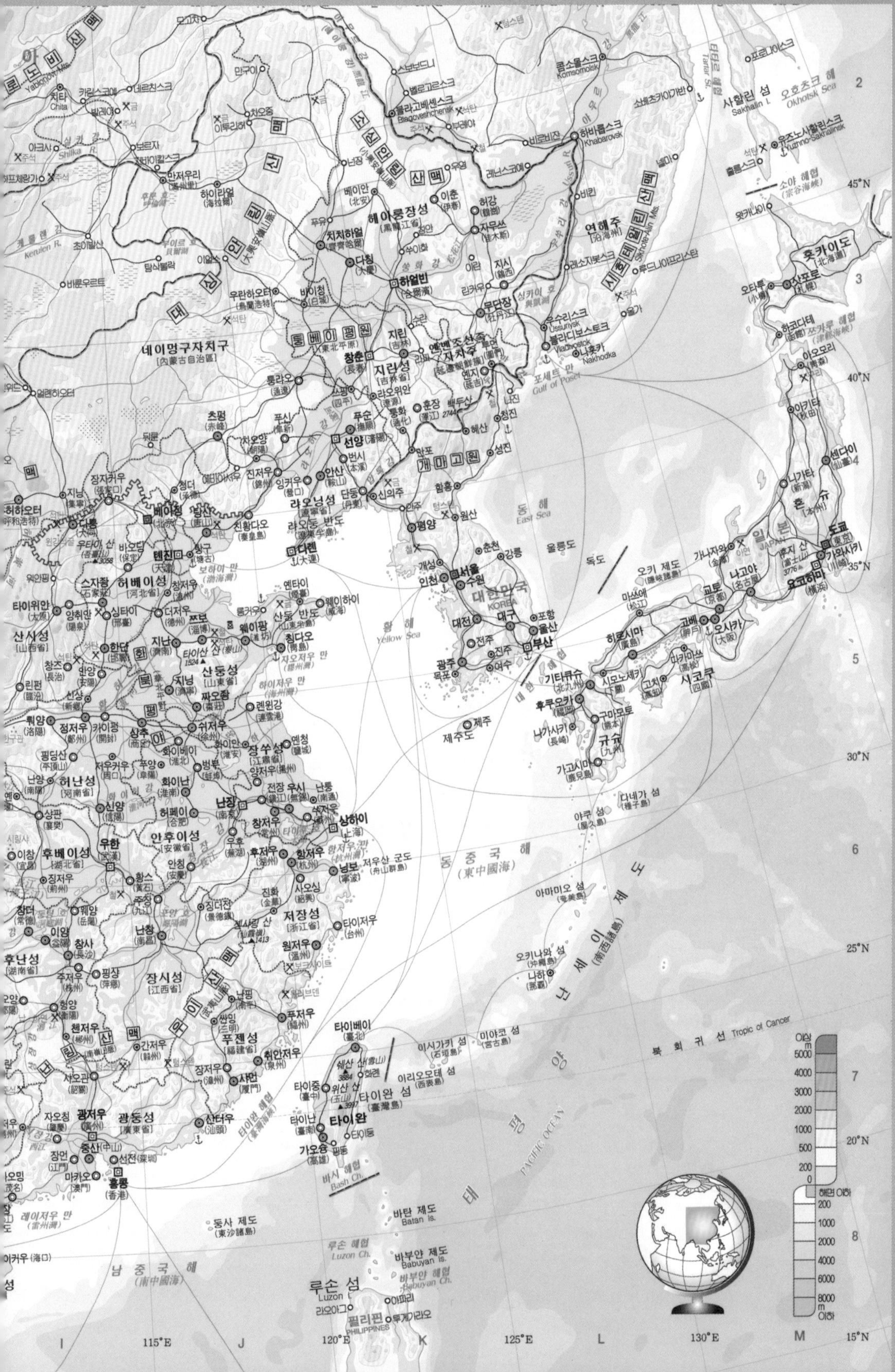

치타
Chita
카림스코예
네르친스크
실카 강
Shilka R.
보르자
만저우리
(滿洲里)
하이라얼
(海拉爾)
초이발산
케룰렌 강
Kerulen R.
탐사블락
비룬우르트
대 싱 안 링 산 맥
(大興安嶺山脈)
이얼스
우란하오터
(烏蘭浩特)
네이멍구자치구
[內蒙古自治區]
얼렌하오터
통랴오
(通遼)
츠펑
(赤峰)
푸신
(阜新)
차오양
(朝陽)
진저우
(錦州)
잉커우
(營口)
청더
(承德)
장자커우
(張家口)
지닝
(集寧)
후허하오터
(呼和浩特)
다퉁
(大同)
우타이 산
(五臺山)
▲3058
바오딩
(保定)
베이징
(北京)
탕산
(唐山)
친황다오
(秦皇島)
톈진
(天津)
탕구
(塘沽)
보하이 만
(渤海灣)
스자좡
(石家莊)
허베이성
[河北省]
창저우
(滄州)
타이위안
(太原)
양취안
(陽泉)
싱타이
(邢臺)
산시성
[山西省]
더저우
(德州)
쯔보
(淄博)
웨이팡
(濰坊)
룽커우
옌타이
(煙臺)
웨이하이
(威海)
산둥 반도
칭다오
(靑島)
자오저우 만
(膠州灣)
지난
(濟南)
타이산 산(泰山)
1524▲
한단
(邯鄲)
창즈
(長治)
안양
(安陽)
린펀
(臨汾)
신샹
(新鄕)
산둥성
[山東省]
지닝
(濟寧)
짜오좡
(棗莊)
하이저우 만
(海州灣)
롄윈강
(連雲港)
뤄양
(洛陽)
정저우
(鄭州)
카이펑
(開封)
상추
(商丘)
쉬저우
(徐州)
화 북 평 야
황 허
핑딩산
(平頂山)
저우커우
(周口)
화이베이
(淮北)
화이안
(淮安)
옌청
(鹽城)
장쑤성
(江蘇省)
난양
(南陽)
허난성
[河南省]
푸양
(阜陽)
화이난
(淮南)
벙부
(蚌埠)
양저우
(揚州)
전장
(鎭江)
우시
(無錫)
난퉁
(南通)
신양
(信陽)
허페이
(合肥)
난징
(南京)
창저우
(常州)
쑤저우
(蘇州)
상하이
(上海)
상판
(襄樊)
우한
(武漢)
안후이성
[安徽省]
우후
(蕪湖)
후저우
(湖州)
항저우
(杭州)
항저우 만
(杭州灣)
닝보
(寧波)
저우산 군도
(舟山群島)
이창
(宜昌)
후베이성
[湖北省]
징저우
(荊州)
황스
(黃石)
안칭
(安慶)
주장
(九江)
징더전
(景德鎭)
진화
(金華)
사오싱
(紹興)
저장성
[浙江省]
타이저우
(台州)
창더
(常德)
웨양
(岳陽)
이양
(益陽)
창사
(長沙)
난창
(南昌)
황산 산
▲1413
원저우
(溫州)
후난성
[湖南省]
주저우
(株州)
핑샹
(萍鄕)
장시성
[江西省]
헝양
(衡陽)
난핑
(南平)
푸저우
(福州)
천저우
(郴州)
싼밍
(三明)
푸젠성
[福建省]
간저우
(贛州)
장저우
(漳州)
취안저우
(泉州)
샤먼
(廈門)
난 링 산 맥
우 이 산 맥
사오관
(韶關)
광저우
(廣州)
광둥성
[廣東省]
산터우
(汕頭)
자오칭
(肇慶)
장먼
(江門)
중산
(中山)
선전
(深圳)
마카오
(澳門)
홍콩
(香港)
레이저우 만
(雷州灣)
하이커우
(海口)
동사 제도
(東沙諸島)
남 중 국 해
(南中國海)
타이베이
(臺北)
신주
타이중
(臺中)
화롄
위산 산
(玉山)
▲3997
타이완 섬
(臺灣島)
타이난
(臺南)
타이완
타이둥
가오슝
(高雄)
핑둥
타이완 해협
(臺灣海峽)
바시 해협
Bash Ch.
바탄 제도
Batan Is.
루손 해협
Luzon Ch.
바부얀 제도
Babuyan Is.
바부얀 해협
Babuyan Ch.
루손 섬
Luzon I.
아파리
라오아그
투게가라오
필리핀
PHILIPPINES
모고차
만구이
치치하얼
(齊齊哈爾)
다칭
(大慶)
하얼빈
(哈爾濱)
헤이룽장성
[黑龍江省]
베이안
(北安)
이춘
(伊春)
허강
(鶴崗)
자무쓰
(佳木斯)
쑤이화
지시
(鷄西)
무단장
(牡丹江)
소 싱 안 링 산 맥
(小興安嶺山脈)
헤이허
블라고베셴스크
Blagoveshchensk
스보보드니
벨로고르스크
쿰바
창춘
(長春)
지린
(吉林)
지린성
[吉林省]
둥 베 이 평 원
(東北平原)
옌볜조선족자치주
(延邊朝鮮族自治州)
쓰핑
(四平)
랴오위안
(遼源)
푸순
(撫順)
선양
(瀋陽)
번시
(本溪)
안산
(鞍山)
랴오닝성
(遼寧省)
단둥
(丹東)
랴오둥 반도
(遼東半島)
다롄
(大連)
퉁화
(通化)
훈장
(渾江)
백두산
2744
혜산
개 마 고 원
성진
청진
나진
연지
(延吉)
훈춘
신의주
안주
함흥
원산
평양
개성
인천
서울
수원
춘천
강릉
울릉도
독도
대한민국
KOREA
대전
대구
포항
울산
전주
진주
부산
광주
목포
여수
제주
제주도
황 해
Yellow Sea
동 해
East Sea
대한 해협
하바롭스크
Khabarovsk
비로비잔
레닌스코예
콤소몰스크
Komsomolsk
비킨
우수리 강
Ussuri R.
시호테알린 산맥
Sikhote-Alin Mts.
연해주
(沿海州)
싱카이 호
(興凱湖)
루드나야프리스탄
레소자보츠크
우수리스크
Ussuriysk
블라디보스토크
Vladivostok
나홋카
Nakhodka
포세트 만
Gulf of Posiet
올가
타타르 해협
Tatar St.
소베츠카야가반
사할린 섬
Sakhalin I.
오호츠크 해
Okhotsk Sea
포로나이스크
유즈노사할린스크
Yuzhno-Sakhalinsk
홀름스크
소야 해협
(宗谷海峽)
왓카나이
홋카이도
(北海道)
오타루
(小樽)
삿포로
(札幌)
하코다테
(函館)
쓰가루 해협
(津輕海峽)
아오모리
(靑森)
아키타
(秋田)
센다이
(仙台)
니가타
(新潟)
혼 슈
(本州)
일 본
JAPAN
도쿄
(東京)
가와사키
(川崎)
요코하마
(橫浜)
후지 산
(富士山)
3776
가나자와
(金澤)
나고야
(名古屋)
교토
(京都)
오키 제도
(隱岐諸島)
마쓰에
(松江)
고베
(神戶)
오사카
(大阪)
히로시마
(廣島)
기타큐슈
(北九州)
시모노세키
후쿠오카
(福岡)
구마모토
(熊本)
나가사키
(長崎)
규 슈
(九州)
가고시마
(鹿兒島)
고치
(高知)
마쓰야마
시코쿠
(四國)
다네가 섬
(種子島)
야쿠 섬
(屋久島)
동 중 국 해
(東中國海)
아마미오 섬
(奄美島)
난 세 이 제 도
(南西諸島)
오키나와 섬
(沖繩島)
나하
(那覇)
미야코 섬
(宮古島)
이시가키 섬
(石垣島)
이리오모테 섬
(西表島)
태 평 양
PACIFIC OCEAN
북 회 귀 선 Tropic of Cancer
45°N
40°N
35°N
30°N
25°N
20°N
15°N
115°E
120°E
125°E
130°E
I
J
K
L
M
2
3
4
5
6
7
8
이상
m
5000
4000
3000
2000
1000
500
200
0
해면 이하
200
1000
2000
4000
6000
8000
m
이하

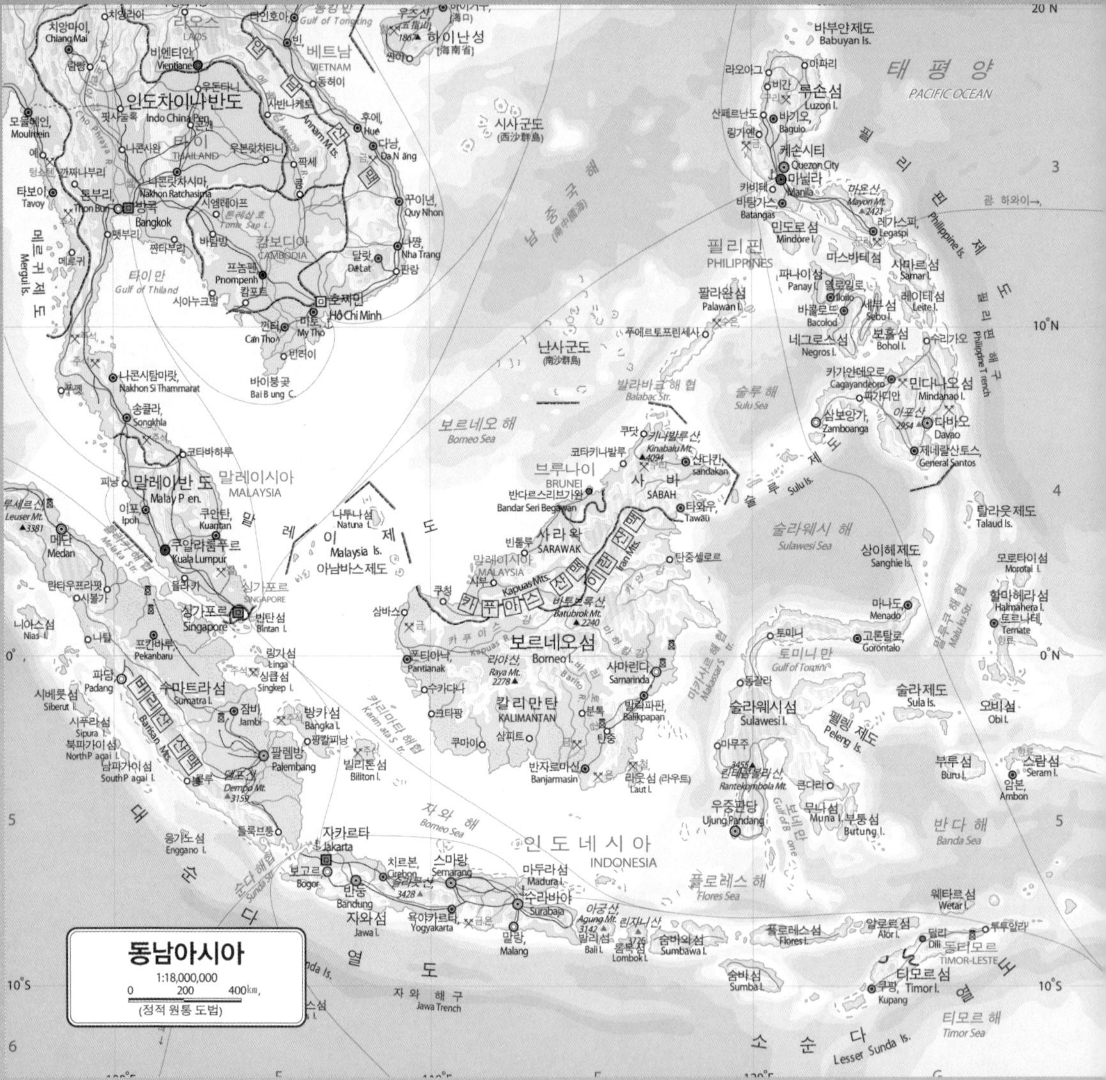

동남아시아
1:18,000,000
0 200 400㎞
(정적 원통 도법)
태 평 양
PACIFIC OCEAN
인도차이나반도
Indo China Pen.
라오스
LAOS
베트남
VIETNAM
타이
THAILAND
캄보디아
CAMBODIA
비엔티안
Vientiane
방콕
Bangkok
프놈펜
Pnompenh
호찌민
Hô Chi Minh
하이난섬
시사군도
(西沙群島)
남 중 국 해
(南中國海)
타이 만
Gulf of Thailand
난사군도
(南沙群島)
말레이시아
MALAYSIA
말레이반 도
Malay P en.
쿠알라룸푸르
Kuala Lumpur
싱가포르
Singapore
보르네오 해
Borneo Sea
브루나이
BRUNEI
사 바
SABAH
사라왁
SARAWAK
보르네오섬
Borneo I.
칼리만탄
KALIMANTAN
수마트라섬
Sumatra I.
메단
Medan
팔렘방
Palembang
자카르타
Jakarta
자와섬
Jawa I.
자 와 해
수라바야
Surabaja
인 도 네 시 아
INDONESIA
플로레스 해
Flores Sea
술라웨시섬
Sulawesi I.
술라웨시 해
Sulawesi Sea
술루 해
Sulu Sea
필리핀
PHILIPPINES
루손섬
Luzon I.
마닐라
Manila
케손시티
Quezon City
민다나오섬
Mindanao I.
다바오
Davao
반 다 해
Banda Sea
티모르섬
Timor I.
딜리
Dili
동티모르
TIMOR-LESTE
티모르 해
Timor Sea
자 와 해 구
Jawa Trench
소 순 다
Lesser Sunda Is.

다시 보는 아시아 지리

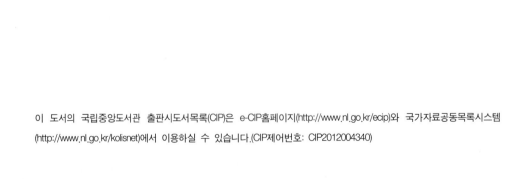

이 도서의 국립중앙도서관 출판시도서목록(CIP)은 e-CIP홈페이지(http://www.nl.go.kr/ecip)와 국가자료공동목록시스템(http://www.nl.go.kr/kolisnet)에서 이용하실 수 있습니다.(CIP제어번호: CIP2012004340)

The Reinventing Geography of Asia:
A Systematic Approach

다시 보는
아시아 지리

| 한주성 지음 |

한울
아카데미

머리말

필자가 대학에서 아시아 지리 교과목의 강의를 담당하게 된 것은 단지 일본에 유학했다는 이유에서였다. 처음에는 교재가 없어 로빈슨(H. Robinson)의 『몬순아시아(Monsoon Asia, third edition)』(1976)와 일본의 지역지리서 등을 바탕으로 강의하다가 정승일 등이 쓴 『아시아』(1999)가 출간되어 이 책을 보충해가면서 강의를 해왔다. 그러나 아시아 여러 나라의 모든 내용에 대해 강의한다는 것은 불가능하다고 판단하고 주제 중심의 지역지리를 집필하기로 마음먹고 이에 맞추어 오랫동안 자료를 모아왔다. 그러나 아시아 모든 지역에 거주했거나 여행을 해보지도 않고 그 내용을 집필한다는 것은 자료수집에 한계가 있고, 삶의 경험 및 지식의 부족으로 어려운 점이 이만저만이 아니라 구성과 내용에 부족한 점이 많으리라 생각한다.

지역지리를 강의를 할 때에는 지역이 갖고 있는 특성과 그것을 이해시키는 것이 중요하다. 그러나 지역 특성을 가르치는 것은 어렵지 않으나 각 지역의 기후나 인구, 산업 등 각각의 요소를 어떻게 종합해 생생하게 하나의 지역상이나 지역 이미지를 묘사하는가 하는 것은 매우 어려운 일이다. 즉, 지역에 존재하는 스토리(story)를 구축해가는 과정이 매우 중요하며, 이를 지역상이나 이미지로 구축해내는 것은 더더욱 중요하다. 이와 같이 지역지리에서는 지역이 갖고 있는 지역상이나 이미지에 의미나 가치가 부여된 것을 해명하는 것이 중요하다. 지역에서 공유하고 있는 규범 감각을 나타내는 틀, 즉 로컬 맥락(local context)이 지역별로 존재한다고 할 수 있는데, 이러한 지역의 맥락을 해명하는 것이 지역지리 본연의 모습이라고 할 수 있다.

이 책은 아시아 각 지역의 지역상이나 이미지를 구축하기 위한 여러 가지

정보를 제공하는 데 노력을 기울이기로 하고 각 장의 내용을 전개했는데 이것을 소개하면 다음과 같다.

제1부 '지역지리 연구와 아시아 지역'에서는 지리학이 어떻게 구성되어 있고, 어떤 종류의 지역지리가 존재하며, 종래의 지역지리 연구방법을 바탕으로 새로운 지역지리의 접근방법은 어떤 것이 개발됐는가를 살펴본 후, 아시아의 지역 구분과 자연·인문환경의 형성과정 및 벼농사를 하는 몬순아시아에 대해 서술했다.

제2부 '세계의 중심이 되는 동아시아'에서는 아시아 유일의 선진국 일본의 지형과 세계적인 산업지대 등에 대해 기술했고, 정치와 경제정책이 다른 중국에서는 황허와 관련된 내용, 인구대국, 시장경제의 도입, 싼샤 댐의 환경문제 등에 대해 서술했으며, 인종상으로 우리와 가장 닮은 몽골에서는 광활한 탁상지의 자연과 목축지역 유형을 살펴보았다. 그리고 또 다른 중국 타이완에서는 타이완이 걸어온 길과 중소기업 강국의 면모를 살펴보았다.

제3부 '문화의 점이지대 동남아시아'에서는 반도와 제도로 구성된 동남아시아의 특징과 몬순 기후, 생물상 및 안정·변동 지형, 변모하는 동남아시아의 농업과 공업 및 화교에 대해 살펴보았다. 인도차이나 반도의 나라들에서는 도이머이 정책을 도입한 베트남, 화전경작의 라오스, 앙코르 유적군(群)이 입지하는 캄보디아, 불교와 밀착된 생활을 하는 타이, 불탑의 나라 미얀마를 기술했으며, 말레이 제도의 나라들에서는 다민족 사회 말레이시아, 아시아에서 가장 깨끗한 국가 싱가포르, 인도의 섬 인도네시아, 녹색혁명의 진원지 필리핀, 공정무역 커피의 나라 동티모르에 대해 서술했다.

제4부 '아대륙이라 불리는 남아시아'에서는 인도의 지형과 자연재해 및 인구·경제·사회·문화와 분쟁지역에 대해 서술했고, 동서로 갈라진 이슬람 국가에서는 21세기형 물 환경사회를 구축한 방글라데시, 인더스 문명의 파키스탄에 대해 살펴보았다. 그리고 히말라야 산지국가 네팔, 세계에서 가장 행복한 국가 부탄 및 찬란하게 빛나는 스리랑카와 해면에 떠 있는 꽃 몰디브에 대해 각각 서술했다.

제5부 '저위도에서 중위도에 걸쳐 있는 건조 아시아'에서는 내륙에 위치한 중앙아시아의 공통적인 성격과 우리 민족의 분포 및 카자흐스탄의 환경재앙, 카스피 해의 국경분쟁에 대해 서술했다. 그리고 세계적 석유산지인 서남아시아에서는 문명의 교차로 및 건조지역에서의 삶의 터득, 석유에 의한 국제노동력의 유입, 석유에의 의존과 앞으로의 과제, 율법이 엄격한 이슬람교에 대해 살펴보았다. 국가별로는 광물자원의 보고 아프가니스탄, 자원은 풍부하나 경제활동이 부진한 이란, 비옥한 초승달 지역 이라크, 대추야자에서 석유수출로 부국이 된 사우디아라비아, 진주에서 석유 채취로 바꾼 쿠웨이트, 서남아시아 유일의 도서국가 바레인, 유서 깊은 카타르, 토후국으로서의 아랍에미리트, 고대 신라까지 진출했던 오만, 남북을 통일한 예멘에 대해 기술했다. 그리고 지중해성 기후의 영향을 받는 지역에서는 유럽 대륙에 한 발을 들여놓은 터키, 숨겨진 보배 시리아, 종교의 박물관 레바논, 아랍족 사이의 유대 인 국가 이스라엘, 서남아시아의 유일한 입헌군주국 요르단, 동서로 갈린 키프로스에 대해 살펴보았다.

아시아 지역의 구성은 한국을 제외한 동아시아, 동남아시아, 남아시아, 중앙아시아와 서남아시아로 구분했다. 중앙아시아와 서남아시아는 건조기후 지역으로 다른 지역성을 갖고 있어 별도로 했는데, 중앙아시아는 구소련의 지배하에 있었기 때문에 서남아시아와 정치·경제적 배경이 서로 다르다고 생각했기 때문이다. 그리고 아시아 지역에서 한국을 제외한 이유는 아시아 지리에서 살펴보는 한국의 지역지리와 한국에서 바라보는 지역지리가 다를 수는 있지만 한국지리 내용구성의 축소화라고 생각했기 때문이다. 아시아 지리에서 바라보는 한국은 주제적인 내용으로 경제발전과 산업지역 등으로 구성할 수 있으나 대학교육과정의 한국지리에서 더 상세하게 강의를 하고 있다고 생각한다.

아시아 지리에 지역지리 연구와 지역의 내용을 넣은 이유는 한국 대학의 지리학과나 지리교육과에서는 한국과 가까운 대륙부터 지역지리 강좌를 개설하기 때문에 전공을 시작하는 2학년에 아시아 지리 강좌가 대부분 편성되므로 지역지리와 지역에 대한 지식이 필요하기 때문이다. 여기에서 국가별 내용 기술 순서는 아시아 대륙의 가장 동쪽에 있는 일본부터 시작해 한국을 기준으로 거리의 원근에 따라 서술 순서를 정해 가장 서쪽에 있는 섬나라 키프로스를 마지막으로 했다.

이 책이 아시아 여러 지역의 다양한 삶의 모습을 이해하고, 아시아 여러 지역이 지니고 있는 자연 및 인문 환경의 특색을 파악하며, 이를 토대로 사람들의 생활양식을 인식하며, 아시아의 자연환경, 경제 활동 및 도시 발달, 주변국과의 관계, 당면한 지역 문제 등을 종합적으로 이해하는 데 도움이 됐으면 한다. 그리고 다른 지역에 사는 사람들의 삶에 대한 이해가 우리 삶의 변화와 발전을 가져올 수 있고, 국가·지역 간 갈등과 공존의 본질을 파악해 합리적인 해결방안을 제시할 수 있으며, 나아가 세계 공존과 번영의 길을 모색할 수 있는 안목을 육성할 수 있으면 더욱 기쁘겠다.

독자 제현이 보시기에 부족한 점을 충고해주시면 지속적으로 보완해나갈 것이라고 다짐하며, 아무쪼록 이 책이 대학의 관련 학과에서 아시아 지리를 공부하는 학생들과 연구자들에게, 나아가 일반인들에도 도움이 되고, 지역지리 연구의 발달에 밑거름이 됐으면 한다. 끝으로 연구할 수 있도록 도와주는 아내와 흔쾌히 출간을 허락해주신 도서출판 한울의 기획·편집부 여러분에게 감사드린다.

2012년 8월

저자

차례

제1부

지역지리 연구와 아시아 지역

제1장

지리학의 구성

1. 지리학의 정의와 특성

지리학(Geography)[1]이라는 용어는 그리스의 지리학자 에라토스테네스(Eratosthenes, B.C. 275?~B.C. 194?)가 처음으로 사용한 그리스 어의 Geographica에서 전화(轉化)된 것이다. 이것은 '토지(geo: the earth)를 서술한다(graphein: to write)'는 뜻이다. 한편 동양에서 '지리(地理)'라는 단어는 중국 한(漢)나라의 『주역』 계사전 상전(繫辭傳 上傳) 제4장의 '앙이관어천문 부이찰어지리(仰以觀於天文 俯以察於地理)'에서 나왔다. 또 중국 고전인 사서오경(四書五經) 중의 하나로, 특히 『역교(易敎)』에 있던 단어인데 중국에서는 '장소에 관한 기술', '토지에 관한 이론', 특히 점성술, 풍수(geomancy) 또는 풍수사상에 관련된 이론이라는 의미로 사용돼왔다.

지리학의 정의는 시대의 흐름에 따라 변하고 있는데 몇몇 학자에 의한 지리학의 정의는 다음과 같다. 먼저 미국의 지리학자 하트숀(R. Hartshorne)은 『지리학의 본질에 관한 관점(Perspective on the Nature of Geography)』(1959)에서 지리학은 지표의 공간적 변동(spatial variation)을 정확하고 질서 있게 합리적으로 서술하고

1) 독일어로 Geographie, 프랑스 어로 Géographie, 이탈리아 어로 Geografia, 스웨덴 어로 Geografi로 사용된다.

설명하는 것이라 했다. 또 테이프 등(E.J. Taaffe eds.)은 『지리학(Geography)』(1970)에서 지리학을 공간적 형태(pattern)와 과정(processes)으로 표현된 공간조직(spatial organization)[2]을 연구하고 이것을 순차적으로 서술하는 것이라 했다.

지리학은 지표상(地表上)에 나타나는 여러 가지 사상(事象)들의 공간적 분포와 이들 현상의 유기적 관계를 기술 · 분석 · 해석해 인간의 삶의 터전을 구성하는 지표의 지역사상을 학리적(學理的)으로 규명하는 학문으로 그 연구범위는 〈그림 1-1〉과 같이 지표권을 대상으로 한다.

〈그림 1-1〉 지리학의 연구대상

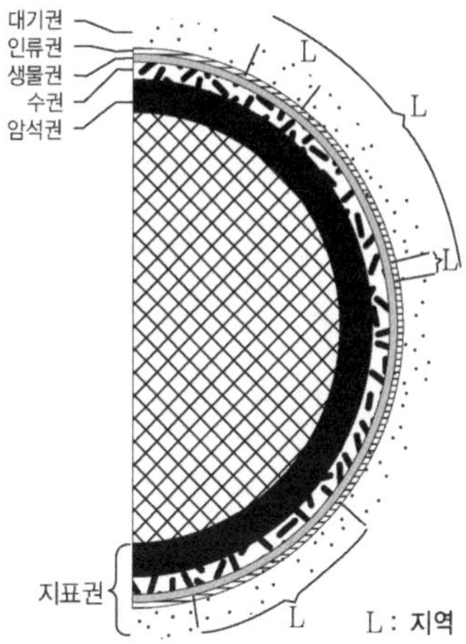

자료: 中村 外(1991: 114).

그러면 지리학의 기본적인 특징은 무엇이며 그 특징들이 왜 중요한가? 첫째, 지리학은 입지적인 면을 강조한다. 지리학은 입지적 · 공간적 변동을 나타내며, 지표상의 인문현상이나 자연현상 모두에 관심을 갖고 있다. 따라서 입지를 효과적이고 경제적으로 정확하게 나타내려 한다. 둘째, 지리학은 인간과 자연과의 관계에 관한 생태적인 면을 강조한다. 이것은 특정 지역에서 자연환경과 이에 거주하고 있는 인간과의 상호 관련을 말하는 것으로, 이 분석방법은 지역 간의 공간적 변동(수평적인 결합의 사고)을 한정된 지역에서 수직적인 결합으로 변화시킨 것이다. 셋째, 지리학은 공간적 · 생태적 접근방법으로 위의 두 특징을 융합시킨 면에서 서술된 지역적 분석(regional geography)이다.

2. 표리일체인 계통지리학과 지역지리

계통지리학과 지역지리의 구분은 훔볼트(A. von Humboldt, 1769~1859)와 리터(K. Ritter, 1779~1859) 이후에 등장했다. 정통적인 지리학의 내적 구성은 계통지리학 또는 일반지리학(systematic geography, general geography)과 지역지리(지지)(regional geography) 또는 특수지리학(special geography),[3] 지리학의 철학적 내용, 각종 기법(techniques) 등으로 이루어져 있다(〈표 1-1〉). 이 중에서 계통지리학과 지역지리를 지리학을 구성하는 이원성이라 한다(〈그림 1-2〉). 계통지리학

2) 인간사회의 공간적 이용에 대한 총체적 패턴으로 효과적인 공간을 이용하기 위해 인간이 시도한 결과이다. 공간조직을 결정하는 중요한 요소로는 입지, 크기, 국가의 형상 등이 있다.

3) 일반지리학과 특수지리학의 구분은 근대 지리학의 선구자인 독일의 바레니우스(B. Varenius)에 의해 이루어졌다. 일반지리학은 전 지구를 전반적으로 연구해 그 성질을 밝히는 것을 말하며, 특수지리학은 세계 각국가에 대해 그 조성(組成)이나 위치 등을 기술하는 것을 목적으로 한다. 바레니우스의 지리학 체계는 오늘날의 지리학과 다른 점이 많지만, 일반지리학은 지리학 총론(계통지리학), 특수지리학은 지역지리에 해당하는 것으로서 선구적인 의의를 갖고 있다.

은 지역을 구성하는 자연적·인문적 여러 요소를 분석대상으로 그 지역적 의의를 일반적으로 고찰하며 자연지리학과 인문[4]지리학으로 나누어진다. 인문지리학의 경우 최근 지리학의 관심 분야가 커져 인간의 질병에 관한 연구 분야인 의학지리학(medical geography), 여성의 사회적 지위가 향상됨에 따른 여성주의 지리학(feminism geography), 죽음에 대한 사(死)의 지리학(necrogeography) 등도 나타나고 있다. 그러나 최근 이러한 정통적인 분류에 대해 하깃(P. Haggett)은 간결하고 비교가 가능한 관점에서 지리학을 공간적 분석, 생태적 분석, 지역 복합체 분석으로 나누었다.

지역지리는 개별적인 지리적 단위(geographical unit)에 대해 그 단위지역의 성격을 종합적으로 고찰하는 것(〈그림 1-3〉)으로 계통지리학과 표리일체의 관계에 있다. 계통지리학의 연구는 스웨덴의 경우 자연지리학과와 인문지리학과를 분리 설치해 따로따로 연구하고 있어 지리학의 이원성이 확연하게 나타나고 있으나, 한국과 미국 등에서는 자연지리학과 인문지리학을 혼연일체로 연구하고 있다.

〈표 1-1〉 정통적인 지리학의 내적 구성

- 지리학
  - 철학
    - 방법론
    - 지리학사
    - 기타
  - 계통지리학
    - 자연지리학
      - 지형학
      - 기후학
      - 기타
    - 인문지리학
      - 경제지리학
      - 도시지리학
      - 기타
  - 지역지리
    - 지대(地帶, zonal)지지
      - 열대지역 지리
      - 건조지역 지리
      - 기타
    - 문화지지
      - 라틴아메리카 지리
      - 동남아시아 지리
      - 기타
  - 기법
    - 지도학
    - 계량적 방법
    - 기타

자료: Haggett(1972: 453).

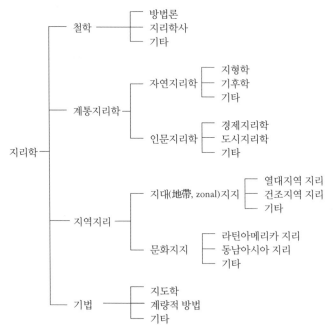

4) 중국의 전통적 문장론은, 하늘이 우주만물을 통해 자신의 뜻을 드러낸 것을 천문(天文)이라 하고, 그 천문을 사람이 풀어 쓴 것을 인문(人文)이라고 한다. 또 인문은 크게 경(經)과 사(史)로 나뉘는데, 정치는 경의 실천이고, 사는 문학 등이다.

〈그림 1-2〉 헤트너에 의한 지리학의 두 가지 관점

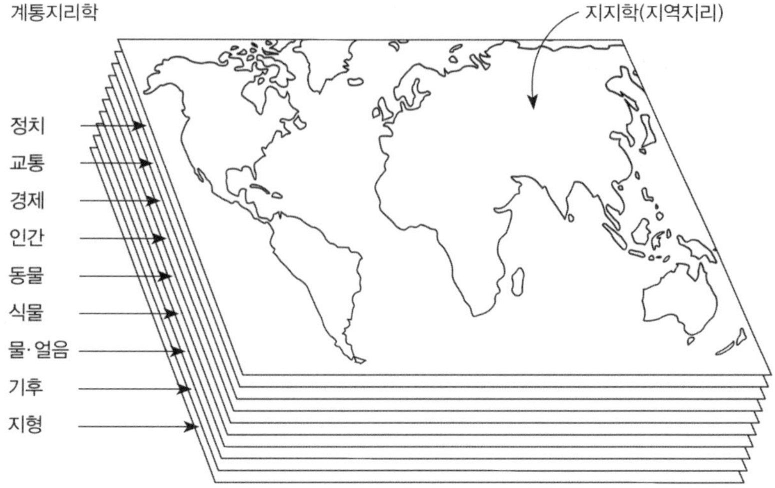

자료: 中村 外(1991: 117).

〈그림 1-3〉 지리학의 지지(地誌) 연구

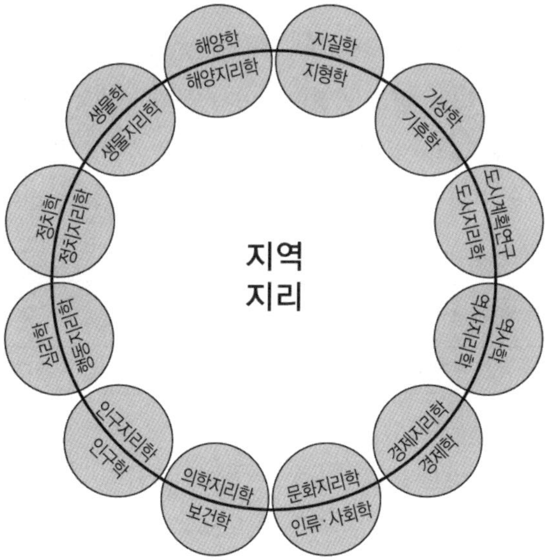

자료: Blij and Muller(2000: 34).

3. 여러 종류의 지역지리

지역지리는 지리학의 근간으로 이것을 기술하는 경우에 지역을 구성하는 여러 가지 요소 및 그들의 상호 관련에 유의하는 것은 당연하다. 그러나 그 방법, 서술 순서, 여러 내용 중에서 중점을 두어야 할 점 등은 필자에 따라 다르고, 또 각 국가의 지역지리(이하, 지지학이라 함) 발달과정에도 그 영향을 받고 있다.

앞에 서술한 여러 가지 점에서 지지학을 분류할 경우, 첫째, 대상 지역의 범위에 의한 분류, 둘째, 취급하는 현상에 따라 중점을 두는 분야에 의한 분류, 셋째, 방법론에 의한 분류로 나눌 수 있다(〈표 1-2〉).

1) 대상 지역 범위에 의한 분류

대상 지역의 범위에 의해 지지학을 분류하면 크게 여섯 가지로 구분할 수 있다. 먼저 세계지리는 전 세계에 대한 지리로 각 대륙의 경계에 대한 문제점이 내포되어 있는데 대륙지리의 집합으로 취급하는 경우가 많고, 또 광역지리로서 대륙 대신에 문화적 영역의 테두리에서 지역 범위를 설정해 세계지리로 집대성한 것도 있다. 세계지리보다 작은 국가를 단위로 해 서술하는 경우도 있지만 지역(region)을 세분하는 경우도 있다. 예를 들면 아시아의 경우 동아시아, 동남아시아, 남아시아, 서남아시아 등으로 구분해 위치, 자연, 통합된 세부 지역에서 주로 문화의 유사성과 차이성을 가미해 취급하는 경우가 많다. 지방지리는 대륙 내의 한 지방

〈표 1-2〉 지지학의 분류

대상 지역 범위에 의한 분류	중점 분야에 의한 분류	방법론에 의한 분류
세계지리 광역지리 대륙지리 국가지리 지방지리 도시(촌락)지	지질지 지형지 기후지 산업지 인구(호구)지 문화지 민속지 종합적 지지	경관론(景觀論) 동태지지학 종합적 지리학 지역론 통역론(統域論)

자료: 長谷川(1987: 238).

을 연구 대상으로 하거나 한 국가의 특정 지방을 연구 대상으로 한 지지이다. 도(道)의 지역 구분에 의한 시·군지, 향토지 등은 이에 해당한다.

2) 중점 분야에 의한 분류

가장 역점을 두는 것이 무엇인가에 따라 서술된 지지이다. 라우텐자흐(H. Lautensach)의 『코리아 - 저자의 연구여행과 문헌에 기초한 지지(Korea: Eine Land eskunde auf Grund eigener Reisen und der Literatur)』(1945)와 매큔(S. McCune)의 『한국의 유산 - 지역과 사회지리(Korea's Heritage: A Regional and Social Geography)』(1959)는 자연적 여러 요소가 종합화된 것으로 주민에 중점을 둔 것이라 볼 수 있다.

또 정보량이 증가함에 따라 특정 분야에 중점을 둔 많은 형식의 지역지리가 편찬됐는데, 지역요소에 의해 지형지, 기후지 등과 같은 전문분야별 지지도 나타나고 있다. 그러나 이들을 지역지리라고 한다면 지역적 관련성을 경시할 수가 없다. 예를 들면 민족지라도 그 활동무대가 되는 지역의 지형이나 기후, 경제활동 등을 포함해야 하기 때문이다.

3) 방법론에 의한 분류

(1) 경관론과 동태지지학

경관론(Landschaftstheorie)은 지리학의 일원론적 기초로서 경관5)의 형태를 연구하려는 입장이다. 마울(O. Maul)은 문화경관을 지역별로 분석함으로써 문화경관에 의한 세계지리를 성립시키려고 했다. 즉, 그의 문화경관에 의한 지리학은 인류에 의한 경관의 변형 및 형성을 연구하는 것이며, 자연경관은 인류의 문화력에 의해 문화경관으로 이행된다는 생각에서 지역지리를 기술했다.

이에 대해 슈페트만(H. Spethmann)은 1930년경까지 독일을 중심으로 한 지역지리는 개개의 요소를 대상으로 어떤 지역의 자연보다는 문화, 사회에 이르기까지 후자에 중점을 두고 모든 항목에 대해 일정한 순서에 따라 기술하는 방법을 취한 정태지지학(靜態地誌學)을 연구해왔다고 주장했다. 그는 지역지리 연구에서

5) 한 지역에서 가시적으로 볼 수 있는 지표의 일부, 특히 다양한 지리적 요소들이 조화와 통일의 상태에 있는 지표의 일부를 말한다. 오늘날 한 지역의 자연, 역사, 사회, 인간의 심미적 차원 등에 깊이 연루시켜 이해함으로써 경관의 외면적(형태적) 가치와 내면적(상징적) 가치를 충분히 살려낼 필요가 있다. 이러한 가치 실현을 위해 첫째, 경관의 복원적 연구(외면적 가치), 둘째, 상징경관의 해석(내면적 가치), 셋째, 경관 텍스트적 재현이 연구되고 있다.
한편 프랑스의 풍경(pay-sage)론을 살펴보면 다음과 같다. 페이자주(paysage)는 풍경의 지각(知覺)적인 측면으로 두 가지 의미를 가지고 있다. 하나는 '한 눈으로 멀리 넓게 보이는 어떤 지방 풍경의 펼쳐짐을 의미하는 것'으로, 이는 시각(視覺)과 공간적 규모가 관련이 있다. 다른 하나는 '회화의 장르'로서 살핀다는 뜻으로, 주관성이나 예술성과 관련이 있다. 이 용어가 가지고 있는 특징에서 볼 때 페이자주는 région이나 milieu란 지리학 개념에 흡수된다. 1970년 이후 프랑스에서 페이자주에 관한 관심이 높아진 것은 첫째, 사회적 측면에서 환경문제나 경관보전 문제에 대한 관심이 높아졌기 때문이다. 둘째, 지리학 내부에서 페이자주 연구에 대한 새로운 관점으로 자연지리학을 중심으로 한 부분과 지각(知覺)과 문화 등의 인문지리학 분야로 나누어 연구되기 시작했다. 셋째, 사회적인 관심이 높아짐에 따라 지리학 이외의 학문에서도 페이자주에 대한 관심이 높아졌기 때문이다.

이러한 정적인 취급은 그만두고 개개 요소의 종합 내지 상관관계를 중시해야 한다고 주장하고, 이것을 동태지지학(dynamische Länderkunde)이라고 불렀다. 종래 지역지리에는 지질이나 지형 등의 서술할 내용이 많았지만, 이러한 내용은 대상 지역의 문화나 산업의 발달에 그다지 의미가 없는 경우가 많았다. 또 일반적으로 지역을 구성하는 많은 요소를 하나도 남김없이 기술하는 것은 곤란하고 무의미하다. 그래서 이러한 형식적인 면을 배제하고 동태적으로 파악해야 한다고 했다. 슈페트만은 지역 구성요소를 종합 상태 그대로 두고 지역적으로 공간의 전체성을 중시해야 한다고 했다. 이를 위한 기초는 현재의 특성을 파악해서 그것을 중심으로 기술해야 하며 지역의 최대 특징이 중심과제가 된다. 지역이란 끊임없이 변화하는 존재이기 때문에 그 변화과정을 추적해 원인과 조건 등을 설명하는 것이 동태지지학이다. 동태지지학은 중요한 것이 명시되기 때문에 그 지역의 특색이 파악되기 쉬운 장점을 가진 반면, 중요한 것 이외의 사항이 경시된다는 점이 단점으로 지적된다. 지리교육론에서 보면 동태지지적 방법은 우수한 지지학습지도론이라고 할 수 있다.

이러한 동태지지학의 생각은 헤트너(A. Hettner, 1859~1942) 등에 의해 발전되어 다음에 서술할 종합적 지리학이나 지역론에도 많은 영향을 미쳤다. 이 동태지지학을 지역지리의 서술로서 찬성하는 학자도 있지만, 주관에 빠질 우려가 있다는 비판도 있다. 또 종래의 일정한 형식에 의한 지역지리의 기술이 지역 상호 간의 비교에 편리하고 지역의 특성을 안 후 일반지리학에서 법칙성을 추구할 수 있다는 점의 장점도 가지고 있다는 주장도 강하다.

(2) 종합적 지리학

애커만(E.A. Ackerman)은 지역적인 연구에 대해 지지학이란 용어를 사용하는 것에 난색을 표명하고 종합적 지리학(synthetic geography)이란 용어를 제창했다. 그 내용은 지리학의 대상이 되는 각 요소는 각각 고립된 것이 아니고, 각 요소는 다른 요소와 서로 관련지어 종합적으로 연구하고 더 나아가 종합화함에 따라 지역을 파악할 수 있다는 것이다. 지역의 종합적인 지리적 이해는 분석을 통한 종합이란 것이다. 이 경우 지리학의 대상이 되는 각 요소는 무한한 것이라고 생각하고 그 상관관계도 무한하기 때문에 요소 간 및 그들 상호 간에 편의적인 서열을 만들어 그 실용적인 계열에 따라 서술된다. 예를 들면 지형은 주로 지질 및 기후와 관련되고, 토양은 지형 및 기후에 지배되는 경우가 많다. 또 농업은 자연적 조건과 인구, 사회·경제 등의 여러 조건의 영향도 받는다. 이와 같이 각 요소와 관련되는 다른 요소의 중요성은 서로 비중이 다르기 때문에 비중을 전제로 배열·기술하게 된다. 이러한 방법은 지지학의 방법으로서 문제도 있지만 실제 지지의 작성에 꽤 유효한 방법이다. 이러한 경향은 크레시(G.B. Cressey) 등 미국 지리학자들에 의해 명료해졌고, 지지(regional geography)라는 용어 대신에 지리(geography)라는 용어를 사용해 이런 연구가 지리학의 중심과제라는 것을 나타냈다. 크레시의 「중국의 지리적 기초(Review of China's Geographic Foundations)」(1934)는 종합적 지리학의 입장에서 저술한 것이다.

현대 지역지리의 대부분은 이 종합적 지리학에 의해 기술되고 있다. 즉, 지역지리의 대상이 되는 많은 요소에 대해 가능한 한 많은 것들을 취급하고, 그 배열은 대개 종래의 지역지리에서 채용된 순서를 답습한다. 그러나 각 요소를 취급할 때 항상 다른 요소와의 관련성을 생각하고 그 서술이 개개의 관점으로 분열되지 않게 인과관계를 중시해서 서술해야 한다. 분석수단으로서는 다음의 지역론과도 관계가 깊다.

(3) 지역론과 통역론

지역성의 연구에 의해 지리적인 인과관계를 밝히는 것이 지역론(Raumtheorie)의 근본적인 입장이다. 이러한 의미의 지역성의 연구는 지역지리와 일치하며, 지역론의 경우 지역지리가 지리학 그 자체가 된다. 헤트너는 지역은 자연적·문화적 관계에 의해 통일된 개성을 가진 통일체이고, 지역이 갖는 성격을 지역성이라 했다. 또 자연적인 지역성과 이와 밀접한 인과관계가 있는 문화적인 지역성이 지역지리의 목표가 된다고 했다.

더욱이 지역론은 지역적 상위성(相違性)을 기초로 하고 있기 때문에 그 단위가 되는 지리적 등질성(homogeneity)과 결절성(nodality)을 갖는 지역을 생각해야 한다. 그 때문에 지역 구분이 지역지리의 연구에 중요한 과제 중의 하나가 된다. 자연적·문화적 여러 요소에 의해 구분된 지역은 일반적으로 상호 일치하지 않고 각각 다른 특성을 갖고 있다. 그들을 전체로 종합할 필요가 있기 때문에 지역의 구분이나 획정은 전체를 종합한 특성에 바탕을 두고 행해져야 한다. 이러한 측면에서의 연구는 1930년대 후반 이후 홀(R.B. Hall), 하트숀 등을 위시해 미국의 지리학자들에 의해 행해져, 지역의 개념이나 세계의 여러 지역을 구분하는 다양한 방법이 정밀하게 연구됐다. 헤트너의 주장에 의하면 세계의 지역 구분에 대한 지식을 추구하는 학문이 지리학이라면 적당한 지표(指標)의 선택, 동질적 범위의 규정, 지역의 위치 등은 항상 명확하게 하지 않으면 안 된다.

여러 가지 지표에 의해 지역을 유형화하면 최종적으로는 인간을 중심요소로 해 자연·인문의 양면에서 인간사회에 의해 결합된 지역, 이를테면 진정한 의미의 지리적 지역을 생각할 수 있는데, 이것을 통역론(統域論, compage)이라 부르고 지역지리의 단위로서 중시해야 할 것이다. 통역론이란 인간이 지표를 점거함으로써 나타난 무기적·생물적 및 사회적 환경의 각종 양상 모두가 복합된 것을 말하며, 이것은 '지리적 지역' 그 자체라고 말해도 좋다. 통역론은 '개별 또는 부분의 합체·결합'을 의미하는 어원의 폐기된 라틴어를 부활시킨 것으로, 지역을 의미하는 용어로 정밀성을 가지기 위해 휘틀지(D. Whittlesey)가 제안했다. 이 용어는 지역의 많은 지리적 요소가 고도로 다양성을 가지면서 하나로 합성된 것을 의미하는 것이다. 1954년에 미국 지리학협회가 발간한 『미국지리－총평과 전망(American Geography: Inventory and Prospects)』에서 휘틀지는 통역론을 소지역에서 대지역으로 나누어 장소(locality), 지구(地區, district), 지방(province), 권역(圈域, realm)의 4계층으로 구분했다. 대개 지역(region), 영역(area)이라는 용어가 너무 편의적으로 난용(亂用)되고 있기 때문에 지표의 일부를 구획해 지역지리적 기술의 단위로 할 경우 그 성질을 적절히 표현해 무엇으로 부를까 하는 것은 지역지리에 따라 중요한 의미를 갖는다. 통역론은 그 하나의 시도이지만 그 후 이것이 전면적으로 받아들여졌다고는 할 수 없다.

제2장

새롭게 나아가야 할 지역지리

1. 외국의 지역지리 연구

여기에서는 아시아 지리의 연구동향에 국한시키지 않고 외국의 지역지리 연구 동향에 대해 살펴보기로 한다.

1) 고대·중세의 지역지리

원래 지리학은 각 지역의 특색을 서술하는 데에서 출발했다. 역사학의 아버지인 헤로도토스(Herodotos, B.C. 484?~B.C. 430?)는 우수한 여행가이자 지리학자로서 지중해와 흑해를 포함한 유럽, 아시아, 아프리카 등의 각 지역 사정을 그의 저서 『역사(History)』에 기재했다.

그 후 스트라본(Strabon, B.C. 64~A.D. 23)은 고대 지리학을 집대성한 『지리학(Geographia)』을 발표했는데, 이 책은 17권으로 구성되어 있다. 1·2권은 서설(序說), 3~10권은 유럽지리, 11~16권은 아시아 지리, 17권은 이집트·아프리카 지리로 각 지역의 정치제도, 경제사정을 기술해 정치가와 상인의 활동에 유용했다.

중국에서 가장 오래된 지지는 서경(書經) 중의 1편인 『우공(禹貢)』으로 전국시대 말경(기원전 3세기 후반)에 만들어졌는데 중국을 9개 주로 나누어 산천과 물산을 기록했다.

2) 근대 이후의 지역지리

근대의 지역지리는 환경에 관한 과학으로서의 지리학을 체계화시킨 것이다. 바레니우스는 『일반지리학(Geographia Generalis)』(1650)을 저술했으며, 특수지리학으로의 지지(chorographia[1]: 백과사전식 지지)의 존재를 인정했다(〈그림 1-4〉).

과학으로서의 근대적 지역지리는 훔볼트에 의해 시작됐는데 그는 지리학의 본질이 지역지리라고 강조했다. 그 후 과학적인 지역지리 연구를 확립한 사람은 비달(P. Vidal de la Blache, 1845~1918)로 그의 사위인 마르톤(E. de Martonne)에 의해 편찬된 『인문지리학 원리(Principes de Géographie Humaine)』는 자연과 인간의 통합적 표현, 즉 가시적 경관인 지적(地的) 통일[2]과 자연현상에 대한 인간의 적응형식, 즉 문화적 산물인 생활양식[3]을 기본개념으로 해 취락, 대륙별의 지역지리적 서술에 중점을 두었다. 그 후 비달[4]은 『프랑스 지리』(1903년), 『세계지리』 23권을 갈루아(L. Gallois)와 함께 감수했다.

유럽과 북아메리카 여러 나라의 지역지리 발달을 보면, 먼저 독일의 경우 지역지리 확립은 하이델베르크 대학 교수인 헤트너에 의해 이룩됐다. 그는 지리학을 자연지리학과 인문지리학으로 구분해 지리학의 이원성을 주장하면서, 이 이원성을 극복하기 위한 길이 지역지리의 연구라고 주장했다. 헤트너는 1907년 『지리학의 제언(Die Grundzüge der Läderkunde)』 중 유럽편을 발간했는데, 그 내용을 위치, 개념, 경계, 면적, 지체구조(地體構造), 지형, 하천, 해양, 기후, 식물, 동물, 역사적 발전, 인종 및 민족, 종교, 국가, 거주 및 인구, 교통, 경제, 물질문화, 정신문화 등으로 구성해 자연에서 인문에 걸쳐 유럽을 개관했다. 그는 그 후 1924년에 다른 대륙편도 발간했다.

헤트너 이후 독일에서는 크레브스(N. Krebs), 그레드만(G. Gradmann), 크레드너(W. Credner) 등에 의한 지역지리서가 출간됐다.

1) 코로스(choros)는 그리스어로 지역이라는 뜻으로 고대 그리스 지리학에서는 넓은 지역에 관한 지역지리를 코로그라피(chorography)라고 했다. 그런데 그라피(-graphy)라고 하면 학문적 성격이 약하다고 여겨 마르테(F. Marthe)가 로지(-logy)를 붙여 학문적 성격을 강조했다. 지역학(chorology)은 전통적인 지지로 비이론적 경험주의라고 신지역지리학자들로부터 비판을 받고 있다. 이에 지질학자 출신으로 근대 지형학을 창시한 리히트호펜(F. von Richthofen)은 코롤로지를 철학적 수준까지 더 승화시킨 형태로 코로소피(chorosophy)라고 했다.

2) 자연과 인간의 통합적 표현으로, 이들 간의 구체적인 산물은 실제적·가시적 경관 또는 서식처의 형태로 나타난다.

3) 유사한 자연환경 속에서 살아가는 사람들이라도 지역에 따라 다르게 살아가는 방식을 말한다.

4) 비달은 인간과 자연과의 밀접한 상호작용이 수세기 동안 발달해온 지역을 페이(pays)라 하고, 페이는 자연적·문화적·역사적 현상들을 모두 포함하는 곳으로, 이것을 연구함으로써 인간의 삶의 방식을 이해하는 것이고, 또 인간의 삶을 둘러싼 환경을 이해하는 것이라고 보았다. 그리고 페이는 순환(circulation)의 과정을 통해 새롭게 분화돼간다고 보았다.

영국의 지역지리 연구는 외국 내지 식민지에 관한 연구로 대영제국의 발전과 더불어 세계 각 지역의 자연, 민족, 물산에 관한 정확한 정보가 요청되어 이루어졌다. 제2차 세계대전 전의 지역지리서로는 스탬프(L.D. Stamp)의 『지역지리(A Regional Geography)(1930~1931)』 5권이 있으며, 밀(H.R. Mill)의 『세계지리(The International Geography)』(1920)도 있다.

미국에서는 인문지리학이 그대로 지역지리의 인상이 강하다. 지역지리서로 게너(G.T. Gennr)와 화이트(C.L. White)의 『지리학 - 인간생태학의 개론(Geography: A Introduction to Human Ecology)』(1936)과 제임스(P.E. James)의 『인간지리학(A Geography of Man)』(1951) 등이 있다.

〈그림 1-4〉 인접 학문과의 관계에서 본 지역학

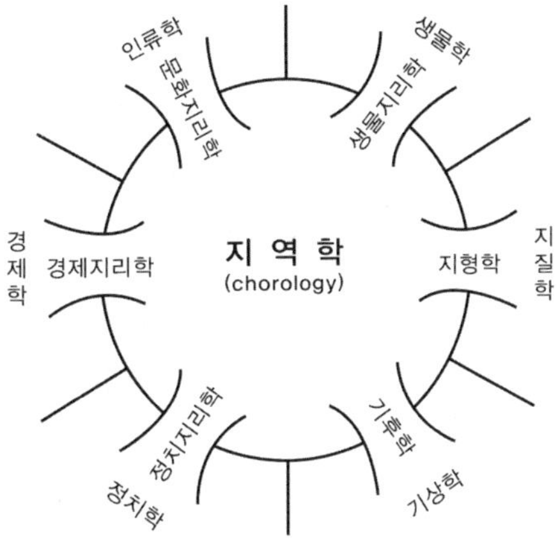

자료: Tuason(1987: 193).

2. 새로운 접근방법의 지역지리

종래의 지역지리는 계통지리학에 비해 개념적 도구와 이론의 개발이 미미했다. 또 다른 사회과학의 방법론과 분석기법을 충분히 적용하지 못해 학문 분야의 기초를 수용하지 못하고 그들과 단절되어왔다. 지역지리 연구에 대한 비판에 앞장선 학자로는 킴블(G.H.T. Kimble)과 섀퍼(F.K. Schaefer)를 들 수 있다. 킴블은 방법론적·인식론적 관점에서 절대적으로 다른 사회적·경제적 요소와 자연적 요소를 단일 개념으로 설명하는 것이 불가능하다고 지적하고, 사회적·경제적 요소와 자연적 요소가 구성될 수 있는 원리가 존재할 수 없다고 했다. 또 섀퍼는 종래 지리학 연구는 예외적인 것을 취급하는 학문으로 독특한 방법론으로서 독특한 통합과학의 불분명한 아이디어에 의해 만들어진 비현실적 야망에 의한 편견이라고 지적해 지리학에서 지역지리 연구의 불합리성을 지적했다.

킴블과 섀퍼 두 지리학자에 의해 1950년대까지 지리학의 지역지리 연구에서 탈피하고자 했던 것은 지역지리 연구는 개개 기술적인 접근방법으로서 법칙정립적 이론 추구가 불가능했기 때문이다. 여기에는 1950년대 말부터 지리학에 도입된 계량적 분석 수단의 영향이 크게 작용했다. 1960년대에 계량혁명으로 위축됐던 지역지리 연구는 1970년대에 들어와 간헐적으로 재조명되었다. 즉, 지역지리 연구는 질적이고 문학적이며 학술적이라는 점을 강조해 계통지리학과 본질적으로 다른 점을 지적했다. 그리고 주제 내용에서도 사회과학보다도 인문학, 특히 역사학에 가깝기 때문에 사회과학적 방법론을 원용하면 지역지리 고유의 목적이나 장점을 상실하게 된다고 했다.

1970년대 이후의 지역지리 연구에 대한 관심은 관념론자(idealist)인 겔크(L. Guelke)와 하트(J.F. Hart) 등에 의해 나타나기 시작했다. 겔크는 하트숀의 지역 개념이 시간 개념을 과소평가하고 기능적 관계를 지나치게 강조했다고 비판하고, 시간 개념과 인간의 마음에 내재되어 있는 사고방식 내지 가치관을 보다 유효적절하게 배합시킬 수 있는 새로운 패러다임(paradigm)이 절실히 요구된다고 했다. 또 하트는 겔크의 입장을 대폭 수용해, 지역을 이해하려면 그 지역 주민의 행동을 유발하는 동기나 가치관을 고려하지 않으면 안 될 것이라고 제안했다. 여기에서 지역 주민의 가치관은 주민이 살고 있는 장소에 대한 감각(feeling)이라고 했다. 그리고 교통통신의 발달로 인한 여러 지역 간의 원활한 자원 이동, 글로벌 금융체계의 성립, 다국적 기업의 등장, 자본주의 세계의 확산, 글로벌 범정부기구의 영향력 증대 등 지역을 둘러싼 환경변화로 지역 연구의 방법에도 변화가 요구됐다. 이러한 연구경향은 스리프트(N. Thrift)와 존스턴(R.J. Johnston)에 의해 신지역지리학(new regional geography)으로 명명됐으며, 1980년 후반에 이르러 영어권 국가들을 중심으로 더욱 다양화됐다.

그러면 지역지리는 어떤 방향으로 발전해야 하는가? 첫째, 연구방법론이 더욱 세련돼져야 한다. 서로 다른 분석 수준을 연계시키는 방법을 고안하고, 그에 따른 개념의 변화도 이뤄져야 한다. 둘째, 지역지리 연구의 맥락을 설정해야 한다. 현대 사회에서는 지역 간의 관계가 지역 체계를 이루는 요소 간의 관계보다 중요한 경우가 많다. 즉, 외적 관계가 내적 관계보다 중요하다. 이러한 맥락 가운데 가장 규모가 큰 것이 세계 시스템이다. 세계 시스템에 대한 보다 심층적인 분석을 하고 이것이 하위체계와 어떠한 관계를 가지는지를 밝혀내야 한다. 셋째, 지역개발과 관련된 문제여야 한다. 기존의 지역개발이론들은 각기 다른 맥락을 갖는 서로 다른 여러 지역들을 충분히 연계시키지 못했다. 그것은 지역개발이론과 분석절차가 너무 추상적이어서 지역의 실체를 제대로 포착할 수 없었고, 기존의 사회과학 이론들이 고유성을 갖는 지리적 공간을 감안하지 못했다. 즉, 비공간적 사회이론들은 지리학의 공간적 이론을 통해 재구축해야 한다. 넷째, 지역을 서로 다른 연구 집단을 기준으로 유의미한 공간으로 한정해 연구하는 것이어야 한다. 동일한 역사적 발전도 서로 다른 지역의 집단들에게는 다르게 영향을 미쳐서 문화적·제도적·정치적으로 다양한 특성을 유발할 수 있다. 또 다양한 지역 특성들이 사회적 범주를 다르게 구성할 수도 있다. 어떠한 속성이 사회적·지역적 특질을 유지시키거나 변화시키는가에 대한 이해가 중요하다. 다섯째, 지역의 문화적 정체성을 가져야 한다. 대부분의 지역은 문화적 정체성을 가지며, 지리학자는 이러한 지역의 문화적 정체성을 명료하게 포착할 수 있어야 한다. 여섯째, 우리가 개척해야 할 연구 영역은 연구의 방향이 아니라 연구의 문제여야 한다. 지역분화에 대한 일반 모형이 반드시 필요하다. 그런데 지리학자들은 도시모형은 정립했으나 개별 지역을 연구할 때 준거가 되는 지역분화모형은 아직 개발하지 못했다. 최근 지지연구의 몇 가지 접근방법을 살펴보기로 하자.

1) 체계(system)적 접근방법

체계는 1930년 말 버타란피(L. von Bertalanffy)에 의해 소개됐다. 체계는 그리스 어로 'holon'인데, 이는 'holos(전체: whole)'와 'on(부분: proton)'이 결합된 것으로 상호 관련을 가진 부분에 의해 이룩된 전체를 말한다. 지역지리의 체계적 접근방법은 니르(D. Nir)에 의해 주장된 것으로 지역지리의 기본적인 문제를 세 가지의 주된 2분법에 의해 극복한다고 했다. 첫째, 인간과 환경의 2분법, 즉 자연적 요소와 사회적·경제적 요소 간의 2분법이다. 둘째, 장소－공간(place-space)의 2분법, 즉 지역지리와 계통지리학의 2분법이다. 셋째, 연구 주제와 관련된 적정 규모의 깊이와 폭(depth-width)의 2분법이다. 이들 2분법에서 체계적 접근방법은 중간적 역할을 하고 방법론으로도 역할을 할 수 있으며, 지역의 크기에 관계없이 사용하는 것이 가능하다고 했다. 그에 의하면 〈그림 1-5〉와 같이 체계로서의 지역은 내외적 투입변수가 심적(心的) 요소(mental elements)와 통제자, 경관

〈그림 1-5〉 시스템으로서의 지역

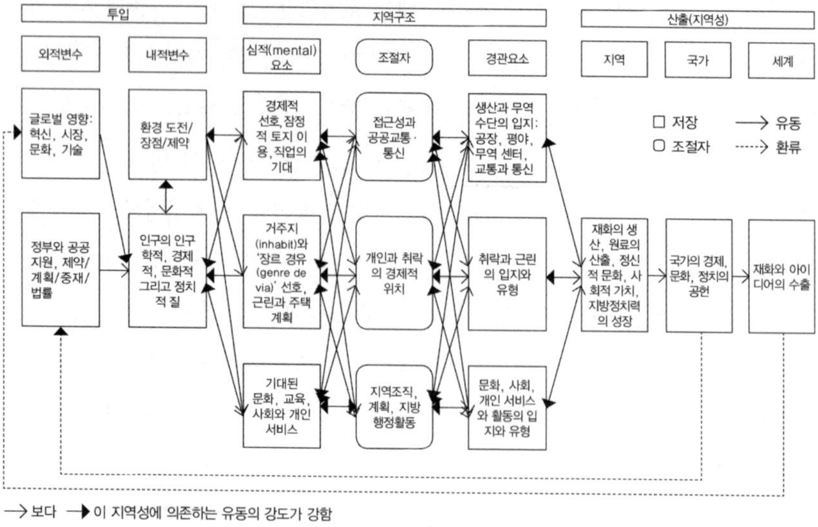

자료: Nir(1987: 198).

요소로 구성된 지역 구조를 통해 산출되는 지역적 특성을 말한다.

만약 지역에 대한 지리학적 연구가 지역을 구성하는 요소 간의 기능과 과정, 관계에 초점을 둔다면 지역을 체계의 개념으로 이해할 수 있다. 체계적 접근방법은 지역을 공간상의 지역조직체로 간주해 지역적 요소들로 이루어진 층위의 조합에 의한 산물로 보는 것으로, 지역의 구체성을 다원적인 공간성의 한 부분으로 이해하기 위한 것이다.

공간상에서 지역조직체를 구성하는 차원으로는 첫째, 기후·지형·토양 등을 포함한 자연환경의 속성과 인간과의 관계를 다루는 생태적인 차원(ecological dimension)을 고려할 수 있고, 둘째, 경제활동과 관련된 경제적 차원(economic dimension), 셋째, 사회적·문화적 차원(social-cultural dimension)을 구성요소로 파악할 수 있다. 그리고 인문적 접근방법에서 강조하는 장소의 의미성과 깊은 관계가 있는 지역의 정체감과 상징체계 등을 포함하는 지역 심리적 차원(psychological dimension)을 제시할 수 있다. 따라서 각종 지역에 관계되는 우주관이나 장소에 대한 주민들의 집합적 의미의 부여 등을 포함할 수 있을 것이다.

〈그림 1-6〉 체계적 접근방법에서 지역을 이해하는 개념적 틀

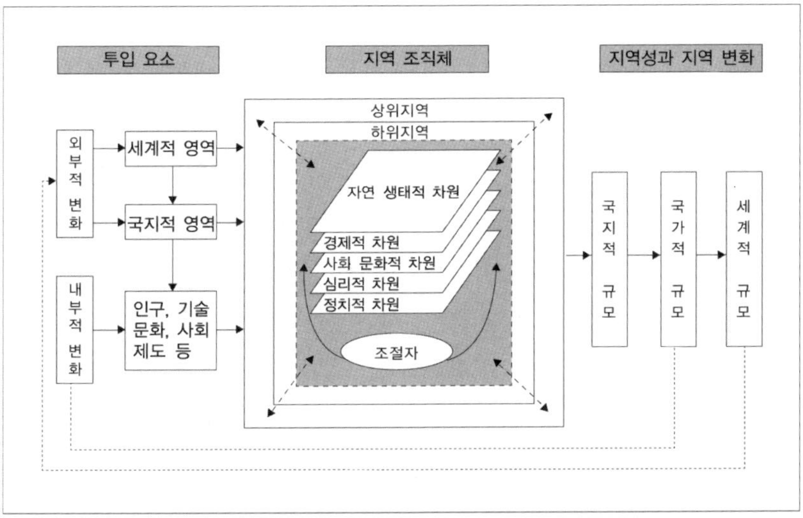

자료: 이희연 · 최재헌(1998: 570).

마지막으로 정치활동과 관련된 정치적 차원(political dimension)을 고려할 수 있다. 제도적 장치, 정치적 단위체의 구성과 이것이 지역 내에서 미치는 영향, 지방정부의 조직과 정부의 지역개발에 대한 영향력, 정치적 힘의 지역적 차이 등도 이런 정치적 차원에서 다루어질 수 있을 것이다.

이러한 지역조직체는 다양한 외부적 자극과 환경에 대해 내부요소가 반응하고 변화하는 동적인 실체로 이해할 수 있는데, 공간상의 지역조직에 영향을 미치는 외부적 힘은 다시 세계적인 힘과 국지적인 힘으로 나누어볼 수 있다. 세계적인 힘은 세계 무역환경의 변화나 다국적 기업의 등장, 금융 시스템의 변화, 새로운 과학기술의 혁신, 세계문화의 출현 등과 같이 국경을 초월한 영력(營力)으로, 지역에 영향을 미칠 경우 지역 내의 국제고용 부문에 영향을 주게 된다. 국지적인 힘은 국가단위에서 발생하는 각종 제도적 장치의 변화, 인구의 변화, 법적인 규제조건, 지역계획의 변화 등을 포함하는 사회적·경제적 환경의 변화를 포함한다. 지역 내부적 변화는 지역환경과 관련된 각종 규제나 지역이 가지는 우위점 등으로 이해할 수 있으며, 또한 외부적 영역과 상호작용해 인구, 경제 및 정치적인 측면에서 변화를 가져올 수 있다(〈그림 1-6〉).

2) 인문주의적 관점에서의 접근방법

인문주의(humanistic) 지리학에서의 접근방법은 지각적(知覺的) 세계에서 지지를 연구하려는 것이다. 여기에서 지각적 세계는 지역지리가 본래 기능적으로 마련될 수밖에 없는 행동성을 회복해 그 현대적 기능을 되찾을 가능성이 있다는 점에서 도입된 것이다. 이것은 일정한 세계관에 바탕을 둔 현실의 환경세계를 구체적인 세계상으로 재구성한 것이다. 따라서 계통지리학의 방법론에 의해 얻어진 이른바 중립적인 인식세계를 해당 문화권의 사람들에 의해 지각적으로 의미를 부여시켜가는 것으로, 이 의미가 부여되어 구성된 세계가 바로 지역지리이고, 이것이야말로 실천에서 행동원리를 사용해가는 것이다. 여기서 행동주체의 문제가 환경공간의 지각상을 파악하는 데 중요한 것은 분명하지만, 행동주체의 인생관 및 세계관에 개인의 차가 존재해 개개인의 공통적인 기준을 찾는 것이 어려운 문제이다.

인문주의적 관점에서의 지역연구는 지역의 정체성과 지역의 의미를 이해하려는 데 초점을 두고 있다. 또한 지역의 개념도 의미가 부여된 특정한 공간으로서 주관적이며 경험적이고 의도적인 측면이 강조되고 있다. 존스턴(R.J. Johnston)은 지역연구의 중요성이 인간 중심적 견해를 토대로 해 '지역이란 사회적 행동(social act)에 의해 만들어지는 것으로 자기 스스로 생산되는 실체(self reproducing entities)이지만 사회적 힘을 소지하고 있는 집단에 의한 의도적 행위에 의해 만들어진다'고 강조했다.

인문주의 지리학에서 주관성을 강조해 나타난 장소(place)는 독특성(uniqueness), 맥락성(contextuality), 장소적 관점(place perspective)을 강조하며 지리적 상상력을 강화하는 데 일조하고 있다. 활동의 장(場) 로케일(locale)[5]은 지역의 사회적 배열에 대한 객관적 관점을 대표한다. 입지가 상위 질서의 영향에 대한 것이라면, 장소의 사회적 생활은 결국 상위의 국가나 세계경제의 한 부분이 된다는 것이다. 그러나 장소의 의미성은 주관적 관점을 대표한다. 존스턴은 장소를 물리적 환경(physical environment), 건조환경(built environment), 사회적 관계의 세 가지 구성요소가 상호 연관되어 나타나는 것으로 파악하고, 장소에 대한 연구는 결국 세 가지 요소 전체에 대한 연구가 되어야 함을 지적했다.

5) 로케일은 지역의 맥락성(contextuality)을 구체화하는 데 기본적 요체인 상호작용이 일어나는 틀을 제공하는 공간이며, 사회적 행위가 발생하는 장소이다.

또한 하비(D. Harvey)는 장소의 의미를 두 가지 측면에서 고찰했다. 즉, 장소란 시간과 공간의 범주에서 위치나 입지적 의미로 파악될 수 있으며, 또한 시간과 공간의 구성체가 변형된 내구성을 가진 실체(permanence entity)로 이해된다. 하비는 현상학적 관점에서 장소를 존재의 진실이 있는 국지적인 곳으로 정의하고 'genius loci'의 개념을 옹호했다. 제니어스(genius)란 고대 로마어로 생명을 불어넣는 수호정령이며, 로사이(loci)는 장소라는 의미로, 이는 장소의 생명력을 의미한다. 즉, 'genius loci'는 장소의 정체성과 의미성에 의해 형성된다.

3) 구조주의에 의한 접근방법

구조주의에 의한 접근방법은 신지역지리학의 근간을 이루는 접근방법이다. 구조주의 관점에서의 지역은 중간매개자이자 산물로서 구조적 속성을 나타내는 것으로 이해되고 있다. 지역은 전체로서 부분으로 축소시킬 수 없으며, 지역의 구성요소 자체보다는 구성요소 간의 관계가 중요시된다. 즉, 지역의 전체성은 구성요소들의 상호관계에 의해 존재하는 것으로 개인과 집단이 특정한 지역공간상에서 서로 구체적인 방식으로 관계를 맺고 있기 때문에, 지역이란 사회적 관계의 특정한 결합과 조합의 산물로 보아야 한다는 것이다. 구조주의 견해에서 지역의 변화란 자본주의 과정에 대한 국지적인 반응에 의해 나타나는 변화로 인식된다.

지리학자들은 사회학자 기든스(A. Giddens)의 구조화 이론(structuration theory)을 도입해 신지역연구의 이론적 틀을 발전시키고 있다. 구조화 이론에서는 지역적 과정으로 사회적 관계가 변형되고 조정되는 것을 인식하기 위해 구조의 개념을 포괄적으로 사용하고 있다. 이때 지역이란 사회적 상호작용을 가능하게 하거나 제약하는 힘을 가지고 있는 것이다. 구조화 이론에서는 인간을 지역적 사회체계 환경과 이들의 구성요소로 포함하는 한층 광범위한 사회구조 속에서 역할을 수행하는 행위주체로서 파악하려고 한다. 그리고 사회구조는 인간의 일상생활을 규제하고, 그 자체가 인간의 주체적인 행위에 의해 만들어진 사물로 필연적인 관계에 의해 형성되며, 상하위의 포괄적 구조가 지역에서 구현되는 것으로 이해한다. 따라서 구조와 구체적 행위 간의 반복적 상호작용(recursive interrelationship)인 구조화 과정은 특정한 공간적 상황에서 행해진다. 그리고 규칙은 장소에 적용되어 인간의 일상적인 시·공간 속에서 속박되며 또 이것을 생활하도록 한다. 한편으로 규칙을 만들고 강화하는 제도(institution)가 설치되고 그 제도가 국가조직을 형성한다.

기든스는 지역연구에서 맥락(context)의 중요성을 강조하고 있다. 즉, 시·공간의 틀 속에서 나타나는 행위는 다양한 층의 내용구성에 의해 둘러싸여 있기 때문에, 내용구성을 이해하기 위해서는 구조[6]－제도와 조직[7]－행위자(actor)와 같은 다양한 수준에서의 분석이 필요하다. 이러한 구조－제도와 조직－행위자가 다양한 공간적 규모를 가지고 나타나는 것이 바로 국지화된 사회 시스템으로, 로케일이라 한다. 로케일은 장기적인 구조의 힘과 단기적인 개인 행위 간의 상호 가역적인 관계 속에서 이해되며, 개인 거주지로부터 공장, 소도시, 대도시, 국가, 세계로 공간적 범위를 점차 넓힐 수 있다. 이러한 구조화 이론으로 새로운 지지학을 설명한 학자는 트리프트(N. Thrift)와 프레드(A. Pred)이다.

한편 경제활동이란 생산의 조건과 이윤을 최대화하는 방식으로 이루어지고 있다는 가정에서, 매시(D. Massey)는 '노동의 공간분화'란 경제활동의 투자가 공간적으로 차별화되어 나타난 패턴이며, 지역 간 차이란 생산체계상의 차이를 반영하는 것이라 주장했다. 즉, 공간적 노동분화 현상은 단순한 부문별 노동의 전문화에 의한 것이 아니며, 생산체계의 총체적인 변화에 부응한 지리적 차별성을 입지 결정에 이용하기 때문이라는 것이다.

공간적 노동분화에서의 지역개념은 로컬리티(locality)[8]로 대표된다. 로컬리티는 기존의 구조화 이론에서 제시된 로케일의 개념이 구체적인 장소를 가리키기에는 너무 모호하며 행위에 대해 수동적이고 구체적인 사회적 의미성이 결여된 부적합한 개념이라는 비판에서 대두되었다. 로컬리티는 단순한 공동체나 장소로 정의되는 것이 아니라 다양한 개인과 집단, 사회적 이익이 공간상에 집적되는 것으로부터 나오는 사회적 에너지나 능동적으로 작용하는 요인으로 매시는 이해했으며, 로컬리티를 일반 시민의 일상적인 생산과 소비의 행위가 일어나는 공간으로 구체화시켰다.

6) 구조(structure)란 노동과 자본의 관계, 국가 및 성적 역할의 차이가 일상생활을 지배하는 심층적이고 비교적 규칙적인 사회적 행위를 말한다.

7) 제도와 조직은 구조가 현실에서 시간과 공간의 제약 속에 표현된 것으로 국가정책기관, 다국적 기업, 무역협회, 지방정부, 가정 등을 의미한다.

8) 로컬리티는 1980년대 영국의 산업 재구조화와 도시 및 지역체계의 변화를 분석하기 위한 공간적 차별성을 이해하는 개념이다. 사전적 의미로 국가보다 작은 공간적 스케일의 장소나 지역으로, 공간적 차별성의 기본단위로 정의된다. 로컬리티는 신지역지리학의 핵심개념으로 자리를 잡으면서 다양한 학제적 접근이 이루어졌다.

4) 세계 시스템 이론에 의한 접근방법

세계 시스템(world system) 이론에 의한 접근방법은 공간적 관점에서 재해석하는 입장이다. 세계 시스템이란 용어는 지역지리학에서 지역맥락(regional context)의 중요한 개념으로 새롭게 등장했으며, 상호관련성을 갖는 경제적·정치적·사회적·문화적 활동으로 구성되어 있다. 경제적 세계 시스템이란 상호 연계된 시장망으로 인식할 수 있는데, 여기에는 원료·제품·노동력·자본 등이 포함되며, 이는 세계 각 지역을 국제적 분업으로 연결시키는 민간기업이나 공기업에 의해 유지된다. 월러스틴(I. Wallerstein)은 세계를 단일경제체계로 주장했는데, 경제적 과정(process)이 인간형태의 다양한 측면에서 가장 큰 영향력을 가지기 때문이다. 자본주의 세계경제가 기능하는 방식은 부유한 지역과 가난한 지역 사이의 지리적 분업이다. 핵심부와 주변부는 전유관계(專有關係)로 주변부에서 만들어진 상품들은 핵심부에서 만들어진 상품들과 교환되며, 주변부의 상품들은 대개 낮은 부가가치를 가진 상품들이다. 핵심국가들은 부등가 교환을 강요할 수도 있으며, 이는 이들 국가의 기계시설이 더 우월하기 때문에 가능하다. 주변부와 핵심부는 또한 상이한 경제적·사회적 구조를 가진다. 핵심부 경제는 주변부 경제보다 훨씬 더 다원화되어 있다. 이와 마찬가지로 핵심부의 사회적 관계는 주변부의 사회적 관계에 비해 훨씬 조화롭게 이루어진다.

반주변부는 핵심부와 주변부 사이의 중간적 위치를 차지한다. 반주변부에는 주변부 경제활동과 핵심부 경제활동이 혼재한다. 반주변부는 주변부의 상품을 핵심부에 수출하고 핵심부의 상품을 주변부에 수출한다. 반주변부도 역시 핵심부에 의해 착취당하고 있다. 그와 동시에 반주변부는 주변부를 착취한다. 월러스틴의 주장에 따르면 반주변부는 단순히 핵심부와 주변부를 제외한 지역이 아니다. 반주변부는 세계경제에 대해 중요하고도 지속적인 영향력을 행사하고 있다. 또 반주변부는 핵심부와 주변부 사이의 관계가 양극화되는 것을 완화시킨다.

세계 시스템에 대한 1900년경과 1980년의 지역 구분은 〈그림 1-7〉과 같다. 여기에서 그 내용을 살펴보면, 국가의 지위상승 추세가 두드러진 데 대해 세계 시스템 내에서 지위가 하락하는 경우는 극히 드물다. 금세기에 들어와서는 오직 옛 동독만이 그 지위가 추락했다. 반주변부 국가들의 다양성도 괄목할 만하다.

〈그림 1-7〉 월러스틴의 세계경제지역[1900년경(왼쪽), 1980년(오른쪽)]

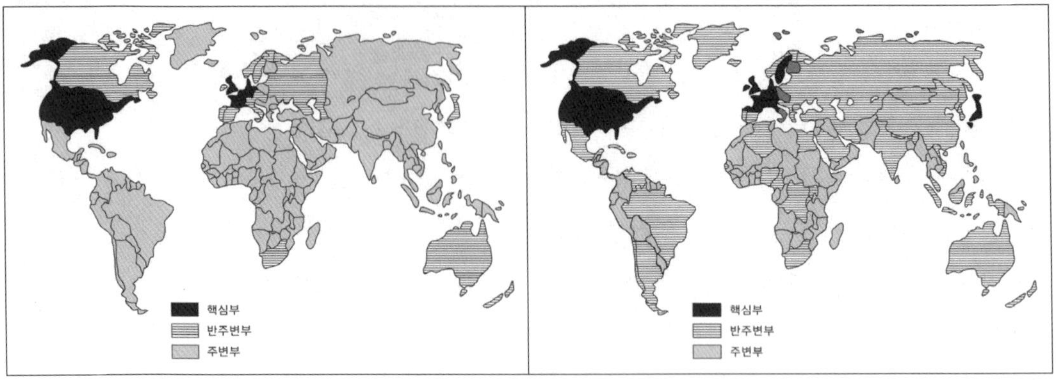

자료: Terlouw(1990: 59).

반주변부 국가들은 여러 가지로 분류되는데, 예를 들면 핵심부를 향해 상승하고 있는 국가, 최근에 주변부로부터 진입해 온 국가, 구조적으로 반주변부에 고착되어 있는 국가, 그리고 핵심부에서 추락해 내려온 국가 등이 그것이다.

세계 시스템은 각 국가가 외부적 연계를 어떻게 형성하고 있는가가 중요하다. 국가의 외부적 연계는 세계 시스템 내에서 국가의 지위를 개선할 수 있도록 해준다. 세계 시스템 내에서의 지위변동에 대한 논의는 세계 시스템이 구성인자들에게 구속적 영향을 미치는 동시에 국가의 지위를 향상시킬 수 있도록 도와주어야 한다는 사실을 보여주는 것이다. 이 논의는 세계 시스템에 대한 월러스틴의 개념화가 옳은지에 대한 의문을 제기하기도 한다. 왜냐하면 월러스틴의 주장과는 달리 반주변부는 동질적 집단이라기보다는 오히려 다양한 특성을 가진 이질적인 국가집단이며, 세계 시스템 내에서의 지위변동은 하향이동이나 수평이동보다는 거의 전적으로 상향이동이 지배적이기 때문이다.

따라서 월러스틴의 세계 시스템 이론은 그것이 아무리 유용하고 시사적(示唆的)이라 하더라도 더 다듬어져야 한다. 월러스틴의 모델은 "경제질서를 제외한 다른 현실을 보는 데는 방해가 된다"고 한 브로델(F. Braudel)의 비판은 정당하다. 그렇더라도 월러스틴의 접근방법은 상당히 체계적이고 시사적이며, 이것이 그의 접근방법이 주목받는 주요한 이유이다.

최근 영어권의 지리학에서는 사회과학의 이론에 뿌리를 둔 지역지리에 대한 논의가 많이 이루어져, 지리(지역) 형성의 메커니즘이 인문지리학의 중심과제 중 하나가 됐다. 이러한 지역지리는 종래와 같이 지역이 가지고 있는 자연조건보다도 세계 시스템에서의 기능 분담이나 그 변화과정의 고찰을 중요시한다고 할 수 있다. 그러나 이러한 연구가 지역론 연구로서 지역지리의 새로운 시스템으로 구축되기란 아직 요원하다. 국제이해의 교육이나 시민의식의 고양, 지역의 장래 예측 등에 의한 지역지리는 종전과 다름없이 사회에 유용하지만, 지역구조론적 고찰을 어떻게 할 것인가, 어느 정도의 항목을 어떻게 관련지어 기술할 것인가의 새로운 검토도 필요하다. 그와 동시에 사회가 언제나 새로운 공간정보를 구하려 한다면 지역지리서가 정기적으로 출판되어 새로운 정보를 순차적으로 추가하는 것으로 사회에 지역지리 정보를 제공할 필요가 있다.

세계 시스템 이론에 바탕을 둔 지역연구는 지역변화가 사회를 이해하는 중심이 된다는 주장이다. 자본주의의 발달은 지역의 불균형 발전을 가져와 지역분화를 야기하므로, 이를 해결하기 위해 지역지리 연구가 필요하다. 지역지리 연구는 자본주의 생산양식의 필연적인 요소이기 때문에 이것이 어떻게 형성됐는가를 정확하게 이해하지 않으면 안 된다. 지역변화는 세계경제 시스템 중의 사회 변화과정이다. 따라서 이런 지역지리 연구는 세계 경제시스템 중의 지역분화·지역변화를 목표로 한 지역지리학의 재건을 생각할 수 있다. 이러한 사례연구로 1990년 트리프트가 발표한 것을 볼 수 있다. 그는 1980년대 초~1987년 10월의 대폭락(Big crash)까지의 국제 금융시스템상의 주요 변화를 다루고, 이들 변화가 1984~1987년의 대폭발(Big bang) 기간에 런던 시에 어떻게 파급됐는지, 그리고 그 변화가 노동시장을 어떻게 국제화하고 어떻게 유리하게 만들었는지를 살펴보았다.

3. 서로 다른 지역연구와 지역지리

지역연구(regional studies)[9]는 특정 지역에 대한 자연환경을 포함해 그 사회와 문화를 전체적으로 깊이 이해하는 것을 목적으로 하는 학제적·종합적인 연구를 말한다. 세계화로 인해 한국과 세계 여러 지역과의 관계가 점점 밀접해지고 다양화되므로, 한국으로서도 세계 전체에서 각 지역이 차지하는 지위나 특색을 충분

9) 'area studies'는 해외지역연구로 주로 사용된다.

히 이해할 필요가 급속히 증대돼왔다. 지역연구를 발전시키면 다른 문명이나 다른 문화에 대한 관심과 이해가 깊어지고, 한국과 여러 외국과의 공존을 도모하는 데도 중요한 기초를 구축하게 된다.

지역연구와 지역지리 연구와의 관계는 일찍부터 문제시됐다. 지역연구는 기존 개별과학의 전문화·세분화된 연구체제에 대한 반성에서 출발해, 일정한 지역을 연구대상으로 그 지역의 문화와 사회적 환경을 종합적으로 이해하는 것을 목적으로 한다. 따라서 그 연구내용에 대해서는 차이가 인정되지만, 그 사회적 유용성에 대해서는 지역지리 연구와 심한 경합을 하고 있다고 할 수 있다.

지역지리 연구가 쇠퇴한 원인은 지역에 대한 종합적·나열적 기술이나 지리학자의 편협성·폐쇄성에 있다. 그리고 지역조사에서 외부자의 관점뿐만 아니라 지역의 생활세계에서 살아가는 사람들의 관점도 포함시킨 지역으로 다시 정의될 필요가 있다. 그래야 보다 광범위한 사회의 사람들에게 공감을 주는 지역 이해가 가능하다.

자연조건과 더불어 국내의 도시를 골격으로 한 지역구조(지역 시스템)나 지역격차 등은 지역연구에서 피해 갈 수 없는 문제라고 할 수 있다. 지역지리만의 연구방법과 영역을 가지되, 지역연구와 협력해 독자의 지위를 구축하는 것이 절실하다.

1) 지역지리의 연구대상으로서 지역이란?

지역지리에서 가장 중요한 것 중의 하나는 지역 구분의 문제이다. 지역 구분이야말로 지역지리 연구의 전제이며 동시에 결론이라 할 수 있다. 이 지역 구분에 의해 설정된 것이 바로 지역(region)이다.

(1) 지역이란?

지역이란 땅의 경계를 이루는 것으로 헤트너에 의해 이름 붙여졌다. 본래 정치 권력이나 행정당국에 의한 지리공간의 분할을 의미하는 개념으로, 라틴어 'rex(영주)', 'regere(통합한다)'에서 유래한다. 지역은 문명이나 생활양식 등 과거 유산의 상속자이다. 그러나 단지 그 장소의 과거만의 문제가 아니라, 특정 지역의 역사가 어떤 장소 또는 어떤 집단이나 개인의 역사와도 같듯이, 그 지역이 과거에 외부세계와 유지된 관계 시스템에 의해서도 규정된다. 〈그림 1-8〉은 자연환경, 경제환경, 문화환경이 상호작용하는 유기체로서의 지역을 나타낸 것이다. 법칙정립적 공간과학에서 지역은 분명한 공간적 범위를 가지는데, 국가 규모보다는 작고 도시 규모보다는 크다.

〈그림 1-8〉 지역 이해를 위한 개념 구성도

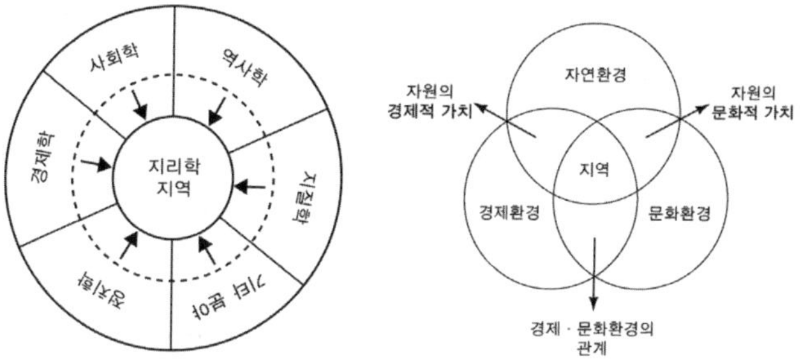

자료: Morrill(1970: 7); Bryant et al.(1982: 19).

지리학에서 지역과 구분하지 않고 사용하는 용어에는 장소(place), 지구(地區, district), 영역(area), 구역(regime), 지대(地帶, zone), 권역(realm), 공간(space) 등이 있는데, 이들 용어와 지역은 구분해 사용해야 한다. 또 사회지리학(social geography)에서의 사회공간(social space)과 장소(place)는 지역과는 다른 개념을 갖고 있다. 사회공간은 뒤르켐(É. Durkheim)이 처음 사용한 용어로, 사회집단의 구성원이 일상적 생활에서 공통적으로 행동하고 지각(知覺)하는 범위 또는 사회집단이 입지하고 그 집단에 부속된 공간으로 해석한다. 한편 장소는 주체가 가지고 있는 의미와 가치를 포함한 공간을 말한다. 20세기 후반에 들어와 지리학에서는 지역 또는 슐뤼터(O. Schlüter)의 경관(景觀, Landschaft)이란 용어 대신에 공간이라는 용어를 자주 사용하고 있다. 이것은 지역이나 경관의 구체적이고 개성적인 측면보다는 추상적이고 일반적인 측면을 추구하려는 지리학의 이론화 추세에서 나온 결과이다.

휘틀지가 정의한 지역은 첫째, 국지적·지역적·국가적 규모의 어떤 크기를 갖고 있다. 둘째, 특정한 지표에 의한 등질지역이어야 한다. 셋째, 영역적으로 관련된 사상(事象, feature)의 특별한 결합과 몇몇 내부적 결합에 의해 상호의존 관계를 가진다.

이와 같은 지역의 기본적인 속성은, 첫째, 지표면(the earth's surface)에 정의된 공간이다. 둘째, 일정 이상의 통합(compactness)을 이루고 있다. 셋째, 경계를 갖고 있다. 즉, 지표면상에 나타나는 현상에 고유의 기준으로 경계를 설정할 수 있다. 넷째, 차이성(differentiation)을 갖고 있다. 즉, 지역이 설정된 현상의 특성에서 인접지역과 구별된다. 다섯째, 유일성(uniqueness)으로 지역은 동일 현상에 의해 설정된 다른 모든 지역과는 그 입지(location)가 다르다. 이상의 속성 중 첫째에서 셋째까지는 지역이 갖고 있는 가장 기본적인 속성이다. 그리고 넷째와 다섯째의 속성은 부차적인 성격이고, 다섯째의 속성은 오늘날 논쟁이 계속되는 문제점의 하나이다.

(2) 지역의 유형

연구수단으로서의 지역은 그 설정목적 및 설정방법에 따라 여러 가지 유형으로 나눌 수가 있다. 하깃은 〈그림 1-9〉와 같이 지역의 유형을 통일화시켰다. 먼저 지역의 설정목적은 정보의 전달과 정책결정의 두 가지로 나눌 수가 있다. 지역은 지표상에 존재하는 많은 양의 정보를 계통적으로 묶어 전달하기 위한 수단으로 널리 사용되어왔다. 이 경우 지역은 형식적인 방법에 따라 설정된 형식지역(formal region)과 '중동'·'대평원(Great Plains)' 등과 같이 형식적인 과정을 거치지 않고 경험적으로 정해진 지역으로 나누어진다. 이에 대해 행정 또는 조직이 행한 정책결정을 효과적으로 수행하기 위한 목적으로 어떤 특별한 기초에 바탕을 두고 설정된 지역이 있는데, 이것을 계획지역(planning region)이라 부른다. 그리고 일반지역(generic region)은 지역이 갖고 있는 특색, 즉 내적 성격에 의해 형성된 지역을 말하고, 특수지역(specific region)은 주변지역과 다른 특징을 가진 고립화된 지역을 말한다.

〈그림 1-9〉 지역의 유형

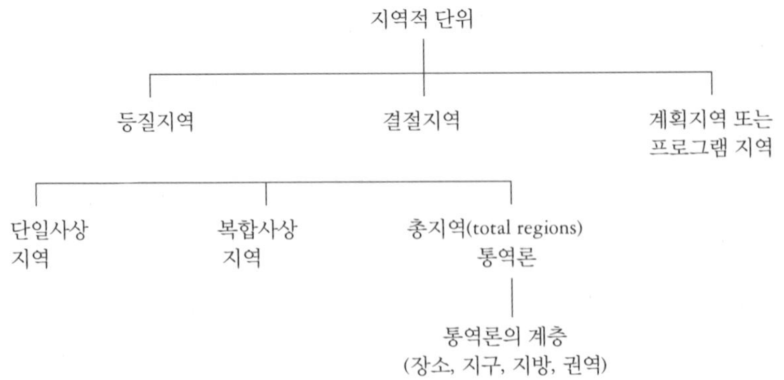

자료: Haggett(1977: 451).

지역 설정방법에는 세 가지가 있다. 첫째, 지역을 설정하기 위해 사용되는 지표(指標)의 수에 의해 단일사상지역(單一事象地域, single feature region)과 복합사상지역(multiple feature region)으로 나누어지는데, 오늘날의 주성분분석이나 인자분석 등에 의한 지역설정은 복합사상지역에 속한다. 이 복합사상에 의한 지역구분은 하트숀에 의해 이루어졌다.

둘째, 공간적 조직의 측면에서 지표의 균등성에 바탕을 두고 조직된 지역과, 결절점과의 결합관계에 바탕을 두고 조직된 지역으로 나눌 수 있다. 전자를 등질(동질, 균질)지역(homogeneous region)이라 하고, 후자를 기능지역(機能地域, functional region) 또는 거점지역(polarized region), 결절지역(nodal region)이라 한다. 등질지역은 사상(事象)이 같은 정도로 지배되는 지역의 범위를 말하는데, 등질지역의 반대는 이질지역(heterogeneous region)이다. 기능지역은 종류가 다른 사상이 각각 지배적인 지역으로 결합되어 보다 큰 하나로 구성된 지역을 말하는데, 그 목적·과제·용도 등에 의해 설정될 수 있다. 기능지역이라는 용어는 1928년 플랫(R.S. Platt)이 처음 사용했는데, 이에 앞서 영국의 지리학자 존스(P.E. Jones)는 1920년대에 등질성(homogeneity)과 기능적 조직(functional organization)이라는 두 가지 개념을 제안했다. 결절지역은 기능지역에 계층구조가 존재하는 지역을 말한다. 결절지역이라는 표현은 1954년 휘틀지(D. Whittlesey)가 처음 사용했다(〈그림 1-10〉).

〈그림 1-10〉 등질지역과 기능지역의 단순한 모형

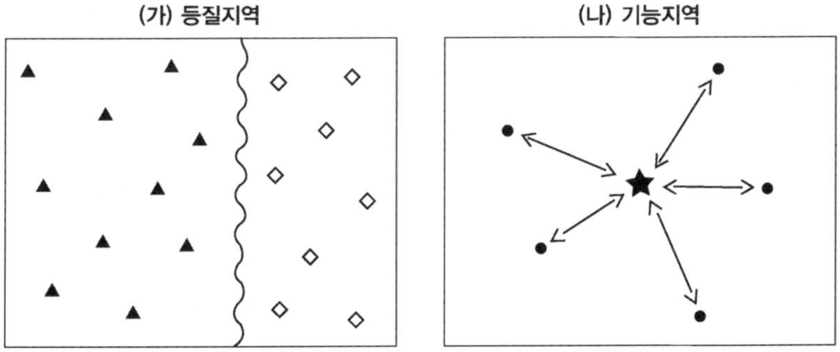

자료: 中村 外(1991: 111).

셋째, 지역의 설정방법은 작은 지역 단위에서 연구 대상 지역으로 통합시켜가는 방법(grouping)과 거꾸로 연구 대상 지역을 분할해가는 방법(splitting)으로 나누어진다. 전자에서는 지역 구축(region building)이 행해지고, 후자에서는 지역 구분(regional division)이 행해진다.

2) 지역범위 설정의 접근방법과 지역 구분의 규칙

(1) 지역범위 설정의 접근방법

지역범위를 설정하는 방법으로는 해양을 중심으로 한 지역지리와 국가 간의 결합관계를 중심으로 한 지역지리로 나눌 수 있다.

① 해양을 중심으로 한 지역지리

해양을 중심으로 한 지역지리는 바다를 중심으로 하나의 지역적 단위를 설정하는 것이다. 1951년 프리만(O.W. Freemann)이 편집한 『태평양 지리학(Geography of Pacific)』, 1967년 프리스(H.R. Friis)가 편집한 『태평양 분지－지리적 탐험사(The Pacific Basin: A History of its Geographical Exploration)』는 지역지리적 체계를 갖추지는 않았으나 태평양이 하나의 지역적 단위로 되어 있다. 1987년 서울에서 개최된 제16회 태평양 학술회의는 태평양을 중심으로 한 인접 국가들이 모여 여러 가지 공통적인 학문적 과제를 논의한 자리였다.

태평양 지역은 환태평양 조산대에 의한 화산·지진대가 분포하고 있다는 공통점 이외에도 태평양 연안 여러 나라에 인구밀도의 높고 낮음, 문명의 발달 정도, 농업의 생산양식, 유럽인의 개척, 선진공업국과 개발도상국의 중간에서 급속히 공업화가 진전되는 국가의 존재, 무역마찰 등의 문제가 있는 곳이다. 이 지역은 앞으로 태평양 시대의 주역들의 활동장소로 등장한다.

로마에 있는 국제문제연구소 소장인 루치아니(G. Luciani)가 1984년에 편집한 『지중해 지역(The Mediterranean Region)』은 지중해 지역의 경제적·전략적 중요성을 인지하고 그곳의 법적 여러 문제(경계, 대륙붕, 해양법), 에너지 자원 등을 중심으로 한 경계, 경제적 이해의 대립과 분쟁 등을 다룬 것이다.

② 국가 간의 결합관계를 중심으로 한 지역지리

호프만(G.W. Hoffman)이 1983년에 편집한 『유럽 지리학(The Geography of Europe)』(제5판)은 통론적 내용으로 역사지리(민족, 언어, 종교, 인구, 취락, 경제), 자연(지형, 기후, 환경변화), 사회·경제적 변화, 지역개발정책 등을 취급했으며, 지역별로는 영국, 서부 유럽, 북부 유럽, 중부 유럽, 남부 유럽, 동부 유럽, 구소련(시베리아 포함)의 7개 지역으로 구분해 기술했다. 그리고 끝 부분에서는 대륙으로서의 유럽이나 동서 양 진영으로 나누어 경제적·정치적 전망, 조직체의 가입을 파악한 후 동서의 결합관계나 국가 간의 상호의존에 대해 서술했다. 이런 점에서 국가 간의 결합에 의한 지역지리 기술이 필요하다고 하겠다. 또 지역지리 연구의 대상이 작은 읍(small town) 규모나 농촌 행정규모 정도로 축소시켜 연구해야

〈표 1-3〉 국제기구에 가입한 동·동남아시아 국가들(2008년)

구분	동남아시아 연합 (ASEAN)	아시아태평양 경제협력회의 (APEC)	경제협력개발 기구 (OECD)	마셜 (Marshall) 계획	석유수출국 기구 (OPEC)
한국		○	○		
일본		○	○	○	
중국(홍콩 포함)		○			
몽골					
타이완		○			
베트남	○	○		○	
캄보디아	○			○	
라오스	○			○	
타이	○	○		○	
미얀마	○			○	
말레이시아	○	○		○	
싱가포르	○	○		○	
필리핀	○	○		○	
브루나이	○	○		○	
인도네시아	○	○		○	○
동티모르					
가입국	10	11	2	11	1

된다는 의견도 제시되고 있다. 아시아의 국가 간 결합관계는 〈표 1-3〉과 같다.

(2) 지역 구분의 규칙

지역 구분(regionalization)은 지역에서 제공하는 많은 정보를 질서 및 일관성에 의해 정리하는 수법으로, 지역에 관한 정보를 정리할 수 있으며 지역을 분석하는 기본적인 수단의 하나이다. 지역 구분은 분류대상의 유사한 특성과 대상물 상호 간의 관계에 바탕을 두고 있는데 분류의 목적과 접근방법에 따라, 첫째 논리적 구분(상부로부터의 분류)과 분류(좁은 의미의 분류로 하부로부터의 분류), 둘째, 자연적 분류(일반적 분류)와 인공적 분류(특수적 분류), 셋째 분석적(analytical) 지역 구분과 종합적(synthetic) 지역 구분[10]으로 나눌 수 있다.

이와 같은 지역 구분의 규칙은 다음과 같다. 첫째, 지역 구분은 절대적이 아니고 가변적이다. 즉, 개체에 대한 정보량이 증가되면 지역 구분이 변하게 된다. 둘째, 분화지표(分化指標)에 관한 규칙으로 분류하고자 하는 개체의 특성을 분류해야 한다. 그러나 종래에는 고유의 특성보다 분포를 규정짓는다고 생각하는 지표를 사용했다. 예를 들면 농업지역의 구분에서 작물결합이나 농업규모와 같은 농업적 특성을 사용하지 않고 토양·기후형을 사용했다. 셋째, 지역 구분의 철저성과 구분의 상호배타성의 규칙으로 미분류 개체가 있어서는 안 되고, 어느 하나의 그룹에만 속해야 한다. 넷째, 지역 구분의 각 단계에서 분화지표가 동일해야 한다. 다섯째, 분류단계에서 분화지표의 서열에 관한 규칙으로 제1단계의 분류는 분류목적 중에서 가장 중요한 분화지표를 사용해야 한다.

한편 공간적으로 연담(連擔)해 있는 하나의 지역을 최대한 균질의 부분지역으로 구분하려고 할 경우에는 최적화문제로 해결할 수 있다. 일반적으로 최적화문제의 해법은 최적해(最適解)를 만족시키는 필요조건을 바탕으로 하며, 지역 구분에도 최적의 필요조건이 존재한다면 기대하고자 하는 부분지역을 나타내는 것이 유용하다.

10) 분석적인 지역 구분은 전체 지역을 일정한 기준에 의해 나누는 것을 반복적으로 행함으로써 지역의 계층성을 추출하는 것으로, 이는 구분(classification)의 방법과 유사하다. 종합적인 지역 구분은 하위지역에서 상위지역으로 지역화가 이루어진다는 점에서 분류(division)와 유사하다.

4. 지역의 스케일과 지역단위

지역의 스케일(scale)은 지역연구에서 취급할 현상 및 자료의 종류와 내용뿐만 아니라 지역의 특색을 일반화하는 정도를 다르게 나타낸다. 휘틀지는 지역 스케일을 크기에 따라 권역, 지방, 지구, 장소 등으로 분류했다. 각 지역 규모에서 분석을 위한 지도축척은 장소는 1/1만, 지구는 1/5만, 지방은 1/100만, 권역은 1/500만이다.

최근 인문지리학에서 공간 스케일의 문제가 대두되고 있다. 스미스(N. Smith)는 스케일이란 경제사회의 공간적 분화를 촉진하는 일종의 조직원리이고, 특정한 스케일은 특정한 사회경제활동의 기반이 되는 것으로 이해했다.

지리학에서 스케일에 대한 연구는 오랜 전통을 가지고 중요하게 생각해왔는데, 그 이유는 스케일이 지리학 연구의 구성, 그 내용분석, 분석방법, 결과의 해석, 그리고 도출되는 결과에 영향을 미치기 때문이다. 스케일은 네 가지로 분류할 수 있다. 첫째, 지도 스케일(cartographic scale)로서 실제 세계의 거리와 지도상의 거리 비율을 말하며, 이는 지도상에 공간형상이 얼마나 상세하게 표현되는가와 관련된다. 둘째, 지리적 스케일(geographical scale)로서 연구지역의 공간 크기(size)나 범위(extent)를 말한다. 셋째, 측정 스케일로서 이는 공간형상을 인지하는 최소단위를 말하며, 해상도(resolution), 정밀도(precision), 그레인(grain) 등의 개념과 함께 많이 사용된다. 마지막으로 작동 스케일(operation scale)로서 공간상에서 공간 프로세스가 작동하는 공간범위를 말한다. 이러한 네 가지 유형의 스케일이 존재하지만 실제 연구를 할 때에는 개별 유형을 따로 분류하기 어려우며, 또한 두 가지 이상의 스케일이 복합적으로 결합되는 경우가 많다.

일반적으로 공간 스케일의 효과가 발생하는 근원은 공간 데이터가 가지고 있는 공간적 종속성(spatial dependency)에 있는데, 공간상에서 공간 사상(事象) 간에 공간적 자기상관[11]이 발생함으로써 공간단위가 가지는 속성의 변이에 영향을 준다. 이때에 공간단위의 스케일이 달라지면 공간단위가 가지는 속성의 변이도 달라지는데, 일반적으로 공간단위가 커질수록 속성의 변이는 작아지고 자기상관은 감소한다. 반대로 공간단위가 작아지면 변이는 커지고 자기상관은 증가한다. 이러한 이유로 연구자가 임의로 데이터의 공간단위를 재구성할 경우에는 데이터가

11) 어떤 시점에서의 분포값이 가까이 있는 어떤 지점의 값과 상호관계를 가지고 있다는 것을 나타내는 개념이다.

가지는 속성의 변이와 자기상관 효과가 달라지므로 연구취지와는 다른 분석결과가 나올 수 있다. 또한 같은 연구지역이라 하더라도 특정 스케일에서의 분석결과는 다른 스케일에서의 분석과 다르게 나타나므로 이에 유의할 필요가 있다.

지역단위는 최소의 지역으로 묶어진 것으로, 그 이상 분할하면 동질성이나 기능적 관점에서 통합성이 없는 것을 말한다. 지역단위의 내부에서 생기는 모든 현상은 주위의 다른 지역 단위와는 양적·질적으로 다르며 불연속적이어야 한다.

인문지리학에서는 일반적으로 조작상 정의된(operationally defined) 지역단위를 사용하고 있다. 여기에는 행정단위와 격자체계(grid system)가 있다. 행정단위의 지역단위에는 몇 가지 문제점이 있다. 첫째, 행정단위에 관한 통계는 일반적으로 평균화된 자료이며, 그 단위 내에서의 지역적 변동을 숨기고 있다. 둘째, 연구하고자 하는 현상의 분포는 반드시 행정단위의 경계와 일치하지 않는다. 셋째, 행정단위가 같은 크기·형상을 갖고 있지 않는 것은 자료에 여러 가지 영향을 미치고 있다. 그러나 각종의 자료를 쉽게 이용할 수 있기 때문에 지역단위로서 오늘날 가장 일반적으로 사용하고 있는 것이 행정단위이다.

이상의 문제점을 해결하기 위해 크기와 형상을 일정하게 한 것이 격자체계이다. 이러한 예로 1/5만 지형도의 가로와 세로를 각각 20등분해 구획한 기준방안(基準方眼, mesh)이 있다. 이것은 한 변이 약 1km인 정사각형의 지역단위로, 1965년 일본의 국세조사에서 이 기준방안에 의해 자료를 정비했다.

제3장

아시아의 지역 구분과 환경

1. 아시아 지역의 구분

지역을 구성하고 있는 여러 가지 현상은 다른 지역과 유사하기도 하고 다르기도 하다. 이 유사성과 차이성에 착안해 다양한 지역을 구분할 수 있다. 지역 구분은 세계의 지역구성이나 배치관계를 보다 계통적·조직적으로 이해하는 데 이용되는 기본적인 수단의 하나이다.

세계를 크게 대륙이나 산지·평야로 나누는 지형구나, 세계를 열대·온대·냉대·한대·건조지역 등으로 나누는 기후구는 자연지역 구분이라고 할 수 있다. 허버트슨(A.J. Herbertson, 1865~1915)은 기후와 식생이 각종 자연조건을 가장 종합적으로 반영한다는 입장에서 세계의 자연지역을 계통적으로 구분했다(〈그림 1-11〉). 한편 경제활동은 고대의 채취경제에서 농업·수공업의 발달단계를 거쳐 산업혁명을 맞이했다. 그 뒤 영국에서 시작한 산업혁명은 프랑스·독일에 그 영향을 미치고, 세계적인 경제의 지역분화가 급속히 진전됐다. 그러나 경제의 발달단계는 자연환경이나 사회환경의 조건에 제약을 받아 현재에도 지역에 따른 차이가

〈그림 1-11〉 허버트슨의 자연지역 구분

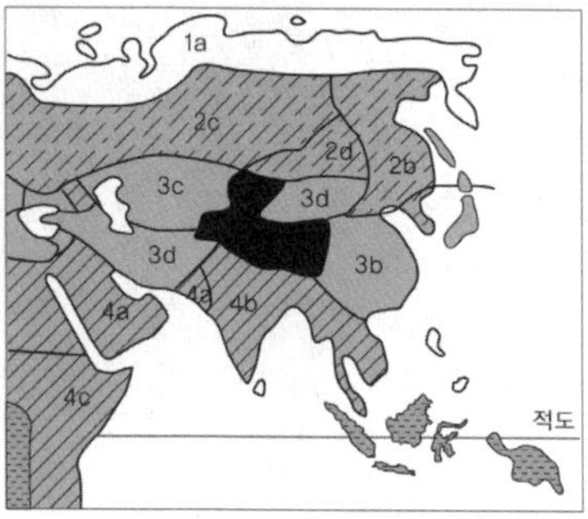

주: 1a-극지지방 저지(툰드라), 2b-냉량 온대지방 동안(東岸)(세인트로렌스형), 2c-냉량 온대지방 저지(시베리아형), 2d-냉량 온대지방 내륙고지(알타이형), 3b-온난 온대지방 동안(중국형), 3c-온난 온대지방 내륙저지(트란형), 3d-온난 온대지방 고원(이란형), 4a-열대지방 서부사막(사하라형), 4b-열대지방 몬순 하우형(夏雨型).

자료: Harbertson(1905: 305).

뚜렷하다. 이밖에 국민총생산(GNP)으로 나타내는 경제발전 수준, 무역형에 의한 구분, 농업의 생산형태에서 본 지역 구분 등도 있다(〈그림 1-12〉).

이상과 같은 지역 구분에는 많은 종류가 있다. 이 책에서는 인간생활을 규정하고 있는 사회의 기능에 중점을 둔 결절지역과 사회조직이나 문화의 등질성에 착안한 문화지역을 생각하고, 나아가 이들에 기본적으로 영향을 미치는 자연환경을 가미해 지역 구분을 했다.

지역 구분에서는 유사한 성질의 전통문화가 지배적인 지역을 문화권 또는 문화지역이라 부르는데, 이를 바탕으로 지역을 나눌 수 있다. 문화지역은 역사적인 성격이 강하고, 경제지역에 비해 영속하는 성질을 가지고 있다. 아시아의 문화지역은 중국의 영향을 받은 동아시아 문화지역, 인도문화의 영향을 받은 인도문화지역, 중국문화와 인도문화의 점이지대인 동남아시아 문화지역, 말레이 문화지역, 서남아시아 이슬람교의 영향을 받은 이슬람 문화지역으로 나누어진다. 유교와 한자를 기초로 해 발달한 중국문화는 황허 유역에서 중국 각 지역, 일본, 베트남에 이르기까지 동아시아 문화지역을 형성했다. 불교·유교·도교·신도(神道) 등 다양한 종교가 분포하고, 서양문화와 크게 다른 동양문화를 공통으로 갖고 있다.

〈그림 1-12〉 근대화의 정도에서 본 지역 구분

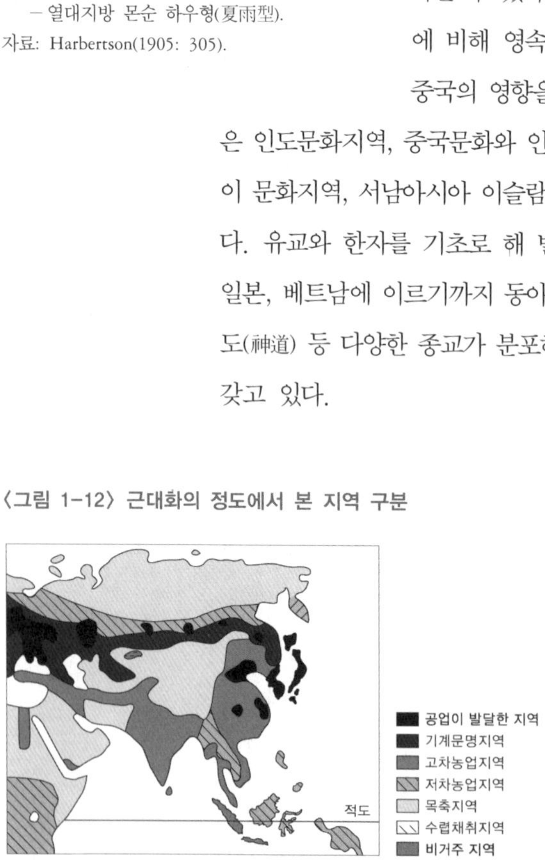

자료: Hoyt(1977: 4).

인도문화지역은 인도에서 인도차이나 반도에 걸친 지역으로 민족뿐만 아니라 종교·언어도 다양하다. 인도에서는 힌두교와 카스트 제도가 사회생활의 기초가 된다. 불교가 성한 인도차이나 반도는 인도문화의 복합지역으로 볼 수 있다. 말레이 문화지역은 말레이 반도와 말레이 여러 섬에서 서쪽으로는 마다가스카르 섬의 동부, 동쪽으로는 필리핀에 이르는 지역이다. 동서의 항로, 민족·문화의 통로로 여러 종교가 분포하고 있다.

이슬람 문화지역은 오리엔트 문명과 이슬람교의 발상지로 사라센 문화를 빛낸 문화지역이다. 서남아시아에서 북부 아프리카의 건조지역에 걸쳐 있으며, 이슬람교가 문화·생활에 반영되고 있다. 범아랍 연대이지만, 한편으로는 민족이나 종교의 대립이 존재하고 있다.

기후환경으로 보아 동·동남·남아시아는 몬순(monsoon)지역이고, 중앙·서남아시아는 건조지역으로 구분된다. 문화지역을 중심으로 아시아를 지역 구분한 것은, 종래의 자연경계 우선의 지역 구분에서 문화지역 우선으로 변화한 것으로 합당한 지역 구분이라 하겠다. 이것은 첫째, 미작을 기초로 해 동양문화를 갖는 몬순 아시아, 둘째, 이슬람교에 의해 통합된 중앙·서남아시아로 구분한 것이다.

지역별 서술은 핵심지역이 아시아의 경우는 일본이기 때문에 일본이 위치한 동아시아, 동아시아와 남아시아의 점이지대인 동남아시아, 그다음으로 남아시아, 마지막으로 중앙·서남아시아의 순서로 기술하기로 한다. 지역(국가)별 기술은 통론적인 부분을 기술한 후 자연환경, 인문환경에 대해 기술할 것이다. 자연환경을 먼저 기술하는 것은 토지를 기반으로 인간생활이 이루어지기 때문이다. 아시아의 각 국가와 그 하부지역을 나타낸 것이 〈그림 1-13〉이다.

〈그림 1-13〉 아시아의 지역 구분

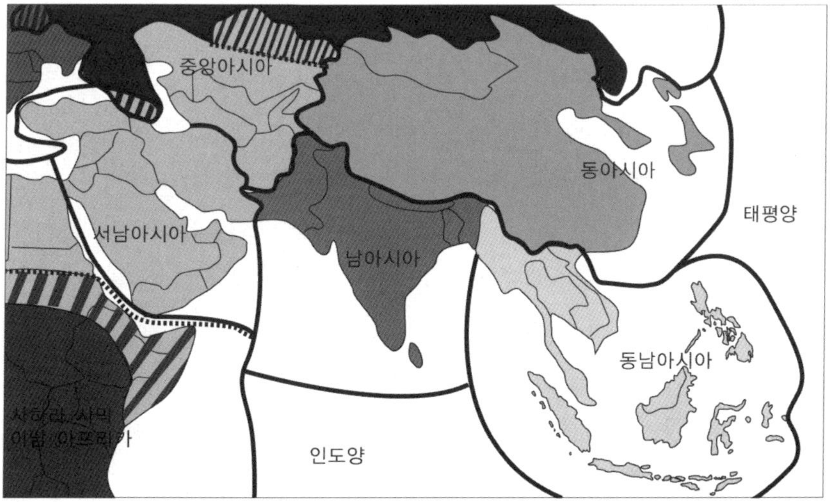

자료: Blij and Muller(2000: 5).

2. 자연환경의 형성

지구는 오래전 냉랑한 우주공간의 한 귀퉁이에서 티끌, 돌덩어리, 기체가 모이면서 점점 커지기 시작했다. 수억 년 동안 덩어리는 덩어리와 합쳐져 원시지구를 형성했다. 크고 작은 운석들이 충돌할 때에 생긴 열과 지구 중심으로 작용하는 인력과 압력에 의한 열은 지구 내부를 수천 ℃의 열로 들끓게 했다. 이때에 암석 속에 들어 있던 방사성 동위원소들이 열을 내기 시작했다. 지구가 만들어지기 시작한 약 45억 년 전에는 현재 지구에 들어 있는 방사성 원소의 양보다 더 많은 양의 방사성 원소가 있어 다량의 열을 방출해 지구 내부를 가열시켰다.

원시지구를 형성한 여러 가지 물질들이 용해되면서 밀도가 작거나 비중이 작은 암석은 가벼운 물질로 지구 내부에서 분리되어 떠올라, 약 40억 년 전부터 육지가 만들어지고 그 면적이 증대됐지만 지구 표면의 겨우 30%를 차지하는 것이었다.

이렇게 형성된 육지는 지난 30억 년 동안은 하나의 대륙이었으며 여러 순상지(楯狀地)를 핵으로 점차 성장해왔는데, 이 대륙을 베게너(A. Wegener, 1880~1930)는 판게아(Pangaea)라 했다. 이 대륙은 고생대 말(약 2억 년 전)부터 갈라져 대규모의 이동이 시작됐는데, 중생대 초기까지는 한 개 또는 두 개의 큰 대륙이 형성됐다. 유라시아와 북아메리카는 로라시아(Laurasia)로, 인도 · 아프리카 · 남아메리카 · 오세아니아 · 남극은 곤드와나(Gondwana) 대륙으로 나누어졌고, 신생대 제4기 초까지는 현재의 대륙 모습을 갖추게 됐다. 이와 같이 지구의 대륙들이 각각 독립된 단위로 이동해왔다는 대륙이동설(continental drift)을 처음으로 주창한 사람은 독일의 기상학자 베게너이다(〈그림 1-14〉).

판게아 대륙은 중생대 트라이아스기 말에 현재의 북아메리카 대륙과 아프리카 대륙 사이가 갈라지기 시작해 쥐라기 초에 대서양을 만들었다. 로라시아 대륙은 쥐라기 중엽에 곤드와나 대륙과 완전히 분리됐으며, 곤드와나 대륙은 쥐라기 초에 남아메리카-아프리카, 인도 아(亞)대륙, 오스트레일리아-남극 대륙으로 갈라지기 시작해 인도양을 만들었다. 백악기 초 북아메리카 대륙과 유라시아 대륙의 분리로 북대서양이 넓어지고, 아프리카 대륙과 남아메리카 대륙의 분리로 남대서양이 탄생했다. 인도 아대륙은 곤드와나 대륙에서 분리되어 북상해, 백악기 중엽에 오스트레일리아 대륙과 남극 대륙이 분리되기 시작했다. 또한 아프리카 대륙

〈그림 1-14〉 대륙이동설

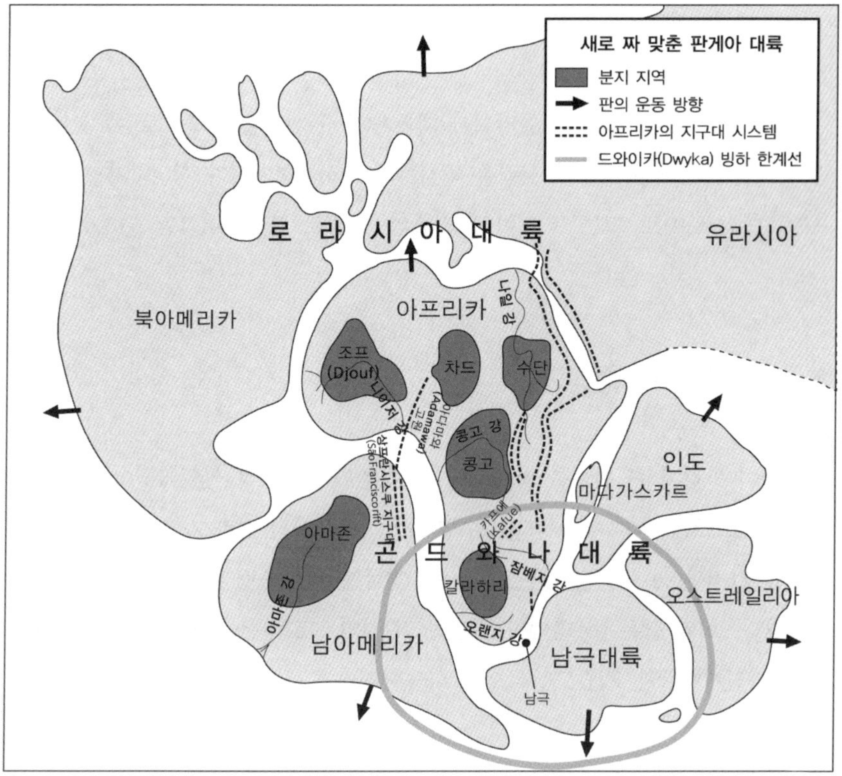

자료: de Blij and Muller(2000: 339).

〈그림 1-15〉 우랄 산맥의 중턱에 자리한 아시아와 유럽의 경계비(2001년)(왼쪽)와 이를 구분한 타티셰프의 동상(오른쪽)

주: 이 경계비를 중심으로 동쪽은 아시아, 서쪽은 유럽임. 타티셰프의 동상은 예카테린부르크 중앙광장에 있음.

과 인도 아대륙의 북상으로 테티스(Tethys) 해가 좁아지기 시작했으며, 아메리카 대륙이 태평양과 만나 해구를 형성하면서 로키 산맥과 안데스 산맥의 조산운동이 일어났다.

이와 같이 형성된 지구의 유라시아 대륙을 우랄 산맥을 기준으로 아시아와 유럽의 대륙으로 처음 구분한 사람은 러시아의 도시개척자이자 지리학자인 타티셰프(B. Tatischeff)로 그는 '러시아 지리학의 전설'로 불린다(〈그림 1-15〉).

3. 인문환경의 형성

인간이 환경에 큰 변화를 가져오게 한 것은 농업혁명과 산업혁명이다. 농업혁명은 지금으로부터 약 1만 년 전 수렵채취 생활에서 농경과 가축사육 및 도시의 출현을 가져왔다. 산업혁명은 1750년경 영국에서 새로운 과학과 기술의 발달을 가져왔다. 이와 같은 두 혁명이 세계 여러 지역으로 확산(diffusion)되어 현재 세계는 선진개발국과 개발도상국으로 나누어진다.

1) 농업혁명과 인문환경의 형성

농업혁명이 일어난 지역은 아시아의 경우 중국의 화베이 지방, 동남아시아, 서남아시아의 메소포타미아 평원지역이다. 이들 지역에서 인접지역으로 농경과 가축사육이 전파되어갔다. 농경과 가축사육 기원지에서 재배된 작물과 사육된 가축은 〈표 1-4〉와 같다.

이와 같이 농업혁명에 의해 농산물의 생산량이 증가해 부양능력이 커짐에 따라 인구도 증가했으며, 인구증가에 따라 도시도 출현했다. 100만 년 전 세계의 인구는 약 12만 5,000명으로 추정하고 있다. 그 후 2만 5,000년 전에는 약 334만 명이 됐으며, 1만 년 전에는 약 532만 명이 지구상에 살고 있었다. 그러나 농업혁명 이후인 6,000년 전에는 8,650만 명으로 1만 년 전에 비해 무려 16배나 증가했다. 이에 따라 아시아의 도시 출현은 메소포타미아 지역, 인더스 강 유역, 황허 강 유역에서 이룩됐다.

〈표 1-4〉 아시아의 농경과 가축사육 기원지

기원지	작물	동물	기원지	작물	동물
구대륙 동남아시아	대나무, 얌(yam), 타로감자, 가지, 바나나, 사탕수수, 감귤류, 망고, 고추, 차	개, 고양이, 오리, 거위, 닭, 돼지, 소, 물소	나일 강 유역	수수, 기장, 목화, 참깨, 오이, 완두, 편두, 멜론	개, 고양이, 당나귀
중국 화베이 지방	벼, 수수, 기장, 콩, 무, 양배추, 뽕나무, 살구, 감, 복숭아, 서양 자두, 차	개, 닭, 돼지, 말, 누에	서아프리카	쌀, 콜라나무, 수박	
메소포타미아 지방	밀, 보리, 호밀, 커리, 아몬드, 대추야자, 무화과, 올리브, 완두, 양파, 순무, 양배추, 황색 큰 순무, 포도	개, 비둘기, 양, 염소, 소, 돼지, 단봉낙타, 낙타, 꿀벌	신대륙 중앙아메리카	옥수수, 목화, 해바라기, 코코아, 감자, 토마토, 고추, 콩, 호박, 아보카도, 담배	개, 칠면조
중앙아시아 지방	삼, 아마, 호두, 아몬드, 편두, 완두, 순무, 양파, 당근, 사과, 체리, 배, 멜론	개, 닭, 양, 소, 말, 야크, 쌍봉낙타, 순록, 꿀벌	북부 안데스 지방	감자, 콩(강낭콩), 호박(서양), 호박, 딸기	기니피그, 야마, 알파카, 비쿠냐, 라마류
에티오피아	커피		남동 아메리카	땅콩, 코코아, 해바라기, 카사바, 고구마, 강낭콩, 호박, 파인애플	개, 집오리

자료: English(1984: 15).

메소포타미아(그리스 어로 '강 사이의 땅'이란 뜻) 지역의 초기 도시는 수메르 인(Sumerian)에 의해 세워진 에리두(Eridu)이고 그 후에 우르(Ur) 등이 건설됐으며, 도시들은 주로 유프라테스 강의 상류를 따라 북서쪽으로 발달했다. 이러한 도시들은 언어, 종교 등을 포함하는 문화, 경제, 사회구조, 생산기술 등이 비슷했으나 모두 독립적이었다. 도시의 면적은 작았고, 거주 인구수도 적었다(〈표 1-5〉). 초기 도시인들의 주식은 밀과 보리였다. 그들은 청동기를 사용하고 농경에는 소를 이용했으며 바퀴 달린 수레도 사용했다. 이러한 기술적인 바탕과 함께 설형문자(cuneiform writing)의 사용은 사회변혁을 일으키는 원동력이 됐다. 이는 행정제도와 법률제도를 발달시켰으며 더욱 정밀한 사고력의 발달을 가능케 했다. 또한 문자는 수학, 천문학을 비롯한 과학의 발달에 필요 불가결한 것이었다.

메소포타미아의 초기 도시들은 정치적 중심지였다기보다는 종교와 상업의 중심지였다. 물론 정치 지도자는 도시와 주변 지역을 관할 통치했지만 다른 기능에

〈표 1-5〉 메소포타미아와 인더스 강 계곡의 면적과 인구

지역	도시	인구(명)	면적(㎢)
메소포타미아	우르(Ur)	5,000	0.9
	에레크(Erech)	25,000	5.2
	바빌론(Babylon)	-	8.3
인더스 강 계곡	모헨조다로(Mohenjo-Daro)	20,000	2.6
	하라파(Harappa)	20,000	2.6

자료: 李惠恩(1983: 4).

비해 정치적 기능은 오히려 약했다.

인더스 강 유역의 중요한 두 도시는 모헨조다로(Mohenjo-Daro)와 하라파(Harappa)이다. 이들 두 고대도시는 비록 60㎞ 정도 떨어져 있었지만 도시가 지닌 문화의 정도는 비슷했다. 또한 두 도시 모두 계획도시였다. 따라서 두 도시의 공간구조, 사회구조 및 기본경제가 거의 같았으며 더욱이 도시의 면적도 같았다.

두 도시는 하나의 통일된 국가에 속해 같은 통치자에 의해 다스려졌던 것으로 추측된다. 이는 메소포타미아에 발달한 도시와 다른 점이다. 또 문자, 바퀴 달린 수레, 성채의 축조 등은 메소포타미아 문화의 영향을 받은 것으로 추측할 수 있다. 그러나 이 지역의 도시는 메소포타미아의 도시와는 다른 형태로 발달했으며, 도시의 기능 역시 메소포타미아 도시들과 다르게 나타났다. 따라서 인더스 강 유역의 도시는 다른 도시와는 독립적으로 발생되어 성장했다.

고대 중국에 발달한 도시는 고대에서 현재까지 행정적 기능을 지닌 성곽도시라는 특징을 지니고 있다. 양사오(仰韶)·판산(盤山)·룽산(龍山) 등은 마을이 발달해서 도시가 됐으며, 이들 도시의 입지는 각각 고지·산지·평야지대로 메소포타미아나 인더스 강 유역의 평야지역에 발달한 도시와 그 입지가 달랐다.

이 도시들은 처음에는 정주농경과 함께 발달한 영구취락이었으며 모두 성(城)으로 둘러싸여 있었다. 농경기술은 계속 발달했으며, 주요 농기구는 괭이, 가래, 낫, 곡괭이 등이었다. 이 시대는 문화적으로 신석기시대에 속했으며, 말기에는 청동기의 사용이 나타나기 시작했다. 이때 발달한 도시는 농경취락이었으며 농업과 종교의 중심지였다. 이 도시들은 고대 중국에서 도시 발달의 원동력이 됐다.

2) 산업혁명과 인문환경의 형성

중세에 들어와서 농업적 변혁이 계속되어 인구가 증가됨에 따라 삼림이 벌채되고 읍이 형성됐다. 1500년경 아시아의 토지이용은 농업이 위주인 지역과 유목과 오아시스 농업이 위주인 지역으로 구분할 수 있다.

1650년경의 아시아 인구는 약 3억 2,000만 명으로 세계인구의 약 60%를 차지했다(〈표 1-6〉). 그 후 아시아의 인구는 계속 증가해 산업혁명 직전인 1850년경에는 세계인구의 63.4%를 차지했다. 1985년에는 세계인구의 58.3%가 아시아에 거주하고 있었다.

2004년 아시아의 농업 종사자 비율은 부탄이 93.6%로 가장 높고, 다음으로 네팔 92.8%, 동티모르 81.2%의 순이다. 싱가포르가 0.1%로 가장 낮으며, 이어서 브루나이 0.6%, 카타르 0.9%, 쿠웨이트 1.1%, 이스라엘 2.3%, 일본 3.2%, 아랍에미리트 4.0%, 키프로스 7.2%, 사우디아라비아 7.4%, 한국 7.7%, 이라크 8.3%의 순으로 모두 10% 미만이다. 아시아 농업의 평균 취업률은 54.1%이다.

아시아 주요 국가의 경제 하부구조 중 도로현황을 보면(〈표 1-7〉), 인구 1명당 도로 길이는 일본이 가장 길고, 이어서 사우디아라비아, 터키, 말레이시아의 순이다. 자동차 1대당 도로 길이는 방글라데시가 1,076m로 가장 길고, 이어서 베트

〈표 1-6〉 지역별 세계인구의 추정(1650~2000년)

(단위: 백만 명)

지역	1650[a]	1750[b]	1850[b]	1920[c]	1950[c]	1960	2001	2010
아시아	257	498	801	1,023	1,381	1,701	3,728	4,166
유럽과 구소련	103	167	284	482	572	604	728	733
아프리카	100	106	111	143	222	277	814	1,033
앵글로아메리카	1	2	26	116	166	204	319	352
라틴아메리카	7	16	38	90	162	218	528	589
오세아니아	2	2	2	8.5	12.7	15.9	31	36
세계	470	791	1,262	1,860	2,515	3,021	6,148	6,908

a: Willcox(American Demography)의 추정.
b: Durand(Expansion of World Population)의 중위수 추정.
c: 유엔(World Population Prospects, 1966)의 추정.
자료: Trewartha(1969: 30); 古今書院(2005/2006, 地理統計: 10~16).

〈표 1-7〉 아시아 주요 국가의 도로현황과 자동차 대수

국명	인구 1,000명당 도로 길이(㎞) (2005년)	자동차 1대당 도로 길이(m) (2005년)	도로 밀도 (㎞/㎢) (2005년)	인구 100명당 자동차 대수 (2006년)
일본	9.37	16	3.21	59.4
중국	1.48	61	0.21	2.8
타이완	1.66	7	1.04	29.3
베트남	2.71	357	0.68	0.7
타이	0.92	9	0.11	13.5
말레이시아	3.86	14	0.30	29.5
싱가포르	0.74	5	4.63	14.7
필리핀	2.47	74	0.67	3.3
인도네시아	1.74	63	0.19	3.1
방글라데시	1.77	1,076	1.66	0.2
인도	3.22	285	1.03	1.5
파키스탄	1.72	125	0.34	1.4
이라크	1.95	43	0.10	3.7
이란	2.70	23	0.11	12.8
카자흐스탄	6.00	60	0.03	13.4
사우디아라비아	7.46	22	0.07	21.9
이스라엘	2.54	9	0.80	29.7
터키	5.11	57	0.46	12.4

자료: 世界國勢圖會(2008/09), 矢野恒太 記念會 編(2008: 427, 430).

남, 인도, 파키스탄의 순이다. 도로 밀도(도로 길이/면적)는 싱가포르가 가장 높고, 이어서 일본, 방글라데시, 타이완, 인도의 순이며, 인구 100명당 자동차 대수는 일본이 가장 높고, 그다음이 이스라엘, 말레이시아, 타이완, 사우디아라비아의 순이며 방글라데시가 0.2대로 가장 낮다.

제4장

벼농사를 하는 몬순 아시아

몬순 아시아란 아시아 중에서도 몬순이 탁월한 기후지역을 말한다. 도비(E.H.G. Dobby)는 몬순을 바람의 유형, 폭풍의 한 종류, 계절 등 여러 가지 뜻을 가지고 있다고 주장했는데, 몬순은 계절풍의 의미를 가진 아랍 어 마우신(mausin)에서 유래한다.

몬순이란 기후현상만으로 결정된 지역, 즉 자연지역이 아니고, 인간의 문화나 사회·경제활동의 유사성·등질성·역사성 등을 고려한 지역의 호칭이라는 것이 연구자 간의 공통점이다. 과거부터 지금까지의 몬순 아시아 지리에서 몬순 아시아의 정의에는 주로 역사·민족·문화의 등질성이 들어 있었다. 즉, 몬순 활동으로 규정되는 같은 기후조건에 지형·토양 등의 자연조건도 비슷해 이 지역의 농업형태가 객관적으로 유사하기 때문에 이러한 지역 호칭이 생겼다.

이 지역의 특징은 섬이나 반도가 많고 해안선이 긴 점이다. 이러한 특징 때문에 고대부터 해상교통에 의한 경제활동이 발달해왔다. 그 해상교통도 몬순에 의존한 면이 강했다. 인도·중국·말레이 민족이 혼재한 점에서도 유사한 지역이다. 몬순 아시아에서 계절풍의 장기변동은 건계(乾季)·우계(雨季)의 계절변화의 국지적 차이에 영향을 미쳤기 때문에 '문화'나 '경제'의 번영·쇠퇴의 지역적 대응, 시대적 병행성 등이 강한 지역이다. 또한 극단적인 건계가 있어 관개농업을 행하는 지역을 몬순 아시아의 특징의 하나라고 정의할 수 있다.

1. 몬순 아시아의 범위

몬순 아시아의 범위를 가장 명확하게 표시한 것은 크레시(Cressey, 1963)와 도비이다. 기후를 중심으로 지역 구분을 한 사람은 로빈슨(H. Robinson)과 요시노(吉野正敏)이다. 이들이 몬순 아시아의 경계를 나타낸 것이 〈그림 1-16〉이다. 몬순 아시아의 서쪽 한계는 파키스탄(Pakistan)이고, 티베트(Tibet) 고원의 남쪽 연안을 통해 중국의 북동부를 포함한 범위와 거의 일치한다. 도비가 나타낸 한계선은 중국의 북동부에서 사할린(Sakhalin)에 걸쳐 부분적으로 약간 남쪽으로 치우쳐

〈그림 1-16〉 몬순 아시아의 범위

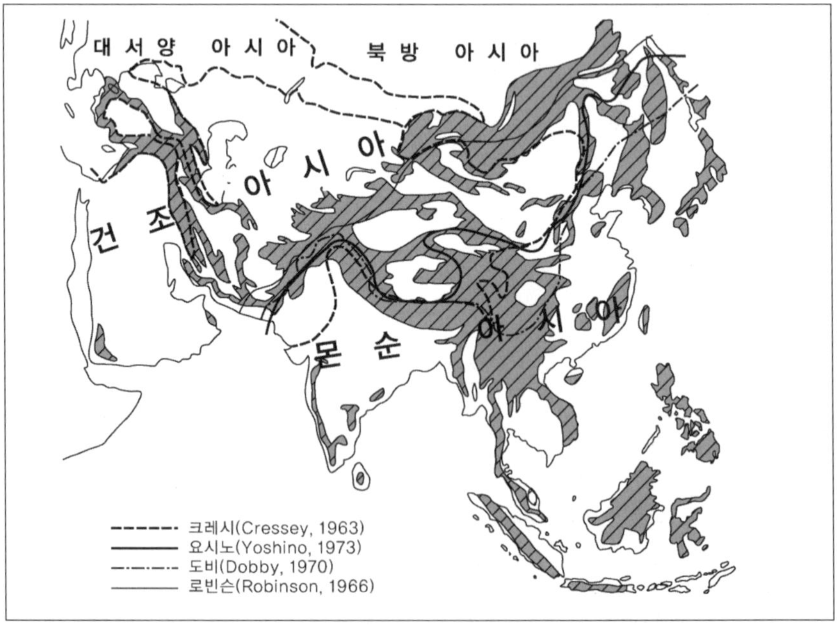

주: 그림 중의 사선은 산지를 나타냄.
자료: 吉野(1999: 571).

〈그림 1-17〉 아시아의 계절에 따른 계절풍

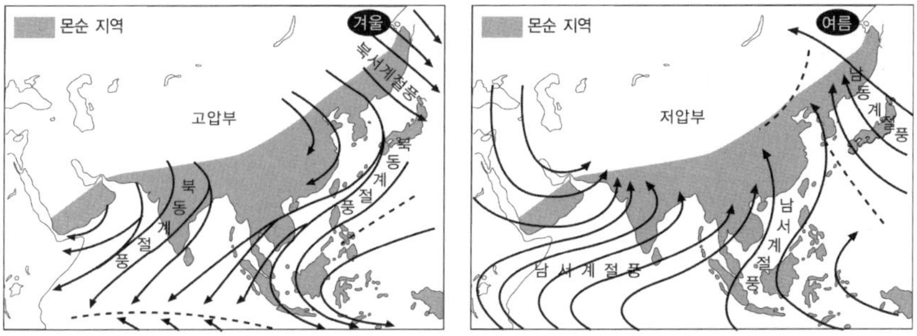

있고, 로빈슨의 한계선은 동경 90° 이동(以東)의 부분으로 아시아의 반건조 지역을 꽤 포함하며, 계절풍이 탁월한 지역이라는 관점에서는 넓게 구획됐다고 생각한다. 가장 의견이 다른 점은 티베트 고원의 동부와 그 인접 지역이다. 쓰촨 분지와 그 주변 산지를 포함하는가, 티베트 고원의 동부 어디까지를 포함하는가는 기후학적인 관점에 의해 의견이 다르다. 벼농사라는 관점에서 보면, 산지의 해발고도가 높은 부분은 경작을 하지 않기 때문에 그 부분은 거시적으로는 점선으로 연결하든지, 아니면 국지적(local)으로 폐곡선이 다수 연결되는 지역일 것이다. 요시노는 윈난(雲南) 성의 북부, 쓰촨(四川) 성, 티베트의 동쪽 끝 부분, 간쑤(甘肅) 성의 남동단의 부분 등을 몬순 아시아에 포함시켜도 좋다고 주장했다.

몬순 아시아는 대륙의 경우 파키스탄에서 둥베이 지방까지이고, 해양의 경우 스리랑카에서 일본까지의 여러 섬으로 구성되어 있다. 이 지역은 기후적으로 다른 지역과 차이점을 가진다. 서쪽 경계는 파키스탄의 인더스 강 유역의 발루치스탄(Baluchistan) 지방을 경계로 하는데, 이 발루치스탄 지방은 몬순 지역에 속한다. 몬순 아시아 지역 중 둥베이 지방은 아시아 내륙의 건조기후 지역과 유사하며, 동남아시아의 도서지방은 열대기후 지역과 유사하다. 그러나 이들 지역도 몬순의 영향을 강하게 받고 있으며, 또 몬순 지역의 사상(事象)과 결합되어 있다.

몬순 아시아의 계절풍은 여름과 겨울에 바람의 방향이 바뀐다. 여름에는 태평양과 인도양 상에 고기압이 형성되어 유라시아 대륙으로 고온의 습한 바람이 불어오는데, 북회귀선을 기준으로 그 이남 지역에서는 남서계절풍이, 그 이북 지역에서는 남동계절풍이 분다. 겨울에는 유라시아 대륙이 고기압으로 육지에서 해양으로 건조하고 찬바람이 부는데, 북회귀선 이북 지역에서는 북서계절풍이, 그 이

남 지역에서는 북동계절풍이 분다(〈그림 1-17〉). 이와 같이 회귀선을 기준으로 바람의 방향이 바뀌는 것은 지구의 자전현상에 의한 것이다.

2. 몬순 아시아의 특징

몬순 아시아는 유라시아 대륙의 동부에서 남동부를 거쳐 남부에 널리 펼쳐진 지역으로, 동쪽은 태평양, 남쪽은 인도양에 면해 있다. 중국의 내륙부 일대와 적도 주변을 제외하면 몬순의 영향을 전역에 걸쳐 강하게 받고 있다. 여름 몬순은 해양에서 대륙 내부로 바람이 불어, 해안의 평야나 산지의 바람받이 사면에 많은 비를 내리고 기온을 상승시킨다. 한편 겨울 몬순은 대륙 내부에서 해양으로 바람이 불어 강수량은 적다. 또 섬이나 대륙 연안부에는 종종 태풍(颱風, typhoon)[1]이나 사이클론(cyclone)[2]이 불어와 큰 피해를 입힌다.

몬순 아시아의 지형은 대단히 다양성이 풍부하여 티베트 일대에는 히말라야(Himalaya)·카라코람(Karakoram) 등의 대산맥이 줄지어 있을 뿐만 아니라 티베트·파미르(Pamir) 고원이 있는 세계적인 고산 지역을 이루고 있으며, 그 북쪽에는 몽골 고원과 타림(Tarim) 분지가 있다. 또 이들 고산·고원을 둘러싼 것과 같은 평야와 낮은 산지나 고원도 분포한다. 그리고 황허(黃河)·양쯔(楊子)[중국에서는 창장 강(長江)이라고 부름]·메콩(Mekong)·차오프라야(Chao Phraya)·이라와디(Irrawaddy)·갠지스(Ganges)·인더스(Indus) 강 유역에는 넓은 평야가 분포한다.

몬순 아시아에는 세계 총인구이 반이 넘는 약 30억 명의 인구가 여러 사회체제에서 생활하고 있다. 중국 동부, 갠지스 강 유역, 일본, 자바(Java) 섬이 특히 인구가 집중된 지역이다. 이들 지역은 세계의 다른 지역에 비해 인구밀도가 높고, 도시뿐만 아니라 농촌 지역에도 인구가 밀집되어 있다. 일반적으로 농업이 경제의 중심을 이루고 있으며, 그에 따라 높은 인구밀도를 지지(支持)하고 있다. 이것은 몬순 아시아의 많은 주민이 생산력이 높은 논의 벼농사를 하고 있기 때문이다. 논의 대부분은 비옥한 충적평야를 이루고 있지만 산지사면의 계단식 논도 적지 않다. 공동으로 경작하고, 축제나 생활양식에도 벼농사와 관련된 것이 많다.

몬순 아시아는 기후 이외에 다음과 같은 특징이 있다. 첫째, 고대문명이 고도로

1) 태풍의 유래는 여러 설이 있지만 그리스 신화의 크고 무서운 괴물 티폰(Typhon)이 태풍으로 변했다는 설이 가장 유력하다. 태풍은 경도 180°선 서쪽의 북태평양 열대지방, 특히 마셜·캐롤라인·마리아나 제도 부근의 해역 또는 남중국해에서 발생해 동아시아나 필리핀을 내습하는 열대성 저기압을 말한다. 이들 해상에서 발생하고 최대풍속이 17.2 m/s 이상이 되면 태풍이라 하는데, 국제적으로는 32.7 m/s 이상을 태풍이라 한다. 해수온도 26.5℃ 이상의 따뜻한 공기로부터 발생하는 해면의 저기압과 대기층의 고기압이 불안정한 기압구조를 나타내면 일대의 공기가 요동치게 되는데, 이것이 열대성 저기압이다. 열대성 저기압이 열대 폭풍으로, 나아가 태풍으로 발달할지 여부는 오로지 바람의 에너지원(源)인 고온다습한 공기가 계속 공급되느냐에 달려 있다.
2000년부터는 아시아태풍위원회에서 아시아의 해당 각국 국민들의 태풍에 대한 관심과 경계를 강화하기 위해 국가별로 제출한 10개의 이름을 순차적으로 사용하고 있다. 총 140개의 이름이 28개씩 5개의 조로 구성되어 있으며, 140개를 모두 사용하고 나면 처음 1번부터 다시 사용한다.

2) 아라비아 해, 벵골 만의 북위 6°~20°에서 발생하는 강한 열대성 저기압을 말한다. 또 남반구의 인도양에서 발생해 모리셔스 섬이나 마다가스카르 섬을 내습하는 것, 남서 태평양에서 오스트레일리아의 퀸즐랜드를 내습하는 열대성 저기압에도 이 명칭을 부여하고 있다. 나아가 넓은 의미로는 일반적으로 기압이 낮은 곳, 즉 열대외 저기압이나 온대저기압의 요란(擾亂)을 사이클론이라고 부르는 경우도 있다. 열대성 저기압으로 태풍, 허리케인과 유사하나, 발생 시기는 벵골 만에서는 6~11월로 1년에 평균 5~7회 발생해 그 빈도는 낮은 편이다. 하지만 방글라데시의 인구가 밀집한 만내(灣內)의 삼각주 지대에서 홍수나 고조(高潮)가 일어나 피해를 준다.

발달한 지역이다. 몬순 아시아에는 인더스 강 계곡과 황허 계곡에 세계 최고(最古)의 문명 발상지가 있다. 이들 지역은 세계 문명의 심장으로 작물재배와 가축의 순화, 예술의 창조가 예수 탄생 이전까지 성황을 이루었다. 이 지역의 문명은 견해, 영감(靈感), 가치, 심리적 면 등에서 서양과 본질적으로 다르게 나타난다. 이곳에서의 사회단위·가족단위는 국가조직·정치조직을 중시하는 서구와 다른 의미를 가지고 있다. 즉, 인도에서의 카스트 제도, 중국에서의 가족에 대한 신의 등이 그 특징이라 하겠다. 또한 이 지역은 언어가 매우 다양하며, 사회조직도 복잡하고, 종교의 다양성을 가지고 있으며, 서구적인 정치조직이 부재한 곳이다. 그러나 서구문명과의 접촉을 통해 의식주 등의 면에서 그 변화가 초래되고 있다.

황허와 인더스 강 유역에 발달한 고대문명은 몬순 아시아 전역에 큰 영향을 미쳤다. 고대 중국에서 발달한 한자 문화는 인도에서 전래된 불교와 융합하여 동아시아에 널리 전파됐으며, 독특한 문화지역을 형성했다.

남아시아는 민족과 언어의 지역적 구성이 매우 복잡하고, 문자나 종교가 다른 집단이 각 지역에 혼재되어 있다. 그러나 이 지역은 힌두교 및 불교를 중심으로 한 인도 문화에 의해 통합되어 있다. 동남아시아는 인도 문화의 영향을 받은 후 이슬람교의 영향도 받아 변화가 매우 심한 지역이다.

둘째, 몬순 아시아는 소농사회(peasant society)[3]이다. 농업은 이 지역에서 가장 기본적이고 널리 보급된 경제활동으로, 인구의 2/3 이상이 토지와 관련된 일에 종사한다. 이 지역의 농업 유형은 아시아의 집약적 자급자족 농업으로, 농지는 소규모로 산재되어 있으며 단순한 농기구를 사용하고 노동집약적이다. 주곡은 벼농사이고 2모작을 실시하며, 건조기에는 목축은 거의 하지 않는다. 경지는 구릉지에 많이 분포하고, 관개 이용이 폭넓게 이루어진다. 자급자족이지만 소규모의 국제무역이 이루어지며, 농촌 거주자가 많은 것이 특징이다.

셋째, 몬순 아시아는 세계 인구의 52.3%를 차지하는 많은 인구가 분포하고 인구밀도도 높아 인구문제가 나타나는 지역이다. 몬순 아시아 중에서 중국과 인도 등은 인구과잉으로 산아제한을 실시하고, 일본은 인구증가율의 둔화로 노동력 부족문제가 나타나는 국가로 다른 나라로부터 외국인 노동력을 많이 유입하고 있다.

넷째, 몬순 아시아는 일본과 타이를 제외하고 직접적 또는 간접적으로 구미제

3) 레드필드(R. Redfield)는 사회를 민족사회(folk society), 소농사회(peasant society), 도시사회(urban society)로 나누었다. 소농사회는 작은 규모로 농사짓는 사회를 말한다.

〈그림 1-18〉 중국·동남아시아·인도의 외국인 직접투자액

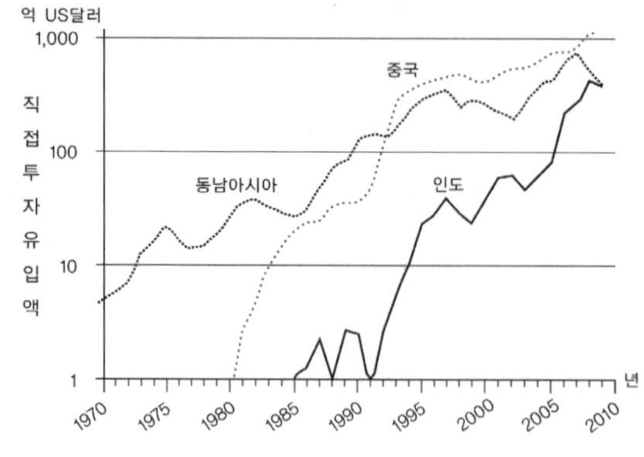

자료: 鍬塚(2010: 217).

국이나 일본 등의 긴 정치적·경제적 식민지배를 경험했다. 유럽 제국의 지배가 가져온 것 중의 하나는 열대 아시아에 널리 분포한 플랜테이션이다. 플랜테이션은 주로 19세기 말 이후 발달했는데, 차·사탕수수·커피의 생산을 시작으로 그 대표적인 것은 고무 농원이다.

제2차 세계대전 이후 식민지 또는 식민지 상태에서 독립을 이룩한 말레이시아·필리핀 이외의 국가들은 구미자본에 의한 플랜테이션이 국유화되거나 소농으로 분배됐다. 몬순 아시아 여러 나라들은 정치나 산업의 근대화를 진전시켰지만 여전히 저개발의 수준에 머물러 있는 국가가 많다. 그러나 근대화의 큰 호흡을 느낀 국가도 적지 않다.

다섯째, 몬순 아시아에는 1인당 국민소득 1,000달러 미만의 저개발국가들이 많이 분포하고 있다. 특히 인도차이나 반도에 속하는 나라들이 여기에 포함되는데, 최근에 공업화로 경제발전을 도모하고 있어 장차 삶의 질이 나아질 전망이다.

경제성장과 더불어 아시아 국가들은 그 산업구조도 크게 변화하고 있다. GDP에 대한 농업 부문의 점유율은 축소되고 있는 반면 제조업 부문이나 서비스 부문의 확대가 나타나고 있다. 중국과 동남아시아 및 인도의 경제활동별 총부가가치(명목·US달러)에서 농·임·어업 부문의 점유율은 1985년에 각각 27%, 20%, 32%였으나 2005년에는 12%, 11%, 19%로 나란히 축소됐다. 특히 인도에서 서비스 부문의 확대는 현저했다.

공업화와 서비스화와 더불어 아시아 경제성장에 큰 영향을 미친 것은 일본이나 미국, EU(European Union)라는 선진국으로부터 아시아 여러 나라·지역에 대해 행해진 해외직접투자(Foreign Direct Investment: FDI)이다. 싱가포르를 선두로 동남아시아에서는 1970년대부터, 다음으로 1980년대에는 중국이, 1990년대는 인도가 많은 직접투자를 해외로부터 활발하게 받아들이게 됐다(〈그림 1-18〉).

그때 직접투자를 받아들이기 위해 각국 정부는 세금 우대조치나 인프라 개발을

〈그림 1-19〉 서치라이트(search light) 거점형

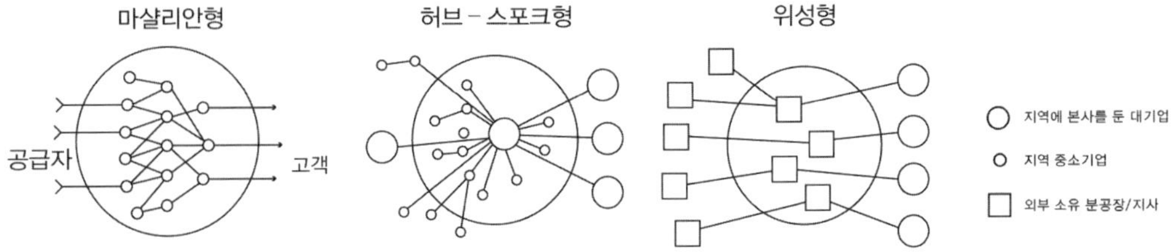

자료: Markusen(1996: 297).

적극적으로 추진했다. 이러한 기업의 입지행동과 정부에 의한 해외직접투자를 받아들이는 관계 만들기의 구체적인 장소가 자유수출지역(Export Processing Zone: EPZ)이나 경제특구(Special Economic Zone: SEZ) 등으로 지정된 산업단지이고, 그곳에 많은 기업이 입지해 집적하였다.

자유수출지역이나 경제특구의 수는 지금도 아시아에서 증가하고 있다. 2007년 국제노동기구(International Labor Organization: ILO)에 의하면, 자유수출지역이 지정되어 있는 국가와 지역이 1986년에는 세계에 47개밖에 없었지만 2006년에는 130개 국가와 지역으로 확대됐고, 약 3,500개가 넘는 자유수출지역에 약 6,600만 명이 고용됐다. 그리고 자유수출지역의 약 30%, 고용자 수의 80% 이상을 아시아가 차지했다. 아시아 각 국가·지역에서 '외국인 투자'와 '수출'을 지렛대로 하는 산업정책이 적극적으로 전개되어 그 거점이 되는 산업단지가 다수 정비됐다. 이러한 산업의 공간적 형태를 단적으로 나타낸 것이 마르쿠젠(A. Markusen)이 제시한 서치라이트(search light) 거점형[4] 산업집적의 유형이다. 이에 대해 '외국인 직접투자' 산업이 입지하는 아시아의 많은 산업단지는 수도나 대도시 및 그 주변 지역에 위치한다. 실제로 비교적 일찍 외국인 직접투자를 받아들인 동남아시아에서 일본계 기업의 입지상황을 보면, 제조업 기업을 포함해 많은 기업이 수도와 그 교외지역에 입지했다. 이러한 점에서 아시아 각 지역에 형성된 산업집적은 서치라이트 거점형으로 상정되는 것과는 상황을 달리한다(〈그림 1-19〉).

4) 마르쿠젠은 연담도시(conurbation)에서 떨어진 지점에 형성된다고 했다. 마샬리안(Marshallian)형에는 제3이탈리아 산업지구와 동대문 의류단지가, 허브-스포크(Hub-Spoke)형에는 도요타와 시애틀, 울산이, 위성(Satellite)형에는 말레이시아의 페낭과 초기의 창원이 속한다.

제2부

세계의 중심이 되는 동아시아

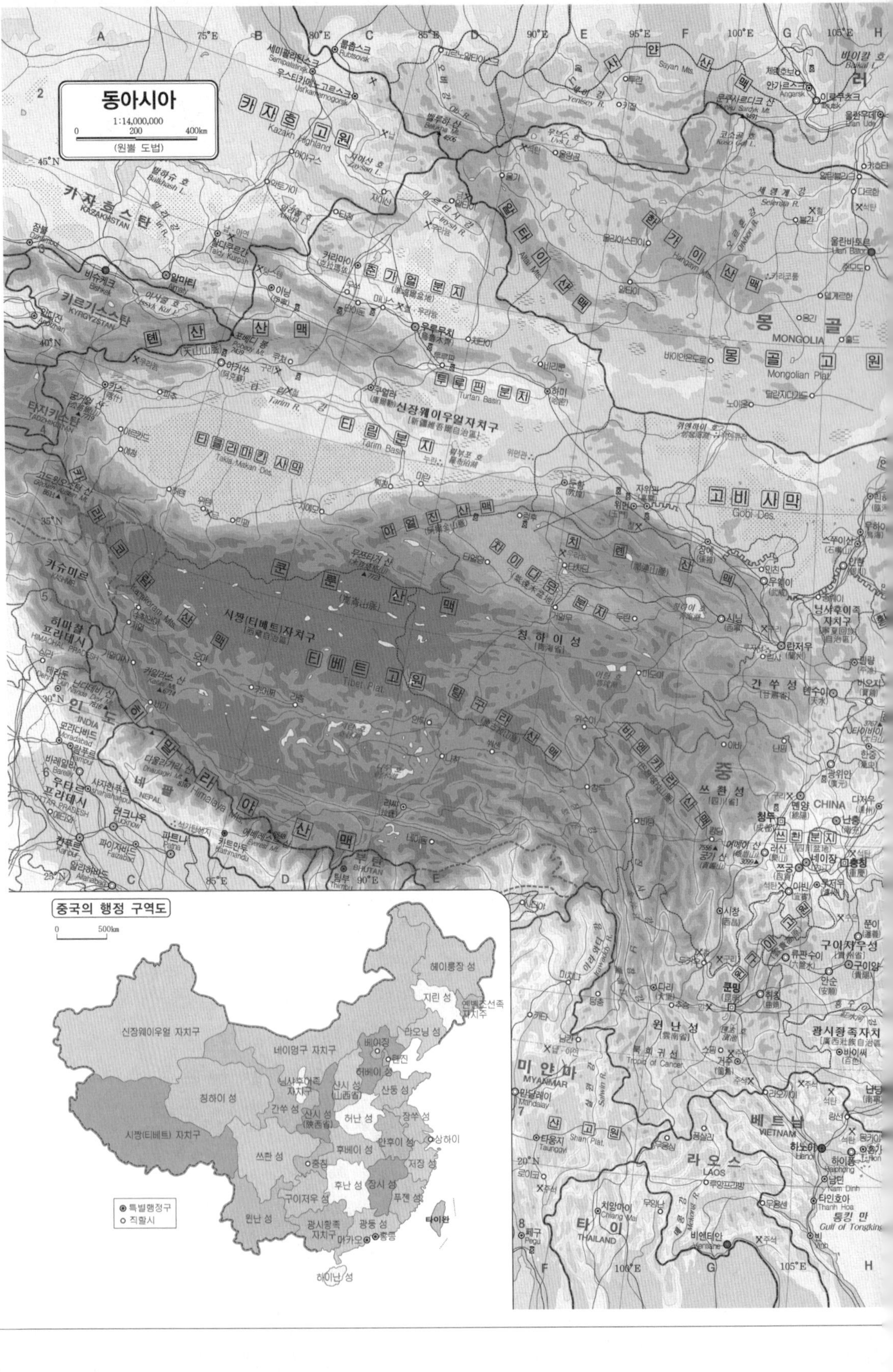
동아시아
1:14,000,000
0 200 400km
(원뿔 도법)
카자흐 고원
Kazakh Highland
카자흐스탄
KAZAKHSTAN
발하슈 호
Balkhash L.
알마티
Almaty
비슈케크
Bishkek
키르기스스탄
KYRGYZSTAN
톈 산 산 맥
준 가 얼 분 지
우루무치
투 루 판 분 지
Turfan Basin
타 림 분 지
Tarim Basin
타클라마칸 사막
Takla Makan Des.
신장웨이우얼자치구
타지키스탄
TADZHIKISTAN
카라코람 산맥
카슈미르
KASHMIR
쿤 룬 산 맥
아 얼 진 산 맥
치 롄 산 맥
치 이 다 무 분 지
시짱(티베트)자치구
티 베 트 고 원
Tibet Plat.
탕 구 라 산 맥
칭 하 이 성
히 말 라 야 산 맥
Himalaya Mts.
네 팔
NEPAL
카트만두
Kathmandu
부탄
BHUTAN
팀부
Thimphu
인도
INDIA
히마찰 프라데시
HIMACHAL PRADESH
우타르 프라데시
UTTAR PRADESH
러크나우
Lucknow
파트나
Patna
칸푸르
Kanpur
사 얀 산 맥
Sayan Mts.
바이칼 호
Baikal L.
러
이르쿠츠크
Irkutsk
울란우데
Ulan Ude
알 타 이 산 맥
Altai Mts.
항 가 이 산 맥
Hangayn Mts.
울란바토르
Ulan Bator
몽 골
MONGOLIA
몽 골 고 원
Mongolian Plat.
고 비 사 막
Gobi Des.
둔황
자위관
란저우
시닝
닝샤후이족 자치구
간 쑤 성
바 옌 카 라 산 맥
중
CHINA
쓰 촨 성
청두
쓰 촨 분 지
충칭
구이저우성
구이양
쿤밍
윈 난 성
북회귀선
Tropic of Cancer
미 얀 마
MYANMAR
만달레이
Mandalay
산 고 원
Shan Plat.
라 오 스
LAOS
비엔티안
Vientiane
타 이
THAILAND
치앙마이
Chiang Mai
베 트 남
VIETNAM
하노이
Hanoi
하이퐁
Haiphong
통킹 만
Gulf of Tongking
광시좡족자치구
75°E
80°E
85°E
90°E
95°E
100°E
105°E
45°N
40°N
35°N
30°N
25°N
20°N
중국의 행정 구역도
0 500km
헤이룽장 성
지린 성
옌볜조선족 자치주
랴오닝 성
신장웨이우얼 자치구
네이멍구 자치구
베이징
톈진
허베이 성
닝샤후이족 자치구
산시 성
산둥 성
칭하이 성
간쑤 성
산시 성
허난 성
장쑤 성
시짱(티베트) 자치구
후베이 성
안후이 성
상하이
쓰촨 성
충칭
저장 성
후난 성
장시 성
구이저우 성
푸젠 성
윈난 성
광시좡족 자치구
광둥 성
타이완
마카오
홍콩
하이난 성
특별행정구
직할시

110°E
115°E
120°E
125°E
130°E
135°E
140°E
145°E
RUSSIA
Komsomolsk
Khabarovsk
Okhotsk Sea
Yuzhno-Sakhalinsk
Vladivostok
Nakhodka
Gulf of Posyet
네이멍구자치구
(内蒙古自治區)
헤이룽장성
(黑龍江省)
하얼빈
지린성
(吉林省)
창춘
(長春)
선양
(瀋陽)
랴오닝성
베이징
톈진
다롄
허베이성
산시성
산둥성
(山東省)
칭다오
(靑島)
지난
정저우
허난성
우한
후베이성
안후이성
난징
상하이
항저우
저장성
후난성
창사
장시성
난창
푸젠성
광둥성
광저우
홍콩
(香港)
마카오
하이난성
서울
평양
대한민국
KOREA
부산
대구
인천
광주
제주도
동해
East Sea
독도
울릉도
황해
Yellow Sea
동중국해
(東中國海)
남중국해
(南中國海)
타이완
타이베이
바시 해협
Bash Ch.
루손 섬
Luzon I.
필리핀
PHILIPPINES
일본
JAPAN
도쿄
오사카
나고야
규슈
시코쿠
혼슈
훗카이도
삿포로
센다이
후쿠오카
가고시마
오키나와 섬
나하
사할린 섬
연해주
태평양
PACIFIC OCEAN
북회귀선 Tropic of Cancer
45°N
40°N
35°N
30°N
25°N
20°N
15°N

〈표 2-1〉 동아시아의 여러 나라

국명	기본자료	약사(略史)	민족 · 언어 · 종교	산업	무역(품목 · 상대국)
일본	**수도**: 도쿄(東京) **면적**: 37만 8,000㎢ **인구**: 1억 2,700만 명(2010년) **인구밀도**: 336명/㎢(2010년) **국민총생산**(1인당): 3만 8,130달러(2008년)	**국명의 유래**: 옛날에는 야마도(大和)라 불렀으나 7세기 초 쇼토쿠(聖德) 태자가 중국에 국서를 보낼 때에 일본을 지칭하는 해가 뜨는 나라라는 내용으로 국서를 보낸 데서 유래. '태양의 중심 나라', '해가 뜨는 나라'라는 의미 **약사**: 4세기 초 통일국가가 세워졌고, 1615년 도쿠가와 이에야스(德川家康)가 전국 통일함	**민족**: 일본인, 아이누인, 한국인, 중국인 등 **언어**: 일본어 **종교**: 대승불교, 신도, 기독교 등	**산업별 인구구성**(%)(2008년 총 취업자 수 6,385만 명): 1차 산업 4.2%, 2차 산업 26.9%, 3차 산업 67.8%	**수출**: 7,864억 3,400만 달러(2008년) • 자동차 21.8%, 전기기계 19.7%, 일반기계 17.5%, 철강 5.6% • 미국 17.8%, 중국 16.0%, 한국 7.6%, 홍콩 5.2% **수입**: 7,625억 7,500만 달러(2008년) • 원유 20.4%, 전기기계 13.1%, 액화천연가스 5.9% • 중국 18.8%, 미국 10.4%, 사우디아라비아 6.7%, 아랍에미리트 6.2%, 오스트레일리아 6.2%
중화인민공화국	**수도**: 베이징(北京) **면적**: 963만 4,000㎢ **인구**: 13억 6,082만 명(2010년) **인구밀도**: 141.3명/㎢(2010년) **국민총생산**(1인당): 2,940달러(2008년)	**국명의 유래**: 중국은 세계의 중심에 위치하고 매우 화려하고 우수하다는 의미 **약사**: • 황허 중 · 하류는 황허문명의 발상지로, 19~20세기 중엽에 걸쳐 구미, 일본 등의 열강의 반식민지였으나 1949년 사회주의 혁명으로 사회주의 체제가 됨 • 1978년부터 4개의 근대화(농업, 공업, 국방, 과학기술) 등 개방정책을 도입하여 사회주의 시장경제로 개혁 · 개방의 중국경제 발전을 추진함	**민족**: 총인구의 92%가 한족(漢族), 나머지는 치완 족, 후이 족, 위구르 족, 이 족, 먀오 족, 만주족, 티베트 족 등 55개의 소수민족 **언어**: 한자 사용. 한어(漢語, 중국어)가 공통어, 소수민족어 **종교**: 헌법상 종교의 자유 보장. 도교, 불교, 기독교, 이슬람교 등	**산업별 인구구성**(%) (2008년 총 취업자 수 7억 7,480만 명): 1차 산업 39.6%, 2차 산업 27.2%, 3차 산업 33.2%	**수출**: 1조 4,286억 6,000만 달러(2008년) • 전기기계 34.4%, 의류 8.4%, 일반기계 7.5%, 철강 5.0% • 미국 17.7%, 홍콩 13.3%, 일본 8.1%, 한국 5.2% **수입**: 1조 1,316억 6,200만 달러(2008년) • 전기기계 26.5%, 원유 11.4%, 일반기계 9.0%, 정밀기계 6.9%, 철광석 5.4% • 일본 13.3%, 한국 9.9%, 미국 7.2%
몽골	**수도**: 울란바토르(Ulan Bator) **면적**: 156만 4,000㎢ **인구**: 270만 1,000명(2010년) **인구밀도**: 1.7명/㎢(2010년) **국민총생산**(1인당): 1,670달러(2008년)	**국명의 유래**: 주민의 대부분을 차지하는 몽골 족에서 유래 **약사**: • 13세기 몽골 족에 의해 몽골제국을 건설 • 1921년 혁명 이후 사회주의 체제 • 1952년 친소(親蘇)노선에 의해 구소련의 원조로 국가 건설 • 1989년 말부터 민주화 요구 운동이 고양됨 • 1990년 신정권 수립 이후 사회주의에서 인도적 민주주의를 바탕으로 한 국가 만들기를 진행하여 시장경제로 이행함	**민족**: 할하 족 82%, 카자흐 족 등 **언어**: 몽골 어(몽골 문자 부활) **종교**: 티베트 불교(라마교) 50%, 반종교 투쟁으로 쇠퇴했으나 민주화 과정에서 부활	**산업별 인구구성**(%) (2008년 총 취업자 수 104만 명): 1차 산업 36.2%, 2차 산업 15.4%, 3차 산업 48.3%	**수출**: 25억 3,900만 달러(2008년) • 동광 43.0%, 금 12.5%, 모피 10.2%, 아연광 9.3%, 석탄 6.2% • 중국 74.2%, 캐나다 9.5% **수입**: 36억 1,600만 달러(2008년) • 석유제품 26.0%, 일반기계 11.9%, 자동차 8.9%, 전기기계 7.8%, 우표 등 5.5% • 러시아 34.3%, 중국 31.1%, 한국 5.6%, 일본 5.1%

국명	기본자료	약사(略史)	민족 · 언어 · 종교	산업	무역(품목 · 상대국)
타이완	**수도**: 타이베이(臺北) **면적**: 3만 6,000㎢ **인구**: 2,302만 명(2010년) **인구밀도**: 639.9명/㎢(2010년) **국민총생산**(1인당): 1만 7,542달러(2008년)	**국명의 유래**: 수나라 때부터 류큐(琉球)라고 불리어왔으나 명나라 때부터 타이완이라는 이름으로 기술했음 **약사**: • 1842년 청일전쟁의 결과 시모노세키(下關) 조약으로 일본에 이양됐고 1945년까지 일본의 식민지였음 • 1949년 중국의 사회주의 혁명으로 중국 국민당은 200만의 군대와 더불어 타이완으로 피해 와, 중화민국 정부를 유지하고 대륙에 공세를 취하기 위한 보루가 되었음	**민족**: 한족 98%(타이완인85%, 외래인13%), 카오샨[고산(高山)] 족 1% **언어**: 베이징 어가 공식어, 그밖에 타이완어, 하카(客家) 어 **종교**: 도교, 불교, 기독교 등	**산업별 인구구성**(%) (2005년): 1차 산업 5.9%, 2차 산업 27.5%, 3차 산업 66.6%	**수출**: 2,556억 2,900만 달러(2008년) • 전자공업제품 26.6%, 고무제품 · 플라스틱 7.7%, 철강 7.0%, 일반기계 6.3%, 화학약품 6.0% • 중국 26.2%, 홍콩 12.8%, 미국 12.0%, 일본 6.9% **수입**: 2,404억 4,800만 달러(2008년) • 전자공업제품 16.6%, 원유 11.2%, 일반기계 8.1%, 정밀기계 5.9%, 철강 5.8% • 일본 19.3%, 중국 13.1%, 미국 10.9%, 사우디아라비아 6.3%, 한국 5.5%

자료: 世界と日本の地理統計(2005/2006年版), 古今書院(2005); 世界國勢圖會(2008/09), 矢野恒太 記念會 編(2008); 地理統計要覽, 二宮書店(2011).

제 1 장

동양 유일의 선진국 일본

1. 근대화를 가져온 메이지 유신

1600년 10월 일본의 세키가하라(關が原)[1]에서 벌어진 전투는 불과 하루 만에 끝난 싸움이었으나, 일본 근현대사의 흐름을 결정지었을 뿐 아니라 한국에도 상당한 영향을 미쳤다. 전투는 도쿠가와 이에야스(德川家康)를 따르는 동군과 이시다 미쓰나리(石田三成)가 주도한 서군의 격돌이었다. 도쿠가와는 임진왜란을 일으켰던 도요토미 히데요시에게 충성을 맹세했지만 가슴속에 천하제패의 꿈을 품은 야심가였고 강한 힘과 지략을 갖고 있었다. 반대편에 선 이시다는 도요토미 히데요시(豊臣秀吉)가 총애하던 신하로 도요토미가 사망하자 의리를 지키며 도요토미 일가를 수호하는 일에 앞장섰다. 전투는 이시다의 참담한 패배로 끝났다.

세키가하라 전투에서 패배해 숨죽이고 있었던 일본의 변방 사쓰마[薩摩, 현재의 가고시마(鹿兒島) 현]와 조슈[長州, 현재의 야마구치(山口) 현] 사람들은 절치부심하며 힘을 기르다가 19세기 후반 도쿠가와 막부를 무너뜨리고 메이지 유신의 주역이 된다. 즉, 막부파는 협상을 통해 존황파에게 에도(江戸) 성을 깨끗이 넘겨주기로

1) 도쿄를 중심으로 하는 지방을 간토(關東) 지방이라 부르는 것은 이 고개(세키가하라)를 경계로 그 동쪽에 있기 때문이다.

했다. 이 협상을 이끈 존황파의 우두머리 사이고 다카모리(西鄕隆盛)와 해군 출신인 막부파의 우두머리 가쓰 가이슈(勝海舟)에 의해, 1871년 봉건국가인 일본이 하나의 통일된 근대국가가 되어 번(藩)을 폐하고 현재의 행정구역을 설치했다(폐번치현, 廢藩置縣). 존황파는 천황을 교토(京都)에서 도쿄(東京)로 옮겨 모셨다. 1853년 서양의 개국선단인 미국 페리(Perry) 제독의 흑선(黑船)이 일본에 큰 충격을 주자 이를 막을 힘을 하나로 모아 서양에 대응했으며,[2] 통일국가를 통치하기 위한 인재 양성기관으로 도쿄 대학을 개교했다. 이를 주도한 사람이 평민 출신의 이토 히로부미(伊藤博文)였다. 이렇게 정치, 경제, 사회 등 새로운 여러 가지 제도와 문물을 서양으로부터 받아들여 지금의 일본을 있게 한 혁신이 메이지(明治) 유신이다. 메이지 유신 이후 후쿠자와 유키치(福澤諭吉, 1814~1901)가 1885년에 주창한 탈아입구(脫亞入歐)의 사상으로 더욱더 서구화·근대화가 추진됐다. 근대화가 이루어지면서 납세와 징병 관리를 위해 원래 귀족이나 무사계급만 가졌던 성(姓)을 평민도 갖게 되었다.[3]

바이우(梅雨, つゆ)

6월에서 7월 중순에 걸쳐 양쯔 강(창장 강) 기단과 오호츠크 기단에 의해 동서로 전선이 형성되어 도호쿠(東北) 지방 이남의 일본, 한국, 중국 대륙 등 동아시아에 고정적으로 나타나는 우계로 계절 비 또는 쓰유(つゆ)라고도 한다. 중국에서는 메이위(may-yǔ)라고 한다. 명칭의 기원은 매실이 익어갈 무렵의 비라서 '바이우'라고 한다는 설도 있고, 음습한 날씨가 계속되어 곰팡이가 발생하기 쉽다고 하여 미우(黴雨)라고 쓴 것이 변화했다는 설도 있다(그림 <2-1>).

〈그림 2-1〉 바이우 최성기의 강수량 분포(왼쪽)와 바이우 전선과 남북기단과 기류(오른쪽)

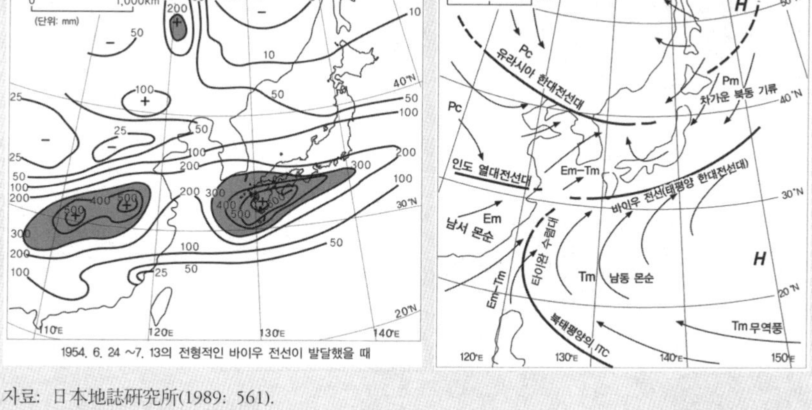

자료: 日本地誌硏究所(1989: 561).

2) 마쓰시타 손주크(松下村塾: 개인 서당) 출신으로 조슈 하급 번사의 아들로 태어난 요시다 쇼인(吉田松陰, 1830~1859)은 일왕을 받들고 서양세력을 물리쳐야 한다는 존왕양이(尊王攘夷) 사상을 굳혔다. 존왕은 반막부(反幕府)를 뜻했고, 양이도 개항을 결단한 막부에 대한 비판이었다.

3) 일본 성씨대사전에는 29만 1,129개의 성이 있다. 소·새·멧돼지 이름이나, 밭·산·강·숲·언덕·우물의 풍경을 넣어 급조한 성씨가 봇물 터지듯 생겼다. 사토(佐藤)·스즈키(鈴木)·다카하시(高橋) 같은 10개 성이 10%를 차지한다.
수백 년 동안 300개가 넘지 않던 한국의 성씨는 지난 10년 동안 귀화인들 덕분에 급증하고 있다. 그래도 김씨가 21%를 넘고 김·이·박·최·정(鄭) 5대 성이 인구의 절반을 차지한다. 중국은 천(陳)·리(李)·장(張)을 합친 성씨가 21.3% 나 된다.
한편 서양의 경우 히브리 사람들은 '여호와께서 은혜를 베푸셨다'는 뜻으로 이름 요하난(Johanan)을 지었다. 이것을 로마 인들이 조하네스(Johannes)라고 고쳐 썼고, 영미권에서는 존(John)이 됐다. 다시 존의 아들(son of John)로 변하면서 오늘날 영미권에서 두 번째로 많은 성인 존슨(Johnson)이 생겨났다. 가장 흔한 스미스(Smith)는 '세게 때리다'라는 뜻으로 대장장이에게 붙였다. 세 번째 성 윌리엄스(Williams)는 '금박 입힌 투구'라는 의미다. 미국에서 이 3대 성을 합하면 약 693만 명으로 인구의 2.3%를 차지한다. 이와 같은 현상은 유럽에서도 비슷하다. 독일 3대 성씨인 방앗간 주인 뮐러(Müller), 대장장이 슈미트(Schmidt), 재단사 슈나이더(Schneider)를 합치면 2%이다.

2. 호상 열도로 구성된 섬나라

일본은 5개의 호상(arcs) 열도[4]로 구성되어 있으며, 〈그림 2-2〉에서와 같이 유라시아 대륙 주변을 따라 호를 그리고 있다. 이 호는 5개의 호상으로 쿠릴(지시마, 千島) 열도[5]에서 홋카이도(北海道)에 이르는 쿠릴 호(弧), 도호쿠 일본호, 세이난(西南) 일본호, 이즈(伊豆)·오가사하라(小笠原) 호, 난세이(南西) 제도인 류큐[6] 호로 나눌 수 있다.

해구는 판(plate)이 소멸하는 장소이고, 한편 다른 편이 가라앉을 때 깊은 구(溝, trough)와 같은 지형이 만들어지는 곳이다. 쿠릴 호에서 이즈·오가사하라 호에 이르는 일본 해구는 수심이 9,000m에 달한다. 한편 혼슈(本州) 중부에는 3,000m급의 산맥이 연결되어 있고, 오가사하라 호와 류큐 호 사이의 남해구(南海溝)에서 이들 산에 걸친 사면은 세계 유수의 심한 기복을 나타내고 있다(〈그림 2-3〉).

〈그림 2-2〉 일본의 호상 열도

일본 열도 부근에는 태평양 판, 필리핀 해 판, 유라시아 판, 북아메리카 판의 4개가 마주하고 있다. 태평양 판은 유라시아 암판, 북아메리카 판과 충돌해 일본 해구로 들어가고 있고, 필리핀 해 판은 유라시아 판과 충돌해 남해구로 들어가고 있다. 판이 들어가면서 일본 열도의 끝자락을 끌어 들이고 있다. 이렇게 끌려 들어가면서 열도의 끝자락에는 반동력이 축적되어 지진이 발생하거나 화산활동이 활발해진다. 도쿄 남쪽의 이즈 반도

4) 호상의 섬 열(列)은 판이 침몰대를 형성하는 특유의 지형으로 그곳에 우뚝 솟은 산들도 판운동에 의해 형성된 것이다. 섬들의 호상은 첫째, 태평양을 향한 철(凸)형이 대부분이다. 둘째, 화산지형의 분포가 호상의 특징을 짓는다. 이와 같은 특징에 대해 드 지터(W. De Sitter)는 대륙붕 연변에 분포하고 태평양에 철(凸)면으로 나타나며 다른 호상과 교차되어 계단 모양을 구성한다고 했다. 또 대양 양쪽의 깊은 대양 골짜기에 의해 해구를 형성하며, 철(凸)면에서의 음의 중력변태의 지대에 의해 형성된다. 그리고 화산과 지진활동과 관련된다.

5) 쿠릴이란 아이누 족이 '사람'이라는 뜻으로 부른 '쿨'에서 기원한다.

6) 한때 160여 개의 섬을 거느렸던 류큐 왕국은 1609년 일본 시마즈씨(島津氏)의 침입을 받은 후에 그의 지배를 받아왔다. 그 후 1879년에 다시 일본의 침략을 받아 450년간의 왕조를 끝내고 일본의 오키나와(沖繩) 현이 되었다. 제2차 세계대전 이후 미국의 군정 통치를 27년간 받아오다가 1972년에 일본에 복귀됐다.

는 필리핀 해 판에 의해 남해에서 운반된 섬이 일본 열도에 충돌한 것이다. 1987년과 1988년의 측정에 의하면, 오가사하라 제도의 지치지마(父島)가 일본 혼슈 쪽으로 7.4㎝ 접근해 이 이론을 실증했다. 판이 이동하는 한 이들 변동은 앞으로도 이어질 것이다(〈그림 2-4〉).

〈그림 2-3〉 일본의 호상 열도와 진원지 분포

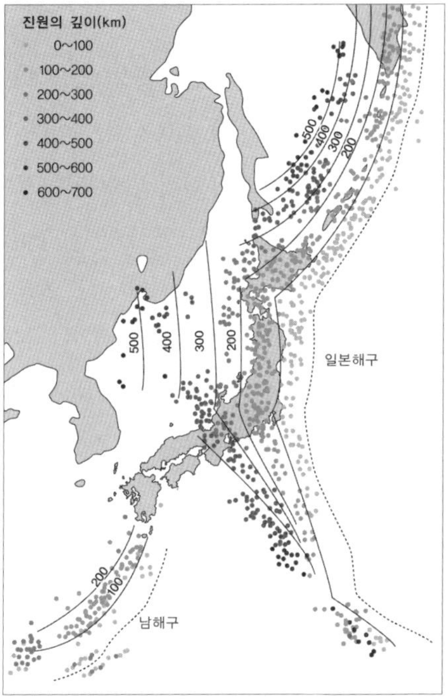

자료: 中村 外(1991: 114).

〈그림 2-4〉 4개의 판 경계 부근에 위치하는 일본 열도

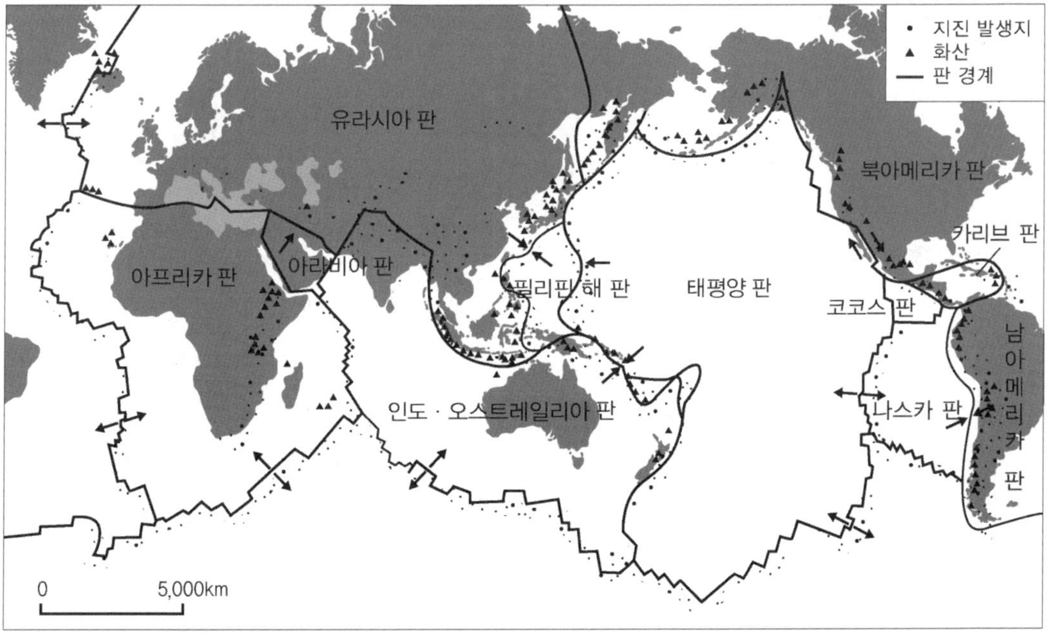

3. 화산과 지진이 많은 나라

환태평양 조산대(Circum-Pacific orogenic belt)에 속하는 일본 열도는 국토의 약 61%가 산지이다. 평야의 대부분은 하천에 의해 산지 사이의 분지나 하구부(河口部)의 만이 메워져서 형성된 소규모의 퇴적평야이다. 혼슈 중앙부를 횡단하고 있는 포사 마그나(Fossa Magna)[7]라 불리는 대지구대와 그 서쪽에 있는 이토이가와(糸魚川) - 시즈오카(靜岡) 구조선에 의해 일본 열도는 북동 일본과 남서 일본으로 2구분된다. 남서 일본은 다시 거의 동서로 달리는 중앙구조선(Median line)[8]에 의해 북부의 내대(內帶)와 남부의 외대(外帶)로 구분된다. 각각의 지역에는 지질의 특징이 다를 뿐만 아니라 다른 특징의 지형이 나타난다.

남서 일본의 내대에는 제3기의 준평원이 융기해 만들어진 융기준평원이 주고쿠(中國) 산지, 기비(吉備) 고원, 미노미카와(美濃三河) 고원 등의 위에 널리 남아 있다. 이 융기 때에 긴키(近畿) 지방에는 롯코 산(六甲山, 932m)·이코마(生駒, 642m)·히료(比良, 1,174m)의 각 산지, 스즈카(鈴鹿) 산맥 등 많은 단층산맥과 오미(近江)·교토·나라(奈良) 분지나 오사카(大阪) 평야 등의 단층분지가 만들어졌다.

남서 일본의 외대는 일반적으로 험난한 장년기의 지형을 나타내어 기이(紀伊)·시코쿠(四國)[9]·규슈(九州) 산지 등이 있으며 넓은 평야는 거의 없다. 이들 산지는 북쪽 끝을 중앙구조선의 활단층으로 끊고 있지만 본질적으로는 곡륭(曲隆)산지이다.

남서 일본의 산지나 고원은 내대와 외대 모두 포사 마그나에 가까이 연결되어 있으며, 고도가 높아 '일본 알프스'[10]라는 별칭을 갖는 히다(飛驒)·기소(木曾)·아카이시(赤石) 산맥 등 3,000m 급의 산악지대로 되어 있다. 이들 산맥의 정상부에는 빙기에 형성된 카르(Kar)나 빙하곡이 분포한다. 남서 일본에는 서일본 화산대로 모여 있는 다수의 화산이 있으며, 특히 규슈[11]에 대규모 화산이 많다.

북동 일본은 도호쿠 본선을 따라 홋카이도의 이시카리(石狩)-유후쓰(勇拂) 평야를 연결하는 저지를 경계로 한 동서 방향으로 지형과 지질의 특징이 다르다. 이 경계로부터 서쪽과 포사 마그나 지역에는 다수의 화산이 분포해 동일본 화산대를 만들고 있다. 이 지역은 신생대 제3기 후기라는 것 이외에 매우 새로운 지질시대의 지층으로 되어 있으며, 이 지층이 최근의 지질시대에도 습곡운동을 받고 있다. 이 지층의 배사(背斜)에 해당하는 지역에는 산맥이나 열상(列狀)의 구릉이, 향사

7) 1875년 일본에 온 독일 지질학자 나우만(H.E. Nauman)이 북동 일본과 남서 일본의 경계에서 대균열대를 발견하고 이름을 붙인 것이다. 지구대의 서쪽 인근은 이토이가와 - 시즈오카 구조선이라 불리며 이토이가와 시, 히메카와(姬川), 아오키(青木) 호, 기사키(木崎) 호, 스와(諏訪) 호, 가마나시가와(釜無川), 아베가와(安倍川), 시즈오카 시를 연결하는 대단층선이다.

8) 일본 열도를 내대와 외대로 나누는 지체구조상의 경계로 남서 일본에서는 명료하다. 형성 시기는 백악기 말로 본다. 중앙구조선의 북쪽은 내대라고 부르고, 화성암이 많다. 남쪽은 외대라고 부르는데, 고생대·중생대 지층이 분포하고 있다.

9) 혼슈와 시코쿠를 잇는 10개의 다리는 24년간에 걸친 공사 끝에 59.4㎞로 연결되었다.

10) 알프스라는 명칭은 19세기 말 영국의 선교사 월터 웨스턴이 일본의 히다 산맥 등을 등산하고 그 아름다움을 유럽의 알프스 산맥에 비견해 붙인 것이다. 일본 알프스는 북·중앙·남 알프스 산맥으로 나누어지는데, 히다 산맥을 북알프스, 기소 산맥을 중앙 알프스, 아카이시 산맥을 남알프스로 부른다.

11) 봉건시대 9개의 번(藩)으로 구성되어 지방명을 규슈(九州)라 부른다.

(向斜)에 해당하는 지역에는 분지가 많이 만들어졌다. 특히 도호쿠 지방에는 동쪽으로부터 오우(奧羽) 산맥, 데와(出羽) 산지 및 오가(男鹿) 반도, 구리시마(栗島)를 통과한 산맥이 남북으로 평행해서 달리고, 이들 사이에는 요코테(横手)·신조(新庄)·야마가타(山形)·요네자와(米澤) 분지나 아키타(秋田)·쇼나이(庄內)·니가타(新潟) 등의 평야가 나타나고 있으며, 간토 지방에는 롬(loam) 층[12]이 퇴적한 간토 평야가 분포한다.

북동 일본 동부의 가타카미(北上)·아부쿠마(阿武隈) 고지는 남서 일본 내대의 산지나 고원에 가까운 성질의 산지이다. 홋카이도 주요부 산지는 남서 일본 외대의 산지와 흡사한 특징을 갖고 있지만, 전형적인 장년산지 지형을 나타내는 히다카(日高) 산맥을 제외하면 빙기의 주빙하(周氷河)[13] 기후의 영향이 남아 있고 산의 능선과 골짜기가 이어지면서 주름처럼 보이는 산지가 많다(〈그림 2-5〉).

〈그림 2-5〉 일본의 지체구조와 화산 및 지진 분포

12) 입도조성(粒度組成)에서 분류한 토성구분 이름의 하나로, 모래와 실트(silt), 점토가 거의 같은 양으로 구성된 화산재로 퇴적층이 두껍고 비옥하다.

13) 한랭으로 영구동토가 될 지역에서는 여름에 동토상의 표면 부분이 녹아 수분을 다량 포함한 토층이 사면을 흘러내리는 솔리플럭션(solifluction) 등의 주빙하 작용이 일어난다.

〈그림 2-6〉 일본 열도 부근의 화산구조

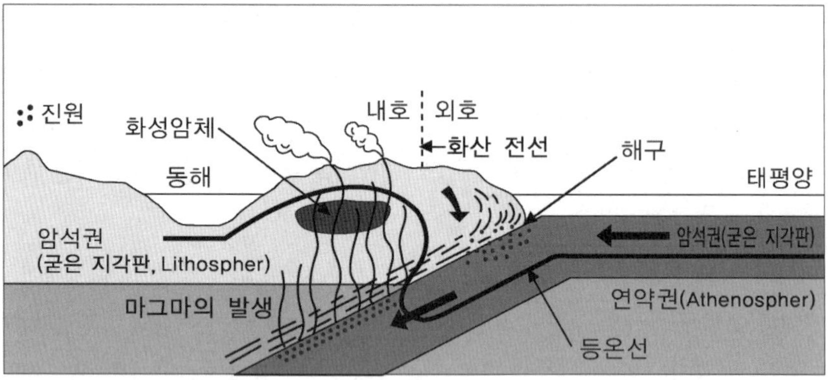

자료: とうほう(地理資料 B 2000: 73).

일본 열도의 화산은 보통 호상 섬의 화산과 같이 해구에서 멀리 떨어진 지역에 분포한다. 그곳을 내대(화산호, 火山弧)라 부르며 해구에 가까운 쪽을 외대(비화산호, 非火山弧)라 부른다. 내대의 화산 분포는 바깥쪽보다 조밀하고, 곧 화산이 없는 외대에 접하기 때문에 화산 유무를 선으로 나타내는 것이 가능하다. 이 선을 화산 전선(front)이라고 한다(〈그림 2-6〉). 화산 전선에서 안쪽으로 갈수록 화산이 드물 뿐만 아니라 화산암의 조성(組成)에도 계통적인 변화가 나타난다. 화산 전선의 연속성에 주목하면, 일본의 화산 분포는 동일본 화산대와 서일본 화산대로 구분할 수 있다.

일본의 화산은 원추형 성층화산[14]이 많고, 거대한 칼데라가 많은 것이 특색이다. 거대한 칼데라 화산과 대성층화산은 거의 화산 전선에 따라 분포하고 있다. 성층화산이나 거대한 칼데라 화산은 수만 년에서 수십만 년이라는 수명을 가지며 반복활동을 한다. 활동을 반복하는 동안에 분출물이나 분화의 성질이 바뀜에 따라 화산지형도 변화해간다.

14) 원추화산(Konide)으로 용암·화산재·화산력(火山礫)이 호층을 하지 않고 형성된 화산을 말한다.

일본 알프스의 형성

혼슈 중부의 일본 알프스(히다 · 기소 · 아카이시 산맥)에는 2,000~3,000m 급의 산들이 연결되어 있다. 이 산들은 100만 년 전 이후 동일본과 서일본의 충돌에 의해 융기한 것이다. 동일본은 북아메리카 판 위에, 서일본은 유라시아 판 위에 있었고, 두 판의 경계는 혼슈 중부를 통과하는 대구조선(Fossa Magna)의 서쪽으로 추측된다. 충돌은 현재도 계속되고 있으며, 동일본이 서쪽으로 조금씩 이동해 남서 일본은 동서 방향으로 압축되고 있다. 이 경계 부근에서는 지진이 일어나고 있다.

4. 세계적인 산업지대 태평양 벨트

일본의 공업은 19세기 말의 면방직공업을 시작으로 20세기 초에는 제철공업과 수력발전을 일으켜 공업의 기반을 조성했다. 그 후 제2차 세계대전의 패전으로 대부분의 산업시설이 파괴됐던 일본은 그동안 축적된 기술과 산업부흥정책 그리고 미국의 원조 등에 힘입어 산업시설을 복구하고 경제성장에 박차를 기했다. 한국의 6 · 25전쟁으로 인한 '조선특수(朝鮮特需)'[15]와 1960~1975년까지의 베트남전쟁은 지리적으로 가까운 일본에 유래가 없는 호경기를 제공했으며, 이를 계기로 세계 경제대국으로 발전했다.

이와 같이 일본의 경제가 고도성장을 하게 된 배경에는 첫째, 기술수준이 높은 근면한 인적자원이 있었고, 정부가 적극적으로 최신의 설비를 투자했다. 둘째, 기업가와 근로자가 유럽과 미국을 따라잡는다는 공동의 목표를 가지고 기술개발과 제품생산에 정성을 다했다. 셋째, 국민의 저축성향이 높고 금융지원이 적극적으로 이루어져 투자를 위한 자금이 충분히 공급됐다. 넷째, 중립평화노선을 선택했기 때문에 군사비 지출이 적어 자금이나 인재를 경제활동에 집중시킬 수 있었다. 이밖에 자유무역체제 아래서 원료와 제품의 수출이 자유로웠다는 점도 중요한 요인이 됐다.

일본은 광물자원이 빈약하며, 석탄 이외에는 매장량이 매우 적다. 이 때문에 일본은 1960년대부터 가공공업으로 급속한 발전을 이루었다. 일본 공업구조의 특징은 첫째, 중화학공업과 경공업이 고르게 발달했다. 그러나 1970년 이후 중화학공업의 비중이 크게 늘어나 2002년에는 중화학공업의 비중이 사업체에서 약

15) 제2차 세계대전의 패전으로 쇠락해가던 일본의 수많은 산업과 기업이 되살아났는데, 중공업은 미국 공군기를 수리하면서, 섬유공장은 미군 군복을 생산하면서 부활했다. 전자제품업체인 샤프는 사사(社史)에 "'조선특수'로 다행히 재기할 수 있었다"라고 기록했다. 도요타 자동차는 미군 트럭을 수주하면서 극적으로 살아난 대표적인 6 · 25전쟁 수혜기업에 속한다. 이렇게 하여 일본은 46억 달러의 특수를 누렸다.

〈표 2-2〉 주요 공업지대와 제조업 출하액 및 구성비

공업지대	1980년	1990년	2008년	2008년 총액 (100억 엔)	중화학공업 구성비(%)
게이힌	17.5	15.8	8.9	2,970	79.0
주쿄	11.7	13.6	17.3	5,817	89.9
한신	14.1	12.4	10.3	3,469	82.1
간토 내륙	8.4	10.3	9.6	3,226	80.0
게이요	4.6	3.7	4.6	1,546	84.1
도카이	4.4	5.0	5.7	1,918	81.2
세토나이카이	9.7	8.2	9.9	3,330	86.2
기타큐슈	2.7	2.4	2.6	860	71.4
계	100.0	100.0	100.0	33,558	80.9

〈그림 2-7〉 공업의 업종별 출하액의 구성 변화

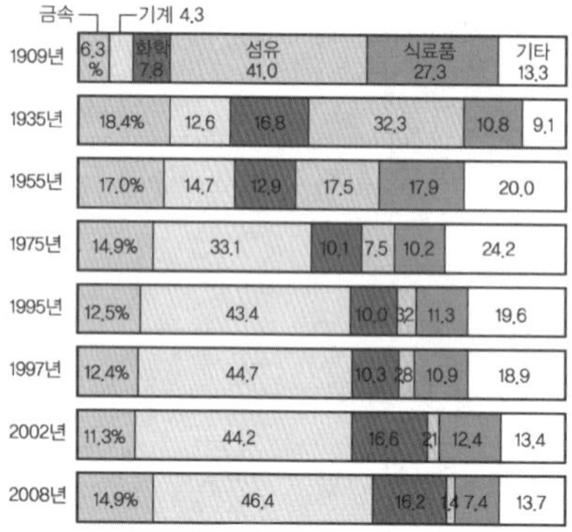

53%(부가가치액으로는 90.1%)를 차지했는데, 이것은 부문별 무역의 수출 면에도 반영됐다. 둘째, 공업의 집적은 좁은 지역에 집중·전개되어 게이힌(京濱)·주쿄(中京)·한신(阪神)의 3대 공업지대를 포함한 태평양 벨트지대16)에 뚜렷한 집적을 이루었다. 각 공업지대의 출하액을 보면 2002년에 3대 공업지대가 차지하는 출하액은 약 37%로 1980년의 약 43%보다 낮아졌고, 그 대신 간토 내륙, 도카이(東海) 공업지역의 성장을 가져왔다(〈표 2-2〉).

공업의 업종별 구성을 보면, 1975년에는 중화학공업의 출하액이 약 58%를 차지했으나 2008년에는 약 78%로 중화학공업 중심으로 나아가고 있다. 주쿄, 한신의 2대 공업지대 역시 중화학공업의 비중이 82% 이상으로 전국 평균보다 높으며, 이 가운데 주쿄 공업지대가 91.5%로 가장 높아 지역별 차이가 존재한다. 일본의 공업은 노동생산성과 임금에서 지역적인 차이가 보이는 특징이 있다(〈그림 2-7〉).

일본의 주요 공업지대는 게이힌 공업지대, 주쿄 공업지대, 한신 공업지대17)이다. 게이힌 공업지대는 메이지 초기 관영공장이 설립됐던 당시부터 1930년대까지는 그 지위가 한신 공업지대보다 낮았다. 그 후 1930년대 군비확장기에 신장되

16) '태평양 벨트'란 용어는 1960년대 초 관공서의 간행물에 처음 등장했고, 그 후 매스컴뿐만 아니라 지리학 관계 출판물에도 사용되는 새로 보급된 지역명칭이다.

17) 게이힌은 도쿄(東京)와 요코하마(橫濱)에서 각각 뒤의 글자를 따서 붙인 이름이고, 주쿄는 혼슈 내지는 도쿄와 오사카의 중간에 위치하는 중간적 수도라는 의미에서 사용되며, 한신은 오사카(大阪)와 고베(神戶)의 뒤 글자와 앞 글자를 각각 따서 붙인 이름이다.

〈그림 2-8〉 일본의 공업지역과 발달한 업종

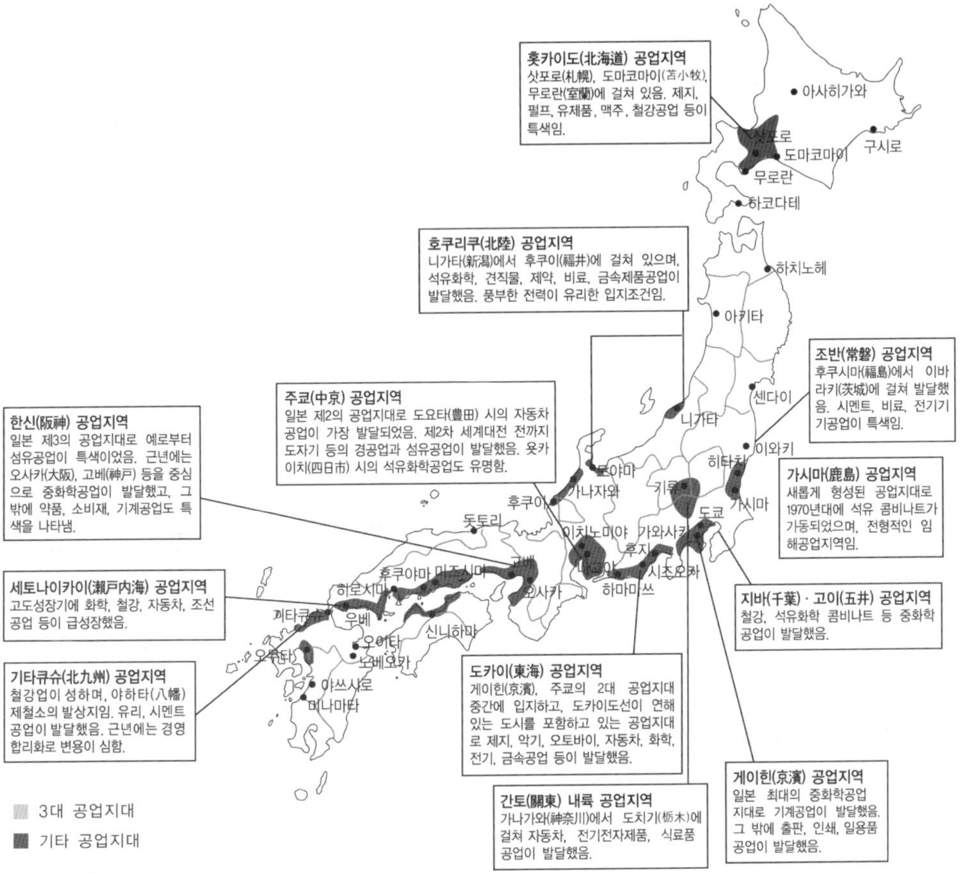

훗카이도(北海道) 공업지역
삿포로(札幌), 도마코마이(苫小牧), 무로란(室蘭)에 걸쳐 있음. 제지, 펄프, 유제품, 맥주, 철강공업 등이 특색임.
아사히가와
삿포로
도마코마이
구시로
무로란
하코다테
호쿠리쿠(北陸) 공업지역
니가타(新潟)에서 후쿠이(福井)에 걸쳐 있으며, 석유화학, 견직물, 제약, 비료, 금속제품공업이 발달했음. 풍부한 전력이 유리한 입지조건임.
하치노헤
아키타
조반(常磐) 공업지역
후쿠시마(福島)에서 이바라키(茨城)에 걸쳐 발달했음. 시멘트, 비료, 전기기기공업이 특색임.
주쿄(中京) 공업지역
일본 제2의 공업지대로 도요타(豊田) 시의 자동차공업이 가장 발달되었음. 제2차 세계대전 전까지 도자기 등의 경공업과 섬유공업이 발달했음. 욧카이치(四日市) 시의 석유화학공업도 유명함.
한신(阪神) 공업지역
일본 제3의 공업지대로 예로부터 섬유공업이 특색이었음. 근년에는 오사카(大阪), 고베(神戸) 등을 중심으로 중화학공업이 발달했고, 그 밖에 약품, 소비재, 기계공업도 특색을 나타냄.
센다이
니가타
이와키
히타치
가시마(鹿島) 공업지역
새롭게 형성된 공업지대로 1970년대에 석유 콤비나트가 가동되었으며, 전형적인 임해공업지역임.
도야마
가나자와
기류
후쿠이
가시마
도쿄
돗토리
이치노미야
가와사키
후지
고베
나고야
시즈오카
세토나이카이(瀨戸內海) 공업지역
고도성장기에 화학, 철강, 자동차, 조선공업 등이 급성장했음.
후쿠야마
미즈시마
히로시마
오사카
하마마쓰
기타큐슈
우베
신니하마
오이타
오무타
노베오카
지바(千葉)·고이(五井) 공업지역
철강, 석유화학 콤비나트 등 중화학공업이 발달했음.
기타큐슈(北九州) 공업지역
철강업이 성하며, 야하타(八幡) 제철소의 발상지임. 유리, 시멘트 공업이 발달했음. 근년에는 경영 합리화로 변용이 심함.
야쓰시로
미나마타
도카이(東海) 공업지역
게이힌(京濱), 주쿄의 2대 공업지대 중간에 입지하고, 도카이도선이 연해 있는 도시를 포함하고 있는 공업지대로 제지, 악기, 오토바이, 자동차, 화학, 전기, 금속공업 등이 발달했음.
게이힌(京濱) 공업지역
일본 최대의 중화학공업 지대로 기계공업이 발달했음. 그 밖에 출판, 인쇄, 일용품 공업이 발달했음.
3대 공업지대
기타 공업지대
간토(關東) 내륙 공업지역
가나가와(神奈川)에서 도치기(栃木)에 걸쳐 자동차, 전기전자제품, 식료품 공업이 발달했음.

어 1940년경부터 한신 공업지대를 앞서기 시작했다. 게이힌 공업지대는 1950년대 후반에 또다시 신장된 반면, 한신 공업지대는 정체되어 그 차이가 크게 나타나기 시작했다. 게이힌 공업지대에는 다종다양한 공업이 집적되어 있는데 그 중에서도 기계·인쇄출판공업이 발달했다.

한신 공업지대는 에도 시대부터 일본 경제의 중심적 지위를 차지했다. 그러나 제2차 세계대전 중과 그 후에 중화학공업이 발달하면서 방적·섬유공업이 중심이 되어온 한신 공업지대는 철강·화학공업이 발달했음에도 전국적인 지위가 낮아지기 시작했다. 주쿄 공업지대는 1960년경까지는 섬유공업 중심의 공업지대였으나, 그 후 중화학공업의 비약적인 발전과 자동차·전기기계·공작기계 등의 발달로 제1의 공업지대가 되었다. 기타큐슈(北九州) 공업지대는 기타큐슈 시를 중심으로 발달했는데, 관영 야와타(八幡) 제철소(지금의 신일본제철소)가 설립된 이래 철강·화학·시멘트공업이 발달한 중화학공업지대였다. 그 후 지쿠호(筑豊) 탄전의 생산량이 줄어들고, 석탄이 에너지로서 그 지위가 상실되고, 중국과의 무역이 이루어지지 않고, 기계공업 및 섬유·의복공업이 저조하면서 그 지위가 낮아졌다(〈그림 2-8〉). 이와 같이 게이힌 공업지역에서 기타큐슈 공업지역까지 대상(帶狀)의 지역을 태평양 벨트라고 부른다. 그 밖에 게이요(京葉)·도카이·호쿠리쿠(北陸)·세토나이카이(瀨戶內海) 공업지역 등이 분포한다.

기업도시(企業城下町, industrial colony) 도요타(豊田)

기업도시란 기업활동을 효율적으로 영위하기 위해 필요한 일체의 것을 기업이 직접 개발하는 도시이다. 따라서 최종수요자와 개발주체가 동일하다. 그렇기 때문에 엄밀하게 말하면 기업도시는 기업 자족도시(company self-sufficient city)라고 표현할 수 있다. 도요타 시는 1959년 전까지 고로모(擧母)라고 불렸던 작은 성곽도시로 양잠을 행하였다. 1938년 자동차공장이 건설되면서 일본을 대표하는 공업도시가 됐으며, 도요타 시나 그 주변의 시·읍(町)·면(村)에는 자동차 조립공장이나 부품 제조공장이 매우 많다. 이 지역 공장의 약 1/3이 자동차 관련 공장이며, 도요타 시 공업종사자의 약 70% 이상이 자동차공업과 관련이 있다.

이렇게 하나의 산업이나 하나의 회사가 그 시·읍·면의 경제에 강한 영향을 미칠 때 기업도시라고 부른다. 이와 같은 기업도시로는 아이치(愛知) 현의 도요타 시 이외에도 미야자키(宮崎) 현 노베오카(延岡) 시의 아사이카세이(旭化成) 화학공장, 이바라키(茨城) 현 히타치(日立) 시의 히타치 제철소 등이 있다. 또한 이탈리아의 토리노에 최대 자동차회사인 피아트 본사, 독일의 볼프스부르크(Wolfsburg)에 독일 최대 자동차 회사인 폭스바겐 본사를 중심으로 기업도시가 형성되어 있으며, 핀란드의 오울루(Oulu)에는 노키아사의 이동전화 부문 연구소를 비롯한 200여 개의 기업과 연구기관이 입지하고 있다.

5. 장인을 기르는 지장산업

1) 지장산업이란?

지장(地場, じば)산업(local industry)이란 일본에서 그 지방 고유의 산업을 일컫는 말이다. 즉, 영세기업의 지역집단에 의해 자기 지역의 자본과 노동력으로 특산

품을 생산해 넓은 지역에 유통시키는 체계를 말한다. 이러한 지장산업은 중앙자본의 의존에서 벗어나 경영주체가 지역 내에 존재하는 영세산업집단이다. 생산품의 대부분은 일용소비재이며, 다품종 소량생산을 하고 있어 대량생산에는 한계가 있다. 최근에는 고급화·다양화·개성화를 추구하며 인생을 즐기는 도구들을 상품으로 생산하고 있다. 산업지역사회로서는 상호부조를 유지하며 강고(强固)한 공동사회를 구성하고 있어, 상호신뢰감·상호의존이 지장산업지역의 특색이다. 또한 지장산업에 종사하는 가정과 가정, 사람과 사람과의 결합을 기초로 산업지역사회가 성립하므로 부모와 자식, 이웃의 유대가 강하게 나타나고 있다.

2) 지장산업의 계보와 분포지역

지장산업은 메이지 시기(1852~1912년) 이전에 일본의 각 지역에서 생산했던 비단, 면직물, 마직물, 도자기, 전통적인 일본 종이, 날붙이 등과 메이지 이후 구미에서 이입된 서양가구, 메리야스, 장갑, 양산, 서양식기 등을 포함한 공산물은 노동집약적 생산 방식에 의존했다. 지장산업은 이러한 노동집약적 생산에 지역의 풍부하고 저렴한 노동력이나 농촌의 잉여 노동력, 대도시의 가내공업 노동력을 동원함으로써 존립되어왔다.

지장산업의 발달 계보는 성곽취락공업, 도쿄·오사카·교토 지장산업, 항만 기원의 공업, 원료 입지의 공업, 조공생산(御用産業), 문전(門前)취락[18]공업, 이식(移植)형 공업, 수출형 산업의 8개로 분류할 수 있다(〈표 2-3〉). 일본 중소기업청에 의하면 일본의 지장산업은 그 수가 매년 증가하여 1980년에 600여 개가 넘었다.

일본에서 지장산업의 중요성을 인식한 것은 1980년경으로 일본 중소기업청이 산지 조사를 시작한 직후였다. 그러나 중소기업청이 '산지'라고 한 말은 거의 '지장산업산지'로 지장산업 자체 영세기업집단이 되기 위해서는 그 요점과 기준이 무엇인지 알 수 없다. 영세집단이 되기 위한 단위로서 그 일에 종사하는 사람들이 어느 정도인지 알 수 없는 경우가 많고, 종사자의 총수나 생산액도 대부분 추계의 범위에 도달하지 않는다. 또한 조합이 구성되어 있지 않아 그 실태를 파악하기도 어렵다.

또한 지장산업은 대도시지역 산업으로는 경시되는 경우가 많아 그 수가 매우

18) 유명한 사찰 앞에 발달한 취락을 말한다.

〈표 2-3〉 지장산업의 계보별 특징과 사례지역

지장산업의 계보	특징	주요 생산품	사례지역
성곽취락공업	전통공업이라고 부르는 그룹	칠기, 철물, 염색 등	• 아오모리(青森) 현 쓰가루(津輕)의 칠기 • 이와테(岩手) 현 미즈사와(水澤)의 철기 등
도쿄·오사카·교토 지장산업	대도시공업의 존재는 지장산업의 형태에 큰 영향을 미침. 상품의 다품종, 소량, 고급, 고가	세공품, 호신용 작은칼, 직물, 렌즈, 주물(鑄物), 인형, 불구(佛具) 등	• 도쿄의 세공품, 작은 칼 등 • 오사카의 직물, 렌즈 등 • 교토의 주물, 인형, 불상 등
항만 기원의 공업	도시 잡업층이 수출산물을 생산하게 됨	성냥, 합성피혁제 신발(Chemical shoes), 스카프, 수산물 가공, 어선 건조 등	• 효고(兵庫) 현 고베의 성냥, 합성피혁제 신발 • 가나가와(神奈川) 현 요코하마의 스카프 • 미야기(宮城) 현 시오가마(鹽釜), 게센누마(氣仙沼), 이시노마키(石卷)의 수산물 가공, 어선 건조 등
원료 입지의 공업	원료 산지에 발달한 공업	실크, 젓가락 등	• 도치기(栃木) 현 유키(結城)의 실크 • 이바라키 현, 고치(高知) 현의 젓가락 등
조공생산	성주(城主)에게 바치는 물건이나 답례품을 생산하는 단계에서 이루어짐	칠기, 직물 등	후쿠시마(福島) 현 아이즈와카마쓰(會津若松)의 칠기 등
문전취락공업	참례객의 토산물 수요와 사찰의 사용품 구입에 의해 발생	주물, 금박상품, 창호, 칠기, 불구 등	교토의 주물, 금박상품, 창호, 칠기, 불구 등
이식형 공업	다른 지역에서 발달한 공업이 인구유입으로 도입된 공업	직물 등	후쿠이(福井) 현 가쓰야마(勝山) 시의 직물공업 등
수출형 산업	항만의 발달로 수출하는 기업	스테인리스 양식기류, 도자기 등	• 니가타 현 쓰바메(燕) 시의 양식기류 • 아이치 현 세토(瀬戶) 시의 도자기

자료: 板倉(1981: 26~43).

적다. 중소기업청이 지장산업이 가장 많이 집적되어 있는 3대 도시권에 관해 매우 냉담했고, 지방산지에 비해 현저하게 불공평하거나 불균형하다고 생각한다. 일본의 지장산업은 대도시의 고급품, 지방의 보급품이라는 대비가 존재하며, 전자가 고가·고기능, 다품종 소량생산인 데 비해 후자는 저가·단순노동, 소품종 대량생산이라는 대항관계가 있다는 견해를 피할 수가 없다. 또 기술이나 디자인이 대도시로부터 지방으로 확산되어가는 실정을 보면, 대도시의 지장산업 경시가 일본 일용소비재공업의 전체상을 왜곡시킬 수도 있다.

지장산업은 일본의 국토 중앙부에 많이 집중해 있다. 일본 중소기업청의 『산지명부(産地名簿)』에 의하면 지장산업의 산지는 간토 지방 60개, 호쿠리쿠(北陸) 34개, 도산(東山) 25개, 도카이 25개, 긴키(近畿)[19] 74개, 주고쿠 26개 등 기존 공업지역이 244개로 전체 295개 산지 중 82.7%가 국토의 중앙부에 입지하고 있다. 이에 비해 도호쿠(17개), 산인(山陰, 7개), 시코쿠(18개), 규슈[20]에는 26개 산지가 분포하여 중앙부에 많고 주변지역에는 적게 분포하는 불균형을 나타내는데, 이는 공업의 집적이나 인구의 불균형보다도 크다고 볼 수 있다.

지장산업의 중요성을 인식하게 된 가장 큰 요인은 취업기회의 증대이다. 주민의 취업기회를 증대시킴으로써 지역 간의 소득격차를 줄여나가는 데 지장산업이 그 역할을 하므로, 이를 보호·육성하기 위해 조금씩 시정해가야 할 것이다.

산업화로 인한 일본의 공해병

1953년경부터 구마모토(熊本) 현의 미나마타(水俣) 시 부근에서 수족이 마비되고 입도 기형이 되는 병이 발생한 이후 이러한 병에 '미나마타병'이라는 이름이 붙여졌다. 1963년이 되어서야 이 병은 미나마타에 있는 화학공장의 폐수에 포함되어 있던 메틸수은을 물고기나 조개가 섭취하고 그 물고기와 조개를 먹은 사람의 몸속에 그것이 축적되어 발병했다는 것을 알게 되었다. 오랜 재판 끝에 국가나 공장의 책임이 밝혀졌지만 치료 방법은 여전히 알지 못한 채 환자가 지금도 고생하고 있다. 이밖에 도야마(富山) 현의 진즈(神通) 강 유역에서 발생한 카드뮴에 의한 이타이이타이(痛い痛い)병, 아가노(阿賀野) 강 유역에서 발생한 니가타 미나마타병, 욧카이치 시(四日市)의 석유화학공업의 발달로 발생한 천식 등이 일본의 4대 공해병이다.

6. 아이누 족이 거주한 홋카이도

아이누(Ainu) 족은 일본의 북동지역과 홋카이도에 거주했던 선주민이다. 그러나 1868년 홋카이도가 일본에 강제로 편입되면서 아이누 족은 동화를 강요당하

19) 기(畿)란 도회지 주변의 특별한 지구라는 의미이다.

20) 간토 지방은 이바라키·도치기·군마(群馬)·사이타마(埼玉)·지바(千葉)·가나가와 현, 도쿄도의 1도 6현을, 호쿠리쿠 지방은 니가타·도야마·이시카와(石川)·후쿠이 현을, 도산 지방은 시가(滋賀) 현에서 주부지방을 거쳐 오우 지방에 이르는 지역을, 도카이 지방은 기후(岐阜)·시즈오카·아이치 현을, 긴키 지방은 오사카·교토 부(府), 시가·효고·나라·미에(三重)·와카야마(和歌山) 현을, 주고쿠 지방은 야마구치·오카야마(岡山)·히로시마(廣島) 현을, 산인 지방은 돗토리(鳥取)·시마네(島根) 현을 말한다.

는 한편 구토인(舊土人)이라 명명되고 사회적으로 차별을 받아왔다. 그 후 끊임없이 권리회복을 주장하고 저항해 2008년 6월 일본 국회에서 선주민임을 결의하고 이를 인정받게 되었다. 일본 영토의 약 22%를 차지하는 홋카이도는 본래 아이누 모시리(Ainu mosir) 또는 에조치(蝦夷地)로 불리었으나 1869년 개척사(開拓使)가 설치되면서 홋카이도로 불리게 됐다. 그러나 독자의 문화를 가진 선주민인 아이누 족이 거주한 지역으로 아이누 어에서 유래하는 지명이 많다(〈표 2-4〉). 아이누어 지명은 지형·물·식물 등 자연물과 관련된 지명이 매우 많다.

에도 시대에 오시마(渡島) 반도 남쪽의 마쓰마에(松前)에 성곽도시가 만들어졌고, 도호쿠 지방에서 온 이주자들이 오시마 반도 남부의 해안에 살기 시작했다. 메이지 시대 초기에 홋카이도에는 2만 명 가까운 아이누 족이 살고 있었으며, 이 무렵에 '에조치'에서 '홋카이도'로 이름을 바꾸었다. 일본 정부는 러시아의 남하정책을 막기 위해 홋카이도 각 지역에 약 30개의 둔전병촌(屯田兵村)을 건설하고 농지도 개발하였다. 또 아이누 족을 일본인으로 동화시키는 정책을 추진하여 아이누 족의 이름을 일본식으로 바꾸고, 강제로 일본어를 사용하도록 했다. 나아가 아이누 족이 경작한 토지를 국유지화했으며, 1899년에 「홋카이도 옛 토착인 보호법」을 시행해 아이누 족에게 1호당 5ha의 토지를 매각하여 15년이 지나도 개간하지 않으면 몰수했다. 그런데 아이누 족이 사들인 토지는 황무지가 많고, 농사를 짓는 데 어려움이 많았다. 이 때문에 토지를 이용하지 않는 사람이 많아서 그 후 혼슈 등에 거주하는 사람들이나 회사에 매각했다. 결국 아이누 족은 벌채와 수렵 생활을 할 수밖에 없게 되었다.

이렇게 개척된 홋카이도의 주요 평야나 분지의 중심에 삿포로(札幌), 아사히카와(旭川), 오비히로(帶廣) 등 바둑판 모양의 도로를 가진 도시가 만들어졌다. 개척 초기에는 미국식 대농장 및 대목장을 경영했고, 1900년대에는 벼농사가 성공했다. 아이누 족의 취락에는 옛 토착인 학교가 설립되었지만 수업 연한은 일반 초등학교가 6년인 데 대하여 4년이었고 과목 수도 적었는데, 이 제도는 1937년까지 계속됐다.

일본에는 아이누 족이나 그 밖의 민족들도 살고 있다. 아이누 족의 생활과 문화를 살펴보면 다음과 같다. 아이누 족이 입는 독특한 모양의 의복은 아쓰시(厚子·厚司)라고 부르는 난티나무 껍질로 짠 섬유로 된 것이었다. 주요 식료는 사슴이나 연어 등의 동물과 물고기였다. 아이누 족은 아이누 어[21]를 사용하고 해안이나 하천변에서 코탄이라고 부르는 촌락에서 생활했으나, 이러한 생활과 문화는 혼슈 등에서 이주한 이주자의 박해로 소멸됐다. 지금은 아이누 족이 중심이 되어 자료관을 짓고 의식을 보존하기도 하고 있다. 더욱이 아이누 족의 문화나 전통 등을 존중하는 법률도 제정되었다.

〈표 2-4〉 아이누 어에서 유래한 홋카이도의 지명과 그 의미

현재의 지명	아이누 어 지명	의미
삿포로(札幌)	삿포로페쯔	마르고 큰 하천
무로란(室蘭)	모루란	작은 언덕
노보리베쓰(登別)	누뿌르페츠	물색이 짙은 강
구시로(釧路)	구시루	고갯길
오비히로(帶廣)	오페레페레카푸	하구가 몇 개로 갈라지는 강
왓카나이(稚內)	야무왓카나이	찬물의 강
루모이(留萌)	루루모옷페	밀물과 썰물이 언제나 조용한 강
몬베쓰(紋別)	모페츠	조용한 강
도마코마이(苫小牧)	도마코마이	늪이 있는 도마코마이 강(산 쪽으로 들어가 있다)
도야(洞爺) 호	토야	호안(湖岸)

21) '아이누'란 아이누 어로 '인간'이란 뜻으로, 이것이 민족의 이름으로 보편화된 것은 19세기 후반 메이지 시대부터이다.

일본과 중국 및 러시아와의 영토분쟁

〈그림 2-9〉 중국과의 영토분쟁지역

자료: とうほう(2000: 117).

중국과 타이완 및 일본에서 각각 댜오위다오(釣魚島)와 센카쿠(尖閣) 제도로 다르게 부르는 센카구 제도는 다섯 개의 작은 섬(가장 넓은 댜오위다오의 면적은 3.6㎢)과 세 개의 암초로 이루어진 무인도이다. 현재 일본이 실효적인 지배를 하고 있지만, 거리상으로 일본의 오키나와(沖縄) 나하(那覇)보다 타이완이 더 가까워 중국과 일본 간의 갈등이 심하게 대립하고 있다. 이 섬들이 동중국해 항로의 요충지이고, 주변에 풍부한 석유자원이 매장되어 있기 때문이다. 일본은 청일전쟁에서 승리한 직후인 1895년 무주지선점(無主地先占)의 원칙에 따라 이 섬들을 자국의 오키나와 현에 편입시켰다. 그러나 중국과 타이완은 본래 타이완에 속했던 것을 일본이 불법적으로 빼앗았다고 주장한다. 1992년 중국은 영해법을 제정해 이 섬들을 자국의 영토로 명문화했다.

한편 1905년 청일전쟁의 승리로 일본이 획득했던 홋카이도 북쪽 쿠릴 열도에 속하는 하보마이(歯舞) 제도, 시코탄(色丹) 섬, 구나시리(國後) 섬, 에토로후(擇捉) 섬은 제2차 세계대전의 패전으로 구소련이 점령하였다. 현재 일본은 그 반환을 러시아에 강하게 요구하고 있다. 이들 북방 영토의 근해22)는 다시마 등이 채취되는 좋은 어장이지만 일본의 어선이 출어할 수 없다. 그러나 오늘날에는 이들 북방 영토로 묘지 참배가 가능해졌고, 반환을 위한 교섭도 진행되고 있다(<그림 2-9>).

7. 재일동포가 거주하는 지역

한국인의 일본으로의 이주와 귀국에는 일본의 식민지 정책이 크게 영향을 미쳤다. 재일동포의 이주 형태를 일본의 정책과 관련지어 네 시기로 나누어 살펴보면 다음과 같다.

첫 번째 시기는 1910~1920년 토지조사사업23)기이다. 일본은 1876년 강화도 조약에 의해 조선을 개국시키고, 1905년에는 '보호국화'하고, 1910년에는 한일합방에 의해 조선을 식민지화했다. 그 결과 대량의 물자와 노동력이 한반도에서 일본의 본토로 이동되었는데, 이것이 재일동포의 형성과정의 시초이다. 근대적

22) 근해 어업은 동력 10톤 이상의 어선을 사용한 어업 중 원양·정치망·저인망 어업을 제외한 어업을 말한다. 연안 어업은 어선을 사용하지 않거나, 무동력 및 동력 10톤 미만의 어선을 사용하는 어업 및 정치망·저인망 어업을 제외한 어업을 말한다.

23) 1910~1918년에 식민지적 토지제도를 확립하기 위한 목적으로 실시한 대규모 조사사업이다. 조선총독부는 임야를 포함한 한반도 총면적의 50.4%에 상당하는 면적을 국유지화했고, 자작농의 관습상의 경작권을 소멸 또는 소작농의 소작권을 인정하지 않았고, 농민의 개간권을 박탈하는 등 농민의 사회·경제활동에 큰 영향을 미쳤다.

토지소유제도가 성립되지 않았던 한반도에서 일본정부는 토지조사령에 의해 소작농민의 경작권을 박탈하는 등의 일을 행하였다. 궁지에 빠진 농민들은 이주를 하게 되었는데, 이주자는 남성이 압도적으로 많았으며 주로 단신으로 거주이동을 했다. 이 시기에 일본으로의 이주자 수는 그 후 산미증식(産米增殖)계획[24]기의 이주자 수와 비교하면 그렇게 많지 않은 4만 명 정도였다.

두 번째 시기는 1921~1930년의 산미증식계획기이다. 산미증식계획은 일본의 자본에 의해 쌀을 증산하는 것으로, 증산된 쌀은 한반도 내에서 필요한 양의 쌀까지도 일본으로 수송됐다. 게다가 한반도 농민들에게는 수리조합비가 새롭게 부가됐다. 이러한 산미증식계획에 의해 1920년대에 들어와 농촌의 경제상황이 전반적으로 악화됐다. 재일동포 수는 1년에 2만~3만 명씩 급증해 1930년에는 약 40만 명에 달했다.

세 번째 시기는 1931~1938년의 중국대륙 침략기이다. 후반에는 감소하는 경향을 나타냈지만, 이 시기의 연간 이주자 수는 1930년까지에 비해 대폭 증가하여 1938년 약 80만 명이 되었다. 이 시기에는 재일동포들이 가족을 일본으로 초청하여 이주한 비율이 높으며 정주의 경향이 강했다.

마지막 시기는 1939~1945년의 강제연행기이다. 1939년 이후 국민동원계획이나 조선징용령 등에 의해 강제 연행된 재일동포 수는 더욱 증가하여 약 156만 명이 되었으며, 패전 때에는 240만 명에 달했다.

이와 같이 재일동포의 이주에는 일본의 정책에 따라 시기적으로 각각 특징이 있다. 일본정부는 강제연행기 이전의 이주는 본인의 의사에 따른 것이었다고 하지만, 그 배경에는 일본에 의한 농촌정책으로 파탄에 이른 한반도의 농촌경제가 있었다.

1945년 해방과 더불어 일본에 거주하던 많은 재일동포들이 귀국했는데, 1946년 3월까지 공식적으로 94만 명, 비공식적으로 40만 명이 귀국한 것으로 추정하고 있다. 그러나 해방 후 한반도의 정치적 불안이나 경제적 곤란 등으로 약 65만 명이 계속 일본에 머물고 있었다. 이 중에는 한반도와 일본을 왕복하다가 일본에 잔류하거나, 강제연행·강제노동에 대한 임금을 지불받지 못하여 귀국 비용이 부족하여 잔류한 사람도 있다. 본국에서의 생활기반을 잃어 일본으로 이주한 경우에는 일본에 잔류하려는 경향이 강했다.

24) 토지조사사업에 의한 농업 부문의 식민지적 재편을 완료한 조선총독부가 제1차 세계대전을 계기로 급성장한 일본의 독점자본의 요구에 맞게 조선을 자국의 식량공급기지로 하기 위해 1920년부터 3회에 걸쳐 행한 식민지 경제정책이다.

〈표 2-5〉 재일 영주권자의 주요 거주지 분포(2009년)

순위	도도부현	영주권자 수(명)	구성비(%)
1	오사카	129,551	14.2
2	도쿄	61,927	6.8
3	효고	52,813	5.8
4	아이치	37,992	4.2
5	교토	32,382	3.5
6	가나가와	27,989	3.1
7	후쿠오카	17,144	1.9
8	사이타마	12,837	1.4
9	지바	11,776	1.3
10	히로시마	10,250	1.1
11	야마구치	8,088	0.9
기타		509,906	55.9
계 (귀화자)		912,655 (320,657)	100.0 (35.1)

자료: 외교통상부(2009: 35~49).

재일동포의 대부분은 제2차 세계대전 이전부터 '일본인'으로서 일본에 도항(渡航)하여 생활해온 사람이나 그 자손으로, 영주권자 수는 2009년 91만 2,655명으로 이 가운데 귀화자가 35.1%를 차지한다. 이들은 일본의 47개 모든 도도부현(都道府縣)에 거주하고 있는데, 주요 거주지 분포를 보면 〈표 2-5〉와 같다. 오사카 부에 영주권자 수의 14.2%가 거주하여 가장 많고, 그다음으로 도쿄 도가 6.8%, 효고 현이 5.8%를 차지하고, 일본의 3대 도시를 포함하는 지역(나고야는 아이치 현의 동포 수에 포함)에 영주권자 수의 31.0%가 거주하고 있으며, 도쿄 이남 지역에 많이 거주하고 있다.

재일동포는 오사카에 가장 많이 거주하고 있는데, 이 가운데 이쿠노(生野)·히가시나리(東成)·니시나리(西成) 구의 중심부와 주변부의 다다오카 정(忠岡町)에 주로 거주하고 있다. 오사카 중심부 지역은 일본인 거주자가 감소함에 따라 상대적으로 재일동포 거주자가 많다. 한편 도쿄의 경우에는 중심부의 외연지역에 주로 재일동포가 거주하고 있다. 즉, 다이토(台東) 구에서 아라카와(荒川)와 아다치(足立)를 중심으로 스미다(墨田)·고토(江東)·가쓰시카(葛飾) 구를 핵심으로 가와사키(川崎)·쓰루미(鶴見)에서 요코하마(橫浜) 시의 중심부에 걸친 지역을 부차적인 핵심으로 거주하고 있다. 오사카와 도쿄 지역에서 재일동포가 거주하는 지역은 1920~1930년대에는 시가지 주변부에 속했으며 저소득층이 많이 유입된 신흥 공업지역이었다.

재일동포의 직업별 구성을 보면 전체 종사자의 6.8%가 상업에 종사하여 가장 많고, 그다음으로 서비스업, 제조업 종사자 수가 많다(〈표 2-6〉). 이를 일본 전체 산업별 인구구성비와 비교하면 모든 산업에서 그 구성비가 낮다[25]는 것을 알 수 있는데, 이는 기타 종사자의 구성비가 탁월하기 때문이다.

25) 1993년 일본의 총 취업자 수는 약 6,450만 명으로 산업별 인구구성비는 농업·임업·수산업·수렵 5.9%, 광업·채석업 0.1%, 제조업 23.7%, 전기·가스·수도업 0.5%, 건설업 9.9%, 상업 22.4%, 운수업·창고업·통신업 6.1%, 금융업·보험업·부동산업 8.5%, 공무·서비스업 22.3%, 분류 불능 0.6%로 구성되어 있다.

〈표 2-6〉 재일동포의 직업별 구성비(1995년)

직업명	동포 수	구성비(%)
상업 종사자	41,734	6.8
서비스업 종사자	36,401	5.9
제조업 종사자	32,743	5.3
예 · 체능인	6,236	1.0
의료인	3,204	0.5
교육자	1,794	0.3
농 · 수산업 종사자	1,379	0.2
종교인	479	0.1
법조인	75	0.1
기타 종사자	490,899	79.8
계	614,944	100.0

자료: 外務部(1995: 29~74).

재일동포의 직업구성을 보면, 1930년에는 공업일반 28.6%, 토건 24.6%, 운수 8.1%, 일용직 7.4%, 광업 6.3%로 블루칼라의 비율이 더 높았다. 그러나 시간이 경과함에 따라 보다 고차의 직업에 취업하는 상태를 보여주고 있다. 종업상의 지위에서도 상용종사자가 많아지고 일용직에서 샌들·신발 제조 등 부직으로 불안정한 취업자보다는 경영자·임원과 자영업자가 많아졌다.

재일동포와 재미동포의 직업구성비를 비교해 보면, 재일동포의 경우 기타 종사자의 구성비가 매우 높아 나머지 직업의 구성비가 10% 미만을 나타낸다. 그러나 재미동포는 상업·서비스업 종사자 구성비가 매우 높고 의료인, 교육자, 농·수산업 종사자, 종교인의 구성비가 다소 높아 재일동포의 제조업 종사자, 예·체능인의 구성비가 다소 높은 것과 대조를 이룬다. 따라서 재미동포는 의료인 등 전문직, 고학력·고임금형의 지적 서비스업 종사자가 상대적으로 많은 데 비해 재일동포는 2차 산업의 생산과 상업·서비스업의 저변을 지탱하는 영향력을 가지고 있다고 볼 수 있다. 재일동포에 대해서는 음식업, 슬롯머신(파친코), 러브호텔 등 유흥업의 이미지가 지나치게 강조되고 있는 반면, 재미동포에 대해서는 밝게 신장되는 표현을 하고 있는 것은 양국에서의 민족(인종) 차별의 강약을 반영하는 것이다.

특화계수에 의한 특화직업의 공간적 분포특성을 재일동포가 많이 거주하는 지역에 대하여 살펴보면, 오사카 부는 기타 종사자와 제조업, 도쿄 도는 법조인, 교육자, 종교인, 의료인, 상업 종사자, 효고 현은 예·체능인, 제조업, 상업 종사자가 특화직업으로 세 지역의 특화직업 구성이 다르게 나타난다. 또 오사카 부를 중심으로 주변지역 부·현과 도쿄 도 주변지역인 가나가와·지바 현 및 히로시마(廣島)·돗토리(鳥取) 현에서도 현대산업의 생산형 사업인 제조업이 전개되어 지역의 활성화에 기여하고 있는 것을 알 수 있다. 그리고 아이치 현은 기타 종사자가 특화직업으로 나타난다.

제2장

정치와 경제정책이 다른 중국

1. 사회주의 국가로서의 등장

1) 중국이 걸어온 길

황허 강(黃河) 유역의 화베이 평야(華北平野)는 기후가 농업에 부적당했다. 즉, 여름에 강수량이 매우 적고, 비가 내리는 시기도 일정하지 않았다. 겨울에는 건조하고 혹한이 오랫동안 지속되었다. 또한 고비(Gobi) 사막에서 불어오는 북서풍은 먼지폭풍(dust storm)이 되기도 했으며, 황허 강에 빈번히 발생하는 홍수는 수천 명의 인명과 마을, 곡식 등을 휩쓸어가는 큰 재해를 일으켰다. 그러나 황토가 매우 비옥하여 고대 중국문명의 발상지가 되었다.

약 6,000년 전 황허 강 유역의 강 언덕에 정주농경이 이루어지면서 취락이 발생했다. 하천은 관개에 이용되었고, 비옥한 황토는 농업발달의 기초를 이루었으며, 자연제방을 이루는 지역은 대규모의 취락입지를 제공했다. 따라서 고대 중국문명의 중심지인 반포(半坡)를 비롯하여 양사오(仰韶), 반산(半山) 등의 마을이

중국공산당의 대장정과 창당

중국공산당은 창립 당시 총 당원 수 57명인 초미니 규모였지만 큰 반향을 불러일으켰다. 전국의 진보적 지식인과 청년이 줄지어 입당했고, 프랑스에서는 저우언라이(周恩來), 리리산(李立三) 등에 의해 중국공산당 지부가 결성됐다. 중국공산당 성립을 주도한 것은 천두슈(陳獨秀)였다. 베이징 대학 문과대학장으로 진보적 지식인 운동을 주도하던 그는 1917년 러시아에서 볼셰비키(Bolsheviki)[1] 혁명이 일어나자 이를 후진국 근대화 모델로 적극 수용했다. 1918년 베이징 대학에 마르크스주의 연구 그룹이 만들어지면서 중국에 처음으로 공산주의의 씨앗이 뿌려졌고, 이후 베이징·상하이, 광둥(廣東)·후난 성 등에 공산주의 조직이 생겨났다. 중국공산당 결성을 재촉한 것은 1919년 레닌의 주도로 모스크바에서 결성된 코민테른(Comintern, Communist International의 약자)이었다. 공산혁명의 수출을 목적으로 만들어진 코민테른은 중국에 보이틴스키(G. Voitinsky)를 파견해 공산주의자들을 지원했다.

러시아 볼셰비키 혁명의 성공은 중국 지식층에게 큰 충격을 주었다. 5·4운동[2]의 주역이었던 학생들은 사회주의 그룹을 만들었고, 공산주의 인터내셔널인 코민테른은 이들을 단합시켜 중국공산당을 창당했다. ≪신청년≫이란 잡지를 내는 문학단체가 중심이 된 이 연파 공산당에 얼마 후 27세의 마오쩌둥, 23세의 저우언라이, 16세의 덩샤오핑(鄧小平) 등 급진 강성파가 참여한다. 이들에 의해 중국공산당은 세계 최강의 공산당으로 성장, 20세기 국제사회에 가장 큰 변수 중 하나로 자리를 잡았다.

1921년 7월 30일 중국 상하이(上海) 외곽 저장(浙江) 성 자싱(嘉興)의 남호에 떠 있는 배 한 척에 일단의 젊은이들이 모여들었다. 중국 각지 공산주의 조직을 대표한 사람들이었다. 23일부터 상하이 프랑스 조계(租界) 내의 한 여학교에서 중국공산당 창립대회를 갖던 이들은 경찰이 회의장소를 압박하자 자리를 옮겨 회의를 속개한 것이다. 13명의 멤버 중에는 크게 주목을 끌지는 않았지만 훗날 중국공산당 운명을 결정하게 될 한 젊은이가 있었다. 후난(湖南) 성 창사(長沙)의 한 소학교 교장이던 28세의 마오쩌둥이었다. 중국공산당사에서 '제1차 전국대표대회(一全大會)'로 기록되는 이 대회에서는 당시 광저우(廣州)에 있던 천두슈[3]를 총서기로 선출했다. 또 중국의 대표적 공업지역이던 상하이에 노동조합 서기부를 설치해 노동계급 조직에 전력을 기울이기로 결정했다.

한편 1934년 10월 국민당 정부의 장제스(蔣介石) 총통은 70만 명의 대군으로 철조망과 시멘트 요새를 설치하여, 장시(江西) 성 루이진(瑞金) 소비에트(공산당 점령지역)의 포위를 좁혀갔다. 생활필수품과 의약품이 부족해진 홍군(紅軍, 중국의 인민해방군)은 그해 10월 16일 새벽 군수물자를 지고 루이진의 소비에트를 탈출했다. 약 8만 명의 홍군은 북서부의 산시(陝西) 성 옌안(延安)에 새로운 근거지를 마련하기 위해 포위망이 가장 약한 소비에트의 남서부를 돌파해 서쪽으로 이동했다. 368일 동안 계속 이동해 국민당 군대의 봉쇄에서 벗어난 홍군은 1935년 10월 저우언라이, 주더(朱德), 린뱌오(林彪), 펑더화이(彭德懷) 등이 있는 옌안에 자리를 잡았다. 11개 성, 18개 산맥, 24개의 큰 강을 가로지르는 약 1만 2,500㎞의 후퇴를 계획한 사람은 마오쩌둥이었다. 이 후퇴 과정에서 홍군은 가는 곳마다 토지분배, 농민 해방, 정치개혁 등을 통해 사회주의 혁명이념을 전파했다. 이들은 이 과정에서 민중의 것은 감자 하나라도 취하지 않으며, 잠자리에 까는 건초는 반드시 제자리에 갖다놓고, 부인들이 있는 곳을 피해 갔다. 이로써 홍군은 중국 민중의 환심을 샀으며 많은 새로운 병사를 얻었으나 최종 목적지에 도착한 인원은 7,000명뿐이었다. 그러나 마오쩌둥은 1934년 옌안으로의 대장정 도중 당권을 장악했고, 그로부터 10년 후 국공합작의 내전기에 이때 뿌려진 씨앗의 풍성한 결실을 거둘 수 있었다.

한편 만주의 실권자인 장쉐량(張學良)이 일본군을 물리치기 위해 국공합작을 해야 한다면서, 공산당 세력을 물리치고 있던 장제스를 시안(西安)에 감금했다. 이때 저우언라이가 중재자 역할을 하여 장제스가 풀려나고 제2차 국공합작이 이루어졌다. 그러나 이 때문에 공산세력이 강해져 결국 중국이 공산화됐다고 하여 장쉐량은 타이완으로 유배되어 감금생활을 했다. 그 후 국공내전에서 최종적으로 승리함으로써 마오쩌둥은 1949년 8억 중국인의 지도자로 부상했다.

발달했고, 이들 마을에는 짚으로 만든 오두막이 세워졌으며 우수한 도기가 만들어졌다. 이보다 조금 늦게 토성으로 둘러싸이고 흑도문화(黑陶文化)를 가진 룽산(龍山)이 발생하는 등 기원전 2000년경까지 황허 강 유역에는 수천의 번영된 농촌사회가 존재했으나 최초의 도시는 발생하지 않았다.

황허 강 유역에 세워진 중국 최초의 도시는 기원전 1600년경에 현재의 허난(河南) 성 정저우(鄭州)에 세워진 아오(隞, Ao)였다. 이 도시는 동서 1.7㎞, 남북 2㎞, 면적 3.4㎢의 성곽도시로, 현재의 정저우 면적의 약 2.5배나 되었다. 중국은 나일 강, 메소포타미아, 인더스 강 유역에 비해 도시의 발생이 1,000년이나 늦다. 일찍부터 황허 강 유역에 많은 사람들이 취락을 형성하고 정주 농경생활을 했으나 일부 주민들은 유목생활을 해왔기 때문에 도시 발생이 늦은 것으로 추측된다.

중국은 역사시대를 거치면서 왕정이 무너지고, 신해혁명(辛亥革命)을 거쳐 국민당(國民黨) 정부가 집권을 하다가 1930년부터 5회에 걸친 중국공산당 포위작전이 수행됐다. 그러나 중국공산당은 국민당 정부의 포위를 뚫고 약 1만km의 대장정(大長征)을 통해 농촌지역의 민심을 얻었다. '내전정지(內戰停止) 일치항일(一致抗日)'을 외치는 여론이 높아지자 1937년 국공(國共)합작으로 일본과 전쟁을 벌여 일본의 항복을 받아냈다. 그 후 마오쩌둥(毛澤東)은 국민당과의 내전에서 승리하여 1949년 10월 1일에 베이징(北京)의 천안문 광장에서 중화인민공화국 수립을 선포했다.

2) 중국의 행정구역 구성

1984년 중국 헌법의 규정에 의하면 중국의 행정계층은 성급(省級), 현시급(縣市級), 향진급(鄕鎭級)의 3급 체제를 채택하고 있다. 그리고 헌법상의 규정은 아니지만 성과 현시의 사이에는 지구(地區)급의 지방정부가 존재한다. 1998년 현재 도시 행정단위에는 성급의 직할시, 지구급의 지급시(地級市), 현시급의 현급시(縣級市)가 있다.

중국의 도시 수는 1980년대에서 1990년대에 걸쳐 급증했다. 1977년에 190개(직할시 3개, 지급시 97개, 현급시 90개)였던 도시 수가, 1985년에는 324개(직할시 3개, 지급시 162개, 현급시 159개)로 되었고, 1995년에는 640개(직할시 3개, 지급시 210개, 현급시 427개)까지 증가했다. 1982년에는 시대현(市帶縣) 체제가 인가되었

1) 구소련 공산당의 별칭으로 소련공산당의 전신인 러시아사회민주노동당 정통파를 가리킨다. 멘셰비키와 대립된 개념이며, 다수파라는 뜻으로 과격한 혁명주의자 또는 과격파의 뜻으로도 쓰인다.
2) 1919년 5월 4일 중국 베이징의 학생들이 일으킨 반제국주의·반봉건주의 혁명운동이다.
3) 최고지도자였던 천두슈는 1927년 제1차 국공합작이 실패로 끝나자 그 책임을 지고 총서기직에서 물러났고 2년 후에는 당에서 추방됐다.

는데, 이것은 시관현(市管縣) 체제 또는 지시(地市)합병 체제라고도 불린다. 시대현 체제의 목적은 단기적으로는 도시에서 부족한 식량을 주변 농촌지역에서 공급하는 것이고, 장기적으로는 주변 농촌지역에서 도시로의 역내(域內) 인구이동을 장려하고 도시·농촌 간에 통일계획을 책정하여 두 지역 간의 일체화를 촉진시키는 데 있다. 지급시의 신설을 장려하는 이 체제는 종래의 도시 행정구역(대부분 현급시)을 주변 농촌지역에까지 확대해 인접한 여러 현을 그 관리하에 두는 것을 인정한 것이다.

2. 다양한 기후와 농업

중국의 기후구는 친링(秦嶺) 산맥의 영향을 많이 받는다. 친링 산맥은 자연적 장벽이 될 뿐만 아니라 화난(華南) 지방과 양쯔 강(창장 강) 계곡에 겨울철 북동계절풍의 영향이 미치지 않도록 막아준다. 이 때문에 화난 지방의 일부 지역에서는 1월의 평균기온이 10℃ 이상이 되어 겨울철에도 작물을 재배할 수 있다.

중국의 기후구는 크게 둥베이형, 몽골형, 티베트형, 초원(steppe)형, 화베이(華北)형, 화중형(또는 양쯔 강 계곡형), 윈난 고원형, 화난형으로 구분할 수 있다(〈그림 2-10〉). 기온과 강수량은 계절풍의 영향을 강하게 받는다. 중국 동부의 평원에서는 겨울에 시베리아나 몽골 고원으로부터 부는 찬 계절풍 때문에 남과 북의 기온차가 크지만, 여름에는 태평양에서 부는 온난 습윤한 계절풍으로 인해 전반적으로 고온을 나타낸다. 강수량은 남동부에 많고, 북쪽이나 서쪽으로 갈수록 적어 농작물의 분포를 제약하고 있다. 건조한 서부와 북부에는 많은 내륙하천이 나타난다.

〈그림 2-10〉 중국의 기후지역

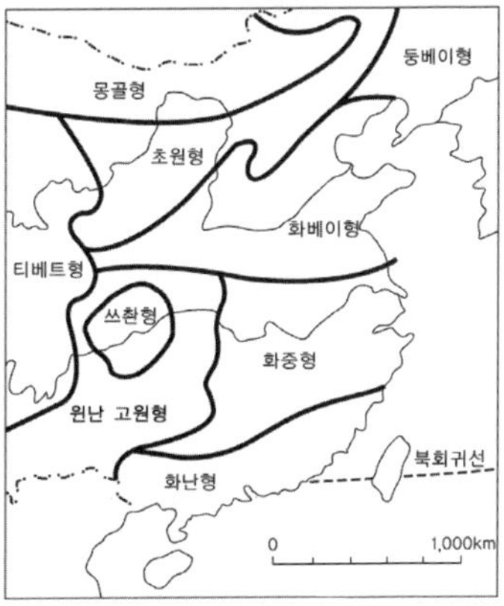

자료: Robinson(1976: 354).

중국의 내륙 북부지방은 건조기후지역으로서 타클라마칸 사막과 고비 사막이 분포하고 있다. 그런데 이들 사막기후지역이 확대됨에 따라 스텝기후지역까지 사막화(desertification)되고 있다. 사막화의 원인으로는 첫째, 지구온난화와 같은 기후의 장·단기간의 변화, 둘째, 토지의 잘못된 이용, 삼림벌채·화전경작·과잉목축 등 인간의 영향을 든다. 이와 같은 사막화로 연강수량

50~300㎜ 지역뿐만 아니라 200~300㎜ 반건조지역의 스텝지역까지 변화하여 식생이 적어지고 토양침식이 발생하므로 항상 사막화의 위협을 받고 있다고 오브레빌(A. Aubréville)은 주장했다. 중국 북부지역 사막화의 지역구분은 반습윤지대 사막화 토지 영세 분포구, 반건조 초원지대 및 사막 초원지대 사막화 진전구, 건조 사막지대 유사(流砂)침입 및 고정·반고정 사구활성화구로 구분할 수 있다(〈그림 2-11〉).

2007년 중국의 농지면적은 국토면적의 59.3%를 차지하나 전체 인구의 39.6%가 1차 산업에 종사하고 1인당 농지면적은 1.1ha이다. 총 토지면적에서 차지하는 경지율은 16.4%(세계 평균 11.9%)에 지나지 않는다. 작물은 물이 부족하거나 농지 기반정비가 늦은 지역에서 주로 재배되고 있다.

중국은 다양한 자연환경의 혜택으로 농목업의 지역적 차이가 크다. 친링 산맥과 화이허 강(淮河)을 경계로 둥베이(東北) 지방이나 화베이 지방의 밭농사 중심 지역, 화중·화난 지방의 벼농사 중심 지역 및 서부의 목축지역으로 나누어진다.

대륙성기후의 둥베이 지방에서는 여름의 고온과 긴 일조시간을 이용해 콩, 사탕무, 고량, 봄밀을 1년 1작으로 재배한다. 화베이 지방에는 비옥한 황토에 감싸

〈그림 2-11〉 중국 북부지역 사막화의 지역구분

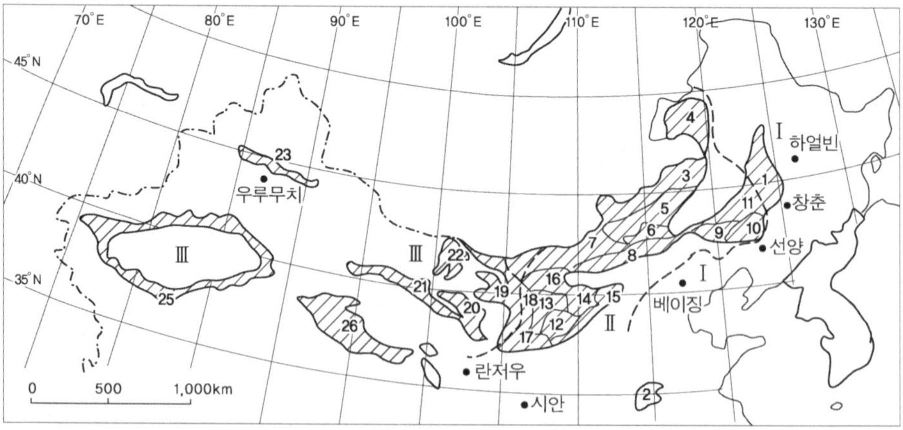

I. 반습윤지대 사막화 토지 영세 분포구
II. 반건조 초원지대 및 사막 초원지대 사막화 진전구
III. 건조 사막지대 유사(流砂)침입 및 고정 · 반고정 사구활성화구
* 그림 중의 숫자는 각 구의 세분된 지역임.
자료: 河野(1988: 189).

〈그림 2-12〉 중국의 농업지역 구분

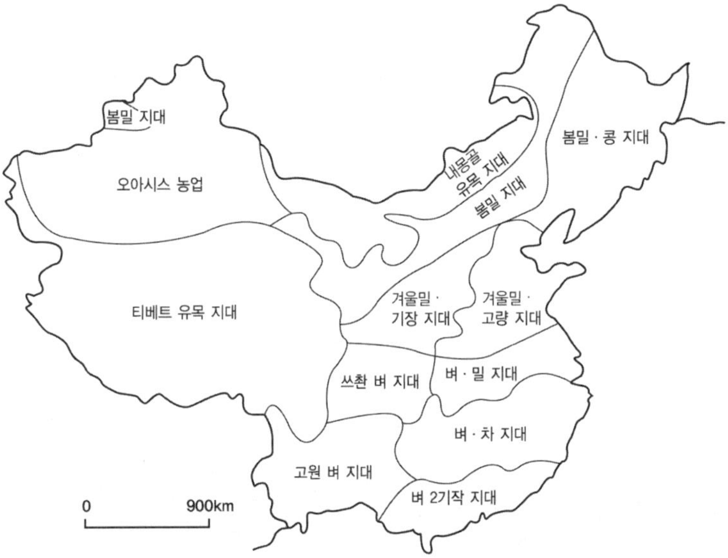

자료: Robinson(1976: 369).

인 지역이 많고, 겨울밀이나 고량, 면화 등을 1년 1작 또는 2년 3작으로 재배한다. 두 지역 모두 관개시설과 함께 벼농사가 보급되었다. 양쯔 강 유역의 화중 지방은 벼농사의 핵심지역으로 벼와 겨울밀, 유채 등의 2모작이 행해지며 뽕나무와 차 재배도 많다. 화난 지방에서는 주장 강(珠江)의 삼각주를 중심으로 벼의 2기작 외에 사탕수수도 많이 재배된다. 서부 내륙지방에서는 목축이나 오아시스 농업이 행해진다.

중국의 주요 농산물은 벼, 밀, 기장, 고량 등으로 이들 농작물이 경지면적의 약 75%를 차지한다. 벼는 가장 중요한 작물로 친링 산맥과 화이허 강을 연결하는 선(연 강수량 800㎜ 경계)의 남부지역인 화중·화난 지방에서 주로 재배되는데, 화난 지방에서는 2기작으로 재배된다. 친링 산맥과 화이허 강을 연결하는 선의 북쪽 지방에서는 밀, 기장, 고량, 콩이 주요 작물이다.

벅(J.L. Buck)은 중국의 농업지역을 총 경작면적, 농장의 크기, 작물 형태, 가족수, 농업관행, 관개지역, 촌락의 인구밀도 등을 고려하여 크게 밀 재배지역과 벼 재배지역으로 나누고, 밀 재배지역을 다시 콩·고량 지대, 봄밀 지대, 겨울밀·기장 지대, 겨울밀·고량 지대로 나누었다. 벼 재배지역은 다시 벼·밀 지대, 쓰촨 벼 지대, 벼·차 지대, 벼 2기작 지대, 고원 벼 지대로 나누었다. 그리고 둥베이 지방은 봄밀·콩 지대, 서부 건조지역은 오아시스 농업과 목축으로 다시 나누었다(〈그림 2-12〉).

〈그림 2-13〉 중국의 주요 작물의 파종면적 변화

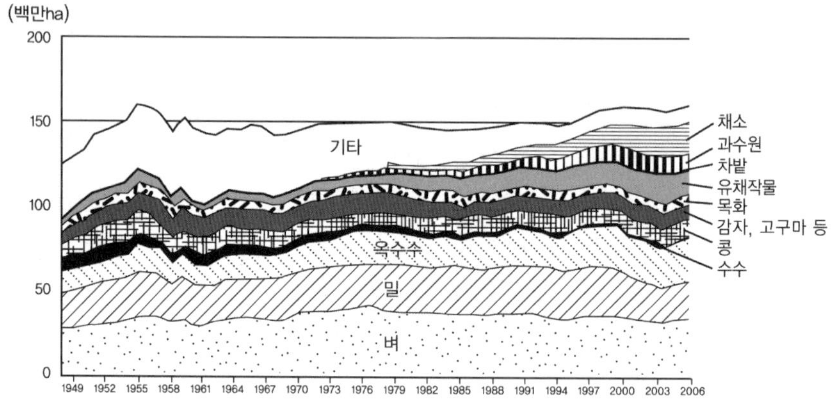

* 면적 변화는 차밭과 과수원은 연말의 면적이고, 그 밖의 작물은 파종면적임. 과수면적은 1970년 이후, 채소 파종면적은 1978년 이후의 자료만을 나타낸 것임. 그 이전은 경년적인 자료를 얻을 수 없었기 때문임.

자료: 新中國五十年農業統計資料; 中國統計年鑑.

〈그림 2-14〉 중국의 곡물류 생산량 추이

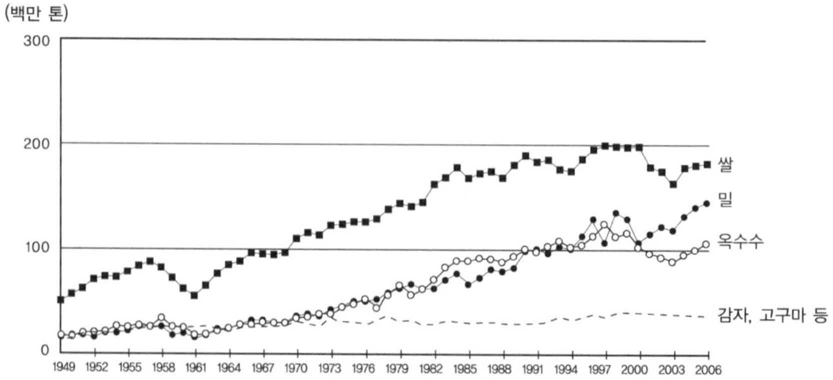

자료: 新中國五十年農業統計資料; 中國統計年鑑.

〈그림 2-15〉 중국의 축산물 생산량 추이

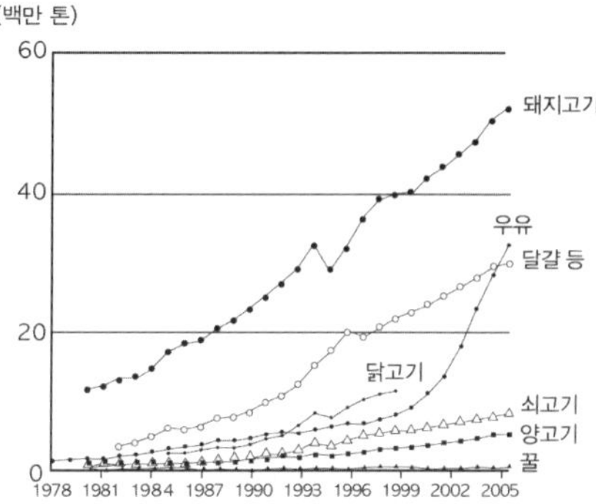

자료: 新中國五十年農業統計資料; 中國統計年鑑.

중국의 농업지역 간 차이로는 우선 동부와 서부의 차이를 들 수 있다. 동부지역은 수분·열량·토양조건이 비교적 좋고 인구도 조밀해, 중국의 농작물, 가축의 사육, 임업, 어업, 부업 등이 모두 집중되어 있다. 서부지역은 기후가 건조하고 수분·열량·토양조건의 배합이 매우 큰 결함을 가지고 있으며 인구도 적어, 농업지역이 소규모로 분산되어 있으며 방목을 주로 하고 있다.

동부지역과 서부지역은 각각 남북 간의 차이에 의해 크게 두 지역으로 나눌 수 있다. 먼저 동부지역은 친링 산맥과 화이허 강을 연결하는 선에 의해 북부와 남부로 나누어진다. 북부는 밭을 경지의 기본 형태로 하고 각종 밭 곡물의 주산지이다. 남부는 논을 경지의 기본 형태로 하고 벼나 각종 아열대·열대 경제작물의 주산지이다(〈그림 2-13〉, 〈그림 2-14〉). 서부지역은 치롄(祁連) 산맥에 의해 북부와 남부로 나누어진다. 북부의 간쑤 성과 신장웨이우얼(新疆維吾爾) 자치구는 넓은 건조지대로, 국부적으로는 관개의 혜택으로 농업이 존재하지만 황량한 산지에서는 방목이 발달되었다. 남부의 칭하이(青海) 성과 티베트 고원에서는 방목을 주로 하고, 가축이나 농작물·수목도 모두 고산지구의 특색을 나타내고 있다(〈그림 2-15〉).

3. 황허 강의 유역 변경

황허 강은 티베트 고원에서 발원하여 동쪽으로 흘러 산둥(山東) 반도 북쪽의 보하이(渤海) 만까지 이어지며 길이는 5,500㎞이다. 황허 강은 세계에서 토사 운반량이 가장 많은 강인데, 이는 황허 강이 중국 북서부의 황투(黃土) 고원 지대를 침식하면서 흘러들기 때문이다.[4] 하류의 화베이 평야 지대는 범람원으로 홍수가 잦아 강기슭에는 제방이 쌓여 있으나 거센 홍수에는 물줄기가 크게 바뀌기도 한다.

기록에 의하면 황허 강은 큰 유로 변동이 26회나 발생했고, 1946년 이전 2,500년 동안 1,500회 이상의 범람으로 하류의 유로가 변했으며(〈그림 2-16〉), 새로운 삼각주도 빈번하게 생성되었다(〈그림 2-17〉). 1938년 중일전쟁 때에는 둑을 파괴

4) 황허 강은 세계의 평지하천 중에서 가장 토사유출량이 많다. 이 토사의 대부분이 황허 중유역(中流域)인 황투 고원의 토양침식에 기원한다. 토사유출량은 연간 평균 4,600톤/㎢에 달한다.

〈그림 2-16〉 황허 강의 하류 범위 변경

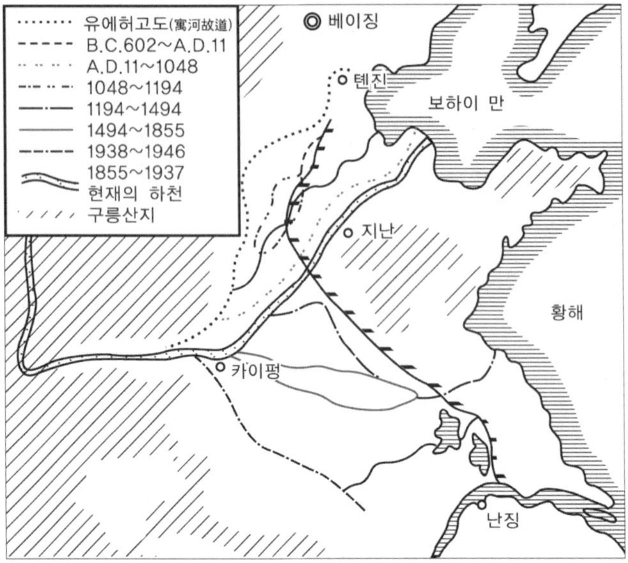

자료: 河野·青木(1988: 76).

〈그림 2-17〉 1855년 이후 황허 강 삼각주의 변화

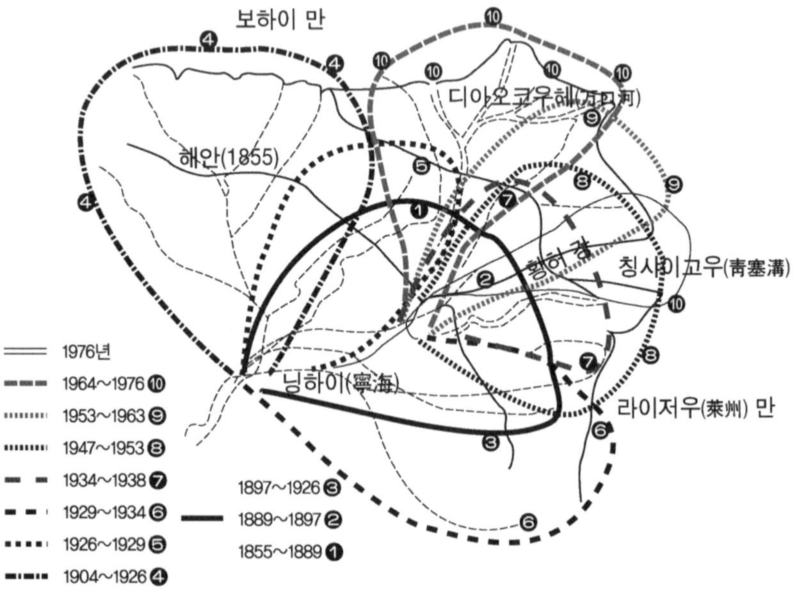

자료: Qingsong(1998: 731).

하여 큰 인명피해가 발생하기도 했다. 황허 강은 강바닥이 주변 범람원보다 높은 천정천(天井川)을 이루고 있어, 기원전 602년부터 홍수 방지를 위해 제방을 쌓았으며 지금도 제방을 계속 높이고 있다.

황허 강은 중국에서 두 번째로 긴 강이지만 유역면적은 그렇게 넓지 않다. 또 유역 전체의 유량은 중국의 주요 하천 중에서도 가장 적어 양쯔 강, 주장 강에 미치지 않는 것은 물론이고 쑹화(松花) 강이나 허베이(河北) 성의 하이허(海河) 강보다도 적다. 이것은 황허 강 중상류가 건조지대를 흐르고 있어 유역면적이 좁기 때문으로, 유량이 적어 큰 하천으로서 수량이 뚜렷하게 적은 특징을 가지고 있다. 연간 유량은 양쯔 강에 훨씬 못 미치고 화이허 강과 주변의 작은 하천을 합친 양에도 도달하지 못한다. 유역면적은 전국 하천 유역면적(내륙하천 제외)의 7.8%를 차지하지만 유량은 2.2%에 지나지 않는다.

황허 강이 다른 하천이 가지지 않는 특징은 하천이 포함하는 사니(沙泥), 즉 모래와 진흙의 양이다. 예전부터 '황허 강의 물 한 석에 진흙은 여섯 말'이 있는 것과 같다고 했듯이 모래와 진흙의 양은 상상을 초월한다. 황허 강은 중국의 모든 하천에서 배출하는 모래와 진흙 양의 60%를 차지한다. 그러므로 황허 강은 일반적인 큰 하천과 같이 하류가 안정된 충적평야를 형성할 수 있는 하천은 아니다. 황허 강의 진흙은 대규모의 범람과 하도의 변천을 가져와 하류 삼각주를 황폐한 토지로 이어왔다. 황허 강 유역의 비옥한 토지는 하류부의 범람원이 아니라 중류 지류 변의 하곡평야이고, 하류의 범람원으로부터 거리를 둔 산둥의 구릉비탈이다.

4. 뢰스와 혈거생활

중국 대륙 내륙부에 속하는 황투 고원은 북위 34°~40°, 동경 100°~115°를 중심으로 한 표고 약 1,000m 이상의 황허 강 중유역(中流域)에 펼쳐진 고원지대이다. 지금으로부터 1,100년 이전에는 세계에서 인구가 가장 많은 도시 시안[西安, 장안(長安)]이 이곳에 있었다. 그러나 지금의 황투 고원은 무수한 골짜기가 만들어져 자연식생은 거의 보이지 않는 황량한 대지가 되었다. 사람이 살아가는 데 충분한 생산력도 없고, 빈곤화와 과도한 경작과 방목이 계속되는 악순환 속에서의 식생

〈그림 2-18〉 중국 화베이 지방의 황토층 분포

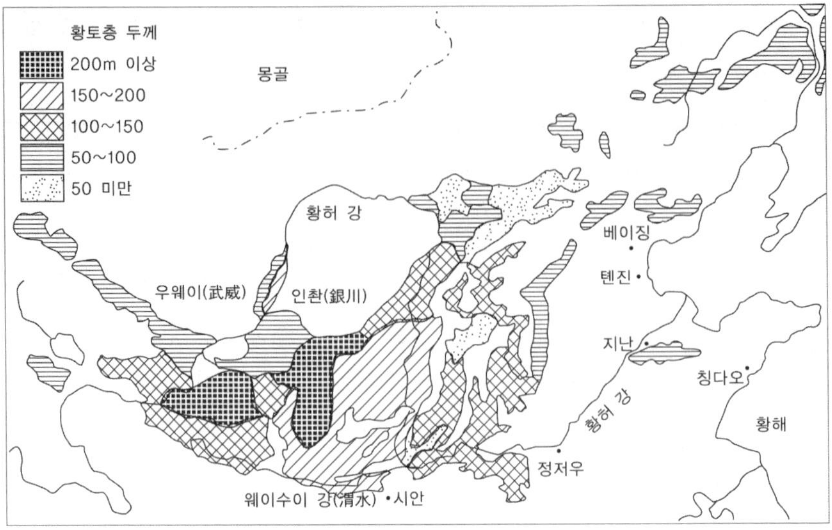

자료: 손명원(2005: 32).

파괴가 토양침식을 격화시켜 침식곡의 발달을 불러온 것이다. 이 지역은 쾨펜(W.P. Köppen)의 기후구분에 의하면 초원기후구에 속하고 반건조지역에 해당한다. 연 강수량은 북부 약 300㎜, 남부 약 600㎜로 강수량이 적을 뿐만 아니라 연간 변동이 심하다. 또 강수의 대부분이 7~9월에 집중하고 단기간의 집중호우로 발생하는 경우가 많다.

황투 고원은 중국에서도 손꼽히는 밀 생산지역인데, 밀의 생육기간인 3~6월의 강수량이 적기 때문에 전년도 강수를 토양 중에 침투·유지시켜 다음 해의 발아·생육에 이용하는 연구가 이루어지고 있다. 따라서 황투 고원의 여름 강수는 농업적 견지에서 중요하다.

중국에서 예로부터 황투라고 부르는 뢰스(loess)는 바람에 의해 운반된 먼지가 쌓인 플라이스토세(世)의 육상 퇴적물을 말한다. 황허 강 유역의 뢰스는 주로 실트(silt)로 이루어졌고, 회색 내지 담황색을 띤다.

뢰스는 근본적으로 빙하기의 산물이며, 황허 강 유역의 뢰스는 주로 고비 사막[5]에서 바람에 의해 운반된 것이다. 하지만 지표면의 1/10을 덮고 있는 뢰스가 전부 빙하 주변이나 사막에서 불어 온 것은 아니다. 황허 강 하류의 화베이 평야의 뢰스는 서쪽 황투 지대에서 하천에 의해 운반되어 온 퇴적물이 큰 비중을 차지하

5) 고비(gobi)란 말이 중국 문헌에 처음 쓰인 것은『구당서(舊唐書)』에 '戈壁(과벽, gebi)'이란 한자로 전사(轉寫)되면서부터이다. 몽골 어에서 비롯된 이 말은 '자갈이 많은 곳'이란 의미를 가지고 있는데, 중국에는 고비 사막이라는 사막은 없다. 다만 탐험가들이 몽골 인들에게 여기가 어디냐고 물었을 때 '자갈이 있는 사막', 즉 고비라는 답을 한 것이 고유명사로 인식됐기 때문이다. 몽골 고원의 동반부 남쪽을 넓게 차지하면서 내·외 몽골에 걸쳐 있는 고비는 앞에서 지적한 바와 같이 '사막성 초원', 즉 거친 초원이란 뜻이다.
고비 사막 전역은 동서의 길이 약 1,500㎞, 남북의 폭 약 1,000㎞로 원래 내해(內海)로 추정된다. 이 중 고기암층(古期岩層)은 해성층으로 습곡·단층이 현저한 반면, 백악기(白堊紀) 이후의 새로운 암층은 분명히 육성층으로서 지층이 수평층을 이룰 정도로 대요곡(大撓曲)운동 이외에 지각변동을 크게 받지 않았다. 원형이 잘 보존된 공룡과 공룡의 알이 다수 발견된 곳도 바로 이 지층이다. 대요곡운동의 결과 낮은 곳은 융기하여 육지가 되고, 그 후에 풍화·침식작용에 의해서 사력이 퇴적하여 오늘의 고비를 형성했다.

고 있다. 화베이 지방의 뢰스 퇴적층의 두께는 보통 30m 이상이고, 최대 70m에 달하는 곳도 있다. 뢰스는 충격을 주면 부서지기 쉬우나 절벽을 잘 이루며, 지탱하는 힘이 크다. 이 때문에 화베이 지방의 주민은 수직으로 끊어진 곡벽을 횡혈식(橫穴式)으로 파서 돌이나 기와를 잘 들어 맞게 고정시킨 야오동(窯洞)이라 불리는 토굴에서 혈거(穴居)생활을 한다(〈그림 2-18〉, 〈그림 2-19〉).

〈그림 2-19〉 황투 고원의 주거지와 내부구조

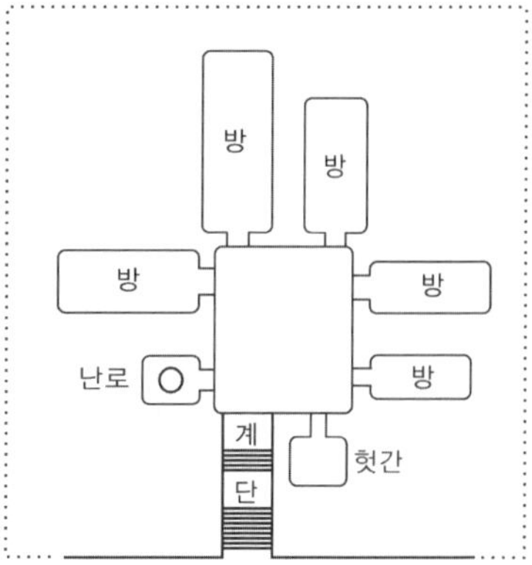

5. 세계 최대의 인구대국을 이루는 한(漢)족과 소수민족

중국은 세계 인구의 약 1/5에 해당하는 13억 명의 인구가 살고 있는 세계 최대의 인구대국이다. 이와 같이 인구대국이 된 이유는 파미르 고원을 중심으로 뻗어 있는 높은 산맥들이 서쪽으로부터 유입되는 전염병을 막아주었고, '애기신부법'과 같은 조혼(早婚) 풍습이 인구증가를 가져오는 데 큰 역할을 했기 때문이다.

중국은 1949년 이후 '애기신부'를 법으로 금지했다. 최근 중국의 인구동태는 4시기로 나눌 수 있다. 제1기인 1949~1957년에는 건국 때 제정된 혼인법이나 출산 장려책으로 출생률이 급증했다. 제2기인 1958~1961년에는 대약진 정책의 실패, 큰 기근이 원인이 되어 인구가 감소했다. 제3기인 1962~1971년은 다산소사형의 전형적인 시기로 인구가 급증했다. 제4기인 1971년부터 현재까지는 출생률이 점차 낮아지고 있으며, 1979년부터 시행한 한 자녀 정책으로 증가율이 안정 저하기에 들어갔다. 그리고 새로운 혼인법을 공포하여 원래의 규정을 더욱더 강화하고 아울러 적당한 수정과 보완을 가하여 결혼 연령을 남자 20세와 여자 18세에서 각각 남자 22세와 여자 20세로, 그 후 남자 26세, 여자 23세로 더욱 상향

〈그림 2-20〉 중국의 인구변화(2000~2010년)

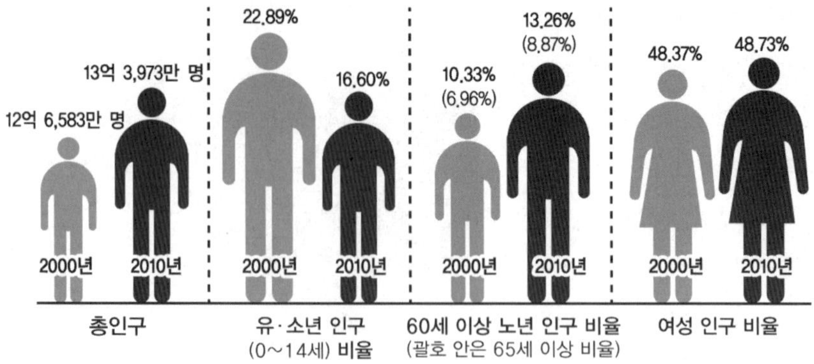

자료: 중국 국가통계국.

조정했다. 1995년에는 인구가 12억 2,146만 명에 달해 자연증가율은 10.55‰, 연간 2,059만 명이 출생하고 1,271만 명이 순증가를 했다. 2006년의 인구는 13억 1,000명으로 출생률은 12.1‰, 사망률은 6.8‰로 인구의 자연증가율은 5.3‰를 나타냈다.

2010년 제6차 인구센서스 조사 결과, 총인구 13억 3,973만 명[홍콩(香港)·마카오 제외]으로 2000년(12억 6,583만 명)에 비해 7,390만 명 증가해 연 5.84‰의 증가율을 나타냈다. 유·소년 인구(0~14세)의 비율이 급격히 줄고 60세 이상 노인 인구가

〈그림 2-21〉 중국의 인구변천

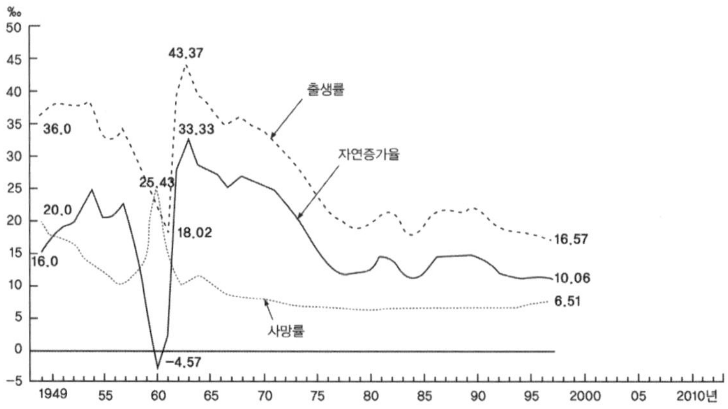

자료: とうほう(地理資料 B. 2000: 150).

한 자녀 정책

인구증가를 억제하기 위해 중국 정부 전국계획출산홍보실주임회의는 1979년부터 '한 자녀 정책'을 도입하고 한 자녀의 부모에게는 월 5위안(1979년 당시 월급의 약 10%)의 장려금을 자녀가 14세 될 때까지 지급하는 한편, 출산계획에 따르지 않는 사람은 월 10%의 임금을 삭감하는 등 경제조치를 취했다. 이 정책은 1980년에 정식으로 국책궤도를 탔다. 1984년에는 자기 분수에 맞는 분수(分數)사상이 나와 산(山)·임(林)·광산(鑛産) 구역 등 각지의 실정에 맞는 두 번째 자녀의 출산을 허가하는 완화 수정책이 발표됐다. 1986년 4월 제정된 '칭하이 성 계획출산조건 예'를 보면 정부기관 직원이나 직원 노동자 및 도시주민은 한 자녀, 농촌은 조건에 맞으면 두 자녀, 농촌의 소수민족은 두 자녀, 목축업 구역의 소수민족은 세 자녀를 인정했다.

그러나 한 자녀 정책으로 여러 가지 현실적인 문제가 발생하고 있다. 100명당 1명이 한 자녀 정책을 무시하고 출생돼 호적을 얻지 못하는 헤이하이즈(黑孩子)가 존재한다고 ≪중국부녀보(中國婦女報)≫가 1989년 1월 16일에 밝혔다. 이 신문에 의하면 중국 동부의 산둥 성 타이안(泰安) 시(행정구분으로는 3시 3현, 인구 약 600만 명)의 경우 1988년 12월의 인구조사에서 총인구의 1% 이상인 68,674명이 호적이 없는 '숨겨진 자녀(黑孩子)'라는 것이 밝혀졌다. 이 숨겨진 자녀는 모두 최근에 출생했으며, 한 자녀 정책하에서 부모가 출생신고를 하지 않았던 것이다.

중국의 한 자녀 가정은 많은 심리학자가 지적한 바와 같이 자녀에 대한 과보호, 기대과잉, 간섭과잉 등의 문제를 가져왔다. 이렇게 자란 아이들은 자기 일을 스스로 처리하지 못하고, 우정이 결핍되어 있으며, 제멋대로이고, 물건을 소중히 여기지 않는다. 부모와 조부모에게 응석을 부리며 자란 '샤오황디(小皇帝, 작은 황제)' 세대가 1999년 20세가 됐다. 21세기 중국의 교육 면에서 볼 때 1억 4,000만 명 이상의 문맹자와 한 자녀들은 큰 과제가 되고 있다.

2008년 중국의 인구는 동고서저의 분포를 나타내고 있다. 인구가 가장 많이 분포하는 시는 상하이[6]가 1,192만 명으로 가장 많고, 그다음은 베이징(923만), 광저우(646만), 충칭(重慶, 638만), 톈진(天津, 555만), 산터우(汕頭, 499만), 난징(南京, 491만), 우한(武漢, 460만)의 순이다. 현재 100만 명 이상의 도시 수가 44개, 지급시(地級市) 수 220개, 현급시(縣級市) 수 438개로 황허와 양쯔 강 유역에 인구가 많이 분포하고 있다. 중국의 도시화율은 1978년 17.9%였으나 2010년에는 48%로 높아졌다. 그러나 중국은 호구제(戶口制)를 채택하고 있어 도시에 주민등록이 없는 농촌 출신 근로자는 자녀를 공립학교에 보낼 수도 없고 의료혜택을 받을 수도 없다. 그래서 가족은 고향에 두고 혼자 도시에 와서 공장 기숙사에 사는 경우가 대부분이다(<그림 2-22>).

〈그림 2-22〉 중국의 인구분포(2006년)

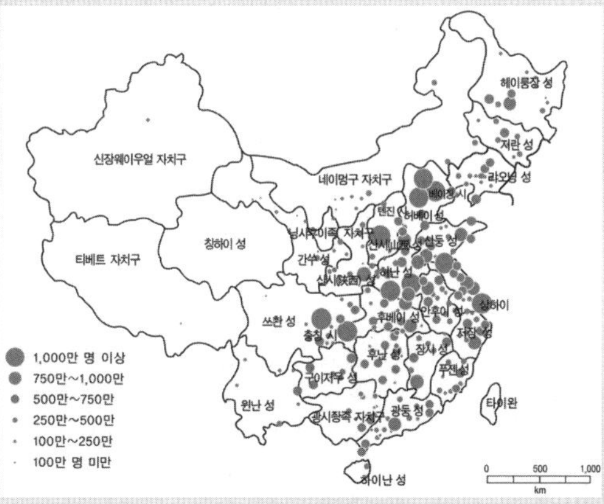

6) 양쯔 강의 하류 삼각주에 위치하는 중국의 경제와 물류의 중심으로, 새로 개발된 푸둥(浦東) 지구에는 업무빌딩이 많이 분포하고 있다. 양쯔 강을 용에 비유하면 상하이 쪽은 용의 머리, 충칭은 용의 몸통, 쓰촨 지방은 용의 꼬리에 해당한다. 그리고 상하이 시는 용이 물고 있는 여의주에 해당한다고 한다.

〈그림 2-23〉 도농 간 거주 이전 제한 철폐 추진지역

빠른 속도로 늘어나면서 중국의 인구가 늙어가는 현상이 뚜렷하다. 유·소년 인구 비율은 1970년 39.7%에서 2000년 22.9%, 2010년 16.6%로 계속 감소하는 추세이다. 반대로 60세 이상 노인 인구는 2000년 10.3%(1억 3,380만 명)에서 2010년 13.3%(1억 7,765만 명)로 크게 늘어나 고령사회로 나아가고 있다. 4~5년 뒤면 유·소년 인구와 60세 이상 노인 인구가 비슷해질 전망이다. 이처럼 고령화 속도가 빠른 이유는 1980년부터 실시된 한 자녀 정책으로 출생률이 크게 떨어진 반면, 1950~1960년대에 걸쳐 태어난 베이비붐 세대가 노인층으로 편입되고 있기 때문이다. 유엔은 오는 2025년을 전후해 중국의 노인 인구가 3억 명을 돌파할 것으로 보고 있다(〈그림 2-20〉).

중국에는 인구증가문제를 해결하기 위해 한 부부에 한 자녀라는 한 자녀 정책을 실시하고 있다. 한 부부에 한 자녀일 경우에는 자녀의 의료비 면제나 학교비용 보조 등의 우대가 있다. 소수민족의 경우에도 한 자녀 정책은 엄격하게 적용될 뿐만 아니라 탄력적으로 행해지고 있다(〈그림 2-21〉).

1950년대 마오쩌둥 시대 이래 인민 통제의 수단으로 시행했던 호구(호적)제도

〈표 2-7〉 중국의 주요 소수민족의 분포(2010년)

소수민족	인구(만 명)	주요 분포지역
좡 족(壯族)	1,618	광시 성, 윈난 성, 광둥 성
만주족(滿洲族)	1,068	랴오닝 성, 허베이 성, 헤이룽장(黑龍江) 성, 지린(吉林) 성
후이 족(回族)	982	닝샤후이(寧夏) 족 자치구, 간쑤 성, 허난 성
먀오 족(苗族)	894	구이저우(貴州) 성, 후난 성, 윈난 성
위구르 족	840	신장웨이우얼 자치구
투자 족(土家族)	803	후난 성, 후베이 성, 충칭
티베트 족(西藏族)	542	티베트 자치구, 쓰촨 성, 칭하이 성
조선족	297	지린 성, 헤이룽장 성, 랴오닝 성

자료: 『중국통계연감』.

〈그림 2-24〉 중국의 민족 구성 분포

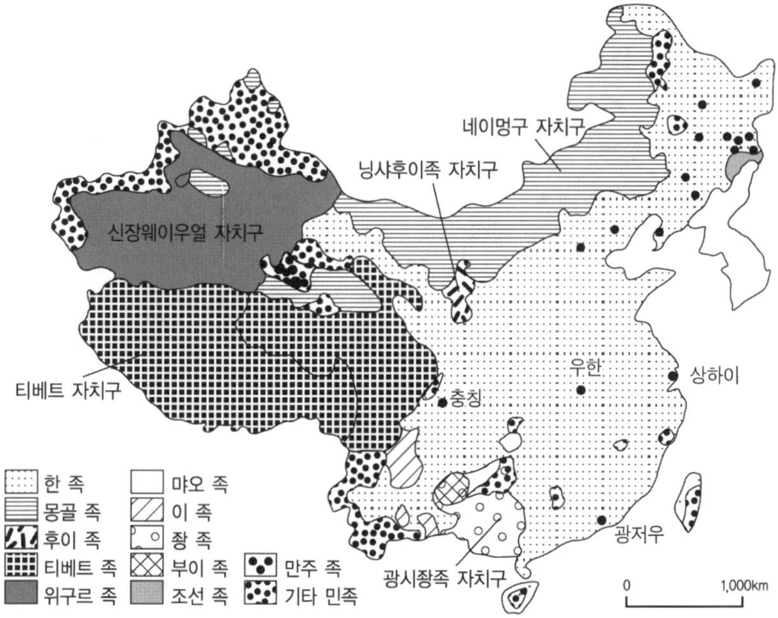

가 반세기 만에 폐지될 움직임을 보이고 있다. 중국 정부는 도농 간 소득격차와 사회불안 해소를 위해 11개 성시(성과 직할시)에서 농민의 도시 이주를 막는 현행 호구제도의 폐지를 계획하고 있다. 거주 이전 제한 철폐 추진지역은 허베이·랴오닝(遼寧)·장쑤(江蘇)·푸젠(福建)·산둥·후베이(湖北)·후난·쓰촨·산시·광시(廣西) 성과 충칭 시의 11개 지역이다(〈그림 2-23〉). 2005년 6월 중국 전역에 등록된 도시지역 일시 거주자는 약 8,600만 명으로, 이들은 도시에 오래 거주하면서도 농촌지역 출신자라는 이유로 교육·취업·의료·노동 분야의 각종 사회복자 혜택에서 소외됐다. 중국에서는 지난 10년간 약 1억 2,000만 명의 농촌인구가 도시지역으로 유입됐으나 이들 대부분은 도시 호구를 얻지 못했다. 현재 도시지역의 상주인구 5억 2,000만 명(약 40%) 중 도시 호구를 가진 사람은 2억 5,000만 명에 불과하다.

중국은 많은 민족으로 구성되어 있지만 인구의 약 92%가 한족(漢族)이다. 한족의 대부분은 동반부의 습윤지역에서 반건조지역에 걸쳐 거주하고 있으며, 중국 내의 다른 민족이 거주하고 있는 지역에도 정치·경제의 지도자층으로 진출해 있다. 전국 인구의 약 8%를 차지하는 소수민족은 남부의 좡 족(壯族), 먀오 족(苗

〈그림 2-25〉 우표로 본 중국의 소수민족

* 같은 소수민족을 두 종류의 우표로 만들었음.

族), 이 족(彝族), 북부의 조선족이나 몽골 족, 남서부의 위구르 족, 후이 족(回族) 등 55개 민족이다(〈표 2-7〉). 소수민족의 행정단위로서 5개의 자치구[7]와 성(省)의 일부로서 자치주나 자치현이 설치되어 있다(〈그림 2-24〉).

소수민족이란 1953년 진행된 민족 식별작업의 기준으로 볼 때에 첫째, 공동언어를 가지고, 둘째, 공동지역에서 거주하며, 셋째, 공동경제생활을 하고, 넷째, 공동문화를 가진 공동체로서 민족의 의지를 가지고 있는 민족을 말한다. 소수민족은 각각 고유의 언어와 관습, 문화를 가지고 있지만 한민족의 문화가 생활 속에 파고 들어가 있다. '단 하나의 중국' 정책을 국가의 최우선 정책으로 삼고 있는 중국은 민족분열을 우려하여 소수민족 우대정책을 취하며, 민족분열을 사전에 방지하는 동시에 교육을 통해 끊임없이 동화를 유도하고 있다. 소수민족의 전통성과 역사성을 사회주의로 유도하는 과정에서 많은 문제점이 일어나기도 했는데, 그 대표적인 예가 티베트의 티베트 족과 중국 북서부 신장웨이우얼 자치구의 위

7) 신장웨이우얼 자치구, 티베트 자치구, 네이멍구(內蒙古) 자치구, 광시좡족 자치구, 닝샤후이족 자치구

구르 족이다(〈그림 2-25〉).

중국 북서부에 위치한 신장웨이우얼 자치구는 사막이나 초원이 펼쳐진 건조지역으로 우루무치(烏魯木齊)[8]가 최대의 도시이다. 주민의 45%는 위구르 족[9]이고 이슬람교도가 많다. 말린 흙벽돌로 지은 집에서 생활하고, 난(빵의 일종)을 주식으로 한다. 생활은 오아시스 농업과 목축으로 유지된다. 건조한 이 지역에서는 천연의 오아시스나 지하용수, 최근에 증가하고 있는 펌프에 의한 용수 등으로 관개를 행하여, 밀·옥수수·과일·야채 등을 재배한다. 목축은 양이나 산양 등을 여름에는 고지(高地)의 목장에서 방목하고, 겨울에는 산록이나 골짜기의 목장에서 사육하는 이목(移牧)을 한다. 이슬람교도가 많은 이 지역에서는 종교상의 이유로 돼지고기를 먹지 않는다.

중국 남서부에 위치한 티베트 자치구는 해발 4,000m 이상의 고원이 대부분으로 주민의 95%가 티베트 족이다. 티베트 족은 대승불교와 민족 신앙이 결합된 티베트불교(라마교)를 믿고 있다. 티베트 최대의 도시 라싸(拉薩)에 있는 포탈라(布達拉, Potala) 궁은 과거부터 법왕정청(法王政廳)이었다. 농업은 겨울철에는 한랭하여 작물재배가 불가능하기 때문에 봄부터 가을까지 밀·보리·평지·완두 등을 재배한다. 목축은 양을 사육하는 것 이외에 고도가 높은 곳에서는 야크,[10] 해발고도가 낮은 곳에서는 소를 사육한다. 윈난 성 남부에 주로 거주하는 먀오족의 문화는 동남아시아의 타이나 라오스에 살고 있는 산지민족과 공통되는 점이 많다.

중국은 소수민족에 대한 정책으로 첫째, 강온정책을 병행하고 있다. 강경책으로는 분리 독립을 요구하는 민족에게 무력으로 가혹한 탄압정책을 실시하는 것을 들 수 있다. 회유책은 다수에 의한 동질화 정책을 기반으로 하며 한족 이주로 인한 동질화 정책을 예로 들 수 있는데, 이로써 소수민족 자치구 내 한족의 비율이 점차 높아지고 있다. 둘째, 문화 보호정책으로 법률상 소수민족의 언어·문자 사용 및 발전의 자유를 보장하고, 중앙·지방 민족학원(대학)에 소수민족 언어과정을 개설했다. 셋째, 민족구역 자치제의 실시이다. 넷째, 소수민족에 의한 간부 임용 정책으로 양성기관에서 교육받은 소수민족 간부들을 해당지역에 파견, 민족구역 자치정책을 수행하게 한다.

소수민족 정책의 가장 큰 문제는 경제적 불균형이다. 2005년 '민족지구'의 주

8) 중국어로 '아름다운 초원'이라는 뜻으로 신장웨이우얼 자치구의 수도이다.
9) 원래 몽골 지역에 거주하던 유목민족의 한 분파였던 위구르 족은 9세기경 톈산(天山) 산맥이 있는 지금의 지역으로 이주해 온 것으로 전해진다. 위구르 족은 2,000년 이상의 역사를 가진 중앙아시아의 투르크계 민족으로, 중국 내 인구는 약 840만 명인데 여러 지역에 분산된 다른 소수민족과 달리 인구의 약 95% 이상이 신장 지역에 거주하고 있다.
10) 소과에 속하는 포유류로 몸의 길이는 약 3m이다. 소보다도 어깨가 솟구쳐 떡 벌어진 체형으로 고지에서 사육을 할 수 있다. 몸과 털의 색깔은 짙은 갈색이나 회색이며, 몸에 붙은 털이 길어 추위에 강하다. 짐을 나르거나 고기와 우유를 얻기 위해 사육된다.

민 1인당 평균수입은 8,678위안으로 중국 전체 1인당 평균수입 11,278.54위안의 76% 수준에 불과하다. 이는 한족과의 융합에 우호적인 세력조차 불만으로 돌리는 위력을 가지고 있다. 반대로 네이멍구 자치구의 경우 낙농업, 희토류 채굴 및 환경사업으로 자치구 중 가장 빠른 경제적 성장을 기록하고 있는데, 이는 네이멍구 자치구를 가장 소요가 적은 자치구로 만드는 데 일조했다. 한편 자치구들은 정치적으로 국경에 접하고 있고, 경제적으로도 많은 자원을 보유하고 있다. 이것이 중국 정부가 문화적·언어적·민족적 차이에도 불구하고 자치구들의 분리 독립을 허용하지 않는 이유이다.

6. 신장웨이우얼 자치구에서의 오아시스 농업

신장 지방이 중국에 편입된 것은 1750년대 청나라 건륭제(乾隆帝)가 몽골계 준가르 제국과 위구르 족을 잇달아 정복하면서부터이다. 신장이란 이름은 청나라가 이곳을 정복하면서 '새로 편입한 영토'라는 뜻으로 붙인 것으로, 1884년 신장성을 설치하고 1955년 신장웨이우얼 자치구로 개편했다. 신장웨이우얼 자치구는 중국 면적의 약 1/6에 해당되는 약 1,600만㎢의 광대한 지역으로, 인구 약 1,400만 명이 거주하는 건조지역이다. 주민은 74%가 투르크(Turks)계의 위구르 족이며 이슬람교를 믿는다. 그 밖에 한족이 15%, 몽골 족, 티베트 족, 키르기스 족, 우즈베크 족, 타지크 족, 타타르 족 등이 거주하고 있다. 이 지역은 15세기에 해상항로가 열리기 전까지 동서 교통로로서, 이른바 톈산 남로와 북로인 실크로드를 통해 중국과 서역 간의 문화교류에 큰 역할을 했다.

이 지역은 동서로 분포하는 톈산 산맥을 중심으로 그 북쪽의 중가리아 분지와 남쪽의 타림 분지로 구분된다. 중가리아 분지는 단층분지로 내륙하천(inland drainage)[11]이 분포하고, 동고서저의 지형을 나타낸다. 톈산 산맥은 길이 1,700㎞이며 고도는 동쪽이 약 2,000m, 서쪽이 약 4,000m 이상으로 정상부에는 만년설이 덮여 있고 빙하가 발달되어 있다. 산지의 동부에는 단층작용으로 해발 -154m 이상의 대함몰지인 투루판(吐魯番) 분지가 분포하며, 톈산 산맥의 3,000m 고지에는 융기준평원의 평탄면이 있다(〈그림 2-26〉).

11) 타림 강과 같이 바다로 흐르지 않고 내륙호에 유입하거나 사막에서 소멸하는 하천을 말한다.

〈그림 2-26〉 중국의 지세

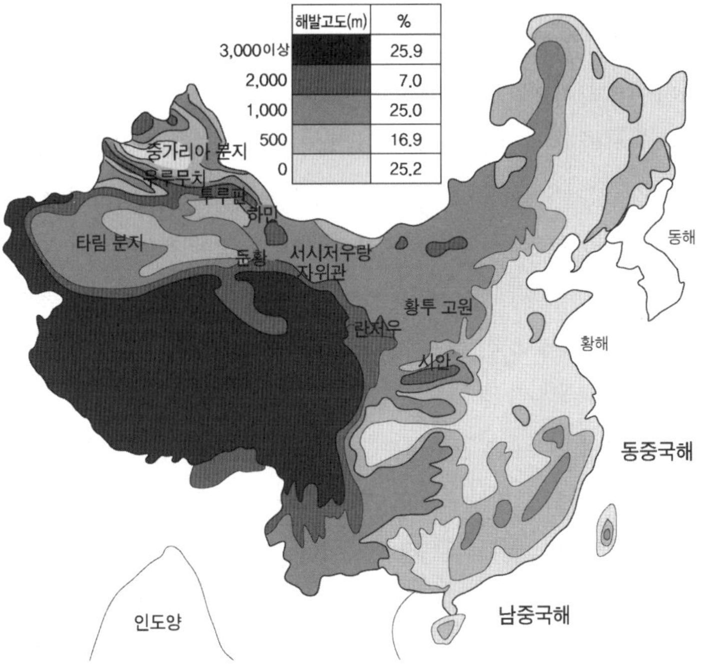

자료: 王權聲 외(2003: 51).

[자료] 중국 지형별 구성비

지형	구성비(%)
산지	33.3
고원	26.0
분지	18.8
구릉	9.9
평원	12.0

자료: 成人中等學校高中教材編寫組編(2000: 204).

타림[12] 분지는 남쪽의 쿤룬(崑崙) 산맥과 북쪽의 톈산 산맥 사이에 동서 길이 약 1,500㎞, 남북 길이 약 650㎞로 펼쳐진 면적 약 91만㎢의 타원형 내륙분지이다. 신생대 제3기의 단층작용으로 함몰된 내륙호에 토사가 퇴적되고, 빙하기 이후 호수가 말라붙어 바닥이 드러났다. 중앙분지가 타클라마칸[13] 사막이다. 타림 분지의 남북 가장자리에는 산지에서 눈 녹은 물이 흘러내리는데, 이곳에는 100여 개의 산록 하천 오아시스가 발달해 있다. 이들 오아시스는 분지의 서쪽에 집중되어 있으며, 물이 사막으로 멀리 흘러 들어가기 전에 카레즈(坎兒井, 坎井, Karez, 길이가 약 5,000㎞ 이상임)라는 지하수로를 통해 오아시스 취락에 생활·농업용수를 공급한다. 그래서 타림 분지에서는 투루판을 중심으로 카레즈에 의한 관개농업을 행하며, 포도를 많이 재배하고 있다.

카레즈는 선상지 말단에 2~10m의 출갱(出坑)을 설치하여 급수하는 양식으로,

12) 타림(塔里木, Tarim)은 위구르 어로 '호수 또는 사막으로 유입하는 하수지류(河水支流)'를 의미한다. 따라서 타림이라는 위구르어 자체가 이 하천의 내륙하천으로서의 전형성을 보여주는 것이기도 하다.

13) 위구르 어로 '들어가는 사람은 살아서 되돌아오지 못한다'는 뜻이다.

신장웨이우얼 자치구의 카레즈 수는 1,000여 개에 달한다. 중국에서는 만리장성, 대운하, 카레즈가 3대 역사(役事)에 속한다. 카레즈라는 용어는 지역에 따라 다르게 불리는데, 우즈베키스탄에서는 갸르즈, 아프가니스탄에서는 카레즈, 이란에서는 카나트(qanat), 북부 아프리카에서는 포가라(foggara)라고 한다. 카레즈가 문헌상에 처음 기록된 것은 약 400년 전이다. 청나라가 톈샨 남북로를 완전히 장악한 1759년부터 인구와 경지가 급격하게 증가하자 각종 관개시설을 확충하여 경지가 확대됐다. 이 시기를 전후하여 투루판 분지와 하미(哈密) 분지에 카레즈가 도입됐으며, 이후 인접 동장(東疆) 일대와 타림 분지로 확대되면서 인공 오아시스의 면적이 증대됐다. 이란을 비롯한 아랍지역에서 상당수의 카나트를 볼 수 있기 때문에 위구르 인들은 이것을 이슬람 문화의 상징으로 여기고, 도입 역시 이슬람교의 유입과 비슷한 1,000년 전쯤으로 생각하는 경향이 있다. 그러나 한족들은 『한서구혁지(漢書溝洫志)』에 나오는 기록에 이미 기원전 109년경에 산시 지역에서 나타났고, 그것이 전파된 것으로 생각하는 경향이 있다. 그러나 루델슨(J.J. Rudelson)에 따르면 카나트의 출수구(出水口) 퇴적물을 분석한 결과 가장 이른 것이 17세기에 만들어졌고, 대다수가 18~19세기에 만들어진 것으로 1990년 카나트 관련학회에서 확인됐다.

카레즈는 후어옌(火焰) 산지 북쪽 산록에 이루어진 대규모 선상지의 선단(자갈이 많은 곳으로 고비)지대(길이가 대체로 2㎞ 전후), 남쪽 산록 대부분의 소규모 선상지의 선단에서 범람원에 걸쳐 고비를 포함한 사막지대(수 ㎞ 정도가 많으나 일부는 10㎞를 넘는 것도 있음), 그리고 하류의 진흙(泥)사막지대(5㎞를 넘는 것이 많으나 10㎞를 넘는 것도 있음)로 구분된다. 인공위성이 찍은 사진으로 카레즈 열(列)의 표면 형태를 판독해보면 평행하여 연결되어 있는 P형이 일반적이지만, 그밖에 교차되어 있는 C형(후어옌 산지 북쪽 산록의 와디 부근에 비교적 많아 나타남), 굴곡한 J형[아라고 강 선상지나 투루판 서쪽 옌산(鹽山) 산지 북쪽 구릉에 발달], 그리고 수지상(樹枝狀)을 나타내는 D형(거대한 모래사막의 하류 쪽에 인접하여 파여 있다) 등으로 분류된다. 투루판 오아시스 동쪽에 인접한 부분에는 폭 1㎞ 정도의 범위에 20열이 넘는 카레즈가 평행하여 밀집해 있다. 일반적으로 카레즈의 간격은 250~300m보다도 훨씬 좁다.

카레즈는 아랍 어로 지표수 관개가 불가능한 초건조지역에 분포하는 지하수로

〈그림 2-27〉 카레즈의 원리

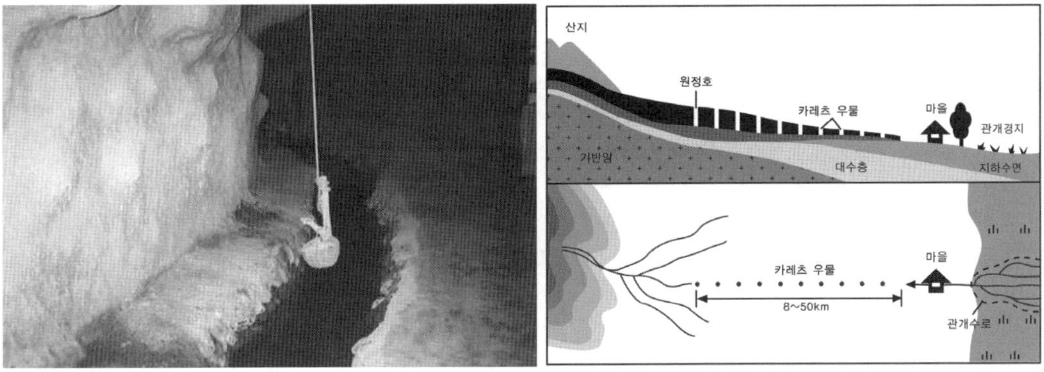

식 관개시설을 말한다. 건조지역의 산록 선상지 선정부에 점토층이 분포하는데, 여기에는 염분이 포함되어 있지 않은 풍부한 지하수층이 존재한다. 이러한 장소를 선정해 모정호(母井戶)라고 불리는 원정호(元井戶)를 파고, 그곳에 비투수층의 긴 수평식 지하수로를 만들어 선단부로 지하수를 흐르게 한다. 이 지하수를 지표에 유출시켜 주민의 음료수, 경지의 관개수로 이용하는 시설을 카나트라고 한다. 카나트 중간의 곳곳에는 물의 흐름을 원활하게 하고 음료수를 길어 먹기도 하는 추에징(垂井)을 파는데, 이들 수직갱을 잇는 물길을 암거(暗渠)라 한다. 땅 위로 드러난 물길은 명거(明渠)라 하며, 물길의 종점에는 물을 저장하고 배수하는 격인 라오빠(澇垻)가 있다(〈그림 2-27〉).

카나트는 지하수로를 이용하기 때문에 수분 증발을 막을 수 있고, 산록에서 멀리 떨어진 곳까지 양질의 물을 공급할 수 있다. 일반적으로 원정호의 깊이는 20~30m이고, 지하수로의 기울기는 1/1,000~1/3,000이다. 길이는 수 ㎞가 많지만 그 중에는 40㎞에 달하는 것도 있다. 지하수로의 높이는 보통 1.2m, 폭은 약 0.8m이고, 최상부의 우물 깊이는 10~50m이다. 카나트는 건설에 막대한 비용이 들기 때문에 카나트를 굴착·관리하는 것은 대지주이고, 이들은 모든 토지를 지배하는 지주이다. 아시아적 생산양식이란 말은 서남아시아의 이러한 환경에서 온 말이다. 그러나 최근에는 동력 양수식 호정(戶井) 관개로 대체돼가고 있다.

이와 같은 오아시스 농업의 특색은 다음과 같다. 첫째, 인공관개로 농업이 성립되는 것을 가능하게 한다. 둘째, 수량(水量)을 적게 사용하는 작물을 주로 재배한다. 셋째, 수(手)노동의 노동집약적인 농업을 행한다. 넷째, 규모가 작은 오아시스

비단길(실크로드)

1,300년 전 쑤저우(蘇州), 항저우(杭州) 등에서 말로 운반되던 비단은 비단길이 시작되는 장안(長安, 시안의 옛 이름)에서 란저우(蘭州)를 거쳐 둔황(敦煌)에서 타림 분지를 사이에 두고 톈산 북로와 서역 남로(톈산 남로)로 나누어져 운반됐다. 톈산 남로는 둔황에서 투루판[14]을 거쳐 카스(喀什, 카슈가르)에서 이스탄불로 연결된다. 한편 서역 남로는 타림 분지 남쪽을 거쳐 파미르 고원을 지나 이란의 반다르아바스나 아바단으로 연결되어 로마로 향하게 된다. 이 비단길을 이름 붙인 사람은 독일의 지리학자 리히트호펜(F.F. von Richthofen)이었다. 그는 1866년부터 1872년까지 중국의 13개 성을 답사하고 『중국(China: Ergebnisse eigener Reisen und darauf gegründeter Studien)』(제1권, 1877년 출간)이라는 저서를 출간했는데, 이 책에서 이 길을 세이덴스트라센(Seidenstrassen)이라고 했다. 이것이 영어로 실크로드라는 뜻이다. 비단길을 통해 중국의 비단은 물론 종이·칠기·옥기 등이 서양에 소개됐으며, 서양의 보석·유리그릇·금은세공품·융단 등이 중국의 황실로 전해져 보관됐다. 비단길의 시작인 장안은 이 당시 동서교역의 중심지로 바그다드와 더불어 세계 최대의 국제도시였다.

기원전 138년 한(漢) 무제(武帝)가 장건(張騫)을 대월지국(大月氏國)에 사신으로 파견하면서 중국과 서역과의 육로가 열리면서 실크로드가 만들어졌다. 장건은 기원전 139년에 장안을 출발하여 기원전 126년에 돌아왔다. 그 후 서한(기원전 206~기원후 25년)은 서역에 사절을 파견하고 정치와 무역활동을 펼쳤고, 동한(25~220년), 수나라를 거쳐 당대에 이르기까지 실크로드는 계속해서 발전할 수 있었다. 수·당(581~907년) 시기에 이르러 실크로드는 크게 발달해 동서의 중요한 교역로로 자리를 잡게 되었다.

실크로드는 크게 세 가지 루트로 구분되는데, 하나는 초원의 길(steppe route)이다. 유목민들이 많이 이용했던 이 길은 중국의 화베이에서 고비 사막을 거쳐 몽골에 이르고, 시베리아 침엽수림지대의 남쪽으로 펼쳐진 초원지대를 지나 아랄 해와 카스피 해 연안으로 이어진다. 다른 하나는 중앙아시아의 오아시스 지대를 따라 이어지는 오아시스 길이다. 이 길은 톈산 산맥과 치롄 산맥 사이에 난 허시후이랑(河西回廊)을 지나 타림 분지를 통해 파미르 고원을 넘어 카슈가르~사마르칸트~메소포타미아로 이어진다. 타림 분지를 통과하는 길은 대체로 두 가지이다. 둔황에서 선선(鄯善)이나 누란(樓蘭)을 경유하여 쿤룬 산맥의 북쪽 가장자리를 따라 발달한 오아시스를 따라 치에모(且末)~허톈(和田)~야르칸드(莎車)로 이어지는 길을 서역 남로라 하며, 톈산 산맥 남쪽 가장자리에 위치한 지아오허(交河)에서 옌치(焉耆)~구자(龜玆)~수러(疏勒)를 거쳐 파미르 고원을 넘는 길을 서역 북로(톈산 북로)라고 한다. 후대에 들어와 톈산 북로는 톈산 산맥 북쪽 가장자리를 따라 둔황에서 하미~투루판~옌치로 이어지는 톈산 남로를 많이 이용하였다.

〈그림 2-28〉 타림 분지 단열대

그리고 제3의 길은 화난 지방에서 동남아시아를 거쳐 실론~인도~페르시아로 이어지는 해상교통로이다. 대체로 실크로드라 하면 오아시스 길을 말하는데, 당대 이후에는 기후가 더욱 건조해져 톈산 남로는 약화되었다.

실크로드가 둘러싸고 있는 타림 분지는 단층운동으로 형성된 함몰된 구조 분지이다. 인도 판이 유라시아 판과 충돌했을 때 타림육대의 강력한 저항에 부딪쳐 회전함으로써 단열대(斷裂帶)가 형성되었기 때문이다(<그림 2-28>).

해수면보다 낮은 투루판

투루판[15] 분지는 북쪽의 표고 5,000m에 달하는 톈산 산맥 동부(보고다 산맥)와 남쪽의 쿠르크타크 산맥(좁은 의미의 죠루타크 산지) 사이에 형성된 구조분지이다. 톈산 산맥과 분지에서 가장 낮은 곳인 옌치(焉耆) 호(표고 -155m) 사이에는 주로 남쪽을 역단층으로 경계를 하고 표고 500~800m의 후어옌(火焰) 산지가 분포한다. 톈산 산맥 남쪽 산록에서 후어옌 산지 북쪽 산록에 걸쳐 광대한 고비(자갈사막) 사막이 넓게 펼쳐져 있다. 후어옌 산지 남쪽은 해발 0m 이하의 범위가 넓고, 후어옌 산지 남쪽 산록의 소규모 고비 아이틴(艾丁) 호 북동쪽에 넓은 생생크무타크 모래사막 등을 제외하면 대부분은 진흙(泥)사막으로 되어 있다. 투루판 분지는 남쪽에 인접한 타림 분지에 비해 1,000~1,500m 정도 표고가 낮다.

표고가 낮고 폐쇄된 분지의 자연조건은 투루판 분지를 극단적으로 건조하게 하여, 여름은 덥고 겨울은 추운 기후를 나타내게 하였다. 투루판의 연평균 기온은 14.0℃, 월평균 기온은 7월이 33.0℃, 1월이 -9.5℃, 기온의 연교차는 42.5℃이다. 신장웨이우얼 자치구에서 간쑤 성에 걸쳐 있는 주요한 오아시스에서 여름의 월평균 기온이 30℃를 넘는 예는 투루판 분지 이외에는 없다. 지금까지의 최고기온 극치(極値)는 1975년 7월 13일 49.6℃로 지표면은 70℃에 달했으며, 시간에 따라 80℃를 넘기도 했다. 그래서 가옥은 흙집으로 되어 있으며, 시원한 1층은 생활공간으로, 구멍이 난 2층은 포도 건조장으로 이용된다(<그림 2-29>).

강수량은 분지 서부의 톡순에서 6.9㎜, 투루판에서는 16.4㎜ 등으로 매우 적다. 타림 분지에 비해서도 꽤 적다. 연증발량은 투루판에서 2,838㎜, 톡순에서 2,235㎜ 등으로 연강수량의 100~500배에 달한다. 한편 북부와 북서부의 표고 4,000m 이상 산맥에서는 연 강수량이 700~750㎜이고, 빙하가 많이 형성되어 있다. 이들 산맥의 눈과 빙하가 녹은 융해수가 매우 건조한 투루판 분지에서는 하천 관개, 카레즈 관개 등을 위한 귀중한 수자원이 되고 있다. 투루판 분지로 유입한 하천의 공통점은 첫째, 유로의 길이가 짧고, 분지의 서쪽에서 유입되는 아라고 하천을 제외하면 유량이 적다. 둘째, 유출량의 계절적 변동이 심하다. 셋째, 선상지 사력층이 두껍기 때문에 지하로의 침투가 크다. 또한 산맥에서의 물의 흐름은 분지 부분에서 표면유출이 감소하는 경우가 많다. 그러나 눈과 빙하의 융해수는 드물게 발생하는 호우와 더불어 홍수의 원인이 되고 있다.

〈그림 2-29〉 투루판의 고급주택(2008년)

일수록 자급적 색채가 강하여 밀이나 잡곡 등의 작물을 재배하고, 규모가 큰 오아시스에서는 물의 공급량이 많기 때문에 목화 등의 상품작물을 재배한다.

타림 분지의 오아시스 및 오아시스 도시의 입지조건은 기본적으로 산록 선상지 말단 부근에 입지한 산록선상지형(P형), 선상지에서 연속적으로 하류 쪽 강가까지 넓혀진 곳의 산록-강가형(P-R형), 선상지 하류로부터 떨어진 위치[16]에 분포하는 자연제방지대 강가형(Rn형), 그리고 호수로의 유입지역에 분포하는 삼각주형(Rd형)으로 크게 나눌 수 있다. P형은 가장 전형적인 것이고, 하천유량이 증가하면

14) 실크로드의 요충지. 해발 -154m에 위치한 낮은 분지로 오아시스 도시이다.
15) 위구르 어로 '파인 땅'이란 뜻이다.
16) 이른바 자연제방지대. 다만 그 지형은 형성되어 있지 않다.

P-R형, Rn형 등도 형성된다. 그러나 단순히 하천 유량만이 오아시스의 입지조건을 규정하는 것은 아니다. 그 이상의 인위적인 영향이 강한 예로 카레즈형(Hc형), 인공 댐형(Hd형), 대규모 양수형(Hw형) 등이 있다. 카레즈형을 제외하면 나머지 두 유형은 거의 현대 오아시스에 분포한다.

7. 망명생활을 하는 티베트의 달라이 라마

티베트는 오랫동안 외부 세계와 단절된 채 고립적인 독자 사회를 유지해왔다. 18세기 이래 중국의 영향권에 들어 있던 티베트는 신해혁명과 청 왕조의 붕괴 등으로 중국 대륙이 혼란에 빠져 있던 1912년 독립을 선포했다. 그러나 중국의 국민당과 공산당 모두 이를 인정하지 않았으며, 1949년 중화인민공화국이 수립되자 곧 '서쪽 끝 영토'를 평정하기 위해 나섰다. 중국 군대의 주둔과 점증하는 한족 이주민으로 끓어오르던 티베트 인들의 감정에 불을 붙인 것은 1959년 서쪽 잠무 카슈미르에서 들려온 중국 군대의 잔인한 진압 소식이었다. 이 지역 일부를 강제 점령했던 중국 군대는 현지인의 저항을 무자비하게 진압했다. 그러나 티베트 인들을 더욱 격노하게 만든 것은 점령자들이 달라이 라마(Dalai Lama)를 체포하려 한다는 소문이었다.

1959년 3월 '세계의 지붕' 티베트의 수도 라싸에서 대규모 반중(反中) 무장폭동이 일어났다. 1950년 2만 명의 중국 군대가 티베트를 무력으로 점령한 지 9년만의 일이었다. 마오쩌둥의 티베트 지배는 제국주의의 패턴을 벗어나지 못한 데다 민족과 언어, 종교가 다른 유목민을 집단농장에 정착시키는 등 원천적 생존구조마저 바꾸려 했다. 그 결과 수도 라싸에서 무장봉기가 일어났고, 활불(活佛)로 신권을 행사해온 달라이 라마 14세는 히말라야를 넘어 인도로 망명했다.

'붉은 낫과 망치와 별이 티베트의 신림을 남벌하고 있다'는 것이 그의 제일성이었다. 봉기 10년 동안 120만 명이 살해당하고 10만 명이 망명했으며 6,200개의 승원이 파괴되었다. 그때 달라이 라마는 말했다. "라마를 담은 그릇은 깨져도 거기에 담긴 라마는 깨지지 않는다. 그릇은 물질이지만 라마는 정신이기 때문이다."

달라이 라마는 티베트 불교의 가장 큰 종파인 황모파(黃帽派)[17] 교주로 15세기

17) 티베트의 불교는 4개의 주요한 종파로 이루어져 있다. 그 가운데 가장 강력한 것은 달라이 라마가 이끄는 거루파로 그들이 쓰는 노란 모자 때문에 '황모파'라고도 부른다. 가장 늦은 시기인 14세기 말에 형성됐다. 두 번째 종파는 11세기에 만들어진 카규파(噶擧派, Kagyu)이다. 인도의 밀교 전통에 뿌리를 두고 있으며, 사찰을 흰색으로 칠하고 흰색 옷을 입기 때문에 '백교'라고도 부른다. 세 번째 종파인 사캬파(薩迦派, Sakya)는 11세기 후반 티베트 남서부 사캬 지방에서 성립했으며 12, 13세기에 다섯 명의 고승을 잇달아 배출하여 영향력을 확대했다. 13세기 중반 몽골 황제에 의해 사캬파 지도자가 왕으로 임명되어 100년 동안 티베트를 통치했다. 네 번째 종파인 닝마파(寧瑪派, Nyingma)는 8세기에 인도 불교를 티베트에 전한 파드마삼바바(Padmasambhava)에서 비롯됐다. 붉은 가사와 모자를 사용하기 때문에 '홍모파'라고도 부른다.

이래 티베트의 정신적 지도자이자 실질적 통치자였다. 달라이 라마는 관세음보살의 화신으로 생각됐으며, 죽은 후에는 다시 환생한다고 믿어졌다. 제14대 달라이 라마인 텐진 갸초(Tenzin Gyatso)는 1935년에 태어나 5세 때 달라이 라마로 추대되었다. 티베트 인들에게 달라이 라마는 문자 그대로 살아 있는 부처로 절대적 존재였다. 그는 인도 북부의 다람살라에 망명정부를 세우고 독립운동을 시작했다. 이후 중국 정부는 티베트에 대한 통치를 대폭 강화했다. 불교 집회를 금지하고 귀족과 사찰의 재산을 몰수했으며 집단농장을 설치했다. 한편으로는 도로, 교량, 병원, 학교를 건설함으로써 티베트를 종교의 굴레에서 해방시키고 근대화한다는 명분을 내세웠다. 티베트 인들의 망명은 한편으로는 티베트의 독특한 문화와 종교가 세계에 알려지는 계기가 되었다. 초기 불교의 모습을 그대로 간직하고 고도의 정신성을 강조하는 티베트 불교는 현대문명에 지친 서양인들에게 호소력이 있었다. 달라이 라마를 비롯한 종교 지도자들의 상당수가 조국을 떠날 수밖에 없었던 상황은 티베트 불교의 전파에는 오히려 유리한 조건이었다. 1989년 노벨 평화상을 수상한 달라이 라마는 오늘도 세계를 돌며 평화주의에 입각한 독립운동과 종교·문화 간의 상호존중과 이해를 설파하고 있다.

티베트는 오늘날 세계의 많은 사람에게 '신비의 땅'으로 알려져 있다. 특히 물질문명에 지친 현대 서양인들은 티베트에 대해 '동경'을 넘어 '환상'까지 지닌다. 특히 중국의 티베트 점령 후 인도로 망명한 달라이 라마가 세계를 무대로 활동하기 시작한 후 서양에는 '티베트 붐'이 일고 있다. '티베트' 하면 누구나 불교를 머리에 떠올린다. 티베트는 대표적인 불교 국가이다. 그것도 단순히 국민 중 불교 신자가 많다는 의미가 아니라 17세기 중엽부터 중국에 의해 점령되는 1950년까지 불교 승려들이 정치를 담당하는 '신정' 국가였다. 그리고 국민의 1/4이 불교 승려이거나 불교 관련 일에 종사할 정도로 불교가 사회에서 차지하는 비중이 절대적이었다. 달라이 라마를 비롯한 지도부가 망명하고 중국 정부가 저항의 구심점인 불교 사원을 탄압함에 따라 불교의 영향력은 표면적으로 줄어들었지만, 티베트 인의 삶 속에서 불교는 여전히 중심을 이루고 있다.

티베트에 처음 불교가 들어온 것은 7세기 초였다. 티베트를 통일한 손챈감포(Srong-btsan sgam-po, 松贊幹布) 왕(581~649년)은 당나라 문성공주를 부인으로 맞았고, 공주는 석가모니 불상을 갖고 왔다. 이 불상을 모시기 위해 다자오사(大昭

寺)[18]가 만들어졌고, 이 사찰은 오늘날 티베트 인들의 정신적 귀의처로 대표적인 순례지가 되어 있다.

그러나 샤머니즘의 일종인 티베트 토착신앙 본(Bon)에 익숙해 있던 티베트 인들은 낯선 외래종교에 거부감을 보여 불교는 쉽게 뿌리를 내리지 못했다. 그러다가 8세기 인도의 밀교(密敎)[19] 계통 승려들이 들어오고 토착신앙과의 절충이 이루어지면서 불교는 티베트의 지배 종교로 부상했다. 이처럼 티베트 불교는 초기에 인도와 중국 양쪽에서 영향을 받았지만 8세기 말 양자의 대논쟁을 계기로 인도 불교 쪽으로 기울어졌다.

티베트 불교는 9세기 초부터 한동안 억압을 받기도 했지만 비교적 순탄한 발전을 계속했다. 대대적인 불교 경전 번역 작업이 이루어지고 여러 종파들이 잇달아 성립하면서 경쟁적으로 활동 폭을 넓혀 나갔다. 티베트를 지난 300년 동안 지배해온 거루파(格魯派, Gelug)는 14세기 말 총카파(宗喀巴, 1357～1419)라는 고승이 만들었다. 그는 당시 극단적인 밀교 위주의 흐름에 반대하여 대승불교, 소승불교, 밀교가 균형을 이루는 새로운 종파를 세웠고, 이들은 서서히 티베트 불교의 주류를 차지하게 됐다.

'달라이 라마'라는 칭호가 처음 사용된 것은 총카파의 조카이자 거루파 제3대 지도자였던 겐둔 드룹(Gendun Drup, 1391~1475) 때였다. 달라이 라마는 관세음보살의 화신으로 간주됐고 계속해서 환생한다는 믿음이 만들어졌다. 달라이 라마 3세는 몽골 왕을 개종시켰고 달라이 라마 5세(1617~1682년)에 이르러 거루파는 몽골 군대의 도움으로 권력을 손에 넣었다. 강력한 지도력을 가졌던 달라이 라마 5세는 40년 동안 티베트의 정치와 종교를 장악하며 국가의 틀을 만들었다. 라싸의 상징인 포탈라 궁을 건축한 사람도 그였다.

해발 3,700m의 고지인 라싸에서도 다시 200m 언덕 위에 위치한 포탈라 궁은 '하늘 위의 베르사유(Versailles) 궁전'으로 불리며, 세계 10대 건축물 중의 하나로 손꼽힌다. 티베트 정치와 종교의 중심인 이 건물의 높이도 115m나 되기 때문에 13층 꼭대기에 오르면 약 4,000m 높이에 서는 셈이다. 폭 110m, 길이 360m의 포탈라 궁에는 수백 개의 방이 있으며 법당, 역대 달라이 라마의 묘소가 있는 홍궁과 달라이 라마의 거처, 집무실이 있는 백궁으로 이루어져 있다.

원래 포탈라 궁 자리에는 손챈감포 왕이 세운 왕궁이 있었지만 세월이 흐르면

18) 티베트를 최초로 통일했던 손챈감포 왕이 7세기 중엽에 지은 사찰로, 손챈감포 왕의 아내인 문성공주가 당나라 장안에서 가져온 석가모니상을 간직하기 위해 지은 것으로 조캉 사원이라고도 부른다.

19) 진리를 직설적으로 은밀하게 표출시킨 대승불교의 한 교파로 7세기 후반 인도에서 성립하였다.

〈그림 2-30〉 해발 4,000m '하늘 위의 베르사유 궁전' 라싸의 포탈라 궁(2000년)

서 퇴락한 상태였다. 티베트 불교의 강력함을 보여주고 싶었던 달라이 라마 5세는 1645년 새로운 왕궁 건축을 시작했고 4년 뒤 백궁이 완성됐다. 1682년 달라이 라마 5세가 갑자기 세상을 떠나자 측근들은 그의 죽음을 비밀에 부치고 홍궁의 건축을 시작했다. 결국 그의 죽음은 1694년 홍궁이 완성된 뒤에야 공포됐다. 티베트 불교에서 달라이 라마 5세의 위상은 포탈라 궁에서 그가 받고 있는 대접에서 확연히 드러난다. 포탈라 궁에는 수많은 불상과 역대 달라이 라마들의 소상, 8명의 달라이 라마 시신을 모신 영탑들이 있다. 그중에서도 달라이 라마 5세의 영탑은 단연 두드러진다. 홍궁 중심에 위치할 뿐 아니라 15m의 높이에 11만 냥의 황금과 20만 개의 진주로 장식돼 있는 화려함도 다른 곳을 압도한다(〈그림 2-30〉).

티베트 고원에서는 야크의 방목과 보리, 밀, 옥수수 등이 재배된다. 야크는 소와 비슷한데 찬 공기의 고산지역에서 사육하기에 가장 적합한 가축이다. 농경이나 운반에 사용하고, 우유를 짜서 버터를 만들고, 털이나 모피로 의복의 재료로 사용하는 등 여러 가지로 이용된다. 주민은 주로 티베트 불교[20]를 믿고 있다.

20) '라마교'는 정확하지 않은 명칭이고 '티베트 불교'가 본래의 명칭이다. 이 티베트 불교는 7세기 전부터 전개되어온 독특한 형태의 불교로 중관학파(中觀學派, 대승불교 학파의 하나)와 유가행파(瑜伽行派, 대승불교의 중요한 관념론의 학파로 유식학파라고도 함) 철학의 철저한 지적 훈련에 그 기반을 두고 있으면서 탄트라 불교인 금강승 불교의 상징적 의례를 받아들이고 있다. 티베트 불교의 특징은 첫째, 적극적으로 종교적인 길을 추구하는 사람이 많다. 둘째, 라마, 즉 스승이 죽으면 다시 어린아이로 환생하여 자신의 역할을 계속 수행한다고 믿는다. 셋째, 종교적 지도자인 달라이 라마가 세속적 통치권을 함께 지니는 전통이 형성되어왔다. 넷째, 각자 가족과 배우자를 거느리고 온화한 측면과 사나운 측면을 지니는 신격들이 많이 있어서 전문적인 종교인들은 그 신격들을 심리적 과정의 상징적 표상으로 간주하지만 일반 신자들은 실재하는 존재로 받아들이고 있다.

8. 계획경제에서 시장경제로의 전환

중국은 사회주의 국가로 계획경제에 의한 경제개발을 추진해왔다. 그러나 농업과 공업 또는 경공업과 중공업의 불균형이 두드러지게 되고, 또 노동생산성이나 질적 저하 등이 문제가 되어 계획경제에서 시장경제로의 전환을 추진하여 급속한 변화를 계속하고 있다.

농업의 발전과 변용을 보면, 중화인민공화국의 건국 이후 먼저 토지개혁을 실시해 농업의 집단화를 추진하고 1958년 인민공사를 설립했다. 그러나 1970년대에 집단농업에서의 비능률화가 눈에 띄게 나타나기 시작해 농민의 노동의욕과 농업생산의 저하가 문제로 대두됐다. 이에 1978년 인민공사의 현상을 재검토해, 농민의 생산에 대한 적극성을 끌어내기 위한 생산책임제를 도입했다.

생산책임제는 농업생산 청부제라고 불리며, 그때까지의 집단노동을 그만두고 농가 1호당 할당한 토지를 자유롭게 경영하고 수확하여 정부에 공출·납세를 한 후에는 농산물을 자유롭게 시장에 판매해도 좋은 제도였다. 이 제도에 의해 농민의 생산의욕은 높아져 생산도 증가하고 농업경영도 다각화됐다. 농가수입은 착실하게 증가했지만 농가 간의 소득격차가 나타났다. 상하이, 베이징 등의 대도시 근교 농가의 수입증가가 현저했고, 내륙지방의 성(省)일수록 수입은 낮았다. 대도시 근교에서는 완위안후(萬元戶)[21]라고 불리는 농가도 나타났다. 현재 중국의 농업은 정부가 토지를 소유하고 있어 농지를 임대하는 승포제(承包制)를 실시해 농촌가구들은 수확량의 상당 부분을 판매할 수가 있다.

1) 개방경제로 등장한 공업지역

중국의 국내 제조업과 농민의 수공업은 고대 이후로 의류, 금속, 목재, 선박, 소금, 도자기 공업 등이 발달했다. 이러한 근대 이전의 공업은 가내 수공업이었고, 길드(guild)[22] 제도를 통한 좁은 작업장에 의한 조직으로 농업의 탁월성을 유지하면서 발달했다. 그러나 전근대 공업은 외국의 기계화 제품과 중국 내의 공장제 공업제품에 의해 쇠퇴했다. 그 후 동부 임해지역의 서양 조계지(concession territory)에서 항만을 중심으로 섬유공업이 발달했고, 일본의 중국 침략으로 1919년 안산

21) 연간 소득이 1만 위안을 넘는 부유 가구를 말하며, 특히 어류 양식이나 가축 사육, 가내공업, 운수업 등의 부업으로 소득을 얻은 대도시 근교에 거주하는 농가 대부분이 이에 속한다.

22) 서부 유럽의 길드는 일반적으로 중세도시가 성립·발전되는 과정에서 중요한 역할을 한 상공업자의 동업자 조직이다. 중세 도시경제에서 결정적으로 중요한 뜻을 지니게 된 것은 상인들에 의해서 결성된 상인길드 및 수공업자들의 동직길드(craft guild)이다.

사회적 기초단위였던 인민공사(人民公司, People's Commune)

인민공사는 중국 공산혁명 후인 1958년에 설립된 농촌의 사회적 기초단위이다. 상징적인 존재로 중국공산당 지도하에 일정 지구 내에서 농·공업생산이나 경제·문화·교육·행정·군사 등 모든 업무를 관리했으며, 1985년에 해체·소멸됐다.

중국에서는 많은 인구를 먹여 살리기 위해 식량을 생산하고, 또 공업에 필요한 목화 등의 작물을 공급하기 위해 농업에 많은 힘을 기울였다. 1970년대까지는 토지나 농업기계를 농민이 공동으로 소유·이용하고, 노동 시간이나 노동의 종류에 따라 임금을 받는 인민공사의 제도로 농업을 경영했다. 그 후 1978년 말부터 생산책임제도가 도입됐는데, 이 제도는 국가가 정한 생산량을 채우면 나머지 분은 자유롭게 시장에 판매하도록 해 농가나 집단은 생산량을 증대하게 되었다. 그러나 생산량이나 유통량의 증감에 따라 가격이 크게 변동하여 수입이 안정되지 못하는 문제도 있었다.

(鞍山)의 제철공업을 시작으로 1930년대까지 둥베이 지방을 중심으로 공업이 발달했다. 그러나 중국의 동부 임해지역과 상하이(1930년 중국 공장 수의 약 42%를 차지)를 포함한 양쯔 강 하류를 중심으로 발달한 경공업은 외국자본에 의해 이루어졌다. 1937년 일본의 침략으로 중국 임해지역의 공장들을 쓰촨 지방과 같은 내륙으로 이전시키고, 내륙지방 공업 육성정책을 실시했다. 그 결과 전시에 공업 성장을 촉진하고, 특히 중공업의 육성과 공업 분산을 가져왔다.

사회주의 국가의 등장 이후 중국은 근대 대규모의 공업화를 추진하는 데 자본 축적이 없었고, 값싼 노동력이 풍부하여 숙련공을 배제하려는 경향이 있었으며, 낮은 임금은 효과적인 생산을 할 수 없게 하였고, 과학기술의 미발달이 공업을 확대하는 데 제약을 주었으며, 정보의 미달이 개발을 방해하게 되었다.

중화인민공화국의 건국 이후 외국자본의 광공업을 국유화함과 더불어 영세기업을 공동화하여 새로운 국영기업을 건설하는 등의 중공업 우선 정책이 수차례의 5개년 계획에 의한 계획경제의 바탕으로 진행됐다. 또 지역 격차를 줄이기 위해 내륙부에서는 자원 개발이나 공업 건설이 이루어져 다퉁(大同) 탄전, 다칭(大慶)·위먼(玉門) 등의 유전이 개발됐다. 나아가 자원과 결합하여 목화 재배지역인 시안·스자좡(石家莊) 등에는 면직공업이 발달하고, 탄전과 철광 산지를 결합한 철강업이 발달한 우한·바오터우(包頭) 이외에 내륙에 위치한 충칭·란저우 등도 중화학공업도시로서 발전했다. 그러나 사회주의 경제의 바탕으로 경제성을 무시한 경영이 이루어졌기 때문에 공업생산이 정체됨과 동시에 공업제품의 품질 저하 등이

〈그림 2-31〉 중국 공업지역의 변화

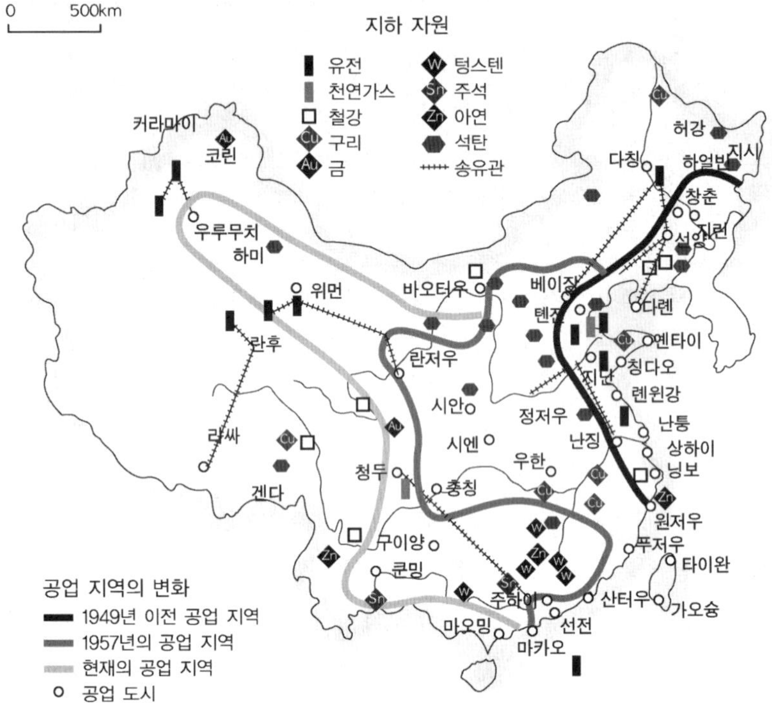

자료: 中國綜合地圖集(2008).

문제가 되었다(〈그림 2-31〉).

그러나 1978년부터 개혁·개방을 하여 외국자본과 기술을 도입해 4개의 현대화 정책[23]이 실시됐다. 또 한편으로는 국영기업의 개혁이나 민간인에 대한 기업 불하, 농촌의 풍부한 노동력을 이용한 향진기업(鄕鎭企業)의 설립 등도 진행됐다. 그에 따라 일본 등의 선진 자본주의 국가로부터 자본과 기술을 적극적으로 도입하고 사회주의 경제에 자본주의형 경제를 도입하는 것을 목적으로 하여, 선전(深圳)·샤먼(厦門, 아모이) 등의 5개 경제특구와 톈진·다롄(大連)·상하이 등의 연안부에 위치한 14개의 도시에 경제개발구 등이 설치됐다.

중국은 사회주의에 의한 중공업 중심의 계획경제에서 벗어나 선진기술과 자본의 도입으로 공업화를 능률적으로 추진하여 수출을 확대시키기 위해서 해외의 자본과 기술의 도입에 유리한 임해지역을 개발했다. 경제특구란 특별한 경제정책

23) 농업, 공업, 국방, 과학기술의 현대화(근대화)를 실현하여 중국의 국민경제를 세계적인 수준으로까지 올리는 것을 목적으로 한 정책을 말한다.

〈그림 2-32〉 중국의 경제특구와 경제지구

자료: 中國統計年鑑(2008).

과 경제관리체제를 행하는 지구란 의미로, 지구 내에서는 이곳에 진출한 외국기업에 대해 공업용지의 확보나 도로 등 경제의 하부구조 정비, 조세·토지사용료 등 각종 경제적 우대조치가 이루어지고 합작기업 등의 각종 기업설치가 인정된다. 1979년에 첫 단계로 화교와 홍콩 및 타이완의 기업투자가 기대되는 화난 지방의 홍콩과 타이완에 인접해 있는 선전·주하이(珠海)·산터우·샤먼의 4개 시를 경제특구로 지정해 시장경제를 도입하기 시작했다. 1988년에는 하이난(海南)섬을 성(省)으로 승격시키면서 섬 전체를 경제특구로 지정했다. 이들 경제특구는 외국의 자본과 기술을 도입하기 위해 중국 내에 만든 경제특별지역이다. 이들 지역 내에서는 첫째, 기업의 세금이 면제되거나 감세(減稅)되며, 둘째, 외국자본의 직접투자가 가능하며, 셋째, 국외송금이 자유롭다.

경제기술개발구는 경제특구에 준하며, 외자를 도입해 경제개발을 가속시키기 위해 기존의 대도시 근교에 설치되며, 공업개발을 주요 목표로 한다. 1984년에는 랴오둥(遼東) 반도의 다롄에서 화난 지방 서부의 베이하이(北海)까지의 연해 14개의 항만도시가 경제기술개발구로 지정되어, 수출가공지역으로 외국기업에 개방됐다. 이 중 한국과 인접해 있는 산둥 반도의 옌타이(煙臺), 칭다오(青島)에는 한국기업들이 진출했다. 또 상하이 동부 푸둥 지구에는 1990년 이후 경제특구 이상의 외자 우대정책을 받아들여, 공업개발만이 아니고 국제적인 금융·무역센터를 겨냥한 대규모의 개발이 진행되고 있다.

경제개방구는 대외개방의 최전선에 위치하는 연해 개방지역이다. 1985년 광둥성 주장 강 삼각주, 민난(閩南) 강 삼각주, 양쯔 강 삼각주를 경제개방구로 지정하고, 이후 확대시켰다. 현재는 연해지구의 8개 성, 1개의 자치구, 2개의 직할시를 합친 288개 시·현이 이에 속한다(〈그림 2-32〉).

화교를 비롯한 중국의 해외동포들의 기업과 한국, 일본 등의 외국인 직접투자에 의해서 공업성장이 급속히 진전되면서 개방지역은 도시지역에서 주변지역으로 확대됐다. 1985년에는 양쯔 강, 민장(岷江) 강, 시장(西江) 강의 3개 삼각주가 개방됐고, 1988년에는 랴오둥 반도 및 산둥 반도의 환보하이(環渤海) 지구가 경제개방구로 지정됐다. 이는 여러 개방도시와 주변을 포함하는 광역지대이다. 중국경제는 이와 같은 개방화의 추진으로 경제특구, 경제기술개발구, 경제개방구가 지정되면서 해안이 개발되고 공업화가 이루어져 10여 년 동안 고도경제성장이 계속됐으며, 기술혁신에 의한 공업화가 급속히 진행되면서 그 영향이 내륙지방에까지 파급되고 있다.

1970년대 말부터 개혁·개방정책의 급속한 진행으로 연안부와 내륙부의 경제격차의 확대로 지역격차가 커졌다. 이 때문에 내륙부로부터 연안부의 발전하는 도시로 계절 인구이동이 이루어지거나 거주자가 증가하는 등 인구유입이 뚜렷해 도시문제가 발생해왔다. 또 공업화·도시화와 더불어 대기·수질오염, 산성비 등에 의한 환경파괴도 문제가 되고 있다.

국유기업

중국의 국유기업은 높은 비용으로 경쟁력이 약하고, 사회의 부담이 많은 구체제의 경영체질에서 벗어나는 것이 늦었다. 이 때문에 외국기업·향진기업과의 경쟁 및 기술혁신·합리화가 지연되고, 비효율적인 경영과 거액의 불량채권 문제를 포함하고 있다. 또 개혁·개방정책을 실시함에 따라 공업생산에서 국유기업의 비율은 매우 낮아져 국유기업의 기반이 약해졌다. 그러나 국유기업은 첫째, 국가 재정수입의 50% 이상을 기여하고 있고, 둘째, 고용의 유지에 의한 사회 안정의 유지에 공헌하며, 셋째, 기간산업에서 차지하는 비율이 높다. 이러한 이유로 정부는 적자 국유기업에 대해 재정보충을 행했다. 그러나 그에 대한 개혁은 사실의 중대성에 비해 안이한 대응은 아니었지만 신중한 대응도 아니었다. 1990년대 후반에 들어와 통화팽창 대책으로서 금융규제정책을 실시한 결과 국유기업의 적자경영문제가 도산, 실업, 불량채무 축적 등의 문제로 크게 부각됐다.

2) 중국의 향진기업

(1) 향진기업이란?

향진기업은 중국에서 농촌경제의 체제개혁 이후 농업과 관련된 공업 부문을 중심으로 발전한 것으로, 경제적으로 농촌지역과 밀접한 연계를 지닌 경제조직이다. 향진기업은 1984년 3월 농·목·어업 부문 및 국무원(國務院)의 방침에 따라 종래 농촌지역에 입지하여 발전해온 비농업산업인 '사대(社隊)기업'을 변모시킨 것으로, 행정 말단기관인 향(鄕)과 진(鎭) 이하의 행정단위에서 운영되는 기업이다. 1984년 이후 사영(私營)기업 부문의 활성화와 경영 범위의 확대, 도시기업과의 합병·합작을 통한 지역 장벽의 해소 등에 힘입어, 현재는 소성진(小城鎭) 및 대도시 일부의 사영기업까지도 포괄하는 광범위한 개념으로 사용된다. 그러나 향진기업은 업종이나 규모에 의해 분류된 것이 아니고, 주로 농촌지역에 입지하고 있으며 농민들에 의해 특정산업에 국한되지 않는 다양한 형태의 비국유기업으로 소유제도에 근거하지 않은 것을 총칭한다. 즉, 기업이 어느 업종에 속하는지 어떠한 지역에 위치해 있는지를 막론하고 기업의 주체가 농민개체 또는 농민[24]집단이라면 그 기업은 향진기업인 것이다.

24) 중국에서의 농민은 직업일 뿐만 아니라 사회적 신분을 나타내는 척도로, 비농업 부문에 종사하고 있더라도 그들의 농민 신분은 바꿀 수가 없다. 또 비농업인구에게 제공되는 각종 복지 혜택을 누릴 수 없고, 농민의 도시 이주를 엄격하게 규제하는 국가정책 때문에 농민이 도시로 진출하여 일자리를 구하기 어려워 '도시공업화' 범주에서 벗어난다.

(2) 향진기업의 특성

향진기업은 기업의 주체 또는 재산 소유자의 사회 신분제도의 측면에서 정의할 수 있고, 이러한 향진기업은 국유기업, 도시집단 소유제 기업과 달리 다음과 같은 특성을 가지고 있다.

첫째, 향진기업은 여러 가지 경제 형태로 구성되어 있다. 즉, 향(영)판[鄕(營)辦] 기업, 촌영(村營)기업, 연호(영)[聯戶(營)]기업, 개체기업 등의 네 가지 유형이 그것이다. 향영기업과 촌영기업은 이전의 '사대기업'을 계승한 것으로 1958년 8월부터 본격화된 인민공사에서 출발했다. 인민공사의 구성원은 '사원(社員)'이라 불렀으며, 공사(公社)가 직접 운영한 기업은 '사판(社辦)기업', 생산대대(生産大隊)와 생산대(生産隊)가 운영한 기업은 '대판(隊辦)기업', '사판기업'과 '대판기업'을 합쳐서 '사대(社隊)기업'이라 불렀다. 1983년 10월 인민공사가 해체되면서 정경(政經) 복합체였던 종전의 공사 관리위원회는 향·진의 지방정부로, 생산대대 관리위원회는 촌민(村民)위원회로 복원됐다. 이에 따라 '사판기업'은 '향영(판)[鄕營(辦)]기업'으로 개칭되어 지방의 향 정부에서 설립하여 운영하고, '대판기업'은 '촌영(판)[村營(辦)]기업'으로 개칭되어 촌민위원회에서 설립하여 운영한다. 소유제에서 본다면 이들 기업은 집체 소유경제이다. 연호기업은 2인 이상의 농민이 공동으로 설

〈그림 2-33〉 개혁개방 이후 향진기업의 발전 추이

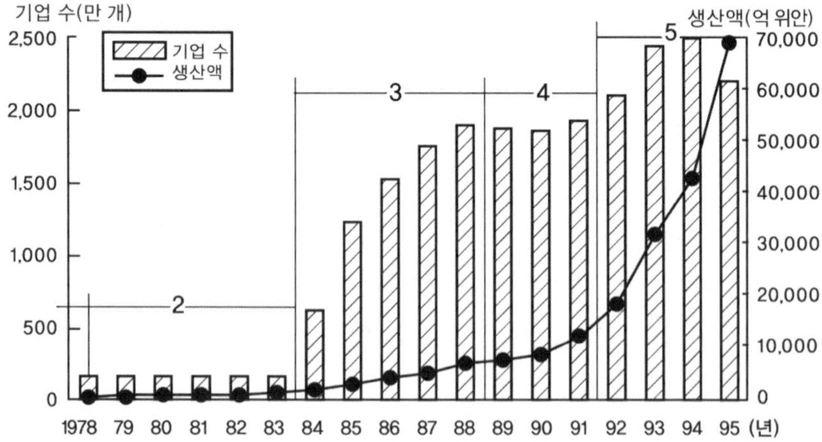

자료: 呂弼順(1997: 25).

〈그림 2-34〉 향진기업의 소유형태와 기업 수의 추이

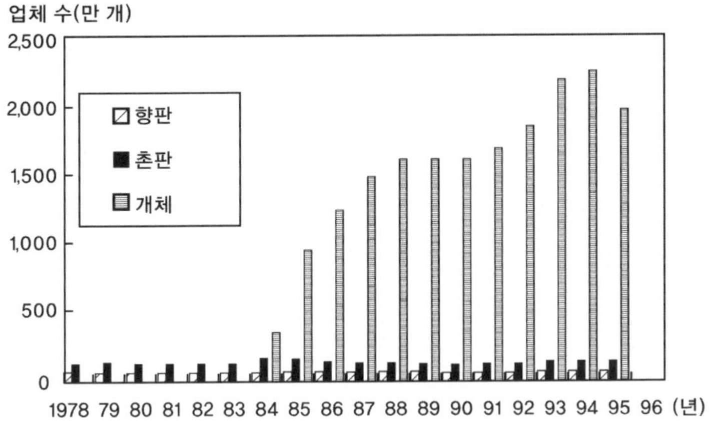

자료: 呂弼順(1997: 22).

립해 운영하는 기업으로 실질적으로 사적소유에 속하는 것이다. 개체기업은 개별 농민이 단독으로 설립해 운영하는 기업이다.

둘째, 향진기업은 여러 산업 부문으로 구성되어 있는데, 1995년 현재 향진기업 가운데 공업이 약 60%, 상업·서비스업 및 음식업이 약 16%, 건축업이 약 15%, 운수업이 약 7%로 공업이 압도적으로 높은 비율을 차지하고 있다(〈그림 2-33〉, 〈그림 2-34〉).

셋째, 향진기업의 자본축적 및 기술개발은 기업 스스로의 노력으로 이루어진다. 넷째, 향진기업의 노동자는 농업과 공업의 겸업을 하고, 노동자에 대하여 다노다득(多勞多得)한 노동제도를 택한다. 향진기업에서 일하는 종사자는 모두 계약제이므로 종사자의 채용과 해고가 자유롭다. 다섯째, 향진기업은 주로 시장경제에 의존한다. 여섯째, 향진기업은 도시와 농촌, 공업과 농업, 노동자와 농민의 중간적 역할을 한다.

향진기업은 1984년 이후 비교적 현대적 모습을 갖추기 시작해 최근까지 비약적인 발전을 하면서 생산·고용·수출 등 모든 면에서 중국 경제성장을 주도하고 있는 가장 역동적인 경제주체일 뿐만 아니라, 중국이 추진하고 있는 경제체제의 개혁과정에서 선도적 역할을 담당하고 있는 기업군(企業群)이다.

(3) 향진기업의 역할과 분포

향진기업의 성장·발전은 농촌의 잉여 노동력을 해결함과 동시에 도시와 농촌 간의 사회경제적 격차를 완화하면서 경제발전을 이루고자 하는 정책적인 의도에서 시작됐다. 사회적 측면에서는 농촌 잉여 노동력을 농촌 내에서 흡수해 급격한 도시화를 방지하고 더 나아가 과도한 도시화로 인한 사회혼란을 막고자 하는 것이고, 경제적 측면에서는 도시의 기반시설에 대한 투자비용과 복지비용의 증가를 막고자 하는 것이다. 이러한 향진기업은 정책자들의 생각보다 훨씬 큰 발전을 이루어 '공업화 = 도시화'라는 일반적인 개발도상국의 경험과는 다른 중국적 특성의 공업화 전략을 성취할 수 있었다. 특히 향진기업의 발전으로 종래 사회주의 제도 아래서는 상상하기도 어려운 사적 소유권의 문제, 기업의 이윤추구 행위 등을 필연적으로 받아들이고 있다. 따라서 향진기업은 중국 경제의 흐름을 폐쇄에서 개방으로, 구속에서 자율로, 자급자족에서 상호교류와 의존으로 이행하게 하는 하나의 커다란 경제사의 전환점이다.

그러나 향진기업은 사회주의 경제체제인 중국 경제의 특성상 발생하는 잠재적인 잉여 노동력의 흡수를 전제로 성장해온 결과, 구조 면에서 비생산적인 요소를

〈그림 2-35〉 향진기업의 지역적 분포(1985·1995년)

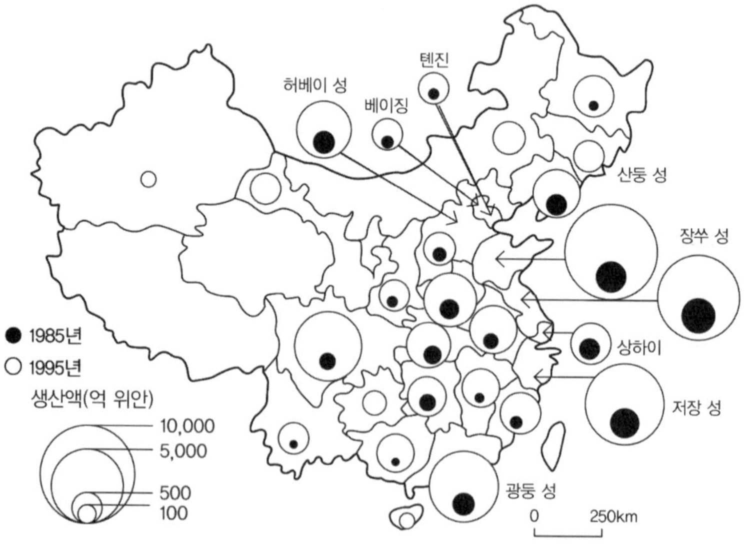

자료: 呂弼順(1997: 32).

띠고 있다. 또한 강한 공공적 성격으로 경영 면에서 비능률적인 측면이 많은 것도 사실이다. 나아가서 향진기업의 존립 양상 및 발전 상황도 지역마다 달라 지역 불균형 발전문제를 발생시켰다. 1995년 향진기업의 생산총액의 성별(省別) 비율을 살펴보면 장쑤 성 16.0%, 산둥 성 13.8%, 저장 성 13.7%를 차지해 연안지방의 성과 시에 대부분의 향진기업이 몰려 있다. 반면에 신장(0.1%), 내몽골(0.5%), 간쑤 성(0.4%), 티베트 등 내륙지방의 성과 구(區)에서는 향진기업이 차지하는 비율이 매우 낮다(〈그림 2-35〉).

3) 중국의 상업정책 변천과 집무(集貿)시장

중국에는 1949년 공산화 이후부터 상업의 사회주의화가 시도되어 국영상업기구와 공소합작사(供銷合作社, 구매판매협동조합)가 조직됐다. 이 과정에서 사영(私營)상업은 '사회주의적 개조'를 받아 점차 이들에 흡수되어, 1953년부터는 식량의 통일구매(統一買付)와 통일판매도 시작됐다. 이러한 가운데 사영상인이나 농민 개인의 활동의 장(場)이었던 전통적인 집시(集市)는 그 활동이 약해지고 또 쇠퇴했다고 추측된다. 이를테면 1955년 가을부터 1956년 초에 걸친 사회주의 개조의 고조기에는 그 당시까지 농촌에 남아 있던 사영상인이 사회주의 개조의 대상이 되었다. 그 결과 상품의 종류나 질의 저하, 농업 부산물의 생산·유통의 감퇴가 나타나자 정부는 1956년 6월 이후 거래의 부분적인 자유화를 인정하는 '자유시장(집시)'의 부활을 시도했다.

그러나 다음 해인 1957년이 되면서 물가앙등이나 부정한 행동 등으로 시장 폐해가 생긴다 하여 시장관리 강화 방침이 나왔다. 나아가 1958년 여름경부터의 인민공사화 때에는 공소합작사는 인민공사의 일부가 되고, 소상판(小商販, 행상인이나 소규모 상인)도 그 아래로 흡수되어 농민의 자류지(自留地)[25]는 전폐되어 거의 모든 집시는 폐쇄됐다. 그 결과 농업 부산물의 생산은 감퇴하고 상품의 분배기구는 마비 상태가 되자, 정부는 다음 해인 1959년에 자류지와 가정 내의 부업을 즉각 부활시켰다. 또한 농민의 상거래를 다시 발전시킬 목적으로 국가의 지도 아래 집시의 부활도 시도했다. 즉, 집시에서 상거래하는 상품의 범위를 명시하고, 소상판을 일정한 조건 아래에서 허용함과 동시에 시장관리위원회를 설치하여 시

25) 1955년 중국 농업 합작화, 즉 개인 토지의 집단소유화 이후 농가의 채소, 기타 원예작물 재배를 위해 전체 경작지의 5% 범위 내에서 농민에게 남겨준 땅을 말한다. 1958년 인민공사 성립 후 폐지됐다가 1961년 다시 부활됐고, 1962년 발표된 '농촌인민공사 사업조례(수정초안)'에서는 자류지의 허용면적을 생산 대 경작면적의 5~6%까지 확대했다. 자류지에서 생산된 농산품은 집체분배에 계산되지 않고, 국가수매대상과 통계에 포함되지 않으며, 생산자가 자유로이 처분할 수 있다. 자류지를 인정한 이유는 개인 욕구에 따른 물질적 자극을 통해 생산성을 높이기 위해서였다. 생산수단의 집단소유제를 기본으로 하는 사회주의 체제하에서는 용납될 수 없는 것이라 하여 문화대혁명의 주요 투쟁대상이 되었으나, 문화대혁명 이후 중국의 일부 지역에서는 공공연히 확대하여 생산성을 향상시키고 있다.

장에서의 가격을 통제하게 되었다. 1961년 이후, 이를테면 조정기에는 부활된 집시가 주민의 생활안정에 일정한 기여를 했다고 본다. 한편 공소합작사도 1961년경 인민공사에서 다시 분리됐다. 1962년 정부는 시장 상거래는 국영상업·공소합작사 상업의 필요한 보완물이라는 견해를 밝혔다.

그러나 문화대혁명이 시작되면서 홍위병(紅衛兵)[26]은 자류지·자유시장(집시)을 비판하고 그 폐지를 주장했다. 그 결과 지방에 따라 자류지·집시가 소멸된 곳도 있었다. 그러나 중국공산당 중앙부는 자류지는 폐지하지 않겠다고 하고, 집시에 대해서도 그 존재를 용인하고 그 관리강화를 꾀한다는 입장이었다. 즉, 1968년 1월 당 중앙부는 문화혁명 소조(小組) 등과 함께 시장관리 강화에 대하여 통지를 내고, 농민들의 자기 생산물의 판매는 용인하지만 상업을 행하는 것은 금지했다. 또 1968년경부터는 빈농·하층중농(下層中農)을 주체로 한 집시관리위원회를 조직했다. 문화혁명기를 통해 집시는 면면히 존속됐다고 추측할 수 있다.

문화대혁명이 끝나고, 더욱이 1978년 12월 중국공산당 제11차 공산당 중앙위원회 제3차 전체회의(3中全會)를 통해 개혁·개방 노선이 시작되고, 1979년 농업의 생산청부제가 도입됐으며, 1982년 인민공사의 해체가 진행되면서 집시를 둘러싼 사정은 급변했다. 먼저 1979년에는 정부가 판매한 농산물에 대해 시장에서의 판매가 자유로워 중국공산당 중앙정부는 '농촌의 자유시장[행정용어상으로는 집무(集貿)시장]은 사회주의의 일부·보완물'로서 적극적으로 평가하게 되었고, 또 유통기구 중 개인상업의 적극적인 동원이 강조되었다. 나아가 1984·1985년경부터는 유통개혁이 도시에까지 미쳐 국가가 농작물의 계획 구매(買付)를 막기 위한 방침이 나왔는데, 특히 신선 식료품에 대해서는 가능한 한 자유화가 이루어졌다. 도시를 중심으로 자유시장이 한층 발전을 꾀함과 동시에 도매시장의 건설이 진행됐다. 그 결과 국영상점은 신선 식료품에 대해서는 시장경쟁력을 잃고 자유시장으로 역할이 바뀌어, 도매시장으로서의 발전과 더불어 신선 식료품의 유통이 활발화·광역화되었다. 나아가 1992년 이후에는 끝까지 남아 있던 곡물 배급제의 철폐가 진행됐다.

이상과 같이 중국의 상업정책은 공산화 이래 급격한 변화를 거쳐왔다. 그 가운데 전통적인 집시는 계획경제기를 통해 그때그때 정책에 휘둘리면서도 강하게 지속되어왔다. 또 개혁·개방기에 들어와 집시시장으로서 크게 장려되어, 1978년

26) 중국의 문화대혁명(1966~1976년)의 일환으로 준군사적인 조직을 이루어 투쟁한 대학생 및 고교생 집단이다. 1960년대 중국공산당의 청년운동에 가담한 학생들로 마오쩌둥을 지지하고자 투쟁했다. 1966년 당 주석 마오쩌둥이 '수정주의적' 당국자, 즉 마오쩌둥이 만족할 만큼 혁명적이지 못하다고 생각하는 류사오치(劉少奇), 덩샤오핑 등의 당 지도자들과 맞서 싸우는 것을 돕기 위해 중국공산당의 주관 아래 조직됐다.

이후 공표된 통계에서 보는 바와 같이 그 수치와 거래액은 일관해서 증가해왔다. 1997년의 집시 거래액은 같은 해 소비재 소매총액의 63.6%에 달하고, 그 중요성도 매우 커졌다. 상품별 구성을 보면 1978년에 비해 곡물, 가축·농업 생산재의 구성비가 뚜렷하게 낮아지고, 신선 식료품(육류, 계란, 생선, 채소, 과일)과 공업제품(의류, 잡화 등)의 구성비가 현저하게 높아지는 등 흥미로운 움직임을 나타내고 있다.

4) 7대 경제지구와 지역개발

중국의 7대 경제지구는 양쯔 강 삼각주 및 연강(沿江) 지구, 환보하이 지구, 남동 연해 지구, 서남과 화난 일부 성(省), 동북지구, 중부 5성(省) 지구, 서북지구로 구분할 수 있다. 각 지구의 특징은 〈표 2-8〉과 같다.

다음으로 지역개발(지역격차)에 대해 살펴보면, 개혁·개방 이후부터 1992년까지 중국의 지역격차가 확대됐다는 설과 축소 경향이 있다는 설이 있다. 경제력 격차를 보면, 1980년대에는 지역 간의 절대적 격차는 확대됐지만 상대적 격차는 모두 축소됐다. 소득격차를 보면, 1979~1992년의 지역 간의 절대격차와 상대격차는 확대됐다. 이와 같은 지역격차를 가져온 결정요인은 첫째, 소득격차가 확대된 점은 쿠즈네츠(S.S. Kuznets)의 역U자 가설[27]이 그대로 적용된 것이라고 생각한다. 더욱이 농촌 내부의 소득격차에는 향진기업의 발전 상태의 차이가 주로 영향을 미쳤다. 둘째, 경제력 격차가 변화한 배경에는 다음과 같은 메커니즘이 작용했다고 생각한다.

① 1980년대 동부의 후진지역은 개방정책에 의해 고도성장을 했지만 선진지역은 좀처럼 성장하지 않았으며, 중·서부의 일부 지역은 전국평균보다 높은 성장률을 달성했지만 대다수의 지역은 저성장에 머물렀으며, 1980년대 후반부터는 전국평균보다도 낮은 성장률을 기록하고 있다.

② 1980년대 동부의 후진지역은 고도성장을 했지만 선진지역은 좀처럼 성장을 하지 못한 첫 번째 이유는, 후진지역에서는 비국유기업이 공업에서 차지하는 비율이 높고 비국유기업의 발전에 의해 높은 성장률을 달성했기 때문이다. 반면에 선진지역에서는 국유기업이 공업에서 차지하는 비율은 높고 비국유기업의 비율

27) 후진국이 성장하면서 초기에는 소득분배가 악화되나 이후 점차 분배가 개선되면서 불평등도와 경제발전은 역U자(逆U字)형의 관계를 갖는다는 이론이다.

〈표 2-8〉 7대 경제지구(1996~2010년: 9.5계획기)

경제지구	성 · 시	특성
1. 양쯔 강 삼각주 및 연강(沿江) 지구	상하이, 장쑤 성, 저장성, 안후이 성, 후베이 성, 쓰촨 성	• 상하이 푸둥의 개발과 싼샤(三峽) 댐 건설을 계기로 강 연안의 대·중도시를 중심으로 동서남북을 연결하는 종합형의 경제지대
2. 환보하이 지구	랴오둥 반도, 산둥 반도, 베이징, 톈진, 허베이 성	• 교통편리, 대·중도시의 밀집, 과학기술과 인재의 집중, 석탄·강철·석유 등의 자원 풍부 • 핵심산업의 발전과 에너지 기지 및 운수통로 건설을 동력으로 연해의 대·중도시를 중심으로 함
3. 동남 연해 지구	주장 강 삼각주, 푸젠 성 남동지구	• 대외개방의 정도가 높고 규모가 큰 우위성 • 외화를 벌 수 있는 농업과 자금·기술이 밀집된 외자기업 및 고부가가치의 외화 창조 산업을 진일보 발전
4. 서남과 화난 일부 성(省)	윈난 성, 광시 성 등 5성 7개 지방	• 농업·임업·수산업과 광산자원 및 관광자원이 풍부 • 대외통로의 건설과 수력발전 및 광산자원의 개발을 기초로 방위산업의 기술역량에 의거한 에너지 기지 • 비철금속과 인·유황 생산 기지, 열대·아열대 농산물 기지 및 관광 기지
5. 동북지구	지린 성, 헤이룽장 성	• 교통 발달, 중화학공업체계 완비, 토지와 에너지 자원 풍부 • 구(舊)공업기조의 개조, 두만강 지구의 개방과 개발 활성화, 농업자원을 종합적으로 개발하여 중화학공업 기지와 농업 기지 형성
6. 중부 5성(省) 지구	황허 강 중류에서 하류에 걸친 지역으로 허난 성 등	• 농업 발달, 교통 편리, 철도간선의 연결체 • 주요 농업 기지와 원료 기지 및 기계공업 기지화
7. 서북지구	신장, 내몽골 등	• 동아시아와 중앙아시아의 접촉지대, 농목업과 에너지 및 광산자원의 풍요와 방위산업의 우위 • 수리 및 교통로 건설의 가속화, 목화 · 축산물 기지, 석유화학공업 기지, 에너지 기지 및 비철금속 기지

자료: 문순철(1998: 591).

이 낮음에 따라 저성장에 머물렀다. 두 번째 이유는 선진지역과 후진지역의 성장 격차가 경공업의 비율에 있다는 점이다. 중국의 공업성장에 가장 공헌한 것은 경공업의 성장으로, 후진지역에서는 산업구조에서 차지하는 경공업의 비율이 높았다. 반면에 선진지역에서는 중공업이 산업구조에서 차지하는 비율이 높았다. 나아가 중앙정부에 의한 지역 선별적인 대외개방정책의 도입과 지역별로 도입되는 다른 재정청부제도(財政請負制度)가 선진지역의 성장에 불리한 영향을 미쳤다.

③ 중·서부의 일부 지역에서는 1980년대에 전국평균보다 높은 성장률을 달성

했지만 대다수의 지역은 저성장에 머물렀고, 1980년대 후반부터는 전국평균보다도 낮은 성장률을 기록하고 있는 이유로는 몇 가지를 들 수 있다. ㉠ 1980년대에는 본래 경제발전수준이 낮은 중·서부에는 잠재력을 묻어둔 지역이 일부 존재했고, 그들 지역의 대부분이 중앙정부의 재정원조를 받아 고도성장을 할 수 있었다. 그러나 1990년대에 들어오면서 동부의 고도성장에 끌리어 많은 자금과 인재가 동부로 유입되었다. ㉡ 1979년까지는 계획 통제경제하에서 동부는 경공업의 비율이 높고 중·서부는 중공업의 비율이 높은 산업구조였기 때문이다. 또한 중·서부의 원재료 생산 → 동부의 가공제조 → 중·서부의 제품판매라는 지역분업이 되었기 때문이다. 그러나 1979년 이후 "원재료와 시장을 해외에서 구한다"라는 정책하에 동부는 저렴한 노동력과 교통편을 우위성으로 하여 원재료·반제품을 수입해 가공한 제품을 수출함으로써 고도성장을 했지만, 중·서부는 유효 수요부족으로 생산력이 떨어지고 자금과 인재도 동부로 유입됐다. ㉢ 가격통제에 의한 상품가치는 중·서부에서 동부로, 소득재분배에 의한 소득은 중·서부에서 동부로 이전했다. ㉣ 1980년 이후의 연해(沿海)부 발전전략에 의한 동부로의 투자 중심 이전은 중·서부의 성장에 불리했다. ㉤ 외국인 직접투자가 적어진 것도 중·서부의 저성장을 가져온 중요한 원인이다. ㉥ 중·서부의 중공업에 치우친 산업구조는 지역경제와의 연결이 약했고, 지역경제의 발전을 견인하는 역할을 하지 못했다.

이상과 같이 지역격차의 결정요인을 제시했지만, 여기에 자연환경의 차이와 인적 자본의 축적 등의 이유도 존재한다고 생각한다.

9. 싼샤 댐 건설과 충칭 시의 환경문제

중국에서 사용하는 에너지의 70% 이상이 석탄을 연료로 하고 있어 대기오염이 심각한 문제가 되고 있다. 특히 쓰촨 성 충칭 시 등 남서지역에서 사용되는 석탄에 유황 성분이 많이 포함되어 있기 때문에 피해가 보다 심각하며, 대기오염으로 pH 4~4.5의 강한 산성비가 내린다. 그러한 충칭에 이번에는 중국 정부가 건설을 추진한 싼샤(三峽) 댐으로 인한 환경 영향이 예상된다. 충칭의 생활하수는 그대로 양쯔 강에 방류되고, 공장폐수의 처리율은 55%밖에 되지 않는다. 양쯔 강의 자정

〈그림 2-36〉 세계 최대의 싼샤 댐(2006년)

능력은 한계에 도달했다. 싼샤 댐의 호수 상류부에 있는 충칭으로서는 이토와 모래가 호수의 바닥에 쌓여 양쯔 강의 물의 흐름이 늦어지는 것에 대한 대책은 물론 수질을 어떻게 유지시킬 것인가가 과제이다.

'21세기 최대의 역사(役事)'이자 '물의 만리장성'으로 불리는 싼샤 댐은 양쯔 강 중류인 후베이 성[28] 이창(宜昌) 시에서 북서쪽으로 40㎞ 떨어진 곳에서 착공했다. 약 21조 원의 건설비가 든 싼샤 댐의 높이는 185m(만수위 때 175m), 길이는 2,309.47m(하천 중간의 섬과 갑문까지 합친 제방의 총길이는 3,035m)이며, 댐으로 생기는 호수의 평균 너비는 1.1㎞, 길이는 약 600㎞로 충칭까지 1만 톤급 선박이 운항할 수 있다. 총저수량은 3,923억㎥(소양강 댐의 13.6배), 담수호의 넓이는 1,084㎢(서울시 면적의 1.8배)이다. 이 댐은 1919년 쑨원(孫文)이 아이디어를 낸 이래 87년 만인 2006년에 완공(제1단계 1997년까지, 제2단계 2003년까지, 3단계 2006년까지)됐으며, 그 규모가 세계 최대의 댐인 브라질 이과수 댐의 3배나 된다(〈그림 2-36〉).

싼샤 댐은 한국과 2,000㎞ 이상 떨어져 있지만 그 영향은 상당할 것으로 예상된다. 우선 황해로 유입되는 담수의 감소로 황해 생태계가 교란될 가능성이 있다. 전문가들에 따르면, 싼샤 댐 건설로 황해로 흘러드는 양쯔 강 강물이 10%가량 줄어들었다. 황해 담수의 약 80%는 양쯔 강에서 유입된다. 담수가 감소하면 양쯔 강의 영향을 받는 해역에서 산란 및 월동을 하는 참조기나 갈치, 고등어, 전갱이 등은 직접적인 피해를 볼 수 있다. 또 양쯔 강 물의 감소는 황해 표층수의 염분 농도를 20%까지 높일 수 있어 어종과 어획량이 감소할 수 있다.[29]

중국은 싼샤 댐의 건설로 연간 3조 원 이상의 경제효과를 가져와 '리다위비(利

28) 홍수조절기능을 가지는 둥팅 호(洞庭湖)는 그 면적이 3,915㎢로 서울시의 6배, 제주도(1,826㎢)의 2배를 넘는다. 둥팅 호를 기준으로 호의 북안은 후베이 성(湖北省), 호의 남안은 후난 성(湖南省)이라 한다.

29) 1970년대 이집트 아스완 댐 건설 뒤 주변 지역의 어획량이 25%가량 감소한 것으로 집계됐다. 유럽의 다뉴브 강에 큰 댐이 건설됐을 때도 바다로 유입되는 영양물질이 감소해 생태계가 파괴됐다는 보고서가 있다. 한국 국립수산과학원은 싼샤 댐의 물 채우기가 시작되기 전(2002년 8월)과 그 후(2003년 8월)의 동중국해 변화를 관찰한 결과, 염분 농도는 1.13‰, 해수 온도는 0.5℃가 올라갔다고 밝혔다.

大于弊: 이득이 손해보다 많다)'라고 한다.

〈그림 2-37〉 싼샤 댐 갑문으로 선박이 이동하는 모습(2006년)

먼저 홍수 방지효과를 든다. 역사서에 따르면 한(漢)대인 기원전 185년부터 20세기 들어 1911년까지 2096년간 양쯔 강에 214차례의 홍수가 발생해, 9.8년에 한 번씩 홍수가 발생했다. 또 1931년에는 14만 5,000명이 사망하는 사상 최악의 홍수가 발생했다. 그러나 앞으로는 홍수를 크게 걱정하지 않아도 될 것 같다. 싼샤 댐의 저수용량 393억 톤 가운데 221억 5,000만 톤은 홍수 조절용이고, 건기엔 해발 175m까지 물을 채우지만 우기인 5~10월엔 수위를 145m로 낮춰 홍수에 대비한다. 이로써 10년 주기로 찾아오던 양쯔 강의 홍수는 물론 100년에 한 번꼴의 대홍수까지 예방할 수 있게 되었다.

둘째, 전력생산 효과도 크다. 수력발전은 발전설비용량이 2,240만kW이고, 최대 발전량이 1,820만kW로 한국의 전체 발전량과 거의 같다. 댐에 설치된 70만kW급 발전기 26대에서는 연간 847억kWh를 생산한다. 이는 중국 전체 전력생산량의 4%를 차지하며, 2011년까지 댐에 연결된 산기슭 지하에 70만kW 급 발전기 6개를 추가로 설치하면 420만kW가 증가할 예정이다. 송전지역은 반경 1,000km의 11개 성이다.

셋째, 싼샤 댐을 활용한 하운 수송량도 크게 늘어난다. 댐이 건설되기 전 이 지역에 운송된 화물량은 약 1,000만 톤이었으나 2003년 6월부터 두 개의 5단계 계단식갑문이 설치되면서 2005년의 화물 수송량은 4,393만 톤으로 급증했다. 그러나 5단계 갑문을 모두 통과하는 데는 약 3시간이 걸린다. 2009년부터 선박용 승강기가 설치돼 3,000톤 이하의 배는 40분이면 통과할 수 있다(〈그림 2-37〉).

한편 댐 건설로 인한 부작용도 만만치 않은데, 이 가운데 가장 큰 문제는 수질 오염 등 환경생태계 파괴이다. 현재 싼샤 호 주변의 3,000여 개 공장과 광산에서 배출하는 산업폐기물은 연간 10억 톤이 넘는 것으로 추산되는데, 댐 완공 전에도 이 지역은 2, 3급수였다. 둘째, 유속 저하로 황토와 모래가 쌓이는 것도 문제이

대운하(Grand Canal)와 크리크(creek)

과거 중국에서는 남선북마(南船北馬)라 하여 화중·화난 지방에서는 배를, 화베이 지방에서는 말을 교통수단으로 많이 이용했다. 대운하는 양쯔 강과 화이허 강 유역에서 수도 베이징까지 식량과 생활필수품을 편리하게 수송하기 위해 건설됐다. 수나라는 607~610년에 황하에서 화이허 강을 잇는 최초의 운하망을 건설했는데, 수도인 시안(당시 장안)과 뤄양(洛陽)으로 양쯔 강 유역에서 생산되는 쌀과 소비재를 운송함으로써 경제를 활성화시켰다.

운하의 건설로 왕조의 통치지역이 사방으로 넓혀지고 사람과 문물의 교류가 활발해짐에 따라 운하에 인접한 도시들이 경제와 문화의 중심지로 발달하게 됐다. 이렇듯 대운하는 남북으로 분리되었던 중국을 잇는 대동맥의 구실을 했으며, 오늘날에도 각 지방의 수송로로 이용되고 있다. 깊이 3~9m, 최대 9m 폭의 수로로 연결됐고, 60개의 교량과 24개의 갑문을 설치해서 해발고도의 차이와 수위를 조절했다. 그 길이는 1,600㎞ 이상으로 세계에서 인공적으로 만들어진 가장 긴 수로이지만 19세기에 파손됐다. 그러나 민족주의자들이 동부지역을 통치할 때 준설과 재건을 했다. 1949년 이후 공산주의자들의 진영에서는 복구의 노력을 계속해 지금은 대운하의 대부분이 동부해안을 따라 대규모의 선박들이 지역 간의 화물을 수송하는 데 다시 이용되고 있다(<그림 2-38>).

〈그림 2-38〉 중국의 대운하

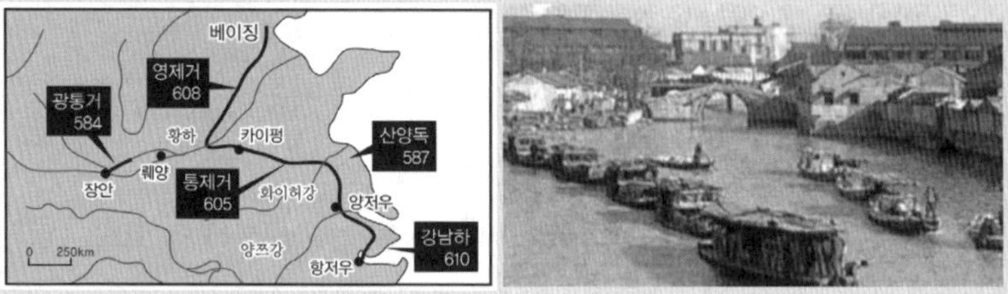

* 그림 중의 숫자는 건설 연도를 나타냄.

크리크(creek)는 삼각주나 범람원 등의 저습지에 설치된 소운하로 배수, 관개용 수로, 내륙수로로 이용된다. 중국의 양쯔 강, 주장 강과 동남아시아의 메콩 강, 메남 강 등의 하류지역에 발달해 있고 수로는 가로, 세로 그물 모양으로 연결되어 있는 소운하망이다.

다. 양쯔 강 강물에 함유된 황토 및 모래는 0.12~0.40%로 연간 4,500억 톤의 물이 댐으로 흘러든다면 연간 5.4억~18억 톤의 모래가 쌓인다. 이 모래는 10톤 트럭 1억 대분의 어마어마한 분량이다. 그러나 댐 건설로 발생하는 댐 내의 토사 퇴적을 하류 쪽으로 흘려보내는 특별한 시설을 하여 댐의 완공 후 50년 동안은 준설을 하지 않아도 된다. 셋째, 기후변화도 걱정할 문제다. 싼샤 댐 주변의 겨울 온도는 0.3~1.3℃ 올라간 반면 여름 온도는 0.9~1.2℃ 내려가는 등 전체적으로 0.1~0.2℃가 올라갔다. 넷째, 댐의 건설로 수몰지역이 632㎢, 수몰 이주민 수는 약 100만 명이나 되며, 귀중한 문화재의 유실도 적지 않다. 『삼국지연의(三

國志演義)』[30]에서 유비(劉備)가 최후를 맞은 백제성(白帝城) 등 1,208곳이 이미 수몰됐으며, 앞으로도 100여 개가 추가로 사라질 예정이다. 중국의 일부 학자와 서방국가 전문가들은 싼샤 댐이 가져올 부작용은 시간이 흐를수록 커질 것이며 그 부작용이 예상외로 클 수 있다고 경고하고 있다.

10. 둥베이 지방에 많이 거주하는 재중동포

1) 재중동포의 형성과정과 거주지 분포 특성

한(韓)민족이 중국으로 이주하기 시작한 것은 청나라 말기인 19세기 중엽 전후이다. 1677년 청나라가 백두산과 압록강·두만강 이북의 1,000여 리 되는 지역을 청조(淸朝)의 발상지라 하여 들어가지 못하게 막아 그 지역에 살거나 개간하는 것을 금지하고, 특히 다른 민족의 전입을 엄금했다. 그럼에도 이때에 압록강 상류와 두만강 남안의 주민들이 강을 넘어 잠입하는 일이 끊이지 않았다고 전해진다. 초기에는 '조경귀막(朝耕歸幕, 해가 있을 때 들어가 농사를 짓고 저녁에는 돌아옴)'이 많았는데 나중에는 '춘구추거(春求秋去, 봄에 들어가 농사를 지은 후 가을에 거두어들임)'라는 잠재형이 점차 증가했다. 이들은 주로 개간을 목적으로 이동했는데, 1845년부터는 강을 건너 개인적으로 개간하는 주민이 늘어나 압록강과 두만강 연안에 사는 주민의 대량이동이 나타났다. 특히 1860~1870년 한반도에서의 수해와 가뭄, 농작물의 해충 등의 피해로 주민들이 강을 건넜으며, 19세기 중엽부터는 많은 이재민이 옌볜(延邊)에 전입됐다. 1867년에는 훈춘(琿春)과 러시아 국경 일대에 조선에서 이주해 온 이재민이 1,000여 명이 넘었다고 한다. 1894년 허룽(和龍) 일대에는 약 6,000호에 달하는 한민족 개간민이 살았고, 두만강 북안에는 2만여 명이 거주했다. 또한 1904년 옌볜에는 이미 5만여 명이 거주했고, 1909년에는 18만 명 이상이 거주했다. 이주 초기 대부분의 한민족은 퉁화(通化), 신빈(新賓), 룽징(龍井), 허룽 등 압록강과 두만강 연안에 정착했다. 1870년 압록강 연안의 조선족 거주촌은 28곳에 달했고, 1880년에 지안(集安) 한 곳에 1만 1,000여 호가 살았다고 한다. 이와 같이 유입 초기에 압록강과 두만강 부근에 자리를 잡았던

30) 중국의 위(魏), 촉(蜀), 오(吳) 세 나라의 역사를 바탕으로 전승되어온 이야기들을 14세기에 나관중(羅貫中)이 장회소설(章回小說) 형식으로 편찬한 장편 역사소설이다. 오늘날에는 17세기 모종강(毛宗崗)이 다듬은 필사본이 정본(定本)으로 여겨지고 있다.

〈표 2-9〉 중국 둥베이 지방 한민족 인구수의 추이(1910~2000년)

연도	인구수(명)	연평균 증가율(%)
1910	202,070	·
1915	282,070	6.90(1910～1915)
1920	459,427	10.25(1915～1920)
1925	531,973	2.98(1920～1925)
1930	607,119	2.68(1925～1930)
1935	826,570	6.37(1930～1935)
1940	1,309,053	9.63(1935～1940)
1942	1,511,570	7.46(1940～1942)
1953	1,111274*	·
1964	1,348,594*	1.94(1953～1964)
1982	1,765,204*	1.72(1964～1982)
1990	1,920,597*	1.10(1982～1990)
2000	1,825,230	-0.50(1990～2000)

* 1953년 이후의 인구는 중국 전 지역의 한민족 인구수임.
자료: 尹 豪(1993: 21, 23), 外務部(1995: 112), 외교통상부(2009: 54).

한민족은 점차 옌볜, 나아가서는 다른 지역으로도 확산되어 중국 둥베이 지역에 한민족 사회가 널리 형성됐다.

1910년 한일합방 후에는 일본의 대륙정책이 한반도에서 중국으로의 인구이동을 가속화시켰다. 1910~1942년 중국의 한민족은 20만~150만 명으로 7.5배 증가하여 32년간 연평균 증가율 6.5%를 넘었으며, 1938년에는 둥베이 지방의 한민족 수가 100만 명을 넘었다(〈표 2-9〉, 〈그림 2-39〉). 그 뒤 중화인민공화국이 건국되자 한민족의 인구수는 1953년에 약 111만 명으로 1942년에 비해 감소하여 중국 인구의 0.19%를 차지했으며, 1990년에는 0.17%를 차지했다. 중화인민공화국이 건국된 이후 한민족의 인구증가에는 세 차례의 절정기가 있었다. 제1차 절정기는 1954~1958년으로 출산율 3.5~4.0%, 자연증가율 약 3%였으며, 제2차 절정기는 1962~1965년으로 출산율 3.0% 전후, 자연증가율 2%였다. 제3차 절정기는 1968~1972년으로 출산율 2.5%, 자연증가율 1.9%였다.

중국에는 한족(漢族)을 제외하고 55개 소수민족이 살고 있다. 1953년 중국의 한민족 수는 111만 1,274명으로 지린 성에 68.0%가 거주해 가장 많았고, 그다음으로 헤이룽장 성에 20.8%, 랴오닝(遼寧) 성에 10.4%가 거주해 이들 3개 성에 중국 내 한민족 전체 인구의 99.2%가 거주했다. 또 1995년 중국의 한민족 수는 192만 6,017명이었는데, 지린 성에 61.5%로 가장 많이 거주했고, 그다음으로 헤이룽장 성에 23.6%, 랴오닝 성에 12.0%가 거주해 이들 3개 성에 중국 내 한민족 전체 인구의 97.1%가 거주했다. 이것으로 지린 성의 구성비가 낮아지고 헤이룽장 성과 랴오닝 성의 구성비가 높아지고 있고, 또 다른 지역에서도 적은 수이지만 점차로 증가하고 있다는 점을 알 수 있다. 2009년에는 둥베이 지방에 78.1%가 거주해 다른 지역으로의 인구이동이 나타났다(〈표 2-10〉).

〈그림 2-39〉 둥베이 지방으로의 한인 이주의 지역적 분포(20세기 초)

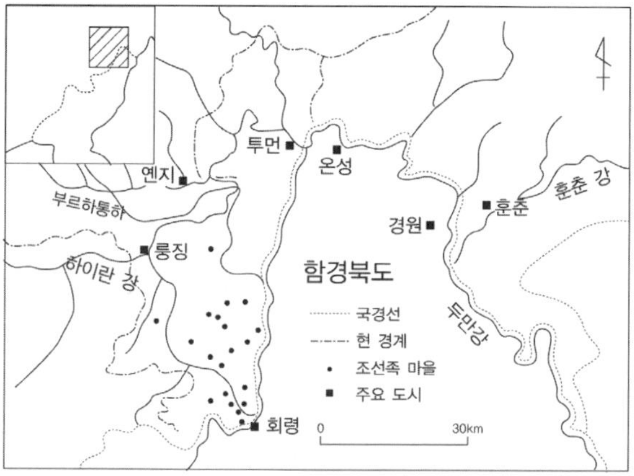

함풍-동치년간 옌볜지구의 조선족 마을 분포(1851~1874년)

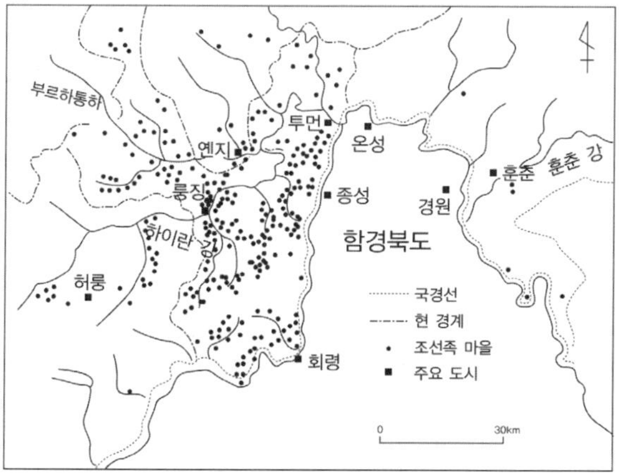

1875~1909년의 조선족 마을 분포

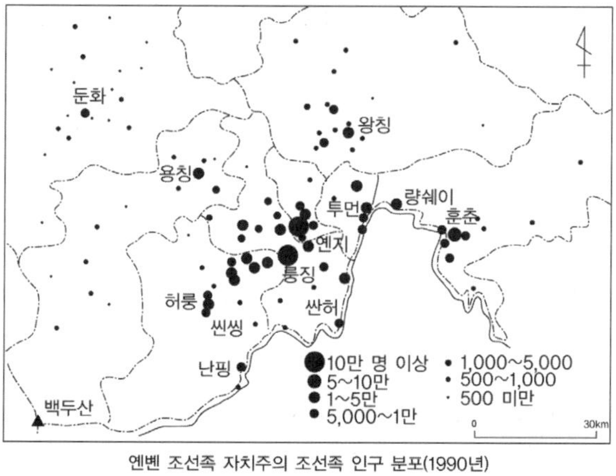

옌볜 조선족 자치주의 조선족 인구 분포(1990년)

자료: 심혜숙(1992: 322, 323, 330).

〈표 2-10〉 재중동포의 주요 거주지 분포의 변화(1953~2009년)

순위	시·성·자치구	1953년		1964년		1982년		1990년		1995년		2009년	
		동포 수	구성비(%)	동포 수	구성비(%)	동포 수	구성비(%)	동포 수	구성비(%)	동포 수	구성비(%)	동포 수	구성비(%)
1	지린 성	756,026	68.0	866,627	64.3	1,104,071	62.5	1,181,964	61.5	1,181,964	61.5		
2	헤이룽장 성	231,510	20.8	307,562	22.8	431,644	24.5	452,398	23.6	452,398	23.6	1,825,230	78.1
3	랴오닝 성	115,719	10.4	146,513	10.9	198,252	11.2	230,378	12.0	230,378	12.0		
4	네이멍구 자치구	6,705	0.6	11,280	0.8	17,580	1.0	22,641	1.2	22,641	1.2		
5	베이징 시	384	0.03	2,909	0.2	3,905	0.2	7,689	0.4	7,689	0.4	87,541	3.7
6	허베이 성	68	0.01	1,376	0.1	1,737	0.1	6,250	0.3	6,250	0.3		
7	산둥 성	122	0.01	512	0.04	939	0.05	2,830	0.2	2,830	0.1		
8	후베이 성	17	0.0	112	0.01	652	0.04	1,874	0.1	1,874	0.1		
9	톈진 시	108	0.01	-	-	816	0.05	1,788	0.1	1,788	0.1	55,639	2.4
10	허난 성	-	-	246	0.02	545	0.03	1,099	0.06	1,099	0.1		
기타		6,150	0.06	11,457	0.8	5,063	0.3	11,686	0.6	11,686	0.6		
계		1,111,274	100.0	1,348,594	100.0	1,765,204	100.0	1,920,597	100.0	1,920,597	100.0	2,336,771	100.0

* 1990년과 1995년의 인구수가 같은 것은 외무부의 해외동포 수 파악이 중국의 제4차 인구조사(1990년 7월 1일 실시)를 인용하였기 때문임.
자료: 尹 豪(1993: 26); 外務部(1995: 112); 외교통상부(2009: 51~58).

1990년 지린 성의 옌볜 주에는 한민족이 82만 1,479명으로 옌볜 주 총인구의 39.5%를 차지했다. 한민족의 분포는 룽징 시에 18만 3,994명으로 가장 많고, 이어서 옌지(延吉) 시에 17만 7,547명, 해룽 현에 13만 6,894명이 거주했다. 중국의 개혁·개방과 한중 수교 이후인 1990년대에 들어와 둥베이의 3개 성에서는 1880년대 말 북간도 이민행렬과 같이 한인 농촌에서 베이징, 상하이, 톈진 등으로 제2의 민족 대이동이 일어나면서 한민족 사회의 공동화 현상이 나타나고 있어 한민족의 정체성이 상실될 우려가 있다.

2) 재중동포가 종사하는 직업

1982년 재중동포의 직업별 구성을 보면(〈표 2-11〉), 농업·임업·목축업·어업 종사자가 전체 종사자 91만 7,906명[31]의 57.6%를 차지하여 가장 많고, 그 다음으로 생산 운수 작업자(20.8%), 전문 기술적 직업 종사자(10.2%)의 순서로, 중국

31) 한민족 인구의 52.0%를 차지한다.

〈표 2-11〉 재중동포의 직업별 구성

직업	전문 기술적 직업 종사자	관리적 직업 종사자	사무 종사자	상업 종사자	서비스 종사자	농업 · 임업 · 목축업 · 어업 작업자	생산 운수 작업자	기타 종사자	계
%	10.2	3.0	2.2	2.7	3.4	57.6	20.8	0.2	100.0

자료: 尹 豪(1993: 35).

의 산업별 인구구성비와 비교해 큰 차이를 나타내지 않는[32] 것을 알 수 있다.

11. 조차지에서 벗어난 홍콩과 마카오

홍콩은 중국에서 사회주의와 자본주의가 병존하는 일국양제(一國兩制)의 특별행정구다. 1839년 청나라 도광제(道光帝)의 특명을 받은 흠차대신(欽差大臣) 임칙서(林則徐)는 광둥 성 일대에서 대대적인 아편 추방운동을 개시했다.[33] 그는 영국 상인들로부터 아편 2만 상자를 빼앗아 수장해버렸다. 보복에 나선 영국은 1차 아편전쟁을 일으켰고, 1842년 중상주의의 영국이 봉건주의의 홍콩 섬을 할양받는

〈그림 2-40〉 홍콩 반환 기념비인 자형화(紫荊花)상(2006년)

32) 1991년 중국의 산업별 인구구성은 총 취업인구 5억 8,364만 명 중 농업·임업·수산업, 수렵이 60.0%, 제조업이 17.0%, 건설업이 4.3%, 상업이 5.3%, 운수·창고·통신업이 2.6%, 금융·보험·부동산업이 0.4%, 공무·서비스업이 6.9%, 분류 불능이 3.5%를 차지한다.
33) 영국과 청나라 사이의 무역에서 영국은 중국으로부터 생사, 견직물, 찻잎 등을 수입했으나 청나라는 영국 상품을 거의 수입하지 않아 적자를 면치 못했다. 그러자 영국이 아편을 수출해 청나라의 은이 수입대금으로 대량 빠져나가면서 은본위제인 청의 경제는 뿌리째 흔들리기 시작했다.

〈그림 2-41〉 홍콩의 트램(tram) 버스와 전차(2006년)

* 트램이 2층으로 된 것은 귀족과 하인의 신분 차이에서 온 것으로, 하인계급은 1층에, 귀족계급은 2층에 승차했다.

난징조약을 체결함으로써 홍콩 155년 식민사의 막이 올랐다. 이어 주룽(九龍, Kowloon) 반도를 점령한 영국은 1898년 2차 아편전쟁을 일으켜 홍콩 섬 바로 위 신제(新界, New Territories) 및 인근 200여 개 섬을 99년간 조차했다. 이때부터 홍콩은 급속히 서부 유럽의 문물을 받아들여 불과 100년 만에 영국보다 더 잘사는 동방의 "작은 영국"으로 눈부시게 탈바꿈했다. 그러나 1941~1945년에는 일본군의 침략으로 일본의 식민지로 있었다. 홍콩의 미래가 확정된 것은 중국과 영국 양국이 홍콩 반환협정에 최종 조인한 1984년 12월이다. 그 뒤 1997년 7월 1일 0시를 기해 영국의 통치에서 벗어나 중국의 통치 아래 들어갔다(〈그림 2-40〉).

홍콩의 해안에는 크고 작은 여러 배를 연결한 위에서 많은 사람이 생활을 하고 있다. 많은 배가 남중국해에 출어하는 배지만, 그 중에는 단단히 해안에 고정시켜 전기나 전화까지 끌어들인 배도 있다(〈그림 2-41〉, 〈그림 2-42〉).

〈그림 2-42〉 홍콩의 빅토리아 산(373m)을 오르는 피크 트램(peak tram)의 강삭철도(incline)(2006년)

* 홍콩은 온대 겨울 건조기후지역으로 고도가 높을수록 습도가 낮다. 영국인들은 산중턱이나 산정상부 부근에 거주하며 산정상부로 트램을 운행했다.

〈그림 2-43〉 마카오의 지리적 위치

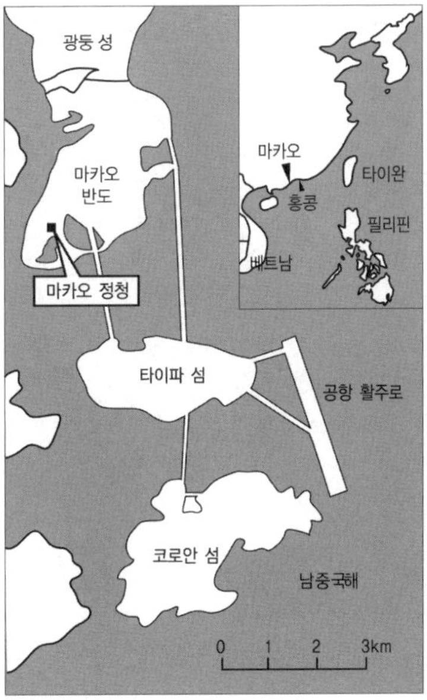

명나라 말까지만 해도 중국의 외항마다 궁정용품을 조달하는 환관이 상주하고 있었다. 후비들이나 궁녀들의 향료를 조달하는 환관을 채향사(採香師)라 했는데, 그 중 당시 정덕(正德) 황제의 사랑을 받았던 아삼(阿三)이라는 환관이 있었다. 황후가 찾는 용연향을 구하기가 어렵기 그지없던 차에 아삼이 포르투갈 상인들에게 뇌물을 주어가면서 이를 입수해 바쳤다. 이것이 계기가 되어 아삼은 포르투갈의 첩자가 되어, 그들의 소원인 마카오에 올라와 사는 것을 황제로부터 허락받는 데 성공했다. 그래서 중국은 아편으로 홍콩을 잃고, 용연향으로 마카오를 잃었다는 말까지 있다. 『명사(明史)』에 의하면 포르투갈은 이미 그 이전에 대포를 앞세우고 이 지역에 상품을 들여와 쌓아놓고 집을 지어 살기 시작했으며, 포르투갈 상인들이 명군을 도와 인근에 자주 출몰하는 해적을 물리친 공으로 이들을 살게 했다는 설 등이 있다. 아마도 이상의 세 가지 원인이 복합되었을 것이다.

마카오란 지명은 해신인 '아마'를 모시는 사당(媽祖閣)이 있어 그 선착장을 마캉(媽巷)으로 불렀던 데서 비롯됐다 한다. 마카오는 화가 루벤스(Peter Paul Rubens)의 초상화 모델로 알려진 유럽 최초의 한국인 안토니오 코레아(Antonio Corea)가 발을 디뎠던 곳이다. 그는 임진왜란 때 포로로 잡혀 일본 나가사키(長崎)에서 이탈리아 상인에게 팔렸다가 마카오를 거쳐 로마로 갔다. 또한 마카오는 한국 최초의 가톨릭 사제요, 라틴 어, 프랑스 어, 포르투갈 어, 중국어에 능통했던 순교자 김대건(金大建) 신부가 다른 두 소년(최양업, 최방제)과 6년 동안 신학 공부를 했던 땅이다. 마카오의 중심가에 있는 카몽이스(Luiíz Vaz de Camões) 공원에는 김대건 신부의 동상이 서 있다.

1557년 포르투갈이 조차한 마카오는 1887년 식민지가 되어 포르투갈 대통령이 임명하는 총독이 통치했다. 1979년 중국과 포르투갈과의 합의에 의해 1999년 12월 20일 중국에 반환됐다. 명조 말 이래 계속되어온 포르투갈의 식민통치가 종식되고 1국 2체제(일국양제)하의 "마카오 차이나" 시대가 열린 것이다. 이로써 뉴 밀레니엄(New Millennium)을 앞두고 유럽의 마지막 아시아 식민지였던 마카오의 주권이 회복되고, 서구 열강의 아시아 식민시대, 즉 서세동점(西勢東占)은 대단원의 막을 내렸다. 반환된 마카오는 중국의 특별행정구로 그 면적은 16㎢이고, 인구는 약 45만 명으로 이 중 97%가 중국계로 광둥 어를 사용한다. 마카오는 정부 수입의 약 1/2을 도박산업이 차지하고, 주요 수출품은 섬유와 전자제품이다(〈그림 2-43〉).

제3장

인종상으로 우리와 가장 닮은 몽골

1. 광활한 탁상지

동아시아의 중앙부를 차지하고 있는 몽골은 그 면적이 156만㎢로 한반도의 약 7배에 이른다. 몽골의 국토 범위를 경도·위도 상에서 보면 동경 90°~120°, 북위 40°~55°로, 아시아의 큰 줄기 알타이(Altai) 산맥에서 싱안링(興安嶺) 산맥까지의 넓은 사막과 초원을 거의 포괄하여 실로 광활하다. 바다의 출구가 없어 옛 소련과의 국경만 약 3,485㎞, 남쪽으로 접한 중국과의 국경은 무려 4,673㎞에 이른다. 전체적으로 높은 산악과 고원으로 되어 있는 이 나라의 평균 해발고도는 약 1,580m이며, 가장 낮은 곳도 해발 500m가 넘어 높은 탁상지(table land)와 같은 모습이다.

몽골은 서쪽과 북쪽으로 갈수록 높은 산이 많고 동쪽과 남쪽으로 갈수록 평탄한 탁상지가 전개되는데, 큰 줄기의 산맥은 대체로 서북서~동남동 방향으로 뻗어 있다. 중국과의 사이에 몽골알타이 산맥이 있고, 러시아와의 사이에 코브스콜 산맥이 있으며, 수도인 울란바토르(Ulan Bator) 부근에서 점차 높아지면서 켄티 산맥이 되어 북동쪽으로 이어진다.

바다와 멀리 떨어져 있고 해발고도가 높으며, 북위 40°~ 55°에 위치하고 있기 때문에 매우 건조하고 기온의 일교차와 연교차가 심한 대륙성 기후이다. 울란바토르를 기준으로 볼 때, 6월 평균기온이 17℃, 1월 평균기온이 -28℃나 되므로 연교차는 약 45℃에 이른다. 그러나 6월의 최고기온은 34℃, 1월의 최저기온은 -48℃나 되기 때문에 여름과 겨울 기온의 최대 교차는 실제로 80℃가 넘는 셈이다. 이와 같은 대륙성 기후의 특징은 고비 사막에서 더욱 뚜렷하여 한더위에는 40℃ 이상, 한추위에는 -50~-60℃를 기록하는 경우가 흔하다.

몽골 전역에 걸친 연평균 강수량은 약 200~220㎜로 알려져 있으나 남쪽의 고비 사막 일부에서는 60~100㎜에 지나지 않고, 고비 사막에서 북상할수록 강수량이 많아져서 한가이(Hangayn) 산맥이나 러시아·몽골 국경의 코브스콜 산맥에서는 연간 400~500㎜에 이른다. 극도의 건조기는 5~6월이고, 눈은 11월에서 3월 사이에 내리는데, 극도로 건조하거나 겨울에 전혀 눈이 내리지 않을 경우에는 사육하는 가축에 큰 재난이 따른다.

2. 다섯 가지의 자연경관 지역유형

몽골은 산맥의 배열이 대체로 위도와 같은 방향의 동서배열이기 때문에 자연경관도 산맥을 따라 막북(漠北)과 막남(漠南) 지방으로 구분해왔다. 막북은 케룰렌(Kerulen) 강, 셀렝가(Selenga) 강 유역을 포함하는 초원과 삼림·초원지대로, 외몽골이란 이를 두고 쓰는 이름이다. 이들 하천 유역은 예로부터 흉노·돌궐로 일컫던 몽골 족의 활동무대로, 칸 제국 시대의 수도 카라코룸(Karakorum)을 비롯하여 지금의 수도 울란바토르 등 주요 도시가 여기에 포함된다. 이에 대해서 막남은 고비 사막 이남의 초원지대에서 중국의 만리장성까지의 범위를 가리킨다. 이곳을 흔히 네이멍구라 하며, 지금은 중국의 네이멍구 자치구에 속한다.

한편 몽골의 중앙을 서북서-동남동으로 달리는 한가이 산맥을 경계로 몽골을 북부와 남부로 구별할 수도 있다. 이때 북부는 거의 초원과 삼림·초원으로 남부의 고비 사막에 비해 한결 생산성이 높고 인구·도시·산업이 상대적으로 많이

〈그림 2-44〉 몽골의 자연경관 구분

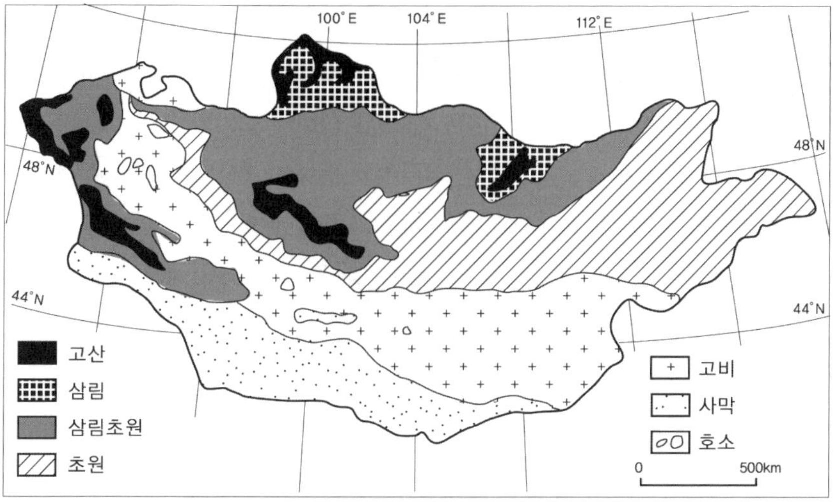

자료: 형기주(1997: 267).

집중해 있다.

자연식생을 지표로 해서 몽골의 국토를 5개 지대로 나누어보면 몽골의 지리적 성격을 쉽게 이해할 수 있다. 제일 남쪽 부분이 모래사막과 고비 사막, 그 북쪽이 스텝, 그리고 이에 이어서 삼림·초원(한가이)이 차례로 배열되어 있고, 북서쪽은 고산과 만년설로 특징지어진다(〈그림 2-44〉).

모래사막과 고비 사막은 대체로 북위 45° 이남에 해당하며, 몽골 총면적의 약 1/3을 차지한다. 이 중에 완전 불모의 사막이 흩어져 있는데, 이들 모래사막과 고비 사막은 구별된다. 왜냐하면 고비(gobi)란 몽골 어로 '사막성 초원', 즉 거친 초원을 이르는 말이기 때문이다. 여기에는 모래에 자갈이 많이 섞여 있고, 거칠지만 사막성 식물이 띄엄띄엄 자라기에 조방적 유목이 가능하다.

고비의 북쪽으로 길게 동서의 띠를 이루는 부분이 이른바 스텝(steppe)으로서 동경 100°의 동쪽으로 점차 넓어지지만, 그 서쪽으로는 고산과 고비가 끼어 있기 때문에 좁게 나타난다. 이곳이 몽골 사람들의 풍요한 생활 터전이다. 옛날에는 풀을 따라 동서 또는 남북으로 장거리 이동을 했지만, 몽골이 사회주의 체제로 재편되면서 집단화·정착화에 성공하고 있다. 유목이나 정착 목축에서 사육되는 가축은 고비에서는 낙타·산양이 주종이고 스텝에서는 면양이나 소·말이 주종을 이룬다.

스텝과 연결된 몽골 북부의 넓은 땅은 몽골 어로 '항가이'라 일컫는 삼림 스텝인데, 대체로 울란바토르 이북에 해당한다. 여러 갈래로 갈라진 항가이 산맥과 그 사이를 흐르는 셀렝가 강의 본류 및 지류 일대가 여기에 포함된다. 삼림은 주로 낙엽송, 시베리아 전나무, 자작나무 등 자연림이 무성하고, 숲과 숲 사이에 띄엄띄엄 몽골 주민의 주거지인 백색 게르(ger)[1]와 함께 골프장을 방불케 하는 아름다운 목장이 전개된다. 이곳 숲이 야생동물의 낙원으로서 여우, 흑담비, 타르바간(tarbagan, 만주마멋)은 모피 가공용으로 널리 쓰이고 있다. 또한 셀렝가 강, 오르콘(Orkhon) 강 유역은 정착 목축업과 함께 곡물 및 원예농업도 행해지는 몽골 제일의 풍요로운 농토이다.

3. 자원과 생업

국토면적의 약 80%가 목장이나 초지로 이용되고, 약 9%가 삼림, 0.9%가 농경지로 이용되고 있는 몽골에는 부존자원이 풍부하여 개발기술과 자본의 투입을 기다리고 있다. 경제활동 인구 중 약 65만 명이 생산직에 종사하고 약 23만 명이 사무직이나 지적 활동에 관계되며, 생산직 중 약 32만 명이 농업·목축업 종사자이다.

농업·목축업으로 사육되는 가축은 말 약 219만 두, 소 약 285만 두, 낙타 약 56만 두, 돼지 약 19만 두, 면양 약 1,508만 두, 산양 약 513만 두, 젖소 약 20만 두로서 모피를 비롯한 축산가공품은 이 나라의 주요 수출품이다. 농업은 주로 셀렝가 강 유역에서 맥류나 감자류를 재배하고 있으나 역시 이 나라는 농경보다는 목축업이 주요 생업이다. 몽골의 목축지역을 보면 북부지역에 고기소·젖소가, 중부지역에 소·양이, 남부지역에 낙타·염소·양이 사육되고, 서부지역에 소·양과 목우지역을 이루고 있다(〈그림 2-45〉).

지하자원으로는 금·은·구리·몰리브덴·철광·갈탄·유연탄·석유 등이 매장되어 있고, 특히 구리는 이 나라 총수출액의 약 30%에 이를 정도로 중요한 전략자원이다. 구소련과 몽골의 합작회사로 출발한 에르데넷(Erdenet) 구리·몰리브덴 광산은 이미 20여 년 전부터 가동된 이 나라 주요 기업이다. 이밖에 석탄은

1) 중국에서는 파오(pao), 터키계 여러 유목민들은 유르트(yurt)라고 한다. 천막의 가장 안쪽 북쪽 자리는 집안의 존장이 앉는 상좌(上座)이고 손님은 존장의 오른쪽에, 아내의 자리와 취사장은 존장의 왼쪽이다.

〈그림 2-45〉 몽골의 목축지역

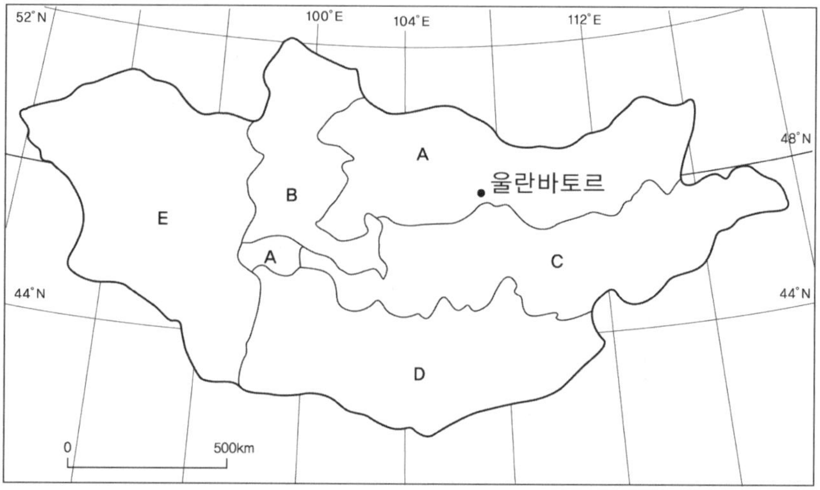

* A: 고기소 · 젖소(Selenge, Bulgan Khentiy), B: 소 · 양(Khangay Khövsgol), C: 소 · 양(Domod Pasture), D: 낙타 · 염소 · 양(Gobi), E: 목우(대호연안).
자료: 형기주(1997: 270).

매장량과 그 질의 우수성이 인정되고 있으나 워낙 내륙의 오지에 위치하고 있고 철도망이 발달하지 못해 연 생산량은 유연탄 약 69만 톤, 갈탄 약 720만 톤에 불과하다. 이 중 거의 대부분이 화력발전에 이용되고 그 일부가 수출된다.

몽골이 전통적 유목생활에서 근대적 개혁을 착수하게 된 것은 라마교 중심의 활불(活佛, Bogd-Gegen) 군주제가 몰락하고 독립을 쟁취한 1921년 이후이다. 옛 칸 제국이 분열·멸망한 후 몽골은 오랜 세월을 청조(淸朝)의 지배하에 있었는데, 1911년 신해혁명을 계기로 외몽골과 내몽골이 갈라져 외몽골은 1924년 사회주의 정권을 지향하게 되었다. 이때부터 몽골은 봉건적 권력과 전통적 경제 기반을 타파하고 1948년부터 사회주의 5개년 계획에 착수했다. 3차에 걸친 계획의 실시는 첫째, 유목의 정착화, 둘째, 문자개혁에 의한 문맹퇴치, 셋째, 몽골의 자원개발에 중점이 두어졌다.

구소련·동구권의 몰락으로 몽골은 1990년 5월부터 외국투자법을 시행하게 되고, 1991년에 은행법의 시행과 함께 IMF에 가입하는 등 점차 시장경제로 이행하면서 자유세계에 문호를 개방하게 되었다. 한국과는 1990년 외교관계를 수립했으나 상호 간의 교역은 아직 미미한 단계이다. 장차 한국의 기술과 자본에 의한

〈그림 2-46〉 몽골에서 유목화 정책의 지역유형

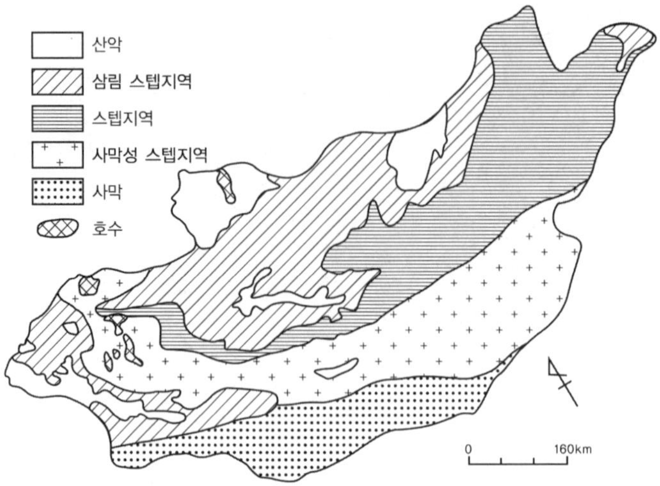

자료: 利光(1983: 552)를 수정.

철도·도로 건설, 지하수 개발, 관광지 개발, 지하자원 개발 등은 몽골의 순박하고 성실한 노동력과 함께 매우 기대되는 부문이다.

몽골의 유목[2)]화 정책에는 세 가지 지역유형에 따라 각각 그 방침이 다르게 나타난다. 첫째, 산림 스텝 지역(한가이)에는 종래부터 1~3㎞의 거리를 연 4~5회 이동하는 정도였다. 한 곳에 머무는 기간은 2~3개월 정도로 길기 때문에 숙영지 주변에 가축을 묶어두는 축사(cell)나 가축을 우리로 모으는 장소(port)를 이동시킨다. 여기에서는 초지농업을 도입하여 곧바로 반(半)정주를 촉진시킨다. 둘째, 사막성 스텝 지역(고비)에서는 종래 20~30㎞의 이동을 연 10~18회로 반복한다. 여기에서는 무엇보다도 한발 및 설해(雪害)와 같은 겨울철 천재(天災) 등의 자연재해에 대비하여 건초보관소를 축조하는 것이 급하다. 셋째, 삼림 스텝 지역과 사막성 스텝 지역의 중간형인 스텝지역(페루타르)에서는 가축 캠프와 당일 귀가하는 방목을 병용해서 1년 목초지를 이용해 반정주화를 유도한다. 여기에서는 가축 캠프가 일체의 계절적 이동에 상당하는 것이 된다. 즉, 계절적 이동을 모든 가족에 의한 것에서 목부에게만 맡겨두는 것으로 바꾸는 가축 캠프가 몽골에서 말하는 반정주화이다(〈그림 2-46〉).

2) 일반적으로 이동방목(transhumance)은 목부(牧夫)만이 이동에 종사하는 이동목축을 의미하는데 대하여, 가족 구성원 전원이 이동에 함께 참여하는 것을 유목이라 한다.

제4장

또 다른 중국 타이완

타이완은 타이완 해협을 사이에 두고 중국 푸젠 성과 마주하고 있으며, 중국 본토에서 약 150㎞ 떨어져 있다. 원래는 부속 제도인 펑후(澎湖) 제도, 훠사오(火燒) 섬, 란위(蘭嶼) 섬 등 79개 도서로 중국의 한 개 성(省)이었으나, 1949년 장제스 정권이 이곳으로 옮겨 온 후 타이완 섬을 비롯해 푸젠 성에 속하는 진먼(金門) 섬과 마쭈(馬祖) 섬까지 영토가 확대됐다.

3세기 중엽 중국의 기록문헌『임해수토지(臨海水土志)』에 따르면, 타이완은 한(漢)족이 처음 발견했다고 한다. 7세기 초 수(隋)나라 때부터 한족이 정찰정략(偵察征略)을 시도했으며, 원(元)나라는 1360년 펑후 섬에 처음으로 순검사(巡檢司)라는 행정기관을 설치했다. 명나라에 이르자 한족이 증가하고 동시에 서구의 열강도 타이완에 관심을 갖기 시작했다.

1590년 포르투갈 인이 이곳을 방문해 '아름다운 섬'이라는 뜻의 일라 포모사(Ilha Fomosa)라고 명명했다. 네덜란드는 타이완 남부의 한족을 누르고, 일찍이 1624년 안핑[安平, 타이난 시(臺南市)]에 제란디아 성을 구축했다. 또 에스파냐도 1626년 지룽(基隆) 지방의 서랴오(社寮) 섬에 산살바도르 성을, 다시 3년 후에는 단수이(淡水) 항에 산토도밍고 성을 각각 축조하고 타이완에 진출했다. 그러나 1642년 네덜란드가 에스파냐를 몰아내고 그 지배권을 확립했다.

1661년 명나라의 유신 정성공(鄭成功)이 부하를 이끌고 타이난에 상륙해 제란디아 성을 점령해서 네덜란드 인을 항복시키고, 이곳을 항청복명(抗清復明)의 기지로 삼았다. 그러나 1683년 6월 중국을 통일한 청이 타이완에 진격해 정군(鄭軍)을 무조건 항복시킴에 따라 정(鄭)의 타이완 지배는 불과 3대, 23년으로 끝났다. 다음 해인 1684년 청은 타이완을 푸젠 성에 예속시키고 타이난에 타이완 부(府)를 설치했다. 그 후 대륙으로부터 이민이 급증해 남쪽에서 북쪽으로 이동하면서 신천지를 개척하고, 1885년 타이완은 하나의 성으로 독립했다. 청일전쟁 후 1895년 시모노세키 조약에 의해 213년 동안 계속됐던 청나라의 통치를 벗어나 일본의 최초 해외 식민지가 됐다. 그 후 1945년 제2차 세계대전이 끝나고 중국에 복귀할 때까지 51년간 타이완은 일본의 통치를 받았다.

타이완은 127만여 개의 기업 중 97.7%가 중소기업으로, 전체 고용인원의 약 77%를 차지하고 있다. 중소기업에 우호적인 경영환경이 발전의 원동력이 되었으며, 가족 경영체제와 화교 상권 네트워크가 타이완 경제발전에 큰 도움이 되었다. 한편 주문자 상표 부착 생산(Original Equipment Manufacturing: OEM)에 의한 수출로 세계 IT 분야에서 높은 시장 점유율을 유지하고 있으나, 조선·자동차 등 대규모 플랜트 산업과 반도체 등 첨단산업에서는 OEM 수출이 불리하게 작용하고 있다.

타이완 정부는 신주(新竹)·타이난 등지에 과학산업단지(Science-based Industrial Park)를 설치하여 산학연 협조체제를 구축하고, 정보·통신·하이테크 산업을 유치함으로써 산업 경쟁력 제고에 노력하고 있다. 2002년부터 미국을 제치고 중국(홍콩 포함)이 타이완의 제일 수출 대상국으로 부상했으나, 타이완 기업들의 중국에 대한 투자 확대 및 생산기지 이전 등으로 타이완 국내에서의 산업 공동화가 우려된다.

〈그림 2-47〉 타이완 신주과학산업단지

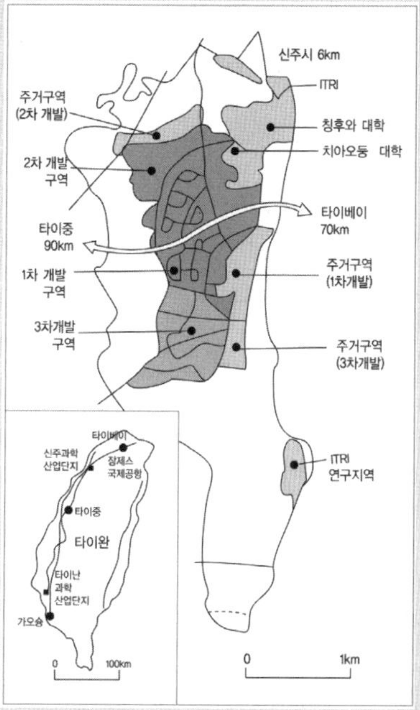

* ITRI: 산업기술연구원(Industrial Technology Research Institute)

자료: 권오혁(2000: 234).

신주과학산업단지

신주과학산업단지는 타이베이(臺北) 남쪽 70㎞ 떨어진 신주 시 인근의 농촌지역에 위치한다. 1979년 「과학공업원구설치법(科學工業園區設置法)」이 제정되어 설치되었는데, 모든 면에서 실리콘밸리(Silicon Valley)1)를 가장 짧은 기간에 가장 성공적으로 복제한 단지이다(<그림 2-47>). 많은 전문가들이 실리콘밸리의 복제는 매우 어려운 일이라고 지적했지만 타이완 정부는 실리콘밸리라는 생산 네트워크2)를 효과적으로 재창출하는 데 성공한 것이다.

이러한 성공의 핵심에는 '생산 네트워크의 착근(embeddedness)3)'이라는 첨단산업단지의 본질에 대한 면밀한 이해가 선행되었던 것으로 보인다. 그것은 실리콘밸리라는 최고의 생산 네트워크에 대한 경험적 이해가 최고의 정책결정자와 실무자들 사이에 충분히 형성되었기 때문에 가능했다. 이 프로젝트를 제언한 장징궈(蔣經國) 행정원장이 실리콘밸리 인근의 샌프란시스코에서 유학했고, 그 외 많은 중국 기술자들이 샌프란시스코와 실리콘밸리에 거주했다. 그들이 실리콘밸리에 착근된 자본, 기술, 전문적 지식(know-how)을 가지고 신주로 돌아와 과학산업단지 발전을 도모한 것이다.

신주과학산업단지는 조성된 지 불과 10여 년 만에 세계 컴퓨터 산업의 중심으로 우뚝 섰는데, 이는 첨단기업의 생산능력 발전이 정부 부문의 산업 전략에 따라서 크게 좌우됨을 보여주는 실례라 할 만하다. 신주과학산업단지의 번영은 날이 갈수록 더하고 있다. 이는 생산 네트워크의 본질적 특성으로서 집적경제가 가속적으로 작동하고 있기 때문이다.

1) 샌프란시스코 만의 팔로알토(Palo Alto)에서 새너제이(San Jose)까지 길이 48㎞, 너비 16㎞의 띠 모양을 이루고 있는 연구단지로, 반도체 재료인 실리콘과 단지가 위치한 산타클라라 계곡(밸리)이 합쳐져 붙여진 이름이다.

2) 네트워크는 무지향성·다방향성의 성격을 가지는데, 1980년대 이후 영어권 국가의 경제지리학의 연구방향에서 관계론적(relational) 경제지리학의 일부가 네트워크를 주목했다. 좁은 의미의 네트워크는 정적 집적에 지식을 향상시킴으로써 혁신성을 높이고자 하는 것이고, 넓은 의미의 네트워크는 정적 집적의 범위를 포함하며, 생산비 등을 낮추기 위해 국지적으로 밀집하는 것으로 이의 핵심은 업체 간 연계거리의 최소화이다.

3) 착근성이란 비교적 좁은 지역 내에서의 기업 간, 개인 간의 독특한 신뢰(trust) 관계에 초점을 두고 산업지역의 우위성을 설명하는 것이다.

제3부

문화의 점이지대
동남아시아

동남아시아
1:18,000,000
0 200 400㎞
(정적 원통 도법)
하노이
Hanoi
하이퐁
Haiphong
Hon Gai
레이저우 만
통킹 만
Gulf of Tonking
하이커우
하이난성
(海南省)
둥사제도
(東沙諸島)
바탄제도
Batan Is.
바부얀제도
Babuyan Is.
태 평 양
PACIFIC OCEAN
20°N
타웅지
Taunggyi
치앙마이
Chiang Mai
루앙프라방
라오스
LAOS
비엔티안
Vientiane
베트남
VIETNAM
동허이
우돈타니
인도차이나반도
Indo China Pen.
타이
THAILAND
우본랏차타니
후에
Hue
다낭
Da Nang
Annam Mts.
시사군도
(西沙群島)
모울메인
Moulmein
나콘사완
나콘랏차시마
Nakhon Ratchasima
방콕
Bangkok
톤부리
Thon Buri
타보이
Tavoy
톤레삽 호
Tonle Sap L.
캄보디아
CAMBODIA
프놈펜
Pnompenh
꾸이년
Quy Nhon
나짱
Nha Trang
달랏
Da Lat
판랑
남 중 국 해
(南中國海)
타이 만
Gulf of Thailand
메르귀 제도
Mergui Is.
호찌민
Ho Chi Minh
껀터
Can Tho
미토
My Tho
바이붕곶
Bai Bung C.
난사군도
(南沙群島)
나콘시탐마랏
Nakhon Si Thammarat
송클라
Songkhla
코타바하루
말레이반도
Malay Pen.
말레이시아
MALAYSIA
이포
Ipoh
쿠안탄
Kuantan
쿠알라룸푸르
Kuala Lumpur
싱가포르
Singapore
빈탄섬
Bintan I.
메단
Medan
Leuser Mt.
3381
말라카 해협
Malaka Str.
나투나섬
Natuna
레 이 제 도
Malaysia Is.
아남바스제도
보르네오 해
Borneo Sea
브루나이
BRUNEI
반다르스리브가완
Bandar Seri Begawan
코타키나발루
키나발루산
Kinabalu Mt.
4094
산다칸
Sandakan
사바
SABAH
타와우
Tawau
사라왁
SARAWAK
Kapuas Mts.
카푸아스 산맥
이란 산맥
Iran Mts.
바투브록산
Batubrok Mt.
2240
보르네오섬
Borneo I.
칼리만탄
KALIMANTAN
폰티아낙
Pantianak
라야산
Raya Mt.
2278
사마린다
Samarinda
발릭파판
Balikpapan
반자르마신
Banjarmasin
라우트섬
Laut I.
마카사르 해협
Makassar Str.
니아스섬
Nias I.
파당
Padang
수마트라섬
Sumatra I.
바리산 산맥
Barisan Mts.
시베룻섬
Siberut I.
잠비
Jambi
팔렘방
Palembang
방카섬
Bangka I.
빌리톤섬
Biliton I.
링가섬
Linga I.
싱켑섬
Singkep I.
엥가노섬
Enggano I.
카리마타 해협
Karimata Str.
자와 해
Java Sea
자카르타
Jakarta
보고르
Bogor
반둥
Bandung
치르본
Cirebon
스마랑
Semarang
족자카르타
Yogyakarta
자와섬
Jawa I.
마두라섬
Madura I.
수라바야
Surabaya
말랑
Malang
아궁산
Agung Mt.
3142
린자니산
3726
발리섬
Bali I.
롬복섬
Lombok I.
숨바와섬
Sumbawa I.
인 도 네 시 아
INDONESIA
순다 해협
Sunda Str.
대 순 다 열 도
자 와 해 구
Jawa Trench
필리핀
PHILIPPINES
필 리 핀 제 도
Philippine Is.
루손섬
Luzon I.
바기오
Baguio
케손시티
Quezon City
마닐라
Manila
바탕가스
Batangas
마욘산
Mayon Mt.
2421
레가스피
Legaspi
민도로섬
Mindoro I.
파나이섬
Panay I.
일로일로
Iloilo
마스바테섬
사마르섬
Samar I.
레이테섬
Leyte I.
세부섬
Sebu I.
네그로스섬
Negros I.
보홀섬
Bohol I.
팔라완섬
Palawan I.
푸에르토프린세사
발라바크 해협
Balabac Str.
술루 해
Sulu Sea
술루 제도
Sulu Is.
민다나오섬
Mindanao I.
삼보앙가
Zamboanga
아포산
2954
다바오
Davao
제네랄산토스
General Santos
필리핀 해구
Philippine Trench
괌 하와이→
탈라웃제도
Talaud Is.
술라웨시 해
Sulawesi Sea
상이헤제도
Sanghie Is.
모로타이섬
Morotai I.
할마헤라섬
Halmahera I.
테르나테
Ternate
마나도
Menado
고론탈로
Gorontalo
토미니 만
Gulf of Tomini
몰루카 해협
Maluku Str.
술라웨시섬
Sulawesi I.
술라제도
Sula Is.
오비섬
Obi I.
펠렝 제도
Peleng Is.
란테콤볼라산
Rantekombola Mt.
3455
우중판당
Ujung Pandang
보니 만
Gulf of Bone
무나섬
Muna I.
부퉁섬
Butung I.
부루섬
Buru I.
스람섬
Seram
암본
Ambon
반다 해
Banda Sea
플로레스 해
Flores Sea
웨타르섬
Wetar I.
플로레스섬
Flores I.
알로르섬
Alor I.
딜리
Dili
동티모르
TIMOR-LESTE
티모르섬
Timor I.
쿠팡
Kupang
숨바섬
Sumba I.
티모르 해
Timor Sea
소 순 다 열 도
Lesser Sunda Is.
10°N
0°
10°S
100°E
110°E
120°E
E
F
G

〈표 3-1〉 동남아시아의 여러 나라

국명	기본자료	약사(略史)	민족 · 언어 · 종교	산업	무역(품목 · 상대국)
베트남사회주의공화국	**수도:** 하노이(Hanoi) **면적:** 33만 2,000㎢ **인구:** 8,902만 8,000명(2010년) **인구밀도:** 268.8명/㎢ **국민총생산(1인당):** 890달러(2008년)	**국명의 유래:** 한자로 월남(越南)으로 씀. 떨어진 남쪽이라는 먼 국가의 의미 **약사:** 총 1,000년 이상 중국의 지배를 받은 경험이 있고, 1883년 프랑스 보호령, 1945년 호찌민이 독립을 선언했으나 프랑스군이 다시 상륙해 인도차이나 전쟁이 개시됨. 1954년 제네바 협정으로 북위 17°선을 경계로 남북으로 나누어짐. 1965년 미국의 군사개입으로 베트남 전쟁이 개시됐고, 베트남의 멸망으로 1976년 남북이 통일됨. 1995년 아셈(ASEM)에 가입	**민족:** 베트남 인(킨족)이 약86%, 몽족, 먀오족 등 53개의 소수민족, 중국계 3% **언어:** 베트남 어가 공용어 **종교:** 불교(대승불교가 주), 가톨릭 7%, 남부에 베트남 특유의 호아하오(Hoa Hoa)교, 까오다이(Cao Dal)교	**산업별 인구구성(%)(2004년 총 취업자 수 4,232만 명):** 1차 산업 57.9%, 2차 산업 12.4%, 3차 산업 29.7%	**수출:** 609억 3,800만 달러(2008년) • 원유 17.5%, 의류 15.2%, 신발 8.4%, 전기기계 8.2%, 어패류 7.7% • 미국 20.8%, 일본 12.5%, 오스트레일리아 7.8%, 중국 7.5% **수입:** 792억 9,300만 달러(2008년) • 일반기계 13.0%, 석유제품 12.8%, 전기기계 10.8%, 철강 9.3%, 섬유 및 직물 8.2% • 중국 20.3%, 싱가포르 12.1%, 일본 9.9%, 한국 8.5%, 타이 6.0%
라오스인민민주공화국	**수도:** 비엔티안(Vientiane) **면적:** 23만 7,000㎢ **인구:** 5,643만 6,000명(2010년) **인구밀도:** 27.2명/㎢(2010년) 국민총생산(1인당): 760달러(2008년)	**국명의 유래:** 라오 족이라는 민족에서 유래 **약사:** 1893년부터 프랑스의 보호령이 되어 지배를 받다가 프랑스령 인도차이나연방의 일부가 되었고, 1949년 7월 독립. 1975년 공산혁명을 통해 사회주의국가가 됨	**민족:** 라오 족, 그 밖에 60여 개의 민족 **언어:** 라오 어 **종교:** 불교 67%	**산업별 GDP 구성(%)(2002년):** 1차 산업 약 50%, 2차 산업 약 22%, 3차 산업 약 26%	**수출:** 8억 2,800만 달러(2008년) **수입:** 18억 300만 달러(2008년)
캄보디아왕국	**수도:** 프놈펜(Pnompenh) **면적:** 18만 1,000㎢ **인구:** 1,505만 3,000명(2010년) **인구밀도:** 83.2명/㎢(2010년) 국민총생산(1인당): 640달러(2008년)	**국명의 유래:** 크메르 제국이라 부르는 이름인 캄부자(Kambuja. 태조 캄부의 아이들)에서 유래 **약사:** 1863년 프랑스 보호령이 됨. 1941년 시아누크(Norodom Sihanouk)가 국왕으로 즉위했고, 1953년 독립. 1970년 친미파인 론 놀(Lon Nol)의 쿠데타로 내전을 겪음. 1976년 친중국의 폴포트(Pol Pot)파가 민주캄보디아 정부 수립. 1979년 친베트남의 헹 삼린(Heng Samrin) 정권이 수립되어 내전을 겪음. 1991년 유엔의 중개로 평화를 얻고 1993년 왕정으로 복귀	**민족:** 크메르 족이 대부분, 샴족 등 약 36개의 소수민족, 베트남계, 중국계 등 **언어:** 크메르 어(공용어)가 대부분 **종교:** 상좌부 불교, 도교, 유교 등	**산업별 인구구성(%)(2007년):** 1차 산업 약 70%, 2차 산업 약 11%, 3차 산업 약 19%	**수출:** 42억 9,000만 달러(2008년) **수입:** 65억 1,000만 달러(2008년)

국명	기본자료	약사(略史)	민족 · 언어 · 종교	산업	무역(품목 · 상대국)
타이왕국	**수도**: 방콕(Bangkok) **면적**: 51만 3,000㎢ **인구**: 6,813만 9,000명(2010년) **인구밀도**: 132.8명/㎢(2010년) **국민총생산(1인당)**: 3,670달러(2008년)	**국명의 유래**: 무앙 타이(Muang Thai)라고도 하며, 타이 어로 '자유의 나라'라는 의미 **약사**: 왕국의 기초는 13세기의 수코타이(Sukhothai) 왕국에 의해 다져짐. 아유타야(Ayuthaya, 14~18세기), 톤부리 (Thon Buri, 18세기) 등의 왕조를 거쳐 현재의 방콕 왕조에 이름. 1932년 영국과 프랑스 식민지 세력권 사이의 완충국으로서 입헌왕국이 됨. 제2차 세계대전 때에는 대일 협력정책을 취함. 전쟁 전부터 군사 쿠데타가 이어졌으나 현재는 군정에서 민정으로 이관	**민족**: 타이 족이 대부분으로 75%, 그밖에 중국인(14%), 말레이인, 크메르 족 등, 중국계는 약 800만 명 **언어**: 타이 어가 공용어. 그밖에 라오 어, 크메르 어, 말레이 어, 중국어 등 **종교**: 상좌 불교[1]가 95%, 이슬람교 5%, 기독교 등	**산업별 인구구성(%)(2008년 총 취업자 수 3,784만 명)**: 1차 산업 42.5%, 2차 산업 19.3%, 3차 산업 38.1%	**수출**: 1,728억 2,200만 달러(2008년) • 전기기계 24.5%, 자동차 9.3%, 일반기계 7.0%, 석유제품 5.0% • 미국 11.4%, 일본 11.3%, 중국 9.1%, 싱가포르 5.7%, 홍콩 5.6% **수입**: 1,787억 7,600만 달러(2008년) • 전기기계 18.0%, 석유제품 16.8%, 일반기계 9.6% 철강 7.6% • 일본 18.7%, 중국 11.2%, 미국 6.4%, 아랍에미리트 6.3%, 말레이시아 5.4%
미얀마연방공화국	**수도**: 네피도(Naypyidaw) **면적**: 67만 7,000㎢ **인구**: 5,049만 5,000명(2010년) **인구밀도**: 74.6명/㎢(2010년) **국민총생산(1인당)**: 578달러(2008년)	**국명의 유래**: 미얀마 족(국민의 7할)에서 유래 **약사**: 18세기 중엽 아유타야 왕조가 전국을 통일. 1886년 영국령 인도의 하나의 주였다가 왕조가 멸망한 후 1937년 인도에서 분리됨. 제2차 세계대전 이후 아웅산(Aung San) 등이 중심이 되어 1948년 정식으로 독립. 1962년 군사정권이 성립되고 미얀마형 사회주의 노선을 취함. 1974~1976년 급진적인 국유화정책 등으로 경제가 혼미해졌고, 1988년 군부가 실권을 장악	**민족**: 미얀마 족 69%, 샨 족 9%, 까렌 족 6%, 아라칸 족 4% 등 소수민족 **언어**: 미얀마 어가 공용어, 그밖에 소수민족의 언어 **종교**: 상좌 불교 73%, 낫 신앙(Nat worship)[2] 13%, 기독교 8%, 이슬람교 2%	**산업별 GDP 구성(%)(2007년)**: 1차 산업 54.6%, 2차 산업 13.0%, 3차 산업: 32.4%	**수출**: 69억 5,000만 달러(2008년) **수입**: 42억 9,900만 달러(2008년)
말레이시아	**수도**: 쿠알라룸푸르(Kuala Lumpur) **면적**: 33만 1,000㎢ **인구**: 2,791만 3,000명(2010년) **인구밀도**: 84.4명/㎢(2010년) **국민총생산(1인당)**: 7,250달러(2008년)	**국명의 유래**: 산스크리트 어로 '산지 국가'라는 의미 **약사**: 16세기 이후 포르투갈, 네덜란드, 영국의 지배를 받았고, 1914년까지 영국령 말레이연방이었음. 1941~1945년 일본의 점령하에 있다가, 제2차 세계대전 이후 1957년 영연방에서 독립. 말레이계, 중국계, 인도계로 구성된 복합민족국가를 위해 말레이계 우선의 부미푸트라 정책 실시	**민족**: 부미푸트라(Bumiputra,[3] 말레이계 및 선주민) 65%, 중국인 26%, 인도계 8% 등 **언어**: 말레이 어(말레시아 어)가 공용어, 그밖에 중국어, 타밀 어, 영어 등 **종교**: 국교 이슬람교 60%, 불교 19%, 기독교 9%, 힌두교 6%	**산업별 인구구성(%)(2008년 총 취업자 수 1,066만 명)**: 1차 산업 14.0%, 2차 산업 28.1%, 3차 산업 57.9%	**수출**: 2,089억 8,600만 달러(2008년) • 전기기계 28.5%, 원유 6.6%, 팜유 6.4%, 액화천연가스 6.1% • 싱가포르 14.7%, 미국 12.5%, 일본 10.8%, 중국 9.5% **수입**: 1,639억 달러(2008년) • 전기기계 29.2%, 일반기계 8.3% • 중국 12.8%, 일본 12.5%, 싱가포르 10.9%, 미국 10.8%, 타이 5.6%

국명	기본자료	약사(略史)	민족·언어·종교	산업	무역(품목·상대국)
싱가포르공화국	**수도**: 싱가포르(Singapore) **면적**: 710㎢ **인구**: 483만 6,000명(2010년) **인구밀도**: 6,860.6명/㎢ **국민총생산(1인당)**: 3만4,760달러(2008년)	**국명의 유래**: 산스크리트 어로 싱가(singha)는 사자, 푸라(pura)는 도시를 의미 **약사**: 1819년 영국인 래플스(Raffles)가 조호르(Johor) 왕조와 무역기지 협정 체결. 1867년 영국 식민지가 되어 중계무역으로 발전. 1942년 일본군이 점령하여 쇼난(昭南) 섬이라고 불림. 1959년 영연방 자치주로서 독립했고, 1963년 말레이시아 성립에 덧붙였지만 인종적·경제적 대립으로 1965년 분리 독립	**민족**: 중국계 76%, 말레이계 14%, 인도계 9%, 유라시안 등 **언어**: 공용어는 영어, 중국어, 말레이 어, 타밀 어 **종교**: 불교 43%, 이슬람교 15%, 기독교 15%, 도교 9%	**산업별 인구구성(%)(2008년 총 취업자 수 185만 명)**: 1차 산업 1.2%, 2차 산업 22.5%, 3차 산업 76.2%	**수출**: 3,382억 100만 달러(2008년) • 기계류 55.5%, 석유제품 12.9%(2006년) • 말레이시아 13.1%, 미국 10.2%, 홍콩 10.1%, 중국 9.7%, 인도네시아 9.2%(2006년) **수입**: 3,197억 8,100만 달러(2008년) • 기계류 50.1%, 석유제품 10.2%, 원유 8.6%(2006년) • 말레이시아 13.0%, 미국 12.7%, 중국 11.4%, 일본 8.3%, 타이완 6.4%(2006년)
인도네시아공화국	**수도**: 자카르타(Jakarta) **면적**: 186만㎢ **인구**: 2억 3,251만 6,000명(2010년) **인구밀도**: 125명/㎢(2010년) **국민총생산(1인당)**: 1,880달러(2008년)	**국명의 유래**: 인도의 섬들이라는 의미 **약사**: 5세기 이후 불교, 힌두교의 왕조가 흥망. 1602년 네덜란드가 동인도회사 설립, 350년간의 식민지 지배. 1945년 일본의 패전으로 수카르노(Soekarno)가 독립 선언. 용공 쿠데타의 진압에 성공한 수하르토(Suharto) 장군이 2대 대통령으로 취임. 1998년 수하르토가 7선이 된 후 사회불안으로 폭동이 일어나 사임을 하고 3대 하비비(Habibie) 대통령 취임	**민족**: 대부분이 말레이계, 자바인 50%, 순다인 20%, 마두라인 10%, 아체인 등 약 300개의 종족 **언어**: 인도네시아 어가 공용어, 자바 어, 순다 어 등 250개 이상의 종족언어 **종교**: 이슬람교 86%, 기독교 9%, 힌두교 등	**산업별 인구구성(%)(2008년 총 취업자 수 1억 255만 명)**: 1차 산업 40.3%, 2차 산업 18.6%, 3차 산업 41.0%	**수출**: 1,476억 달러(2008년) • 액화천연가스 9.5%, 원유 9.1%, 팜유 9.0%, 석탄 7.7%, 전기기계 7.1% • 일본 20.2%, 미국 9.5%, 싱가포르 9.4%, 중국 8.5%, 한국 6.7% **수입**: 1,297억 6,700만 달러(2008년) • 석유제품 15.4%, 전기기계 12.8%, 일반기계 12.5%, 원유 7.8%, 철강 6.9% • 싱가포르 16.9%, 중국 11.8%, 일본 11.7%, 말레이시아 6.9%, 미국 6.1%
필리핀공화국	**수도**: 마닐라(Manila) **면적**: 30만㎢ **인구**: 9,361만 6,000명(2010년) **인구밀도**: 312.1명/㎢(2010년) **국민총생산(1인당)**: 1,890달러(2008년)	**국명의 유래**: 1543년 에스파냐 원정군이 에스파냐 왕자 필립 2세의 이름을 따서 명명 **약사**: 1521년 세계일주 중의 마젤란(Ferdinand Magellan)이 기항. 1571년부터 약 300년간 에스파냐의 식민지. 미국과 에스파냐 전쟁의 결과1898년 미국에 이양되었으나 1946년 독립. 1966년부터 20년간 마르코스(Marcos) 대통령 시대가 계속됨	**민족**: 말레이계(타갈로그 족 28%, 세부아노 족 13%, 일로카노 족 9% 등)가 주류. 중국인과 에스파냐인 간의 혼혈도 많음. 중국계 주민이 약 60만 명 **언어**: 타갈로그어를 기본으로 한 필리핀 어와 영어가 공용어 **종교**: 가톨릭81%, 프로테스탄트 7%, 이슬람교 5%	**산업별 인구구성(%)(2008년 총 취업자 수 3,409만 명)**: 1차 산업 35.3%, 2차 산업 14.4%, 3차 산업 50.3%	**수출**: 492억 500만 달러(2008년) • 전기기계 60.8% • 미국 16.7%, 일본 15.7%, 중국 11.1%, 홍콩 10.2%, 네덜란드 7.6% **수입**: 604억 9,200만 달러(2008년) • 전기기계 36.7%, 원유 12.7%, 석유제품 6.4% • 미국 12.8%, 일본 11.8%, 싱가포르 10.3%, 사우디아라비아 8.5%, 중국 7.5%

국명	기본자료	약사(略史)	민족 · 언어 · 종교	산업	무역(품목 · 상대국)
브루나이다루살람	수도: 반다르스리브가완(Bandar Seri Begawan) 면적: 5,770㎢ 인구: 40만 7,000명(2010년) 인구밀도: 70.6명/㎢(2010년) 국민총생산(1인당): 2만 7,050달러(2008년)	국명의 유래: 평화의 공동체라는 뜻 약사: 1888년 영국의 보호령. 제2차 세계대전 때는 일본의 점령하에 있다가 1959년 외교·국방·안보는 영국이 관장하는 자치정부가 됨. 1971년 영국은 외교만 관장하는 내정 자치를 실현하고, 1984년 1월 독립	민족: 말레이계 66%, 중국계 11%, 원주민 6% 언어: 말레이 어, 중국어, 영어 종교: 이슬람교 64%, 정령신앙 11%, 불교 9%	산업별 인구구성(%): N.A.	수출: 50억 6,900만 달러(2004년) • 액화천연가스 52.6%, 원유 33.7%(2002년) • 일본 53.1%, 한국 17.9%, 미국 9.1%, 싱가포르 7.9%, 타이 6.1%(2002년) 수입: 14억 2,700만 달러(2004년) • 기계류 19.8%, 금속제품 9.2%, 철강 6.2%(2002년) • 싱가포르 22.7%, 말레이시아 16.9%, 미국 15.0%, 영국 6.6%, 일본 6.4%(2002년)
동티모르민주공화국	수도: 딜리(Dili) 면적: 1만 5,000㎢ 인구: 117만 1,000명(2010년) 인구밀도: 78.7명/㎢(2010년) 국민총생산(1인당): 2,460달러(2008년)	국명의 유래: 인도네시아 어로 동쪽이라는 티무르(timur)에서 유래 약사: 1975년 포르투갈 식민지로부터 독립하였으나 1976년 인도네시아에 강제 합병됨. 1977년 인도네시아령 동티모르 주로 편입. 오랜 투쟁 끝에 2002년 인도네시아로부터 독립한 신생독립국	민족: 멜라네시아계가 대부분 언어: 테툼 어, 포르투갈 어가 공용어, 그밖에 30개 언어 종교: 가톨릭 87%, 기독교 5%, 이슬람교 3%	산업별 GDP 구성(%) 총 3억 9,550만 달러(2007년): 1차 산업 31.5%, 2차 산업 3.2%, 3차 산업 65.3%	수출: 4,400만 달러(2005년) 수입: 1억 200만 달러(2005년)

* N.A.: Not Available

자료: 世界と日本の地理統計(2005/2006年版), 古今書院(2005); 世界國勢圖會(2008/09), 矢野恒太 記念會 編(2008); 地理統計要覽, 二宮書店(2011); 각국 주한 대사관 홈페이지.

동남아시아의 나라들은 민족·문화·자연환경 등에서 서로 공통점이 많으며, 그렇게 된 데에는 인도와 중국의 영향이 크다. 인도차이나 반도의 지배적인 종교는 인도에서 들어온 불교이고, 말레이 반도에서 인도네시아에 걸친 지역의 지배적인 종교는 이슬람교이지만 오래전부터 불교나 힌두교가 인도에서 유입됐고, 중세 이후 인도를 거쳐 이슬람교가 들어왔다. 베트남은 중국문화의 영향이 강하고, 1~2세기 남중국에서 동남아시아 전역에 걸쳐 진출한 화교는 각 지역에서 경제를 움직이는 지배세력이 되고 있다. 근대에는 동남아시아의 거의 모든 나라가 영국·프랑스·네덜란드·에스파냐·포르투갈·미국의 식민지가 되었고, 그 종주국의 여러 가지 영향을 받았다. 제2차 세계대전 이후에는 모두 정치적으로 독립했지만 공산화가 되었으며, 옛 종주국의 영향력도 여전히 꽤 강하게 남아 있다. 최근에는 일본의 경제적 영향력이 크나 공업화가 진전 중에 있다.

하트숀에 의한 동남아시아 국경의 네 가지 유형

첫째, 선행적 경계. 인문경관이 형성되기 전에 경계선이 설정된 경우로 보르네오 섬의 말레이시아와 인도네시아 경계선이다. 둘째, 종횡적 경계. 문화경관에 따라 설정된 경계선으로 베트남과 중국과의 경계선을 말한다. 셋째, 전횡적 경계. 동질적 문화경관을 가로질러 강제적으로 설정된 경계선으로 뉴기니(New Guinea) 섬의 경계선인데, 1949년 인도네시아가 독립할 때는 네덜란드령이었으나 1962년 인도네시아가 무력으로 차지했다. 넷째, 잔존 경계. 국가의 경계선이 정치적 목적으로 폐기됐으나 그 경계의 자취가 남아 있는 경우로 베트남과 월맹의 경계선을 말한다.

1) 대중부(大衆部) 불교와 함께 인도 소승 불교의 2대 부문 중의 하나이다. 상좌(上座, Theravada)라는 말은 '장로(長老)들의 길'이란 뜻으로 상좌부(上座部)라고도 한다. 부처가 사용하던 팔리 어로 된 경전을 근간으로 하여, 산스크리트 어로 쓰인 대승 경전과 대비된다. 이 팔리 어 경전(아함경)은 기원전 1세기경 스리랑카에서 최초로 쓰인 것으로, 기독교 시대가 열린 이후에 형체를 갖추어가기 시작한 대승권의 산스크리트 어 경전이나 다른 경전보다도 부처의 가르침이 더 정확하게 나타나 있다고 볼 수 있다.

2) 낫(Nat)이라는 단어는 산스크리트 어의 나타(natha)라는 말에서 유래하며 수호자라는 의미이다. 미얀마에 불교가 들어오기 전에 원주민들은 애니미즘적인 정령 신앙을 갖고 있었다. 이 정령들을 낫이라고 불렀는데 사람들은 낫이 나무, 언덕, 강, 땅 등 모든 자연에 존재한다고 믿었다. 낫은 실재 역사적으로 존재했던 사람들로 비참하게 죽은 인물들이다. 그래서 사람들은 낫이 원한을 가지고 있다고 여기며, 낫을 잘 모시면 낫으로부터 보호를 받고 잘 모시지 못하면 낫으로부터 해를 받는다고 믿는다.

3) 부미푸트라는 말레이 어로 '토지의 아들, 토착민'을 의미하며, 말레이계 등 말레이시아 원주민을 일컫는다.

제 1 장

반도와 제도로 구성된 동남아시아

1. 동남아시아의 등장

동남아시아라는 지명은 오늘날 널리 사용하고 있고 지리학의 분야에서도 완전히 정착했다. 동남아시아라는 단어를 사용한 연구물도 많이 축척됐을 뿐만 아니라, 블레이(H.J. de Blij)의 저서 『지리학 - 지역과 개념(Geography: Regions and Concepts)』(1992)에 동남아시아가 세계의 12개 지역 중 하나로 구분된 것에서도 이 지역 개념이 존재하고 있다는 것을 확실히 알 수 있다. 이 경우 중국과 인도 사이에 걸쳐 있는 이 지역이 과거부터 구비해온 여러 가지 다양성과 이것들을 모두 포괄하는 통일성이 최대의 특질로서 지적되었다.

그러나 동남아시아라는 지역개념은 제2차 세계대전을 계기로 나타난 아주 새로운 개념이다. 긴즈버그(N.S. Ginsburg)는 그의 편저 『아시아의 패턴(The Pattern of Asia)』(1958)에서 이 지역이 당시까지 지역적 결합이 되어 있지 않다고 기술했다. 그전까지는 이 지역에 대해 동(東)인도·후(後)인도나 몬순 아시아라는 개념을 사용했다. 예를 들어 시옹(J. Sion)의 『지리학 세계(Géographie Universelle)』 제9권

(1929)에는 몬순 아시아를 동아시아, 인도, 인도차이나 및 도서 인도로 3구분하고, 동남아시아는 통일되어 있지 않다고 지적했다. 영어권 문헌에서 동남아시아라는 용어가 처음 사용된 것은 1839년 보스턴에서 간행된 미국인 성직자 맬컴(H. Malcom)의 『동남아시아 여행기(Travel in South-Eastern Asia)』이다. 동남아시아의 학문적 용례는 1847년에 영국의 인류학자 로건(J.R. Logan)이 ≪인도 군도와 동아시아지(The Journal of the Indian Archipelago and Eastern Asia)≫에 발표한 논문에서 그 기원을 찾을 수 있다.

동남아시아라는 단어의 사용이 일반적으로 사용된 것은 브룩(J.O.M. Broek)의 논문(*Geographical Review*, Vol. 34)이나 크레시의 저서가 출간된 1944년경이고, 제2차 세계대전 이후 국제정세도 이곳을 하나의 지역으로 취급하려는 영향이 작용했다. 이 지역의 범위에 대해서는 약간의 이견도 있지만 지금까지는 미얀마(Myanmar), 타이(Thailand), 베트남(Vietnam), 캄보디아(Cambodia), 라오스(Laos), 말레이시아(Malaysia), 싱가포르(Singapore), 인도네시아(Indonesia), 필리핀(Philippines), 브루나이(Brunei) 등 여러 나라로 된 지역이라고 인식하고 있다.

이와 같이 많은 나라가 그 내부적으로 복합 사회적 성격을 가지고 있는 패턴은 동남아시아의 다양성의 중요한 측면이다. 이와 관련해서 먼저 동남아시아의 지역구분에 대한 크레시의 견해를 보자. 크레시는 아시아를 약간의 유사성을 가지고 있지만 처음부터 끝까지의 일관성은 매우 작다고 보고, 넓은 영역인 권역(realm)의 수준에서는 5개, 지방(province)으로는 22개, 지리적 지역(geographic region)으로는 93개로 세분했다. 이 지리적 지역은 그 이상으로도 세분이 가능하지만 충분한 지리적 통일성과 일관성을 가지고 있는 가장 중요한 범주이고, 종합적인 지리적 경관을 바탕으로 구분한 것이다. 하나의 권역이 되는 동남아시아는 미얀마, 타이, 인도차이나, 말레이시아, 인도네시아, 필리핀이라는 국가영역에 상당하는 6개의 지방으로 구분되어 다음의 각각이 4·4·3·1·2·3의 지역으로 구분된다(〈그림 3-1〉).

다카야 요시카즈(高谷好一)는 동남아시아를 4개의 대수계(大水系)로 나누고, 각 대수계는 다시 배수역(排水域), 범람원, 삼각주로 3구분을 한 개념적인 생태적 지역구분을 했다. 또 브루노(M. Bruneau) 등은 마르크스주의 경제지리학의 입장에서 아시아적 생산양식 및 자본주의적 생산양식의 공간적 측면에 착안해 지역구분

〈그림 3-1〉 동남아시아의 지역구분

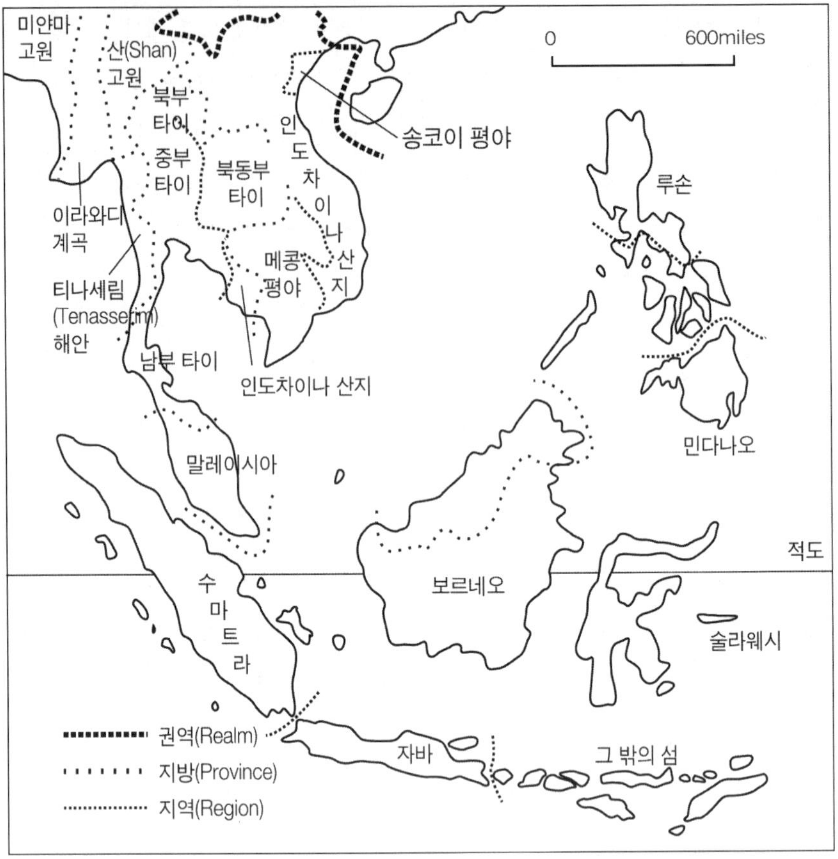

자료: Cressey(1963).

을 했다. 그밖에 문화인류학적 연구에서는 지역을 생각하는 방법에 따라 대륙·반도부와 도서부로 일반적인 구분을 했지만, 델베르(J. Delvert)의 『동남아시아의 지리(Géographie de l'Asie du Sud-Est)』(1967)와 같이 불교 문화권, 이슬람교[1] 문화권으로 2구분하는 방법이나, 후자를 힌두 문화권에 치환하는 2구분도 유의적이라고 할 수 있다.

1) 식료품을 판매하는 상점에서는 이슬람교도를 위한 '안전한 식품'을 판매하는 코너를 의미하는 '할랄(halal: 종교적으로 허용된)'이라고 크게 표시한 코너가 있다. 반대로 돼지고기, 돼지고기로 만든 햄·소시지 등을 판매하는 코너에는 '하람(haram)'이라고 표시되어 있다.

2. 독재가 많은 동남아시아 국가

동남아시아는 인도차이나와 말레이 제도로 구성되는데, 인도(India)와 중국(China)의 사이에 위치하고 있는 인도차이나(Indochina) 반도 지역은 인도로부터 종교·문학·예술·건축 등을 받아들였으며, 중국으로부터는 한자·유교·정치제도 등의 영향을 받아 외래문화를 고유한 문화로 발전시켜왔다. 한편 말레이 제도(Malay Archipelago, Maritime Southeast Asia)는 말레이 인이 주를 이루고 있으나, 동서 문화의 교류지에 해당하기 때문에 역사적으로 민족 이동이 복잡하여 민족적·문화적·경제적으로 매우 다양하다. 세계의 열대기후지역 중에서 인구가 가장 조밀한 지역이나, 개발이 진척되어 인구가 많은 섬과 아직 미개발 상태여서 인구가 희박한 섬이 극단적인 대조를 이루고 있다. 정치적으로는 인도네시아·필리핀·말레이시아·브루나이·동티모르 등이 분포하고 있다.

동남아시아는 고대부터 중국과 인도의 영향을 받았으며, 중세부터는 서쪽의 이슬람 문화의 영향을 받았다. 15세기 이후에는 타이를 제외하고 영국·프랑스·네덜란드·에스파냐·포르투갈·미국 등의 식민지로서 오랫동안 지배를 받아왔다. 이러한 역사적 영향으로 민족·언어·종교·정치·사회구조 등이 다양하고 복잡하여, 동남아시아를 단순히 하나의 공동체로 보기는 어렵다. 종족·언어·종교 등이 모자이크처럼 얽혀, 이로 인한 갈등과 분쟁이 자주 일어난다.

① 국왕의 협력 없이는 정권을 이어갈 수 없다

군주제를 취하고 있는 나라는 타이, 말레이시아, 캄보디아, 브루나이의 4개 국가다. 각각의 입헌군주제를 취하고 있지만 국왕이 적극적으로 정치에 개입한다. 타이에서는 군부에 의한 쿠데타가 최근까지 자주 일어났고, 그 때문에 정권이 바뀌었지만 그 쿠데타 성공의 방법은 국왕의 승인을 얻는가 그렇지 않는가에 달려 있다.

② 여러 가지 장기 정권의 형태

인도네시아의 수하르토(Suharto) 전 대통령의 경우, 1998년 5월 민중에 의한 폭동이나 학생의 항거 데모 등에 의해 퇴진할 수밖에 없었지만, 약 30년간 정권의 권좌에서 물러나지 않고 독재적 권력을 휘둘러왔다.

미얀마는 네 윈(U Ne Win) 장군에 의한 쿠데타 이후 미얀마형 사회주의 노선을 채택했다. 그러나 1988년 네 윈이 의장직을 물러나고 일시적으로 민주화 요구가 높아져, 1990년 복수정당제에 의한 총선거로 아웅 산 수치(Aung San Suu Kyi) 여사가 이끄는 '전국민주연맹'이 압승했다. 그럼에도 군부는 정권을 이양하지 않고 지금까지 군부의 독재 상태가 계속되고 있다.

③ 독재라고 생각할 수 있는 세 가지 이유

첫째, 동남아시아의 정치는 권위주의적인 지배의 전통이 있다는 문화적인 설명이 있다(식민지가 되기 전에는 크고 작은 여러 왕국이 수많이 존재했고, 그 왕국의 전통이 지금도 뿌리 깊게 남아 있다). 둘째, 식민지 독립 전쟁에서 국군이 행한 역할이 컸기 때문이라는 점이다. 셋째, 문화나 역사의 원인을 밝히려는 것이 아니라 개발도상국 일반의 정치와 경제에서 그렇게 해야 할 상태를 널리 설명하려고 하는 것이 '개발독재'론이다.

④ 경제개발에 의회제 민주주의는 사악하다?

개발도상국이 공업화·산업화로 짧은 기간에 선진국을 따라가려 할 경우 의회제 민주주의는 오히려 사악하며, 고도의 전문지식을 가진 기술자나 관료로 불리는 집단에게 정치를 맡기는 것이 보다 효율적이라는 것이 개발독재의 생각이다. 즉, 의회민주주의가 경제발전에 오히려 마이너스가 된다고 생각한다. 그 이유는 우선 많은 개발도상국은 빈부의 차이가 심하고, 또 민족·종교, 나아가 지역주의 등의 점에서 국민이 분열되어 있기 때문에 국회위원은 어떻게든 국가 전체의 장기적인 이익보다는 자신을 지지해온 소집단의 눈앞의 이익에 구애된다는 것이다. 또 단기간에 경제발전을 이루려 한다면 인재도 부족하고, 국가나 민간 모두 자본이 부족하기 때문에 가능한 한 장기적인 계획을 수립해 특정 분야에 집중적으로 투입하지 않으면 안 된다는 것이다. 따라서 이러한 정책의 추구는 의회제의 바탕으로는 불가능하다는 생각이다.

3. 식민지가 많았던 동남아시아

시암(Siam)은 지금의 타이로 이곳을 중심으로 동부는 프랑스, 서부와 말레이 반도는 영국이 식민지화했다. 시암은 이 양 세력의 완충국으로서 이 지역에서 유일한 독립국이었다. 또 도서부는 주로 네덜란드가 식민지화했다. 긴 역사 동안 유럽 제국과 미국 식민지를 경험한 동남아시아 여러 나라는 제2차 세계대전 이후에 독립을 달성했지만 대토지 소유제나 단일경작(monoculture), 자본의 부족 등의 식민지 경제에서 벗어나도록 정치·경제의 근대화를 진행하고 있다. 이러한 가운데 타이·말레이시아·필리핀·인도네시아·싱가포르는 1967년 동남아시아국가연합(Association of South East Asian Nations: ASEAN)을 결성했으며, 1984년에는 브루나이도 가입했다. ASEAN의 목적은 상호협력을 통해 경제·사회·문화를 발전시키는 데 있다. 한편 미얀마·베트남·라오스는 사회주의에 의한 국가 건설을 했지만 1995년 7월 베트남, 1997년 7월 라오스·미얀마, 1999년 4월 캄보디아가 ASEAN에 가입하면서, 2003년 3월 현재 가입국은 총 10개국이 됐다(〈그림 3-2〉).

〈그림 3-2〉 동남아시아의 식민지화

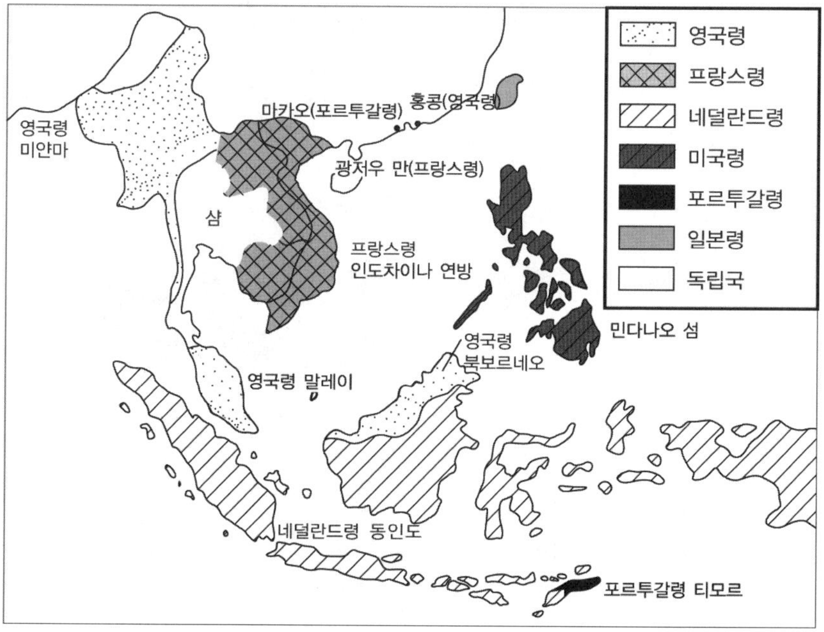

* 필리핀은 에스파냐령이었다가 나중에 미국령이 되었음.

4. 다양한 민족과 문화

동남아시아는 여러 민족이나 문화의 영향을 받은 복합사회이다. 필리핀은 가톨릭과 영어를 중심으로 한 사회이지만, 정령신앙도 있고 타갈로그 어를 말하는 사람들도 많다. 말레이시아는 이슬람교도가 많은 말레이 인과 중국인, 인도인으로 구성된 사회로 경제의 실권은 화교라고 불리는 중국인이 잡고 있지만, 말레이 인을 경제 면에서 우대하는 부미푸트라 정책(bumiputra policy)[2)]을 실시하고 있다. 또 인도네시아는 이슬람교도가 많지만 발리 섬에는 힌두교도가 많다. 싱가포르는 복합민족국가로 정치적으로 안정되어 있다.

미얀마, 타이, 라오스에서는 규율이 엄한 상좌불교가 사람들의 신앙을 모으고

〈그림 3-3〉 동남아시아의 종교 전파

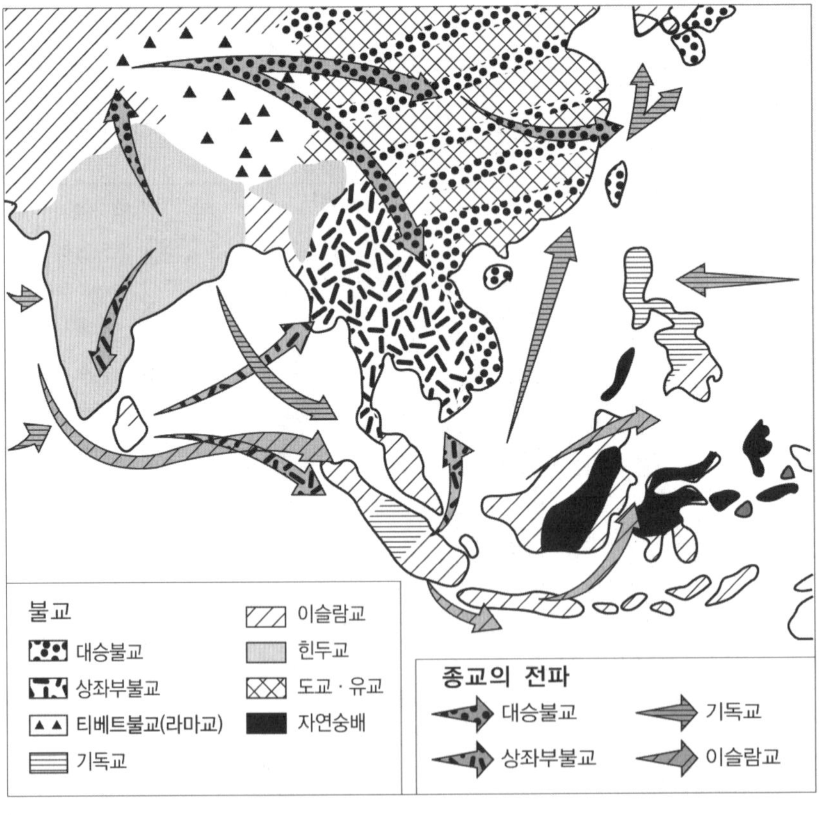

자료: Diercke Weltatlas(1985).

2) 말레이시아 정부가 1976년부터 추진해온 말레이인 우대정책. 부미푸트라는 말레이 어로 '토지의 아들, 토착민'을 의미하며 말레이계 등 말레이시아 원주민을 일컫는다. 말레이계는 말레이시아 총인구의 55%를 점하고 있지만 경제의 실권은 대부분 34%에 불과한 중국계 주민이 장악하고 있기 때문에 원주민의 불만이 많았다. 그 결과 1969년에는 인종폭동(5·13 사건)이 발발, 800명의 사상자가 발생했다. 말레이시아 정부는 이 사건을 계기로 1990년까지 자본, 경영인, 기업종업원의 인종 구성비를 주로 화교인 비말레이 인 4, 말레이 인 3, 외국인 3의 비율로 재편할 것을 목표로 1970년부터 부미푸트라 정책을 실시하고 있다.

있다. 베트남에는 중국을 통해 전해진 보다 규율이 엄하지 않는 대승불교가 보급됐다. 또 이 지역에는 8세기경부터 아랍 상인에 의해 말레이시아, 인도네시아 방면에 전파된 이슬람교가 분포한다. 에스파냐의 식민지가 된 필리핀에서는 가톨릭을 믿고 있다(〈그림 3-3〉).

제2장

몬순 기후에 안정과 변동을 나타내는 지형

1. 동남아시아의 기후환경

동남아시아는 몬순의 영향을 강하게 받고 있는 지역으로 대부분이 열대기후에 속한다. 열대우림 기후지역[1]은 적도 부근의 말레이 반도 남부, 수마트라·칼리만탄·술라웨시 섬에 분포하고, 여기에서 천연고무 등의 플랜테이션이 발달되었다. 열대몬순 기후지역은 북위 5° 부근에서 북부의 말레이 반도 서부로부터 미얀마 서안, 필리핀 제도 등에 분포한다. 열대몬순의 영향이 강하고 약한 건기가 나타나며, 식생은 보행이 곤란할 정도의 정글을 형성한다. 열대 사바나 기후지역은 인도차이나 반도 중앙부나 자바 섬 동부에서 소순다 열도에 걸쳐 분포하며, 우기와 건기가 명료하다. 북반구 쪽에서는 해가 낮게 뜨는 저일계(低日季, 11~4월)에는 북쪽으로부터 건조한 몬순이 불고, 대지는 건조하여 수목의 잎이 떨어진다(〈그림 3-4〉).

1) 열대와 온대에 걸쳐 분포하는 적색토(red soil)는 다우 지방에서 부식이 덜 되기 때문에 산성이 강하고 적색이 우세한 토양으로, 염기류가 용탈되고 규산으로 분해되어 알루미늄과 철의 산화물이 집적된 토양을 말한다. 열대 사바나 기후지역에는 라테라이트(laterite)가 분포하는데, 이 토양은 열대지방에 분포하는 산화철, 알루미늄, 함수규산 알루미늄(kaolinite)이 많은 적황색의 경화된 풍화각이다. 벽돌을 의미하는 라틴어 later와 관련시켜 부크난(F. Buchanan, 1807)이 이름을 붙였다.

〈그림 3-4〉 동남아시아의 기후지역 분포

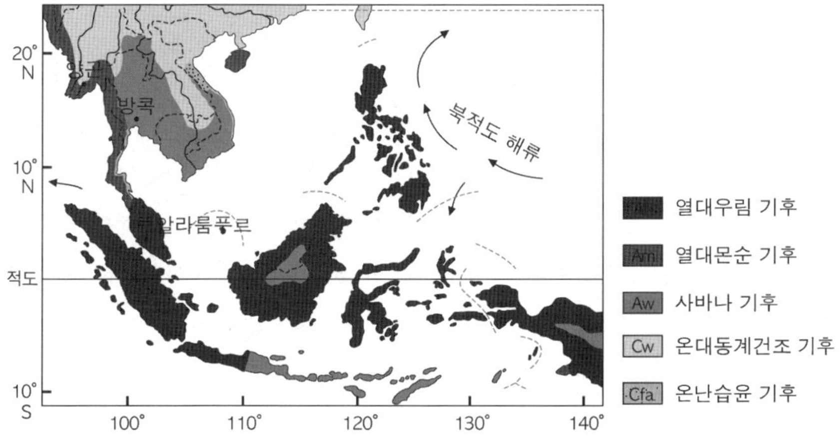

고온 다습한 몬순 아시아에서 열대기후를 나타내는 동남아시아 지역은 삼림이 많고, 기온은 1년 내내 높다. 이 지역의 기후는 '덥다', '매우 덥다', '아주 덥다'밖에 없다고 말할 정도이다. 동남아시아나 남아시아에서는 5월부터 10월 사이에는 인도양 등으로부터 수분을 많이 머금은 남풍 내지 남서풍이 불어와 많은 지역이 우계가 된다. 우계에는 홍수 등의 피해를 입는 대신 생활이나 농업에 부족하지 않은 용수가 공급된다. 그러나 11월부터 4월에 걸쳐서는 바람의 방향이 반대가 되어 북풍 내지는 북동풍으로 대륙 내부의 건조한 바람이 불어와 건계가 되는 지역이 많다. 이러한 계절풍의 영향을 받는 지역은 몬순 아시아라고 불린다.

토양은 적색으로 비옥도가 낮은 라테라이트(산화철과 알루미나가 풍부함)가 많다. 그러나 농업은 큰 하천의 중·하류나 해안 가까이의 토지를 이용하고, 이 지방의 주식인 벼농사를 발달시켰다. 필리핀이나 인도네시아에서는 산지를 절개한 계단식 논도 나타나는데, 이러한 토지 이용은 높은 기온과 강수량이 많은 것에 기인한다.

2. 안정된 지형과 신기습곡산지

동남아시아의 중심부를 구성하는 인도차이나 반도와 도서부는 순다 대륙붕(Sunda platform)이라는 공통의 기반 위에 위치하고 있다. 이 대륙붕의 대부분은 50m 이내의 준평원이었으나 해수면 변화가 일어나 바다가 되었다. 이 대륙붕은 안정육괴이고, 그 서쪽 내지 남쪽 변두리는 히말라야 조산대의 연장이며, 동쪽은 환태평양 조산대가 감싸고 있다. 이 두 개의 호(弧)가 합쳐지는 곳에 술라웨시 섬, 할마헤라 섬과 같이 기묘한 형태의 섬이 나타나고 있다. 이들 조산대와 더불어 지진대·화산대가 병행하고, 특히 자바 섬의 화산재성(火山灰性) 토양은 농업에 유리한 조건을 제공한다. 그리고 아라비아 반도나 인도 반도와 다르게 인도차이나 반도는 산지와 저지의 배열 기복이 복잡하다. 서쪽을 감싸는 제3기계(紀界) 산지 이외에 고생층·중생층으로 된 인도차이나 산맥이 북쪽에서 남쪽으로 뻗어 몇 개의 하천이 나란히 흐르고, 하류에는 삼각주를 형성하고 있다.

지형의 복잡함으로 인해 동남아시아에는 장대한 하천이 적지 않다. 티베트 고원에서 발원하여 남중국해에 유입되는 송꼬이(Songcoi) 강, 메콩(Mekong) 강, 짜오프라야(Chao Phraya) 강[메남(Menam) 강], 살윈(Salween) 강, 이라와디(Irrawaddy) 강에는 넓은 충적평야가 펼쳐져 있다. 이들 하천 사이에 동쪽으로부터 중국과 베트남 국경에 위치한 산맥, 라오스 산지의 안남(安南)산맥, 타이 북부의 돈 피아(Don Pia) 산맥, 샨 고원의 덴 라오(Den Lao) 산맥, 아라칸(Arakan) 산맥 등이 손가락 모양으로 남북 방향으로 뻗어 있다.

미얀마 북부의 산맥은 고도 6,000m를 넘는 티베트와 히말라야의 일부에 속하는 한편, 서부 뉴기니는 오스트레일리아계(界)에 속한다. 이와는 대조적으로 인도차이나 반도 및 말레이 군도는 일반적으로 그다지 높지 않는 고원과 평야가 지배하는 안정된 지형의 중심지역과 견고하고 세분된 주변지역으로 나누어진다(〈그림 3-5〉).

특히 오스트레일리아와 뉴기니 방면으로 갈수록 남동쪽의 지역이 세분되어 있다. 북서부의 대륙부 인도차이나는 180만㎢이며, 중앙부의 말레이 반도(19만㎢), 수마트라(Sumatra, 43만 5,000㎢), 보르네오(Borneo, 73만 6,000㎢)는 더욱 밀집해 있다. 면적의 규모가 보통인 섬들은 자바(Java, 13만 2,000㎢)와 5개의 반도가 있

〈그림 3-5〉 동남아시아의 지체구조

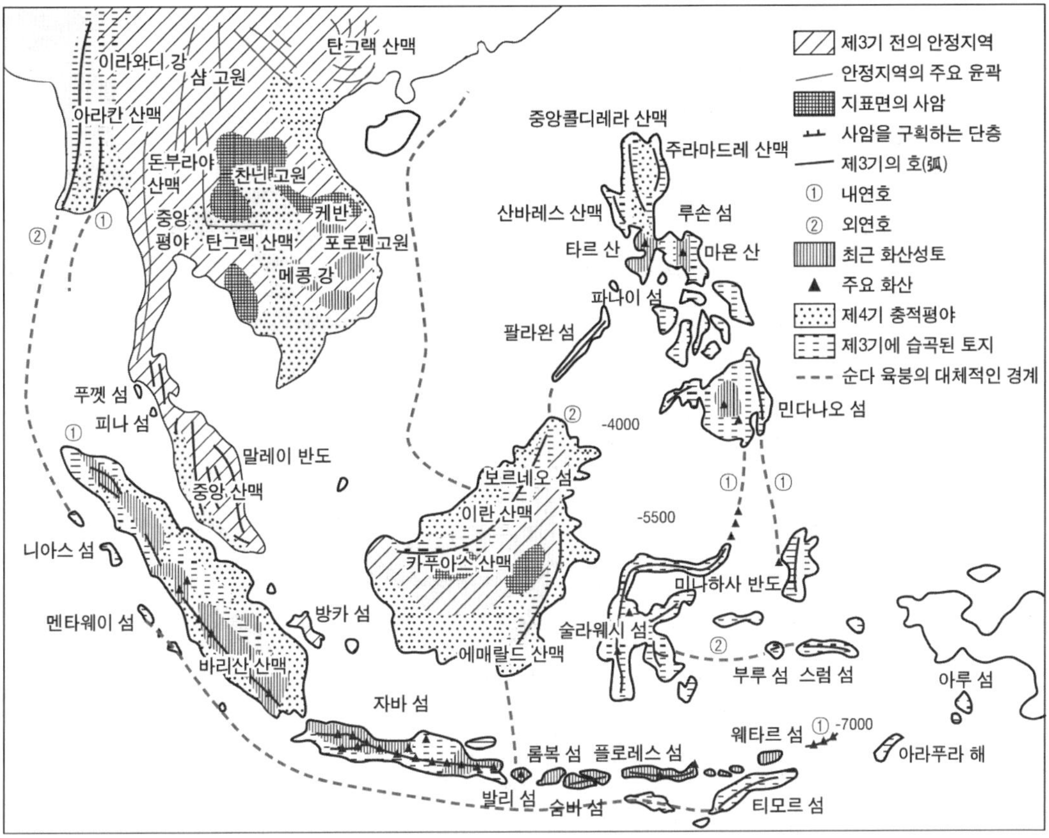

자료: 菊池(1990: 16~17).

는 술라웨시(Sulawesi, 18만 9,000㎢)이다. 동부의 말루쿠(Maluku) 제도는 일련의 도서로 대부분이 작은 섬으로 되어 있고, 면적은 7만 5,000㎢에 지나지 않는다. 발리(Bali) 섬은 5,516㎢, 순다의 작은 섬[롬복(Lombok), 플로레스(Flores), 숨바와(Sumbawa), 티모르(Timor), 숨바(Sumba)의 여러 섬] 중에서 가장 큰 티모르 섬은 3만㎢를 넘지 않는다. 또 필리핀은 총면적 28만㎢로 7,081개 이상의 섬들이 있으며, 그중 루손(Luzon) 섬은 10만㎢, 민다나오(Mindanao) 섬은 9만 3,000㎢이다.

해저지형은 이미 밝혀진 바와 같이 인도차이나, 말레이 반도, 수마트라, 자바, 보르네오 사이에는 서쪽으로 향해 얕은 수층(水層, 평균 55m로 75m 이상 깊은 곳은 없음) 아래에 세계 최대의 대륙붕인 순다 대륙붕이 넓게 자리하고 있다. 이 대륙붕은 거의 평탄하고 하천의 연장 상에서 침식한 하곡에 의해 나누어졌으며, 약간의 기복이 있는 정도이다. 그리고 방카(Bangka) 섬, 빌리톤(Biliton) 섬 등을 지탱하는 대륙붕에 의해 분리되어 있다. 이것으로 보아 이곳의 침강은 매우 최근에 이루어진 것이 확실하다. 유사한 대륙붕은 오스트레일리아와 뉴기니 사이에 펼쳐진 아라푸라(Arafura) 대륙붕으로 깊이는 100m 이하이다. 반대로 깊은 해구로 수마트라의 남쪽은 5,978m, 자바의 남쪽은 7,450m, 필리핀의 동쪽은 1만m에 달한다. 술라웨시 해는 5,590m, 순다 해는 7,740m, 술루(Sulu) 해는 5,590m이다. 이 해구들은 400m의 깊이를 넘지 않는 대륙붕에 산재해 있다.

안정된 중앙지역 및 순다 대륙붕과 대조적으로 해구는 지질학적으로 다른 구조를 나타내고 있다. 도식적으로 말하면 그것은 견고한 지괴지역과 매우 젊은 조산대에 의한 습곡으로 이루어진 호상열도와 일치한다. 보다 단순하게 보면 안정지역이라고 부르는 견고한 지역은 고생대층과 중생대층으로 형성된 것이다. 그러나 이보다 늦게 만들어진 습곡(중생대)은 대체로 삭박되었거나 부분적으로 수평 또는 거의 수평으로 가지런하지 않는 지질에 규토질의 쇄설이 매몰되어 있다. 안정지역을 이중으로 덮고 있는 습곡의 호는 화산성의 내측 호(弧)와 남부 해구 가까이에 있는 비화산성의 외측 호(弧)를 포함하고 있다.

내측 호는 남북으로 인도·오스트레일리아 판과 유라시아 판, 필리핀 판이 경계를 이루고, 동쪽으로는 인도·오스트레일리아 판과 태평양 판이 경계를 이루며, 히말라야 산맥에서 아라칸 산맥, 남부 자바, 발리, 플로레스, 술라웨시로 이어지는 습곡산맥이다. 이들 습곡산맥에는 많은 화산이 있으며 활화산도 많다. 한편 외측 호는 내측 호와는 달리 구분이 뚜렷하지 않지만 습곡산맥으로 해면 아래 또는 해상열도로 나타나며, 니아스(Nias) 섬, 숨바 섬, 티모르 섬 등이 이에 해당한다.

동남아시아의 하천

중국 윈난(雲南)을 중심으로 한 방사상과 호상(弧狀)의 균열을 따라 큰 하천들이 흐르고 있다. 이러한 큰 하천들은 인도 지괴가 대륙과 충돌하여 일으킨 균열과 흡사해서, 지각변동에 의해 형성된 하천이라고 할 수 있다(<그림 3-6>).

〈그림 3-6〉 중국 윈난을 중심으로 한 방사상과 호상의 균열

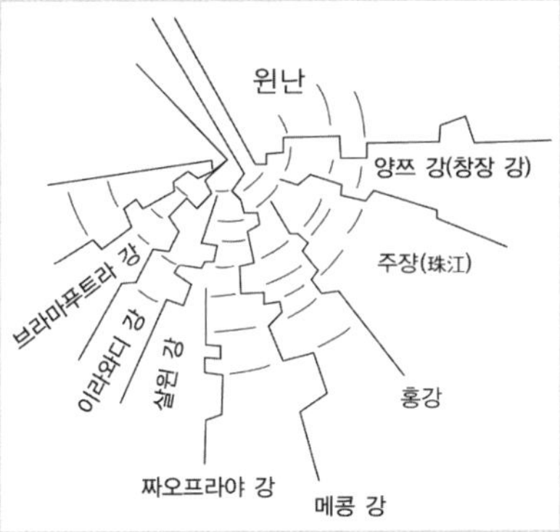

자료: 東南アジア事典(弘文堂).

3. 점이지대의 생물상

1) 동물상

월리스(A.R. Wallace)[2]는 1858년 영국 런던에서 개최된 린네학회에서 다윈(C.R. Darwin)과 공동으로 진화론을 발표한 저명한 생물학자이다. 월리스는 1848~1852년의 4년 동안 아마존 강 유역에서 방대한 동식물의 표본을 채집했지만, 1852년 귀국 도중 대서양의 해상에서 배에 불이 나 이들 자료를 거의 다 소실했다. 그러나 그는 이러한 불행에도 좌절하지 않고 귀국하여 왕립지리학회의 후원을 받아 1854~1862년에 걸쳐 다시 말레이 제도를 탐험·조사하여 12만 5,000종의 동물표본을 채집했다(〈그림 3-7〉). 그가 탐험 목적지로 말레이 제도를 선택한 이유는 열대의 다양한 생물상이 해양이라는 장벽에도 불구하고 어떻게

2) 월리스는 1823년 잉글랜드·웨일스 국경의 우스크에서 가난한 관리의 여섯 번째 아들로 태어났다. 가난하여 학교를 중퇴하고 1837년 런던으로 가서 오언(R. Owen)의 사회주의 사상에 감화를 받았다. 1838년에는 형 윌리엄의 측량 조수가 되었다. 훔볼트의 저서에 크게 감동을 받아 열대의 다양한 동식물의 존재와 분포에 관한 정보를 얻어, 종의 다양성과 환경과 다양한 종과의 관계가 단순하지 않다는 것을 인식했다. 진화론자·생물학자로서의 측면이 가장 중요하고 중심적이지만, 한편으로는 토지국유화 운동가, 이상적 사회주의자, 여성 권리 운동 활동 등 다방면에서 활약했다.

〈그림 3-7〉 월리스가 말레이 제도의 조사 루트 상에서 진화론에 관한 중요 논문을 착상한 경로도

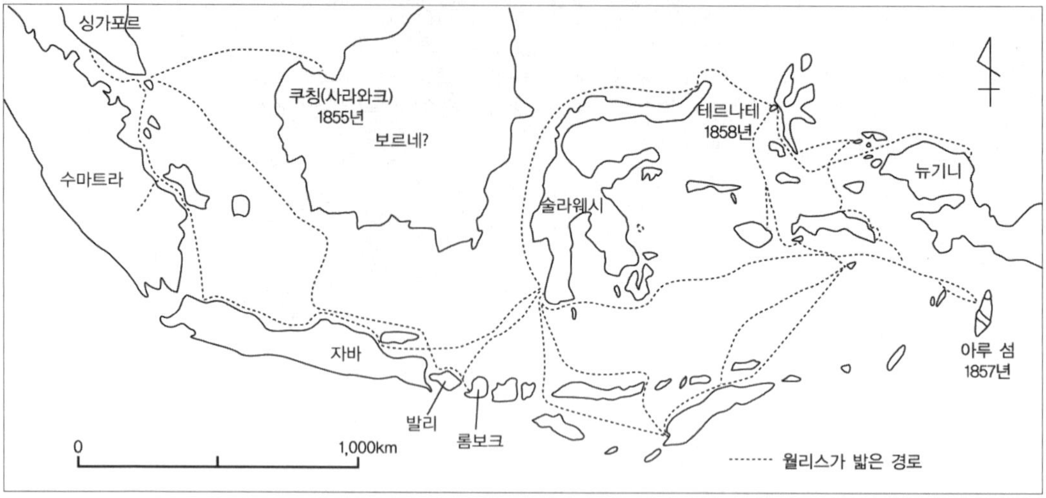

자료: 野尻(2009: 296).

도서에 분포하고 있는가를 해명하기 위해서였다.

월리스는 영국으로 귀국한 후인 1863년에 말레이 제도의 자연지리에 대한 내용을 영국 왕립지리학회에서 발표했다. 이 논문이 후에 월리스선(Wallace line)이라 불리는 롬복 해협을 통한 인도·말레이계와 오스트레일리아·말레이계의 동물상 경계선을 지도상에 처음으로 확실하게 나타낸 것이다. 이 논문에서 월리스는 말레이 제도의 특색으로 화산대나 지진의 빈발, 우계와 건계의 규칙적인 교체, 한편으로는 얕은 바다가 아시아 대륙부와 결합하고 다른 한편으로는 오스트레일리아와 결합했다는 점 등을 들었다.

월리스의 연구에 의하면 자바·수마트라와 아시아 대륙부 사이의 침강은 최근에 발생한 것이고, 자바·수마트라의 여러 화산 분화는 인접지역의 침강에 따라 평형을 이루려는 데 기인한 것이다. 술라웨시 섬과 롬복 해협으로부터 동쪽은 오스트레일리아·뉴기니와 동물상이 같고, 서쪽은 아시아 대륙부와 동물상이 같다. 포유류와 조류의 차이는 발리 섬과 롬복 섬 사이의 롬복 해협에 의해 구분됐다. 자바 섬, 보르네오 섬에서 술라웨시 섬, 말루쿠 제도로 가면 동물상이 차이나는 것이 한층 뚜렷하게 구분된다.

이로써 칼리만탄(Kalimantan) 섬의 생물상과 그 동쪽에 있는 술라웨시 섬의 생물상 간에 뚜렷한 차이가 있다는 것을 알았다. 1차적인 동물상과 2차적인 동물상을 나누면, 약 30㎞밖에 떨어지지 않은 발리 섬과 롬복 섬 사이에도 선을 그을 수 있었다. 월리스는 "이곳의 조류와 포유류의 차이는 영국과 일본 간의 차이 정도로 크게 다르다"고 했다. 이 선의 서쪽, 즉 아시아 대륙 쪽에서는 포유류와 조류가 유사하지만, 동쪽에서는 포유류가 매우 조금 다르며 양서류와 담수어가 없다. 이러한 차이는 동물의 우연한 도래 때문이고, 이보다 중요한 것은 일찍이 있었던 육교적 지대 위에서 마지막으로 여러 생물의 교류가 있었던 결과로 생각된다고 했다.

〈그림 3-8〉 월리스선을 시작으로 한 동양구와 오스트레일리아구의 동물상 경계선

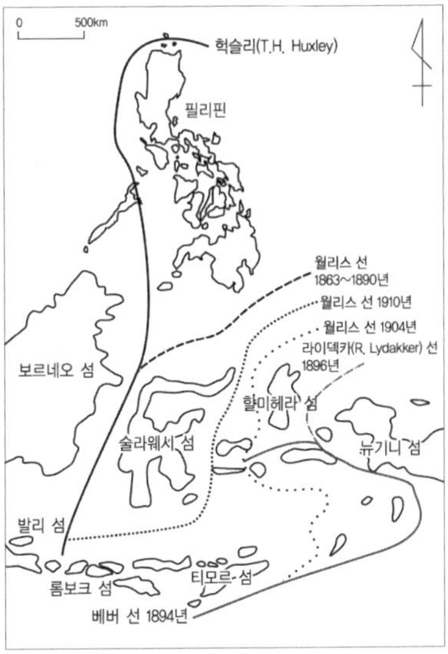

자료: Goudie et al.(1988: 466~467).

이미 알려진 바와 같이 오스트레일리아 대륙은 유대류(有袋類)가 번성해 육식동물이 없는 등 특이한 동물상을 나타낸다. 1904년 베버(M. Weber)는 주로 연체동물이나 포유류(담수어도 포함)의 관찰을 바탕으로, 아시아 쪽의 동물상과 오스트레일리아 쪽의 동물상의 비율이 반반이 되는 곳이 뉴기니 섬의 서쪽에 펼쳐진다고 주장했다. 이 지역 생물구의 경계를 정하는 일은 이들 두 사람 외에도 몇몇 생물학자에 의해 시도됐다(〈그림 3-8〉). 동양구와 오스트레일리아구의 경계에 대해서는 논쟁도 있었지만, 결국 월리스선과 베버선 사이에 끼어 있는 중간지대를 월리시아(Wallacia)라고 부르고 이들 두 생물구의 점이지대라고 보는 것으로 종지부를 찍었다.

베버선은 오래된 동물상을 갖는 대륙이 고등 포유류의 출현 이전에 다른 대륙과 절단되어 다시 두 번에 걸쳐 육지와 이어진 범위라고 해석한다. 월리스선은 그 후에 선의 서쪽 해저가 대단히 낮아진(평균 54m, 최대 90m) 것이 알려지고, 해면이 105~120m 낮아진 빙기에는 아시아 대륙과 육지로 이어졌다는 것이 설명된다. 또 월리시아는 지각변동이 큰 지역이라고 한다.

종의 다양성은 대륙에서 섬까지의 거리만이 아니고 섬의 면적 또는 환경의 다양성과도 관련이 있다. 종의 침입 수와 멸종에 이르는 종수와의 차이라고도 할 수 있다. 그러므로 어느 시점에 어느 종이 존재하지 않았다고 해도 그 종이 분포하지 않았다고는 할 수 없다. 생물상이 급격히 변하는 선은 일종의 필터[filter (covert)]의 역할을 하는 곳이라고 할 수 있다.

월리스선은 1876년에 월리스가 제창한 세계 동물지리구 중 동양구와 오스트레일리아구를 구분한 경계선으로, 처음에는 소순다 열도의 롬복 해협과 보르네오 섬과 술라웨시 섬 사이의 마카사르(Makasar) 해협을 통해 필리핀 민다나오 섬의 남쪽으로 이어졌다. 그러나 다윈의 친구로 진화론을 강력히 지지한 헉슬리(T.H. Huxley)에 의해 월리스 변경선은 보르네오와 필리핀 제도 사이에 그어졌다. 월리스선 서쪽 지역의 나비류·갑충류·패류·조류는 아시아계이고 그 동쪽 지역은 오스트레일리아계이다.

월리스선은 개별 종(種)의 분포와 그 권역·경계에서 지리적 종 분화나 진화를 고찰할 수 있는 점이 특징이다. 이러한 종 분포나 진화를 고찰하는 방법론은 지리학에서 입지나 공간구조를 고찰하는 방법론의 기저를 형성할 수 있고, 그런 의미에서 동물지리학적 방법론은 지리학사에서 간과할 수 없는 것이다. 특히 월리스는 모든 종은 기존에 밀접하게 가까이 있는 종과 공간적·시간적으로 일치하는 것으로 존재한다는 간결·명료한 학설로서 지리적·역사적으로 연속적인 진화와 분포의 원리를 강력하게 주장했다. 그의 생각은 생물의 지리학적 분포에서 규칙성의 패턴을 과거의 역사적 요인에 의해 해명하려는 것이었다. 이것은 근대 지리학이나 생물학에서도 분포연구의 기본적인 원리를 과학적으로 확립한 효시이다.

2) 열대림의 감소를 나타내는 식물상

동남아시아의 열대지역에는 여러 가지 유형의 삼림이 나타난다. 보르네오 섬(칼리만탄 섬)이나 수마트라 섬 등과 같이 1년 내내 기온이 높고 비가 많은 열대우림기후를 나타내는 섬에는 50m 이상의 키가 큰 나무가 산재하는 상록활엽수림이 펼쳐져 있다. 우계와 건계가 있는 내륙부에는 이보다 키가 작고 건기에는 낙엽이 지는 활엽수가 혼재된 계절림이 나타난다. 또 해수와 진주가 섞여 있는 해안이나 하구 부근에는 맹그로브(Mangrove) 숲이 나타난다.

열대림에는 수렵채취 생활을 하는 사람이나 화전경작과 수렵채취를 함께 하는 사람 등이 거주하고 있다. 이들은 삼림으로 화전경작을 하고 연료용 신탄재를 채취하지만, 원시림을 닥치는 대로 파괴하지는 않는다. 화전경작의 경우도 필요한 최소의 삼림만을 태우고, 그 재를 비료로 하여 작물을 재배한다. 2~3년간 재배하면 토지의 양분이 적어지기 때문에 다른 장소로 이동하여 똑같은 방법으로 재배를 한다. 약 15년 후 맨 처음에 화전을 한 장소가 본래의 삼림으로 회복되면 다시 화전으로 이용한다. 즉, 긴 기간 삼림 속에서 살아온 사람들은 불에 탄 삼림을 자연의 힘으로 회복시켜 다시 이용하는 방법을 바탕으로 원시림과 더불어 살아왔다고 할 수 있다.

열대림의 파괴는 제2차 세계대전 전부터 티크재(材) 등 유용재(有用材)의 상업적 벌채에 의해 시작됐다. 전후 나왕(Lauan)재 등의 벌채도 대규모로 시작되어 동남아시아 각 나라로 퍼져갔다. 1960년대 중반부터 일본의 경제성장을 배경으로 합판용인 나왕재, 건축재, 펄프용재 등의 수요가 급속히 증가해 동남아시아 열대림의 수목이 일본으로 다량 수출됐다. 삼림이 벌채된 땅에는 토지를 소유하지 않았던 농민이나 도시의 슬럼 주민이 밀려와 화전을 시작했다. 그들은 전통적인 화전농경민과는 달리 한 번에 광범위한 삼림을 모두 태운다. 그 결과 표토는 열대의 심한 강우에 씻겨 내려가고 노출된 지표는 태양의 열에 의해 굳어져, 결국 그 장소는 불모지가 되고 만다. 그 때문에 경지는 몇 년 후에 버려지고, 광대한 원시림이 새롭게 불태워지는 악순환이 일어난다. 1970년대에는 인도네시아, 타이 등의 해안에서 일본으로 수출하는 새우의 양식지가 많이 만들어지고 해안의 맹그로브 숲까지도 벌채되어, 동남아시아의 열대림의 파괴는 심각한 문제가 됐다.

열대림이 대규모로 파괴되면 단지 목재자원이 고갈되는 문제만이 아니라 삼림 속에서 살아가는 원주민의 생활터전이 없어진다. 열대림 파괴의 영향은 토사유출이나 홍수, 지구 전체의 물 순환이나 기후변동 등에도 영향을 미친다. 나아가 장래 의학이나 과학의 발달에 역할을 할 많은 생물종의 소멸을 불러온다. 이러한 생각이 점차 세계 여러 사람들에게 퍼져 동남아시아뿐만 아니라 전 세계 열대림의 급격한 파괴를 중요한 지구 환경문제의 하나로 생각하게 되었다.

동남아시아의 인도네시아와 말레이시아 등 열대림이 생육하는 나라에서는 원목을 많이 생산하고, 나무 제품이나 목재가 주요 수출품의 하나이다. 특히 나무 제품이 수출액에서 차지하는 비율이 높은 인도네시아의 경우, 이전에는 둥글고 굵은 나무로 수출했지만 1985년 이후에는 수출을 원칙적으로 금지하고, 국내의 산업을 활성화시키기 위해 국내에서 가공된 합판 등을 수출한다. 삼림의 무질서한 벌채는 삼림의 감소, 토양침식 등의 환경파괴를 가져오지만, 말레이시아에서는 개발되는 삼림과 보존하는 삼림을 지정하여 개발만이 아니고 환경보호에도 힘을 쓰고 있다. 또 벌채한 후에는 식림 등에도 힘을 기울인다.

제3장

변모하는 동남아시아

1. 수로를 이용한 생활과 벼농사 및 플랜테이션

타이의 벼농사 중심지는 메남 강(짜오프라야 강)의 삼각주로 크고 작은 운하를 둘러싸고 벼농사를 확대해왔다. 전통적인 벼농사는 하천이나 운하의 홍수에 의한 물을 이용한 부도(浮稻) 재배[1]를 하지만, 지금은 수로에서 펌프로 물을 빼는 것이 실현된 관개나 벼의 품종 개량이 진전되어 트랙터로 경작하기도 한다. 타이의 쌀 수출량은 세계 제일이고, 동남아시아나 미국을 위시하여 서남아시아나 아프리카 지역에도 수출하고 있다. 지금도 하천이나 운하와 사람의 생활은 관련이 깊고, 수로 위에 세워진 가옥이나 작은 배로 일용품을 판매하는 수상시장 등이 있다. 그러나 방콕 등의 대도시에서는 자동차 교통이 우선시되어 수로가 매립되거나 복개하천으로 변하고 있다.

플랜테이션(재식농업)은 본래 '식물의 포장(圃場)' 또는 '식민지 취락'의 의미였다. 그러나 16세기 이후 서구 제국이 해외 식민지로 진출하자, 플랜테이션은 브라질 북동부나 서인도 제도에서 처음으로 성립한 열대성 작물 재배를 행하는 대농

1) 홍수의 물이 벼가 생육하고 있는 농지로 넘치면 수심이 깊어지고, 그에 따라 벼의 줄기가 길 때는 5~6m까지 늘어나 물이 없어지면 수확을 한다.

원을 가리키게 되었다. 플랜테이션의 입지는 열대·아열대지역이며, 경영적 특색은 서구 식민지 종주국의 자본과 기술로 현지의 노동력과 토지를 이용해 세계시장으로 수출하는 열대·아열대성 작물의 단일경작을 행하는 것이다. 플랜테이션은 어디까지나 서구의 식민지 진출의 역사적 산물이며, 시대와 더불어 지역적 분포와 경영방법이 변화했다. 초기의 플랜테이션은 브라질, 미국 남부, 서인도 제도 등 신대륙에 분포했고, 본국의 보호무역 정책을 기반으로 사탕수수나 담배의 단일재배를 아프리카에서 수입된 흑인 노예에 의존하여 행했다.

19세기 들어 서구 제국의 산업혁명을 거쳐 뚜렷한 경제발전을 경험하고 자유주의 정책이 전개되면서, 노예제도가 점차 폐지되고 초기의 모습은 쇠퇴했다. 그 대신 19세기 중엽부터 동남·남아시아, 오세아니아, 아프리카, 서인도 제도 등에 새로운 플랜테이션이 점차 시작됐다. 작물도 고무(말레이시아, 인도네시아), 커피(브라질), 차(인도, 스리랑카), 카카오(서아프리카) 등이 중심이 됐다. 노동력은 흑인 노예 대신 현지 주민 또는 역외의 이민자로 대체됐다. 플랜테이션의 번영은 제2차 세계대전까지 계속되다가, 전후 식민지 체제의 붕괴로 크게 쇠퇴했다. 그 후에는 농업 투입 자재나 농산물 가공·유통 부문에서 활용한 다국적 기업식 농업(agribusiness)이 중핵농원·계약재배·직영 등의 방식으로 이루어지고, 플랜테이션 작물을 재배하게 되어 생산은 식민지시대 이상으로 크게 신장됐다.

2. 급속히 발달하는 공업

1961년 창설된 동남아시아연합(ASA)의 발전적 해체에 따라 인도네시아, 말레이시아, 필리핀, 싱가포르, 타이의 5개국은 1967년에 동남아시아국가연합(ASEAN)을 결성해 공업화를 촉진시켰다. 1970년대에는 싱가포르 등의 아시아 신흥공업경제지역(아시아 NIEs)이 출현해 세계의 주목을 받았다. 아세안(ASEAN)에는 1984년 브루나이, 그리고 1995년에는 도이머이(Doi Moi) 정책[2]에 의해 중공업 중심에서 농업, 경·수공업 중심으로 전환한 베트남, 1997년에는 라오스와 미얀마, 1999년에는 캄보디아가 가입하여 10개국이 되었다.

아세안에 속하는 각 국가는 풍부한 저임금 노동력을 배경으로 미국이나 일본

2) 경제 재건이 늦었던 베트남은 1986년 당 대회에서 식료·소비재·수출품의 확대를 가장 중요한 목표로 하여 도이머이(혁신)를 추진하기로 했다. 도이머이는 1990년대에 들어와 본격화됐다.

〈표 3-2〉 동남아시아 여러 나라의 수출품 변화

국명	1979년 수출품	수출 총액 (억 달러)	2009년 수출품	수출 총액 (억 달러)
베트남	-	-	원유(22.7%), 의류(14.4%), 신발(9.5%), 기타(53.4%)	396
타이	채소류(15.1%), 쌀(12.6%), 천연고무(9.9%), 기타(62.4%)	41	전기기계(29.0%), 자동차(7.7%), 일반기계(6.6%), 기타(56.7%)	1,307
말레이시아	천연고무(21.2%), 원유(13.1%), 주석(11.8%), 기타(53.9%)	74	전기기계(47.7%), 원유(5.5%), 천연가스(4.0%), 기타(42.8%)	1,208
싱가포르	석유제품(23.6%), 전기기계(16.7%), 천연고무(9.9%), 기타(49.8%)	142	전기기계(48.7%), 석유제품(12.5%), 일반기계(6.8%), 기타(32.0%)	2,718
필리핀	코코야자(18.5%), 구리(7.5%), 목재(7.0%), 기타(67.0%)	33	전기기계(64.0%), 의류(14.4%), 자동차(3.3%), 기타(18.3%)	474
인도네시아	원유(52.1%), 목재(10.1%), 천연가스(8.3%), 기타(29.5%)	156	천연가스(9.9%), 전기기계(9.3%), 원유(8.1%), 기타(72.7%)	1,034

자료: 地理統計要覽, 二宮書店(2009).

등의 다국적 기업의 외국자본을 도입해 자동차공업, 전기·전자공업, 섬유공업을 발달시켰다. 아세안 여러 나라의 공업은 국내 세금의 면제, 행정수속의 간결화 등의 우대조치를 취하면서 수출가공지구[3] 등을 설치해 미국이나 일본으로부터 생산재나 부품을 수입해 세계 여러 나라에 제품으로 수출하는 수출지향형 공업이다(〈표 3-2〉). 한국은 아세안과 2009년 9월 자유무역협정(Fee Trade Agreement: FTA)을 채결해 2010년 973억 달러의 교역을 하였다.

3. 개발되는 메콩 강 유역

메콩 강은 길이 4,200㎞, 유역면적 79만 5,000㎢로 인도차이나 반도 최대의 국제하천(international river)[4]이다. 이 강은 중국 티베트 고원에서 발원, 윈난(雲南) 성을 관통해 미얀마의 북동부를 통해 타이와 라오스의 국경을 이룬다. 그 후 라오스로 흘러 캄보디아 중부 산악지대와 광대한 평원을 지나, 베트남의 메콩 삼각주를 형성하고 동지나해로 유입된다. 메콩 강은 타이·미얀마·라오스의 국경에 접한 지대(이른바 골든트라이앵글)를 경계로 상류역과 하류역의 지정학적 분

3) 제품 수출을 조건으로 수입 원자재나 국내에 납부하는 세금의 면제, 행정수속의 간결화 등의 우대조치를 받는 공업지구를 말한다. 말레이시아의 페낭((Penang), 타이완의 가오슝(高雄) 등이 이에 속한다.

4) 두 개 국가의 영토를 관류하는 하천으로 조약에 따라 외국 선박의 자유항행이 허가된다. 가항수로 항행의 자유는 로마법에서도 모두 인정되어 로마제국의 영역과 지배의 확대에 따라 유럽 전역으로 확대되기에 이르렀지만, 그 후 1648년에 독일 베스트팔렌 조약에서도 라인강 이외에 독일의 여러 하천에도 항행통상의 자유가 국제적 권리로서 선언됐다. 국제하천은 제1차 세계대전 이후 요구가 급속히 높아지고, 1921년 국제연맹을 소집한 바르셀로나 회의에서는 참가한 40개국의 논의를 거쳐 제도화되기에 이르렀다. 수개의 나라로 나누어지거나 관류하는 하천에서 해양으로 자연적으로 항행하는 하천은 그것으로 국제화가 된다.

〈그림 3-9〉 메콩 강 프로젝트

류를 할 수 있다.

메콩 강 유역 개발을 위한 총 100개 이상의 프로젝트가 실행 단계에 들어갔다. 타이와 캄보디아를 연결하는 도로는 타이 쪽에서 기존 도로를 확장하기 시작해, 1988년에 착공한 프놈펜(Pnompenh)과 호찌민 간도 개통됐다. 중국 윈난 성, 라오스, 타이, 미얀마 등을 연결하는 메콩 환상도로도 몇 개 구간을 착공했다. 통신도 방콕(Bangkok) ─ 쿤밍(昆明) ─ 하노이(Hanoi) ─ 비엔티안(Vientiane) ─ 방콕 등 3개의 환상루트를 광케이블로 연결하는 계획이 진행 중이며, 전력도 라오스에 건설한 수력발전소에서 타이나 베트남으로 송전한다. 대(大)메콩권은 다국 간 협력모델이라고 할 수 있다.

라오스에는 대규모 댐이 현재 3개이지만 건설계획은 정부가 기업과의 각서를 맺은 건수만 23개이다. 그중 5건 전후가 건설 중에 있다. 비엔티안의 북쪽, 깊은 산중을 흐르는 메콩 강 지류의 발전소, 남쿤(Namkhoun) 댐은 1985년에 전면적으로 발전을 한 이래 타이에 매전(賣電)을 계속하고, 많을 때에는 국가 외화 수입의 60%를 차지한다(〈그림 3-9〉).

이로 인해 캄보디아에서는 어획량이 줄어들고 있는데, 이는 중국이 메콩 강 상류에 초대형 댐을 잇달아 건설하기 때문이다. 중국이 아시아 최후의 미개척지로 남아 있던 메콩 강 개발에 열을 올리면서, 하류 유역의 삶이 크게 변화하고 있다. 중국은 메콩 강 상류에는 초대형 댐을 만들어 수력발전에 활용하고, 중류는 대형 선박의 진·출입로로 삼으려 하고 있다.

최근 수년간 동남아시아 국가들은 중국의 메콩 강 유역 댐 건설을 강력히 반대했다. 계획대로 8개의 댐이 완공되면, 중국이 마음대로 방류량을 통제해 사실상 메콩 강이 중국의 수중에 들어가는 것이나 다름없기 때문이다. 하지만 만완(Manwan) 댐 등 2개는 이미 완공됐고, 추후 6개가 더 건설될 예정이다. 중국은 또 메콩 강에 대형 선박이 드나들 수 있도록 급류의 흐름을 바꾸고 암초를 제거했다. 이 항로를 이용해 인접 동남아시아 국가로의 진출을 적극 모색하고, 해적이 수시로 출몰하는 남중국해를 대체하는 원유 수입 항로로 삼겠다는 것이다. 하지만 초대형 댐들이 속속 들어서면서, 타이·라오스 국경 지대의 어획량은 절반 이상 줄어들었다. 수량(水量)이 줄자 베트남의 메콩 강 하류 지역에선 남중국해의 바닷물이 역류하는 현상까지 발생했다. 민물 양식장의 물고기들이 떼죽음을 당하고 농작물도 시들어갔다. 그리고 값싼 중국산 과일과 채소, 전자제품이 메콩 강 항로를 통해 들어와 라오스·타이·캄보디아 시장을 점령했다.

동남아시아 국가들의 비난이 거세지자, 중국은 라오스의 수도 비엔티안에 도로를 내고 공원과 공연장을 만들어줬다. 하지만 중국은 '원조'가 아닌 '투자'를 한 셈이었다. 중국 기업들이 이를 계기로 라오스에 대거 진출하고 중국 관광객들도 몰리면서, 비엔티안에선 중국어 배우기 열풍이 불고 있다고 한다.

4. 화교가 많은 동남아시아

해외로 이주해 그곳에 살고 있는 중국인을 화교(overseas Chinese)라고 부르며 그 기원은 오래됐다. 특히 명나라 말에 해당되는 17세기경부터 급속히 증가해 1997년 현재 화교 수는 5,500만 명[5]으로 추정하고 있다. 그중에서도 화난 지방에 해당되는 푸젠·광둥 성 출신지[6]로 동남아시아에 진출한 화교 수가 가장 많아 한때 650만 명을 넘었다. 이들 성에 상업화가 이루어지면서 인구가 폭발적으로 증가해, 잉여 노동력이 해외로 나가게 된 것이었다. 기후 순화력이 강한 그들은 뛰어난 상술과 근면함으로 많은 재산을 모아 타이, 캄보디아, 베트남에서는 한때 경제적인 실권을 장악했다. 그러나 이주한 국가의 보호를 받지 못하고 집단적인 생활을 영위하여 단결력과 독립심이 강하며 배타적이다. 제2차 세계대전 이후 동남아시아의 정세 변화는 화교의 생활에도 큰 변화를 가져왔다.

동남아시아의 화교는 다른 지역에서의 소수민족화한 화교와 다르게, 국경을 넘는 광역경제권을 형성한 횡적인 연결과 현지 주민과의 혼혈에 의한 큰 잠재력을 갖고 있는 점에서 실제 인구 이상으로 현저한 세력을 가지고 있다.

화교는 그 이주 지역에 도착하면 어디에서든지 출신지별 향토단체 또는 의제적(擬制的)[7] 혈연단체의 원조를 받아 생활을 시작한다. 예를 들면 동향자 집단, 동업자 집단이 형성되고 회관을 건설하여 이것을 중심으로 강한 상호부조의 조직을

5) 화교인구를 조사하는 것은 어려운데 그것은 화교를 판별하는 것이 쉽지 않기 때문이다. 일본에서의 연구는 약 300만 명으로 추정하고 있는데, 푸젠 성에서 이주를 가속화시킨 요인은 두 가지다. 우선 우이(武夷) 산맥을 배후지로 하여 경지면적이 좁은 것이 송출 요인이다. 그리고 동남아시아에 제국주의 세력의 식민지 경영이 확대됨에 따른 노동력의 필요성이 흡인요인이 되었다.

6) 일반적으로 그 집단은 5개로 분류된다. 광둥 인, 차오저우(潮州) 인[광둥의 동쪽 산터우(汕頭) 출신], 푸겐 또는 푸겐 인[푸젠 성의 샤먼(厦門) 지구], 하이난 섬 사람, 끝으로 하카(客家, 하카는 후난에서 광둥 성에 걸쳐 분포하는 이주민으로서 이러한 특성에 들어가지 않는 모든 중국인을 말한다)이다. 차오저우 인은 캄보디아와 타이에 가장 많이 거주하고, 말레이시아·싱가포르·인도네시아에는 푸젠 인이 거의 독점하고 있다. 각 집단은 거의 독점적으로 활동하고 있다. 예를 들면, 쌀과 고철의 대규모 판매는 경제적으로 세력이 가장 강한 푸젠 인 집단, 소매업이나 가내공업은 차오저우 인에 의해 이루어지고, 광둥 인은 식료품(만두 제조, 음식점 등)을 지배하고 있다.

7) 성질이 다른 것을 같은 것으로 보고 법률상 같은 효과를 주는 일을 말한다.

결성한다. 때로는 지배층의 백인과 일반 원주민 사이에 개입해 현지의 경제기구를 장악하고, 도시에서는 이를테면 차이나타운과 같은 경관을 형성한다. 제2차 세계대전 이후 동남아시아에서는 민족주의(nationalism) 운동 속에서 화교의 활동에 대한 제한이 엄하게 행해지기까지 했다. 하지만 이것에 대해서도 화교는 특유의 유연성으로 대응했으며, 한편으로는 교묘하게 사태를 빠져나갔다. 그들은 한편으로는 현지화에 노력하고 있지만 다른 한편으로는 의연하게 중국인이라는 의식으로 현지 문화에 동화하지 않고 있다. 오히려 제2차 세계대전 이후 경제적인 면 이외에 후진적인 현지 사회 속에서 새로운 문화·학술 면에도 진출을 꾀해, 이 점에서는 현지에서 하나의 지도적 역할을 하려고 노력하고 있다. 화교들의 이러한 강한 활력 역시 주목할 가치가 있다.

식민지 역사를 가진 동남아시아 국가들의 도시 내부에는 화교의 주상(住商)지역이 형성되어 있다. 주로 오래된 항구를 중심으로 도심이 형성되어 있으며, 그 주변에 상업지역이 분포하고 있는 구조다. 전형적인 CBD(Central Business District, 중심 업무 지구)는 형성되어 있지 않으나 그 요소들이 분리되어 군집의 형태로 나타난다. 행정지구, 서구식 상업지구가 분포하고, 이국적인 규모가 큰

〈그림 3-10〉 동남아시아 도시의 내부 구조

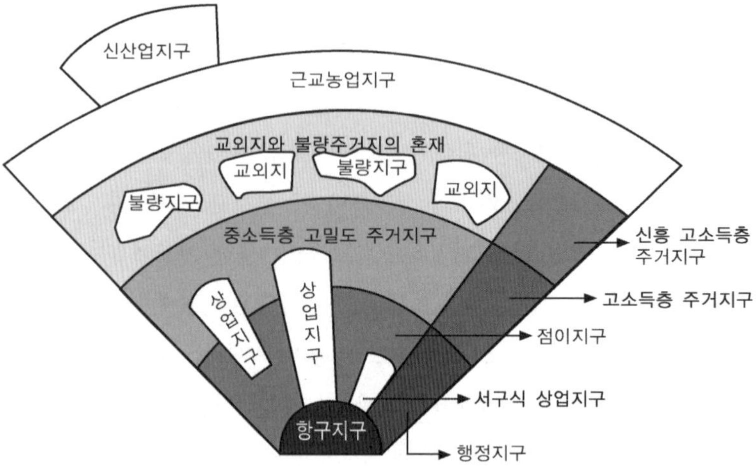

자료: McGee(1967: 128).

〈표 3-3〉 주요 국가별 총인구에 대한 화교·화인 비율

국가명	싱가포르	말레이시아	브루나이	타이	인도네시아	미얀마
비율(%)	76.0	30.5	23.0	11.0	3.6	2.2
국가명	필리핀	캐나다	오스트레일리아	미국	네덜란드	영국
비율(%)	2.0	2.3	1.7	0.5	0.5	0.4

자료: とうほう(2000: 地理資料B, 145).

화교의 거주지와 경제활동 공간으로 외국인 상업지구가 형성되어 있다. 철도를 따라 분포한 점이지구에는 여러 가지 경제활동과 경공업이 발달되어 있다. 그리고 근교농업지구와 새로운 공업지구가 도심에서 멀리 떨어져 입지한다. 주거지구는 도심에 중산층 주거지구가 나타나고, 교외에 고소득층과 저소득층의 불량지구가 혼재되어 나타난다. 이와 같이 화교의 상업지구는 항만을 중심으로 중소득의 거주지구까지 뻗어 있다(〈그림 3-10〉).

중국에서 이주해 온 화교의 자손을 화인(華人)이라 한다. 1991년 전 세계 화교의 분포를 보면 2,679만 2,000명으로 아시아(홍콩, 타이완, 마카오 포함)에 90.0%

〈그림 3-11〉 화인의 주요 출신지와 화교의 주요 이주 루트

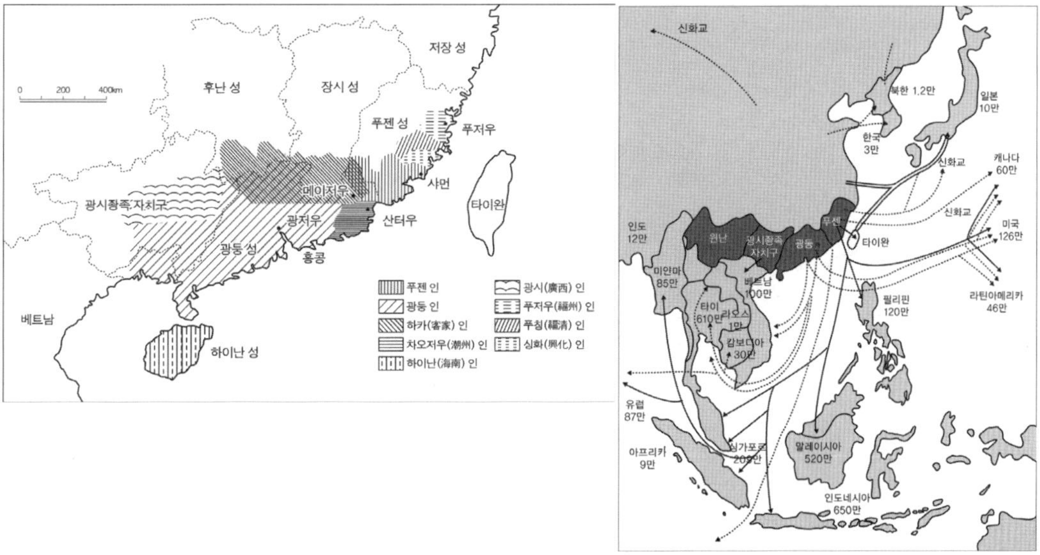

자료: とうほう(2000: 地理資料B, 145), 藤巻・瀬川(2003: 36).

가 거주해 가장 많고, 그다음으로 아메리카에 7.0%, 유럽에 2.0%, 오세아니아와 아프리카에 각각 0.7%, 0.3%가 거주하고 있다. 화교의 주요 이주 루트를 보면 〈그림 3-11〉과 같이 인도네시아가 650만 명으로 가장 많고, 그다음으로 타이(610만 명), 말레이시아(520만 명), 싱가포르(209만 명), 미국(126만 명), 필리핀(120만 명), 베트남(100만 명)의 순으로 많아 인접지역에서의 이주가 많다는 것을 알 수 있다. 주요 국가의 총인구에 대한 화교·화인의 비율은 〈표 3-3〉과 같다.

제4장

인도차이나 반도의 나라들

1. 도이머이 정책을 도입한 베트남

19세기 중엽 베트남의 프랑스 식민지화는 가톨릭으로 개종한 왕족의 반역행위에 의한 것이다. 그 후 1945년 제2차 세계대전의 종전으로 외세들이 다시 들어오면서 베트남은 1954년까지 정치적 혼란기를 겪었다. 1954년 북베트남의 공산당 정권이 북베트남에서 프랑스 식민세력을 완전히 패퇴시킨 후, 베트남은 북위 17도선을 경계로 남쪽은 베트남공화국(월남), 북쪽은 베트남민주공화국(월맹)으로 분단됐다. 이후 20여 년에 걸친 긴 남북 간의 전쟁 끝에 1975년 공산화에 의한 통일에 성공했다. 그다음 해인 1976에 베트남 공산당 제4차 전국대회를 개최했고, 이 대회에서 장기적인 경제발전전략을 수립했다. 그 내용은 사회주의적 공업화를 추진하는 것인데, 생산수단의 국유화 및 집단화, 농업·공업·상업 활동의 집단화를 바탕으로 중화학공업 중심의 경제발전을 이룬다는 계획이었다. 1995년까지 사회주의 과도기로 규정하고 식료품 및 일상 소비재의 대량 공급을 위해 농업발전과 경공업을 중시하고 이후에 중공업 우선정책을 펴겠다는 것이었다.

그러나 1970~1980년대에 걸친 신경제정책이 별다른 성과를 거두지 못한 채 경제난이 가중되고 식량문제가 심각해지자, 대외개방정책을 골격으로 하는 도이머이(Doi Moi) 정책을 추진하게 되었다. 이 개혁개방정책에서는 신외자법, 외국인 투자법, 외국환 관리법을 제정하여 외국자본의 99%까지도 합작투자를 허용하고 이윤의 송금도 허용했다. 1991년 제7차 당대회에서는 사회주의의 과도기를 2000년까지 연장해 경제사회의 안정화와 발전전략을 경제개발 10개년 계획(1991~2000년)을 통해 실천하고자 했다. 특히 농업과 공업 양면에서의 산업을 추구하고, 단계적으로 석유화학·전자·기계공업 등의 기술집약적 공업도 발전시키려고 했다.

이러한 개혁정책으로 베트남은 1992년에 8.3%의 경제성장률을 기록하는 등 1990년대 들어 연평균 경제성장률 7%를 상회하는 고도경제성장을 했다. 미국의 대베트남 경제제재조치(embargo: 통상금지조치)가 1994년에 해제되는 등 유리한 투자환경이 조성되면서 이루어진 이러한 경제성장은 2000년대에도 이어졌다. 2001년 상반기에 경제성장률 약 7.2%를 기록해 아시아 국가 중 중국에 이어 두 번째의 고도경제성장을 이룩했다.

베트남은 1970년대 말부터 1980년대에 걸쳐 일련의 제도개혁으로 개별 농가에 토지이용권을 주고 토지세를 고정화시켰으며, 재배작물 선택과 생산물 판매를 자유화했다. 이러한 개혁을 계기로 송꼬이 강 삼각주의 벼농사 지대에는 상품작물 생산을 포함한 생산의 다양화가 진행되고 있다. 이 가운데 주요한 생산방식의 하나가 양어(養魚)를 포함한 벼 재배이다. 특히 베트남 인구의 약 1/3이 거주하는 조밀한 혼(Hon) 삼각주에서는 영세한 토지를 유효하게 이용하는 것으로서 양어를 포함한 복합적인 생산의 중요성을 지적할 수 있다.

수도 하노이의 옛 명칭은 탕롱(Thang Long)으로 별명은 'Ke Cho'(都)라고 한다. 'Cho'는 시장을 가리킨다. 이 호칭이 나타내는 바와 같이 하노이는 혼 삼각주의 중요한 시장도시로 성장해왔다. 상품 이름이 붙은 가로명을 아직도 볼 수 있는 것처럼 옛 시가지에는 상인 길드(guild)가 형성되어 생산지인 주위의 촌락과 밀접한 관계를 맺어왔다. 주위의 교통요지에 입지한 모(Mo) 시장, 부이(Buoi) 시장이라고 부르는 정기시는 1873년 프랑스가 통치하기 이전부터 신선한 상품 공급을 담당해왔다고 한다.

〈그림 3-12〉 베트남과 인접국가 간의 해역 분쟁

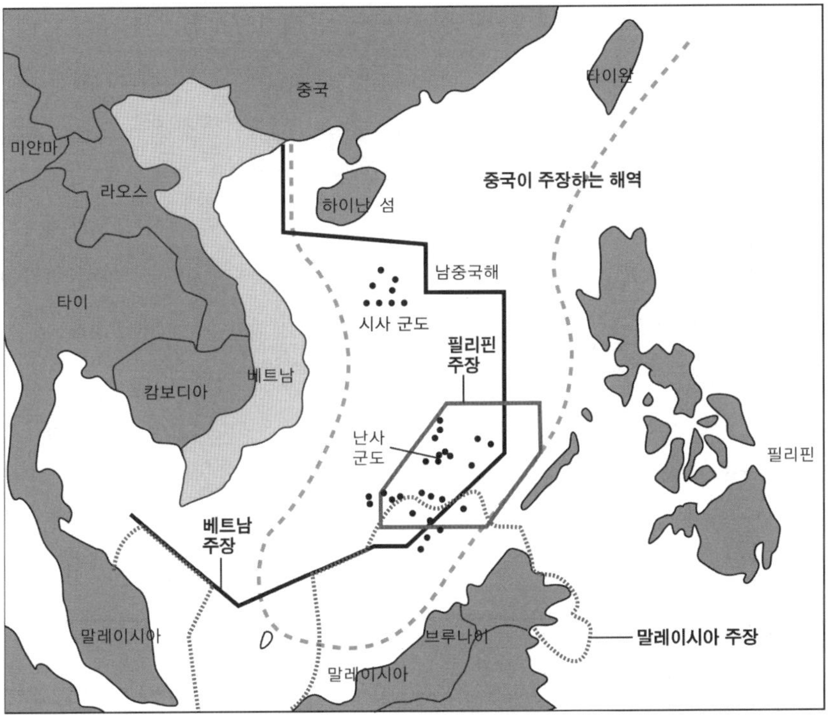

베트남은 남중국해를 둘러싸고 인접국가 간 영해의 주장이 서로 달라 분쟁의 소지를 가지고 있다. 이 해역의 스프래틀리 군도[Spratly Islands, 난사 군도(南沙群島)]를 중심으로 한 베트남과 중국, 필리핀, 말레이시아, 타이완, 브루나이 간의 분쟁이 바로 그것이다(〈그림 3-12〉). 스프래틀리 군도는 1933~1939년에 프랑스가 영유했으나 제2차 세계대전 중 일본이 점령했고, 그 후 일본의 패전으로 영유권을 포기한 후 1951년 중국이 난하이(南海) 제도[1]의 영유권을 주장했다. 그로 말미암아 1974년에 스프래틀리 군도를 두고 중국과 당시의 남베트남 사이에 무력충돌이 있었고, 1975년에는 베트남과 필리핀이 군대를 파견했으며, 1987·1988년에도 중국과 베트남 등이 영유권을 주장하며 군대를 파견했다.

스프래틀리 군도(약 73만㎢)는 남중국해의 남단에 위치한 해역으로 100여 개의 작은 섬, 사주, 환초, 암초로 구성되어 있으나 해면 위에 돌출해 있는 모든 도서의 총면적은 2.1㎢에 불과하다. 이 해역은 군사상의 요지인 데다 1960년대 후반에

1) 이 제도의 면적은 124만 9,000㎢로 바다의 길이는 약 3,000㎞, 너비는 1,000㎞, 수심 4,000m 이상이고, 최대 수심은 루손 섬의 북서쪽에서 5,420m에 달한다. 이 제도는 태평양의 속해(屬海)이다. 북단은 타이완 해협으로 동중국해와 연결되며, 중국 본토의 연해에는 타이완과 하이난 섬 등 많은 도서가 분포해 있다. 또한 중국에는 둥사(東沙)·시사(西沙)·중사(中沙)·난사 등 4개 군도가 산재해 있다.

실시된 유엔의 아시아극동경제위원회(Economic Commission for Asia and the Far East: ECAFE)의 조사에 의해 난사 군도에 풍부한 해저 유전과 천연가스 자원이 매장되어 있다는 보고가 영유권의 분쟁을 촉발해 현재까지도 지속되고 있다.

2002년 11월 1일 아세안 10개 회원국과 중국은 남중국해에서의 긴장 고조를 방지하기 위한 「행동선언문」의 초안에 합의했다. 그렇지만 스프래틀리 군도 등을 둘러싼 분쟁 당사국들의 우려가 포함된 까닭에 초안에는 구체적인 분쟁지역이 명시되어 있지 않고, 아세안 회원국과 중국이 남중국해에서 당사국 간에 긴장을 고조시키거나 상황을 복잡하게 하는 것을 스스로 자제할 것을 규정하고 있다.

남중국해에는 이밖에도 베트남과 중국이 대립돼 있는 파라셀(Paracel) 제도[중국에서는 시사(西沙) 군도, 베트남에서는 호앙사(Hoang Sa) 군도라고 함]와 중국과 필리핀이 맞서는 스카보로(Scarborough) 군도 등이 있다.

2. 화전경작의 라오스

화전은 집약적인 현대농업과 비교하면 뒤처진 농업이라고 볼 수 있다. 현대농업은 비료를 투입하여 토양의 양분을 보충하고, 농약을 살포하여 잡초 번식을 방지한다. 한편 화전은 경작 기간에 대해 충분한 휴한 기간을 두는 것으로, 초본(草本)식물에서 목본(木本)식물로 식생을 변이시켜 개간 때의 초본 잡초를 감소시킨다. 또 부식한 초본·잎·뿌리·가지 등의 유기물을 토양에 축적시킬 뿐만 아니라 불을 지르므로 열로 유기물을 분해시켜 양분을 공급하고 토양을 살균한다. 자연의 힘을 이용해 작물재배를 지속적 또는 순환적으로 행하는 것이 화전이고 결코 뒤처진 농법은 아니다.

그런데 1980년대에 구미 사회에서 생물 다양성의 중요성을 호소해 리우데자네이루(Rio de Janeiro)의 지구 서밋(Earth Summit)에서 열대림 벌채 문제가 채택됨으로써 화전이 비난의 대상이 되었다. 또 위성에서 세계의 삼림이 관찰되어 삼림 개간을 위한 소각과 화전을 위해 불을 지르는 것이 같은 문맥으로 취급됐다.

선인(先人)들은 토지에 맞는 경작과 휴한의 패턴을 지키고, 화전을 수세기에 걸쳐 존속시켜왔다. 그러나 세계 각국에서 화전이 규제되어 그 면적은 급속히 축소되고 소멸의 위기로 나아가고 있다. 현재도 넓은 화전이 경영되고 있는 라오스의 북부를 사례로, 화전을 존속시켜온 자연자원의 순환적 이용이나 화전을 영위하는 사람들의 생업 유지의 전략에 초점을 맞추어 화전의 인간·자연·생업에 대해 가치를 재고(再考)해보고자 한다.

1) 라오스의 삼림정책과 화전 감소의 배경

라오스 북부에서는 최근까지 1년간 밭벼를 재배한 후 장기간 휴한 기간을 거쳐 식생을 회복시켜 다시 그 토지를 이용하는 전통적인 화전이 영위됐다. 그러나 삼림자원과 생물 다양성의 보호를 위해 1990년대부터 실시한 정부의 토지·삼림 정책에 의해 지금까지 촌락에 맡겨둔 관습적인 토지 이용이 제한받게 되었다. 또 산지부의 취락을 도로변으로 이전시키는 정책도 아울러 실시했다. 그 결과 특히 도로변의 취락에는 인구압이 높아져 전통적인 화전이 곤란해졌다.

제한된 토지에서의 화전은 인구증가에 대해서는 취약하다. 인구증가를 원인으로 한 화전 사이클의 단축을 모식적으로 나타낸 것이 〈그림 3-13〉이다. 화전경지 120ha를 소유하고 인구 100명의 취락에서 식량을 자급하기 위해서는 1년당 10ha의 화전경지가 필요하다는 가정이다. 이전에는 12년 사이클로 화전을 실시해왔다(〈그림 3-13 A〉). 그런데 취락의 인구가 두 배로 증가하면 1년당 20ha의 경지가 필요하지만 사용 가능한 경지는 확대할 수 없기 때문에 사이클은 6년을 단축해야 한다(〈그림 3-13 B〉). 휴한 기간의 단축은 작물의 수확량을 저하시키기 때문에 경지면적을 확대하지 않으면 안 된다. 경지면적을 30ha로 확대한다고 하면 사이클은 4년으로 단축시켜야 한다(〈그림 3-13 C〉). 이러한 단기 휴한의 화전을 계속하면 초본식물에서 목본식물로 자연스러운 천이가 되지 않고 초지로 바뀐다. 이것이 인구증가에 기인해 화전이 삼림 파괴의 원인이 되는 구도가 된다.

경지를 확대할 수 없는 상황에서 인구가 증가하고 그것도 화전을 계속하는 것은 매우 위험하다. 그러나 그것이 화전농법 그 자체가 뒤처지거나 지속성이 없다는 것은 아니다. 인구밀도가 희박한 지역에서도, 이용할 수 있는 토지가 제한되거나 인구밀도가 높은 도로변으로 강제적으로 이전을 시키거나 하면 화전은 파괴적인 농업으로 변모한다.

〈그림 3-13〉 인구증가를 원인으로 한 화전 사이클의 단축

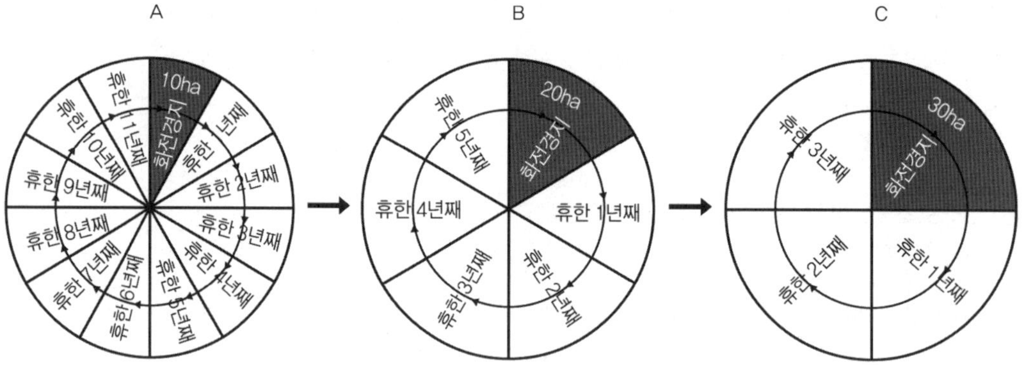

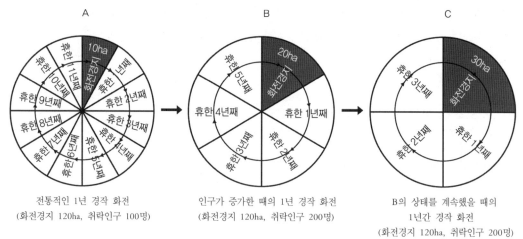

전통적인 1년 경작 화전
(화전경지 120ha, 취락인구 100명)

인구가 증가한 때의 1년 경작 화전
(화전경지 120ha, 취락인구 200명)

B의 상태를 계속했을 때의
1년간 경작 화전
(화전경지 120ha, 취락인구 200명)

자료: 横山(2011: 177).

인구밀도가 낮은 라오스에서는 지속적인 화전을 계속하는 것이 그렇게 곤란한 것은 아니다. 그것을 허락하지 않는 상황이 된 것은 정부의 정책이다. 라오스는 1986년부터 시장경제를 도입하고, 나아가 1996년에 개최한 '제6회 라오스 공산당 대회'에서 2020년까지 후발개발도상국(Least Less Developed Country: LLDC)에서 벗어난다는 목표를 결의했다. 경제발전을 위해서는 자급적인 화전을 행하고 있는 농민의 소득을 증대시키지 않으면 안 된다. 또 생물 다양성의 보호를 목적으로 화전을 억제하기 위한 새로운 삼림법도 1996년에 시행됐다.

정부는 경제발전을 위해 해외 직접투자를 촉진하고 식림이나 상품작물의 도입을 진전시켰다. 화전을 억제하기 위해 삼림을 구분하고, 농지를 각 가구에 분배했다. 그 결과, 화전 2차림을 포함한 많은 삼림이 식림지가 되거나 상품작물이 재배되는 밭으로 전환되어, 자급적인 화전은 서서히 쇠퇴하고 있다.

2) 화전의 가치에 대한 재고

화전민은 빈곤할까? 또는 그들이 실시하는 화전은 환경을 파괴해왔을까? 그것을 판단하기 위해서는 화전민의 생업을 바르게 이해하는 것이 필요하다.

라오스 북부는 자동차가 통행할 수 없어 생활이 불편한 지역이다. 이러한 지역

에서도 정기시가 10일에 한 번 개시되고, 주민은 시장에 접근할 수 있다. 그곳에서는 상인이 여러 가지 상품을 주민에게 판매하고, 또 주민이 농·임산물의 중매인에게 쌀이나 참깨 등 화전에서 재배한 작물과 각종 임산물을 판매한다.

환금 가능한 임산물의 종류는 때죽나무과의 수목으로부터 채취된 방향성 수지(樹脂)의 안식향(安息香), 종이의 원료가 되는 꾸지나무의 껍질, 생강과 다년생 식물의 열매인 카더멈(cardamom, cardamum), 등나무(rattan) 등 7종이다.

특정 공간에서 생육하는 식물의 종류는 시간과 더불어 변화하기 때문에 일시적인 시간과 특정한 공간에서만 화전민의 생활공간의 구조를 파악하는 것은 곤란하다. 화전경지에서 작물을 재배한 장소는 다음 해에는 휴한시켜 초본식물을 채취하는 장소로 변화하고, 나아가 수년이 경과한 후 목본식물을 채취하는 장소로 변화한다. 따라서 화전민의 생업과 공간과의 관계는 동태적으로 이해하지 않으면 안 된다. 화전은 경지나 휴한 기간이 다른 복수의 화전 휴한림으로 된 공간이고, 각각의 공간을 구별해 생각할 수가 없다.

그런데도 화전이 환경파괴의 원인이 되고 있다는 논의는 삼림을 회복하기 위해서는 소요되는 10년 이상의 화전 휴한지의 가치에 대해서는 무시하고, 경지를 조성하기 위한 수목벌채·소각작업은 보지 않아 완전한 경지와 휴한지를 나누어 생각하고 있기 때문이다.

3. 앙코르 유적군이 입지하는 캄보디아

앙코르(Angkor)의 창시자에 대한 자세한 기록은 남아 있지 않지만 한 비문에 자야바르만 2세(Jayavarman Ⅱ, 802~850년)가 앙코르 최초의 왕으로 기록되어 있으며, 지금의 앙코르 지역을 도읍으로 건립한 왕은 야쇼바르만 1세(889~900년)이다. 이렇게 시작된 앙코르는 1434년 지금의 프놈펜으로 수도를 옮기면서 막을 내렸다. 1860년대 프랑스의 앙리 무오(Henri Mouhot)에 의해서 앙코르가 본격적으로 알려지기 이전에는 선교사나 미지의 세계에 대한 호기심으로 가득 찬 몇몇 탐험가들만이 이곳을 방문했다.

앙코르 유적군 중에서 가장 뛰어난 앙코르와트(Angkor Wat)는 수리아바르만

〈그림 3-14〉 앙코르 유적지가 입지한 지형

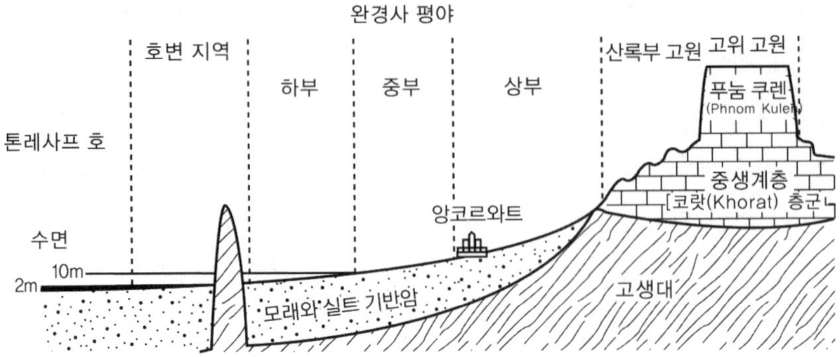

자료: 吉木 외(2000: 229).

2세(1112~1152년)에 의해 약 30년에 걸쳐 건축된 것으로 힌두교의 비슈누(Visnu)에게 봉헌됐다. 앙코르와트의 구조는 힌두교의 우주관에 입각한 크메르 인의 세계관을 나타낸 우주의 모형으로, 당시 최고의 건축 기술과 미술 수법에 의해 구현된 종교 유적이라고 말할 수 있다. 이 유적은 동서 1,025m, 남북 820m의 벽과 폭 190m의 환호(環濠)로 둘러싸인 대규모의 건축물로, 벽돌 이외에 주로 유적 주변에서 얻은 사암과 라테라이트가 사용됐다. 그러나 유적은 13세기 말경부터 몬순림에 묻혀 버려졌으며, 그 후 크메르루주(Khmer Rouge) 지배로 인한 정치적인 불안도 더해져 유적의 자연적·인위적 파괴가 급속하게 진행됐다.

앙코르는 톤레사프(Tonle Sap) 호2)의 북쪽에 위치하는 사원, 사당, 대가람 등으로 된 고대 국왕의 옛 도읍 야쇼다라푸라(Yaśodharapura) 및 그 주변의 유적으로 구성되어 있다. 이 유적군은 1992년 세계문화유산으로 등록됐다. 앙코르와트는 높이 62m의 중앙 사당을 3개의 회랑이 둘러싸고, 나아가 이들을 두른 벽과 환호가 둘러싼 배치이다. 그 크기는 동서 1.5㎞, 남북 1.3㎞이다. 참배 길은 앙코르와트 정면에 해당하는 서쪽에서 환호와 주변 벽을 통하여 중앙 사당으로 향한 동서로 펼쳐져 있다(〈그림 3-14〉).

앙코르 유적군이 분포하고 있는 캄보디아 북서부는 분지를 이루고, 그 중심에 위치한 톤레사프 호는 건계와 우계의 수위 차이가 평년에는 8m에 달해 우계에는 호면(湖面)의 면적이 건계의 3배가 된다. 그 북안(北岸)에는 7~12세기 건조물이라고 알려진 앙코르 유적군이 입지한다. 앙코르 유적군 주변의 지형은 북으로부터

2) 톤레사프 호는 인도 아대륙과 아시아 대륙의 충돌에 의해 일어났던 지질학적인 충격으로 침하해 형성된 호수이다. 동남아시아 최대의 호수로 물은 메콩 강으로 유입되는데, 크메르 어로 톤레(tonle)는 강, 사프(sap)는 거대한 담수호라는 의미가 있다. 톤레사프 호 주변에는 수상가옥이 많으며, 호수는 맑지 않고 항상 황토색을 유지한다.

다음 4개 존으로 구분된다.

(1) 고위 고원(High Plateau)은 표고 40m 전후에 뒷면을 갖는 탁상지, 프놈쿨렌(Phnom Kulen) 산지이다. 코랏(Khorat) 고원 남단에 한정된 단렉 산맥과 톤레사프 호(수심 1~9m)와의 거의 중간에 돌출하고, 기반은 단렉 산맥과 같은 중생계 코랏층군의 단단한 사암 탁상부이다. 배면 상에는 두꺼운 사질토가 있고, 삼림 내에 화전이 이루어지고 있다.

(2) 산록부 고원(Foot Plateau)은 쿨렌(Kulen) 산지를 둘러싼 표고 100m 전후부터 40~60m 정도까지의 완만한 파식대지이다. 남서쪽의 것은 톤레사프 호를 향해 고도를 낮추고, 그 대체적 경사는 5/1,000 전후이다. 쿨렌 산지와 같은 기반암으로 되어 있고, 유적 건조 때에는 사암과 라테라이트의 석재 공급지였던 것으로 보고 있다. 두꺼운 적색 점토질 토양이 나타나는 것이 많다. 주로 소림(疏林)으로 밭이 분포하고 있다.

(3) 완경사 평야(Gently Sloping Plain)는 해발 40~60m 정도부터 해발 10m 전후까지의 매우 완만한 (2/1,000 정도 이하) 경사가 진 낮은 평지이다. 지하에는 두께 약 60m의 모래와 진흙(砂泥)의 호층이 존재하고 단단히 굳은 기반암을 부정합으로 덮고 있다. 일부에는 고립된 언덕이 돌출되어 있다. 표층은 두께 4~8m의 사질 퇴적물로 덮여 있다. 이 지형은 다음 세 가지로 세분할 수 있다.

① 상부 존(Upper Zone)은 해발 40~60m에서 15~20m의 범위에 있고, 경사 1~2/1,000, 역내의 미기복(微起伏)은 2m 이하로 지표는 주로 세립사질토로 덮여 있다. 점적으로 분포한 못과 하천의 주변에 논이 분포한다. 그밖에는 밭, 관목지로 되어 있다. 앙코르 유적지의 주요부는 이 존의 아래 주변 부근에 입지한다.

〈그림 3-15〉 앙코르와트 유적지 주변의 리모트센싱 영상(1989년 3월 11일)

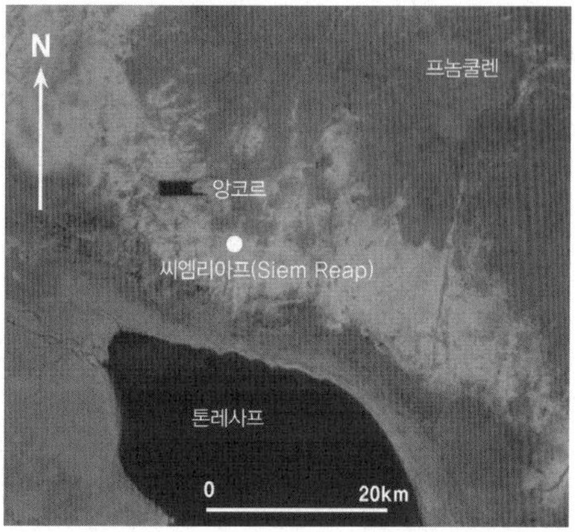

자료: 藁谷(2004: 60).

〈그림 3-16〉 앙코르와트의 평면도

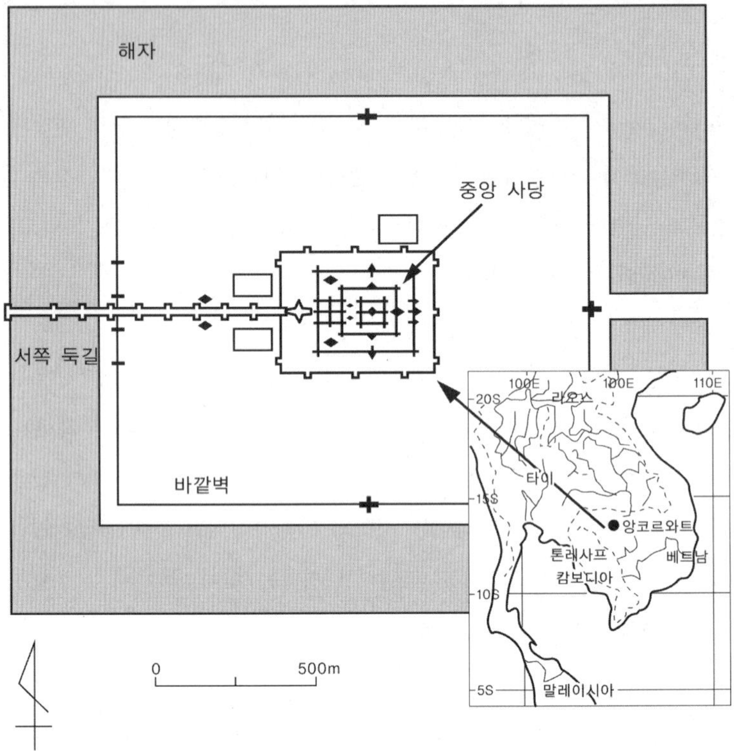

자료: 藁谷(2004: 61).

② 중부 존(Middle Zone)은 해발 15~20m에서 10m 전후까지로 경사 0.6/ 1,000 정도이고, 역내의 미기복은 1m 이하, 지표는 주로 세립사질토로 덮여 있다. 거의 전면적으로 우계에 작물을 재배하는 천수답이 펼쳐져 있다. 앙코르 유적군 주요부의 남쪽으로 그 분포가 넓다. 초기의 롤루스(Roluos) 유적군은 이 존의 아래 주변에 입지한다.

③ 하부 존(Lower Zone)은 해발 약 10m에서 6m 정도까지로 경사가 0.2/ 1,000 이하이며, 역내의 미기복은 1m 이하이다. 지하수위는 지표면에 매우 근접해 있고, 우계에는 인공으로 된 흙 제방이 된 지역을 제외하면 모든 지역이 수몰된다. 건계에는 관개 벼농사가 행해지지만 범람이 길어지면 수확을 못하는 해도 많다.

(4) 호변지역(Lake Margin)은 해발 6m에서 2m 정도까지로 주로 담수 습지림이 널리 분포하고 있다. 표층 퇴적물에는 다소의 모래 성분이 포함되어 있다. 인공의 흙 제방 상에 취락이나 선박을 주거로 하는 취락에서는 어업, 수산물 가공, 교역 등이 행해지고 있다. 톤레사프 호 주변지역은 위의 지형으로 구성된 것으로 보인다. 그 중에서 비교적 안정된 천수답이 가능한 지역은 중부 존에 가장 넓게 분포하고, 연중 담수를 하지 않는 토지가 호수에 가장 근접해 있는 지역으로 앙코르 유적지가 입지하고 있다(〈그림 3-15〉, 〈그림 3-16〉).

4. 불교와 밀착된 생활을 하는 타이

타이에서는 상좌 불교(소승불교)가 발전해 국민의 95%가 불교를 믿으며, 남자는 평생 한 번은 불문(佛門)에 들어가 수행을 했다. 수행 기간은 농업을 행할 수 없는 우계의 3개월이 가장 많았다. 타이의 전국에 크고 작은 것을 합쳐 2만 4,000개가 넘는 사찰이 있고, 승려는 25만 명으로 각종 불교행사가 서민생활에 숨 쉬고 있다. 머리털을 깎고 담자색(사프란, saffron)의 가사를 걸친 승려는 많은 재가(在家) 신자로부터 공양을 받으며 수행을 계속한다. 수행을 한 사람들은 성숙한 사람으로 존경의 대상이 된다.

그러나 이러한 전통적인 생각에도 변화가 나타났다. 1960년대 이후 경제발전과 근대화로 불문의 수행보다도 학력이나 일을 중시하게 됐다. 수행 기간은 1~2주일로 줄었고, 그것도 일에 영향이 적은 여름휴가에 맞추는 경우가 많아졌다. 시민이 탁발(托鉢)에 희사하는 음식도 점차 줄어들고, 승려는 탁발만으로 먹을 것을 해결하지 않고 시장이나 식당에서 사서 채우는 경우도 나타났다.

다음으로 식생활의 변화를 보면, 타이의 요리는 향을 내기 위해 음식물에 고수(coriander)를 넣는 것이 전통이다. 그러나 타이의 전통적인 식생활에도 긴 시간에 걸쳐 변화가 나타나기 시작했다. 쌀을 주식으로 한 타이에서 카오 채(kaho chae)[3]라고 불리는 요리는 식탁에서 사라지고, 점심은 중국이나 일본에서 들어온 면류(麵類)나 전골로 먹는 경우가 많아졌다. 타이의 쌀 수출업자 중에는 중국계가 많고 공업의 발전과 더불어 일본과의 교류도 늘어나 식생활에 그것이 반영됐기

3) 타이 중부지방의 전통적인 요리로, 밥을 물에 담그고 향을 가미해 차게 해서 먹는다. 밥을 물에 말아서 먹는 것과 비슷하다.

때문이다. 나아가 미국 자본의 햄버거나 튀김 닭 등의 레스토랑이 도시를 중심으로 보급되어 특히 중산층 이상의 젊은 층이 좋아한다.

5. 불탑의 나라 미얀마

2,500년의 불교문화를 고스란히 간직한 미얀마는 미얀마 족을 비롯한 134개 소수민족이 각각의 생활풍속을 유지하고 있는 다민족 국가이다. 세계 최대의 불교 국가답게 전국에 400만 기의 불탑이 세워져 있어 불탑의 나라라고 부른다.

수도 양곤(Yangon)에는 미얀마 불교의 상징으로 높이 99m에 약 7톤의 황금이 입혀진 거대한 쉐다곤(Shwedagon) 파고다(Pagoda, 불탑)가 있다. 제2의 도시인 만달레이(Mandalay)는 미얀마의 마지막 왕조인 꽁바웅(Konbaung) 왕조의 수도로, 과거의 명성에 걸맞게 농산물은 물론 공산물이 집결하는 경제도시이다. 만달레이에는 약 2톤의 황금으로 뒤덮인 마하무니(Maha Muni) 불상이 있는 마하무니 파고다, 세계에서 가장 큰 책으로 알려진 729기의 대리석 경전이 있는 쿠도도(Kuthodaw) 파고다, 차욱탓치(Kyauk Htat Gyi) 파고다 등이 있다.

세계 최대의 불교문화 유적지인 파간(Pagan)은 11~13세기 미얀마 최초의 통일 왕국이 자리했던 곳으로, 넓은 대지에 2,000여 기의 탑들이 인상적인 곳이다. 이곳은 세계의 불가사의한 건축물로 캄보디아의 앙코르와트와 인도네시아의 보로부두르(Borobudur)의 문화유산을 합쳐놓은 듯한 규모와 그 예술성을 인정해 유네스코에서 세계문화유산으로 지정했다. 공식 통계에 따르면 파간에는 4,446개의 종교 건축물이 있었지만 현재는 2,230개의 건축물과 그 흔적을 찾아볼 수 있다.

제 5 장

말레이 제도의 나라들

1. 다민족 사회 말레이시아

1) 복수 사회 말레이시아

많은 동남아시아 나라들은 17~18세기까지 여러 왕조가 성쇠한 다민족 국가였다. 16~18세기에는 향료를 구하기 위해 온 유럽의 여러 나라가 동남아시아의 여러 나라를 식민지화하고 플랜테이션을 도입했다. 말레이시아에서는 영국 사람이 플랜테이션 농장을 일으켜 노동력으로 많은 인도인을 유입시켰다. 또 주석광산의 개발로 중국인 상인이 들어왔다. 말레이 인은 벼농사 등의 전통적인 농업에 종사하며, 하천의 충적평야가 분포한 농촌에서 많이 살았다. 중국인은 도시에 거주하고, 플랜테이션이 성한 지역에는 인도인이 많이 거주했다. 이렇게 해서 말레이인, 중국인, 인도인을 3대 민족으로 하는 다민족 국가 말레이시아가 형성됐다. 공용어는 말레이 어이지만 영어·중국어·타밀 어도 사용된다.

말레이시아에서 상업이나 공업의 실권을 쥐고 있는 민족은 중국계이다. 그러나 가장 많은 민족인 말레이 인을 중심으로 하여 국가 통합을 펼치고 있기 때문에 말레이 인의 경제적·사회적 실권을 되찾으려는 부미푸트라 정책이 실시되고 있다. 이 정책에 의해 중국계가 경영하던 회사를 중국계와 말레이 인이 공동으로 경영하는 등의 변화가 나타나고 있으며, 말레이 인의 고용자가 증가하여 말레이 인을 위한 대학이 세워지고 있다. 그러나 한편으로 이 정책은 말레이 인의 빈부 격차를 증대시키는 원인이 되었다.

말레이 민족은 인구 이동 과정에서 선주민(先住民)으로 인도인, 타이 인 등과 혼혈했고, 고도의 문화를 흡수했다. 특히 인도 문화나 이슬람 문화의 흡수가 컸다. 그들은 하천 유역의 자연제방 위에 고상식(高床式) 가옥을 짓고 벼농사를 행했다. 그때에 고돈(Gordon), 로욘(Royon)이라고 부르는 상호부조 기능을 조직화했다. 말레이 인은 대부분 농촌에 거주하고 예부터 이슬람교의 가르침에 따라 관습법을 존중해 재산을 자녀 모두에게 균등 상속하는 방법을 취했는데, 그 결과 토지가 세분화되어 점차 빈곤해지는 사람이 많아졌다.

중국인은 주로 19세기에 주석광산 노동자로 들어왔는데, 중국 화난 지방의 부족한 토지(주로 푸젠 성, 광둥 성) 때문에 이민을 왔다. 그들은 그곳에서 동향 출신자별로 상호부조 조직인 방(幇)을 만들었다. 종교적으로는 유교·불교·도교의 세 종교가 혼합·혼재한 현세 이익적인 중국계 종교를 누구나 믿고 있다. 혈연·지연·업연(業緣)을 중요시하고 부계 중심의 가족·친족으로 뭉쳤다. 직업상의 관계에서도 도시 거주자가 많다. 그렇기 때문에 중국인은 일반적으로 인구수에서는 말레이 인보다 열세지만 경제력은 말레이 인보다 훨씬 강하다. 빈곤가구의 비율은 말레이 인이 많이 거주하는 농촌 주(州)에 많고, 중국인(화인)은 도시의 비농업 부문에 종사한다.

인도인은 오래전인 1세기경부터 왕래를 하여 인도 문화를 말레이 인에게 전래했다. 그러나 오늘날 인도인이 많이 왕래한 것은 19세기 후반, 특히 천연고무 수요가 증대하고 고무농원 플랜테이션을 말라야(Malaya)에서 경영한 영국이 그 당시 같은 영국의 식민지였던 인도에서 대량의 노동력을 구해 온 20세기 초부터이다. 그 중 압도적인 다수가 남인도의 타밀 인이다. 그들의 대부분은 고무농원에서 1인당 500~600그루 이상을 배당받은 수액 채취자(tapper)이고, 일반적으로 가난했다. 그들은 언제나 힌두교를 믿었고, 같은 출신 카스트끼리 결혼하는 비율이 높았다(〈표 3-4〉, 〈그림 3-17〉).

〈표 3-4〉 말레이시아 복수사회의 양상

민족	종교	언어	식사	거주	거주지
말레이 인	이슬람교	말레이 어	돼지고기를 먹지 않음	고상식 가옥	주로 농촌부
중국인	유교・불교・도교	중국어	돼지고기・쇠고기를 먹음	토간식(土間式) 가옥	주로 도시부
인도인	힌두교	주로 타밀 어	쇠고기를 먹지 않음	토간식 가옥	주로 도시・농원
토착소수민족 [선주(先住)민족]	원시종교	각 민족어	돼지고기・쇠고기를 먹음	고상식 가옥	주로 산지・밀림・해안부

〈그림 3-17〉 많은 민족이 살고 있는 쿠알라룸푸르 시가지

말레이시아의 새 행정수도 '푸트라자야'

말레이시아의 새 행정수도는 초대 총리의 이름을 딴 '푸트라자야(Putrajaya)'로, 행정수도 조성이 경제위기 탈출의 견인차가 될 것으로 기대를 모으고 있다. 쿠알라룸푸르(kuala Lumpur) 남쪽 25㎞의 대평원에 45.8㎢의 면적으로 2012년 완성을 목표로 투입될 총건설비는 200억 링깃(6조 3,000억 원)으로, 야당과 시민단체들은 "의료・주택시설이 부족한 농촌에는 눈 돌리지 않은 채 막대한 돈을 들여 정권의 공적비를 만들려 한다"고 반발했다. 말레이시아의 행정수도 조성은 정부가 20년 전부터 계획해왔던 숙원사업으로, 마하티르(Mahathir bin Mohamad) 총리는 1995년 푸트라자야를 새 행정수도로 최종 허가했다. 새로운 행정수도의 건설은 쿠알라룸푸르에 집중된 인구와 국가 기간시설을 분산시키는 효과와 함께 상업 도시에서 제조업 도시로의 방향 전환을 한 국가경제를 상징하는 것으로, 도시계획 입안자들은 최저비용을 들여 최첨단 통신수단을 갖춘 정보화 중심도시로 만들겠다고 한다. 푸트라자야는 신국제공항과 가깝고 전원도시의 풍모를 간직하고 있다. 1999년 6월 21일부터 마하티르 총리가 집무를 시작했다.

2. 상공업이 발달한 싱가포르

싱가포르는 '반도 끝의 섬'이라는 의미로 파라주(婆罗洲, Pu Luo Chung)라고 했는데, 이는 말레이 어의 플라우 우종(Pulau Ujong: 섬 끝의 땅)에서 그 음을 따온 것으로 3세기경의 중국 왕실 기록에 남아 있다. 13세기 스리위자야(Srivijaya) 왕국의 뜨리부아나(Tri Buana, 또는 Sang Nila Utama) 왕자가 지금의 싱가포르에 표류했을 때 사자를 목격하고 싱가뿌라(Singapura: 산스크리트 어로 사자의 도시)라고 이름 붙인 것이 국명의 유래가 되어 14세기 후반부터 싱가뿌라라는 표현이 널리 사용되었다(〈그림 3-18〉). 싱가포르[1]는 1819년 영국의 래플스(Stanford Raffles) 경이 상륙해 동남아시아 무역의 거점으로 건설한 도시다. 제2차 세계대전 중에는 일본의 식민지였다가 1946년 영국의 직할 식민지가 됐다. 그 후 말레이시아연방의 구성원으로 영국으로부터 독립했고, 1965년 말레이시아연방으로부터 다시 독립했다.

싱가포르는 인도양과 태평양을 연결하는 교통적 요충지에 입지하며, 남아시아와 동아시아를 연결하는 말레이 반도와 수마트라 섬 사이의 800㎞에 달하는 말라카(Malacca) 해협과 인접해 있어 중계무역의 요지로 발달해왔다. 세계 원유 수송량의 50%가 말라카 해협을 통과하고, 한국을 비롯해 중국과 일본의 수입 원유량의 90%가 이 해협을 통과하고 있어, 이 해협에 가까이 입지한 싱가포르가 해상 교통의 중심지로 발달하게 되었다.

싱가포르는 식수·식량·원자재의 거의 100%를 수입에 의존하고, 금융·관광·무역 등 서비스산업으로 외화를 벌어들이며, 제조업이나 농·수산업 등 1·2차 산업의 비중은 미미한 편이다. 여기에 인도인, 말레이 인, 중국인, 아랍 인 등 다인종 국가라는 점은 정치적 불안의 요소라고 할 수 있다.

싱가포르는 국민의 3/4 이상이 중국계이다. 공용어는 영어·중국어·말레이 어·타밀 어의 네 가지이고, 말레이 어가 국어로 되어 있다. 그러나 무역입국 싱가포르에서는 세계에서도 가장 잘 통용되는 영어가 행정이나 비즈니스에 사용되고, 국어인 말레이 어를 몰라도 불편이 없다. 싱가포르에서는 말레이시아와는 달리 영어를 보급시킴으로써 각 인종·민족 간의 대립을 완화시키려 하고 있다.

싱가포르의 인구는 제2차 세계대전 이전에 77만 명이었지만 1947년에 94만

1) 옛날 수마트라의 한 왕자가 폭풍우를 만나 이곳에 표류했는데, 그가 데리고 온 사자를 남겨놓고 갔다고 해 싱가포르(Singa=사자, Pore=도시)라는 이름이 붙여졌다.

명, 1951년에 206만 명을 넘었다. 이러한 증가율로 인구가 증가하면 1970년대에는 인구가 300만 명을 넘을 것이라고 예상했었다. 한정된 토지를 가진 싱가포르 정부는 이민을 엄격하게 통제하는 한편 두 자녀 정책을 실시했다. 즉, 아이는 둘이면 충분하다고 했으며(Two is enough), 3명 이상의 아이를 가지면 분만 비용이 높고 부양 공제가 삭감되고, 희망하는 초등학교에 통학할 수 없는 등 부적(負的) 유인체제가 부가되어왔다. 그 결과 싱가포르의 인구정책은 성공했다고 세계적인 평가를 받았다.

〈그림 3-18〉 상반신은 사자, 하반신은 물고기 모양을 한 싱가포르의 상징인 머라이언(Merlion)(2000년)

그런데 1987년 3월 1일 싱가포르 정부는 종래의 정책을 크게 전환시켜 새로운 인구정책을 다시 발표했다. 이 인구정책에서는 아이가 3명 이상이어도 좋다고 했으며, 만약 양육할 조건을 갖추고 있다면 보다 많이 출산해도 좋다는 정책을 장려했다. 그리고 종래 부양 공제의 대책을 확대하는 것과 함께 자녀가 3명 이상인 가정에는 소득세를 감액해주고, 세 번째 자녀에게는 희망하는 초등학교의 우선적 입학이 허가되며, 나아가 희망하면 주택개발공사(Housing Development Board: HDB) 플레이트(Plate)에 의해 보다 넓은 주택으로 이사를 갈 수 있는 등 우대조치를 시행하고 있다. 이렇게 인구정책을 전환한 이유로는 기혼여성의 출생아 수가 예상 이상으로 감소하고 인구의 고령화가 급속히 진행된 것을 들 수 있다. 이것은 국방력의 약체화와 경제성장의 둔화를 불러올 수 있다고 싱가포르 정부는 걱정하고 있다.

싱가포르에서 출생아 수의 감소 경향을 보면, 민족 집단 간의 뚜렷한 차이가 드러난다. 특히 화인(華人) 여성 사이에서 출생아 수가 급감하고 있다. 최근 고학력의 화인 여성 가운데는 고도의 지식을 갖춰 전문직에 취업하여 결혼을 회피하는 사람들이 늘고 있다.

3. 인도의 섬 인도네시아

인도네시아는 '인도의 섬(Indi + Nesos)'을 의미할 만큼 인도 문화적 요소가 강했다. 그러나 오늘날 인도네시아 주민의 90%는 이슬람교도로 이슬람 문화가 대부분의 섬에서 번창하고 있다. 이는 9세기 이후 아랍－페르시아 인 해상 세력이 동서 실크로드 교역을 지배하면서, 인도네시아 군도가 자원의 보고이자 교역의 중간 기항지로서 새로이 각광을 받게 된 결과이다. 중국을 넘나들던 이슬람 상인들은 자신들의 문화를 실은 채 수마트라로, 자바로 진출해 그곳의 진귀한 물품과 풍부한 자연에 매료되어 정착했다. 그리하여 15세기경에는 인도네시아의 주요 섬들을 지배하면서 토착 왕조를 대신한 새로운 이슬람 전통을 굳히게 되었다.

1) 분쟁이 많은 인도네시아

인도네시아는 1만 3,700여 개의 섬으로 구성되어 있으며, 말레이 인·화교·혼혈인·인도인·아랍 인 등 300여 민족 간, 종교 간 반목과 증오로 인해 역대 정부는 '다양성 속의 통일'을 국시로 추구해왔다. 먼저 민족 간의 분쟁을 보면, 보르네오 섬의 서쪽 삼바스(Sambas)에서 원주민인 말레이 족과 다야크(Dayak) 족이 이주민인 마두르(Madour) 족과 충돌하여 마두르 족 1만 5,000여 명은 서부 칼리만탄 바랏의 주도인 폰티아낙(Pontianak) 등지로 탈출했다. 이들 민족 간 충돌의 바탕에는 수하르토 정권 시절에 정책에 따라 이주해 온 말레이 족들을 탐탁지 않게 여겨온 원주민들의 반발이 깔려 있다.

1524년부터 포르투갈의 지배를 받아온 동티모르는 1975년 포르투갈의 일방적인 철수로 독립을 맞을 뻔했으나 그해 12월 인도네시아군의 침공을 받았다. 이듬해 7월에는 인도네시아의 27번째 주로 강제 편입된 후 반항과 테러, 굴종과 살육으로 얼룩져 왔다. 1976년 강제 합병된 동티모르 동쪽 끝 이리안자야(Irian Jaya, 현재는 '파푸아') 주는 잔류파와 독립파의 유혈충돌이 상존하는 곳이었다. 동티모르는 면적 1만 4,870㎢에 인구는 약 93만 명이고, 종교는 주민의 약 98%가 기독교이다. 주요 산업은 커피 재배이며, 국민총생산(2006년)은 8억 6,500만 달러였다. 또 수마트라 서쪽 끝 아체(Aceh) 특별주는 석유와 천연가스 등 천연자원 개발

〈그림 3-19〉 인도네시아의 분쟁지역

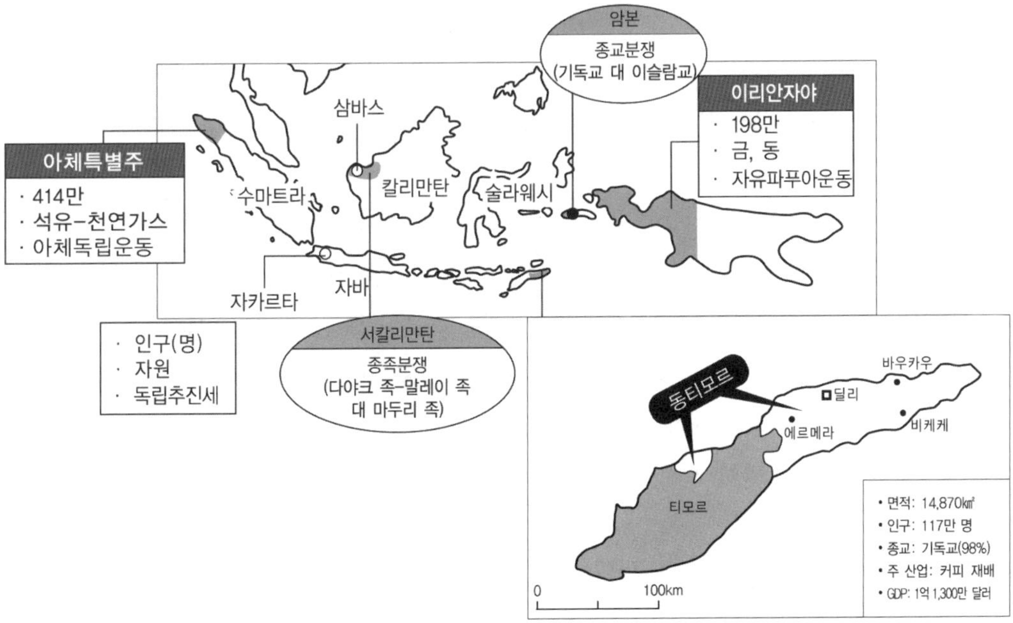

수익을 중앙정부가 독점함에 따른 불만으로 독립을 요구하고 있다.

한편 인구의 90% 이상을 차지하는 이슬람교도와 소수의 기독교도 간의 충돌도 문제다. 1998년 자카르타(Jakarta) 북부 크타팡(Ketapang)에서 이슬람교들이 암본(Ambon) 섬에서 이주해 온 기독교도를 공격했으며, 1999년 1월 기독교도가 많이 사는 말루쿠 주 암본, 사나나(Sanana), 세람(Ceram) 섬 등에서 양 교도 간의 유혈충돌이 일어났다(〈그림 3-19〉).

2) 여러 종교의 영향

인도네시아는 인구·면적 모두 동남아시아에서 가장 규모가 큰 국가로, 국민의 90%가 이슬람교를 믿고 있다. 인도네시아에는 먼저 1세기경에 몬순을 이용해 건너온 인도인에 의해 힌두교와 카스트 제도 등이 도입됐다. 5세기경부터는 수마트라, 칼리만탄, 자바 등의 섬에 불교왕조나 힌두왕국 등이 성립됐다. 8~9세기에 걸쳐 건설된 보로부두르(Borobudur) 유적은 세계 최대의 불교유적으로 알려져,

현재 인도네시아의 중요한 관광자원이 되고 있다. 13세기 이후에는 페르시아 인이 이슬람교를 수마트라로 들여와, 인도에서 유입된 힌두교와 혼합된 이슬람교가 인도인에 의해 수마트라나 칼리만탄 등에 전파됐다. 15~16세기에는 자바에도 이슬람교가 본격적으로 보급됐다. 당시의 이슬람교에는 힌두교적인 색채가 남아 있었다.

이슬람교나 힌두교 등의 외래종교는 나무나 동물 등의 자연물을 신으로 하는 원시종교(샤머니즘)와 융합해 섬마다 독특한 문화가 생겨났다. 현재 발리 섬의 생활관습이나 종교의례에는 원시종교와 융합된 힌두교의 영향이 강하게 반영되고 있다. 발리 섬의 이러한 독특한 문화는 이 섬의 관광사업과 연계되어 관광은 이 섬의 주요한 산업이 됐고, 산호초를 둘러싼 해안지대에는 호화스러운 호텔이나 민박이 세워졌다.

3) 인도네시아가 지닌 문제

인도네시아에서는 국토면적의 7%를 차지하는 자바 섬에 인구의 60% 이상이 집중해 도시 빈곤층이 증대하는 등 심각한 도시문제를 일으키고 있다. 그와 동시에 농촌에서의 빈곤문제도 심각하다. 2억 2,000만 명의 인구를 유지하기 위해 최근 쌀의 생산량을 비약적으로 증가시켜 생산량에서는 세계 3위가 됐다. 그러나 자바 섬이나 발리 섬에서는 "경지가 하늘에 이른다"고 말하는 것처럼 산의 정상부 가까이까지 계단식 논을 만들어 많은 영세농가에 의해 유지되고 있다.

영세적인 농업을 계속하지 않는 사람은 도시로 이주해 직업을 구한다. 그러나 도시에서도 직업을 구하기가 어려워 도시 빈곤층이 더욱 증가하는 악순환이 일어나고 있다. 그 때문에 정부는 바다나 남아 있는 자연을 이용한 보양지를 개발해 일본 등 다른 나라로부터 관광객을 유치하고, 도시 이외에서 직업을 얻을 기회를 늘리고 외국자본을 획득하는 데 노력하고 있다.

인도네시아의 수마트라나 자바 등은 또 네덜란드의 식민지였다. 인도네시아는 포르투갈이 지배한 동티모르를 합병했지만 독립운동이 전개되어 많은 사상자를 내는 사건까지 발생했다. 많은 섬과 다양한 민족·종교를 가진 인도네시아로서는 어떻게 나라를 통합시킬 것인가가 중요한 문제가 되고 있다.

4. 녹색혁명의 진원지 필리핀

녹색혁명(Green revolution)은 특히 개발도상국의 경제성장을 위해 농작물의 품질을 개량해 생산성이 높은 곡물을 대규모로 개발하는 것을 말한다. 다만 여기에는 유효한 관개, 비료·농약 투입이 동반되지 않으면 안 된다. 1960년대에 국제적 협력에 의해 밀·벼·옥수수 등의 품종개량 연구에 의해 획기적인 품종개발이 이루어졌고, 이것이 개발도상국에서 열매를 맺게 됐다.

필리핀 마닐라(Manila) 교외의 국제미작연구소에서 만들어낸 수확률이 높은 품종인 IR8이 그 한 예이다. 일본과 인도네시아의 벼 품종을 교배한 이 품종이 세계의 식량부족을 해소하는 벼 품종으로서 인도네시아, 말레이시아, 베트남 등 동남아시아와 인도, 파키스탄, 스리랑카 등 남아시아에 급속히 보급됐다. 또 멕시코의 연구소에서 일본의 농림 100호와 다른 나라 품종을 교배해 만든 수확률이 높은 밀 품종인 '멕시코의 왜생종'은 인도 등에서 재래종 대신으로 급속히 보급됐다.

이러한 품종들은 벼, 밀 모두 단위면적당 수확량이 종래에 비해 2배 이상 증가된 것이 보통이다. 이로써 인도나 인도네시아에서 모든 식량부족 문제는 기본적으로 해결됐다고 할 수 있다. 다만 수리시설의 미비, 토지 소유문제, 비료 등 품종 이외의 문제 때문에 잘 나아갈 수 없는 지역이 있는 것은 부정할 수 없다.

필리핀 루손 섬 이푸가오(Ifugao) 현, 코르디레라 지역(Cordillera Region)에 위치한 해발 1,000~1,500m 고지에 형성된 대규모 계단식 논(terraced paddy-field)[2)]은 경사가 약 60°에 이르며 계단이 수백 단이 넘는 곳도 있는데, 이를 '천국으로 이르는 계단'이라 부른다. 2,000년 전부터 이푸가오 족이 산골짜기로 들어와 살면서 인구가 늘어나 이를 부양하기 위해 산지를 조금씩 개간하면서 코르디레라스(Cordilleras) 산맥의 산꼭대기까지 가파른 경사지를 깎아 논을 만들고 벼농사를 지어왔다. 논둑을 이을 경우 그 길이가 2만 2,400㎞가 넘는다. 이들 논은 단순한 농경지의 역할을 뛰어넘어 흙이 침식되는 것을 방지하는 역할을 한다고 해 1995년 세계문화유산으로 지정됐다(〈그림 3-20〉). 이러한 계단식 논은 필리핀뿐만 아니라 연중 강수량이 많고 인구밀도가 조밀한 베트남, 중국, 인도네시아, 일본 등에서도 볼 수 있다.

2) 일반적으로 애추(崖錐, talus) 모양의 선상지나 곡벽과 구릉성 산지, 화산산록(火山麓) 등의 뚜렷한 계단상 논을 말한다. 자바, 발리, 필리핀의 루손 섬, 중국의 양쯔 강 유역과 화난 지방, 일본 각지에 많이 분포하는데, 이는 민족적 차이에 기인한 것으로 생각한다. 계단식 논에는 용수시설이 있다.

〈그림 3-20〉 필리핀 루손 섬의 계단식 논, 코르디레라스

이와 같은 계단식 논은 산지와 구릉 등의 사면에 계단상으로 펼쳐 있는 논으로, 용수를 주변 고지의 계류수와 용수(湧水) 및 빗물에 의존하고, 농로가 극단적으로 정비되어 있지 않다는 점, 한 배미[3]당 면적이 좁고 구획정리가 되어 있지 않다는 점, 일조량이 부족하고 통풍이 불량한 경우가 많다는 점, 통작(通作) 거리가 멀다는 점 등이 공통적이다. 그러나 계단식 논이 가진 수원 함양기능, 홍수 및 토양침식 방지기능 등 이른바 다면적 기능이 부각됨과 동시에 선인들의 노력에 의해 만들어진 아름다운 농촌경관을 보존한다는 입장에서 계단식 논 보전의 움직임이 활발하게 일어나고 있다(〈표 3-5〉).

〈표 3-5〉 계단식 논의 다면적 기능

국토 보전기능	토양침식 방지기능, 토사붕괴 방지기능, 홍수 방지기능, 수원 함양기능, 수질 정화기능, 대기 정화기능, 기후 완화기능
생물상 보전기능	야생생물 보호기능, 유전자원 보존기능, 생태계 유지기능, 유해생물 방제기능
교육문화기능	농·산촌 문화 계승기능, 농·산촌 역사 보존기능, 자연·정서 교육기능
보건휴양기능	레크리에이션 장소 제공기능, 정신 안정화기능, 경관 보전기능, 계절감 제공기능

자료: 정치영·김두철(2002: 147).

3) 필지(筆地)는 토지등기부상에서 한 개의 토지로 치는 것을 말하고, 배미는 구획된 논을 세는 단위를 말한다.

계단식 논에 대한 지리학 분야의 연구로는 계단식 논의 보전방법의 비교나 존재형태에 관한 연구, 계단식 논의 보전 움직임을 그린 관광(green tourism)의 전개와 관련지은 연구, 계단식 논 보전활동에서 지역공동체(community)의 역할을 논한 것 등이 있다. 이와 같은 계단식 논의 보전활용에 기반정비 유무 등에 의해 보전의 방책을 자주 영농형, 교류 공생형, 관광 개발형의 세 가지로 분류한다. 첫째, 자주 영농형은 최소한 기반을 정비하여 '계단식 논의 쌀'이라는 부가가치를 이용해 경작민의 영농 의욕을 향상시켜 자주적인 계단식 논의 보전을 진척시키는 것이다. 둘째, 교류 공생형은 계단식 논 소유(owner) 제도로 도시 주민에 의한 경작 지원, 도시와 농촌의 교류를 꾀하는 것이다. 셋째, 관광 개발형은 계단식 논을 관광 대상으로 보고 기반정비를 진전시키지 않는 방향으로 나아가되, 지방자치단체나 농협, 기업의 자본 제공 등으로 계단식 논의 경관을 유지하는 데 노력을 기울이는 것이다.

브루나이(Brunei) 만을 사이에 두고 있는 나라

브루나이는 1929년에 석유가 발견된 산유국으로 동남아시아에서 국민소득이 높은 국가이다. 브루나이의 국민들은 세금을 내지 않으며 교육비도 무료이다. 또 60세부터 무료로 연금이 지급된다. 브루나이 만 해저의 원유와 천연가스의 생산이 엄청나기 때문이다. 그러나 이 석유는 20~30년 후 고갈될 것으로 예상되므로 새로운 경제정책을 구상 중이다. 이러한 풍요로운 자원은 브루나이의 경제를 풍요롭게 했지만, 심각한 부의 격차가 문제로 남아 있다.

5. 공정무역 커피의 나라 동티모르

포르투갈의 식민지였던 동티모르에는 본래 경제림인 백단나무가 많았으나 이 나무가 점차 줄어들자 환금작물로 커피를 재배하기 시작했다. 1928년에는 각 가정마다 커피나무를 600그루씩 심도록 해 1935년에는 국민 절반이 커피에 의존해서 생활하게 되었다. 이때의 커피는 모두 포르투갈에 수출됐기 때문에 세계시장에 잘 알려지지 않았다.

2002년 인도네시아로부터 독립한 동티모르는 세계 최대의 유기농 커피 생산단체인 동티모르 커피협동조합(Cooperative Coffee Timor: CCT)을 설립해 유기농 커피를 생산하고 있다.

화산섬인 동티모르는 전 국토의 80% 이상이 커피나무로 덮여 있고, 커피는 그들의 생활이자 미래가 달려 있을 만큼 희망적인 자원이다. 동티모르의 피스 커피(Peace Coffee)는 공정무역(fair trade)으로 잘 알려져 있는데, 피스 커피의 생산과 판매는 친환경적인 재배농법으로 유기농 커피를 생산해야 할 의무를 가진 시민운동이자 사회적 기업 운동이라고 할 수 있다. 공정무역은 커피를 생산함에 따른 이익이 중간상인이나 소비자와 생산자 사이를 중개하는 무역업자에게 돌아가는 것이 아니라, 농민들에게 직접 돌아가는 것이다.

공정무역

공정무역(Fair Trade) 운동은 1946년 미국의 시민단체 텐 사우전드 빌리지(Ten Thousand Villages)가 푸에르토리코의 바느질 제품을 구매하고, 1950년대 후반 영국의 옥스팜(Oxfam) 상점에서 중국 피난민들이 만든 수공예품을 팔면서 시작됐다. 1950~1960년대 유럽과 미국에서 시작된 이 운동은 다년간 모색기를 거쳤다. 공정무역이란 용어는 브라운(M.B. Brown)에 의해서 1985년 2월 런던에서 개최된 영국과 많은 제3세계 국가들이 참가한 무역기술회의에서 처음으로 사용됐다. 한국에서는 2005년부터 공정무역 운동이 시작됐다.

공정무역은 시장 기반 형식을 빌린 연대를 기초로 거래를 통해 제3세계 생산자들에게 공정한 대가를 지불함으로써 빈곤에서 벗어나게 해주고 자립하도록 도와주는 국제적 물품교환체계이다. 이러한 공정무역은 새로운 국제적 도덕경제의 원천으로 주목을 받고 있으며, 비도덕화된(demoralized) 지구적 정치경제학을 도덕화(re-moralized)할 수 있는 대안발전의 하나로 관심을 끌고 있다.

지리학적 관심의 대상으로서 공정무역은 거리, 지식, 책임의 활성화(motivation)에 관한 연구주제로 탐색의 기회를 제공한다. 통상 윤리나 정치적 책임감에 대한 지리학의 논쟁에서, 책임 있는 행동은 종종 장소와 공간이라는 대립항의 측면에서 개념화되었다. 즉, 거리는 경제적 비용뿐만 아니라 소비자의 책임의식까지도 무뎌지게 한다는 것이다. 그러나 최근의 공정무역에 대한 관심은 공간적 거리가 다른 사람에 대한 책임감이라는 그들을 위한 실천력을 약화시킨다는 전제를 의심케 하며, 모든 사회적 관계는 중재된다는 전제에서 새로운 윤리적 전환의 모색을 가능케 하고 있다. 지금의 공정무역은 상품의 이동경로에서 다양한 생산·유통·소비의 주체 간 연결망(network)을 형성하고 있으며, 이들이 가진 다양한 층위의 도덕률을 중재하며 새로운 도덕경제의 패러다임을 만들어내고 있다.

일반 커피와 공정무역 커피의 비용 구성비는 <표 3-6>과 같다.

〈표 3-6〉 일반 커피와 공정무역 커피의 비용 구성비

구분	일반 커피(%)	구분	공정무역 커피(%)
가공비, 유통비, 판매업자 이윤 등	93.8	특별 소비세, 유통비, 소매상인 이윤 등	50.0
운송비, 수입업자 이윤 등	4.4	제3세계 기금, 재투자 비용 등	13.5
중간상인 이윤, 세금 등	1.3	인건비, 홍보비, 운영경비 등	12.5
농민 수익	0.5	가공비, 세금 등	9.2
계	100.0	운송비 등	8.8
		농민 수익	6.0
		계	100.0

자료: ≪한겨레신문≫, 2006년.

제4부

아대륙이라 불리는 남아시아

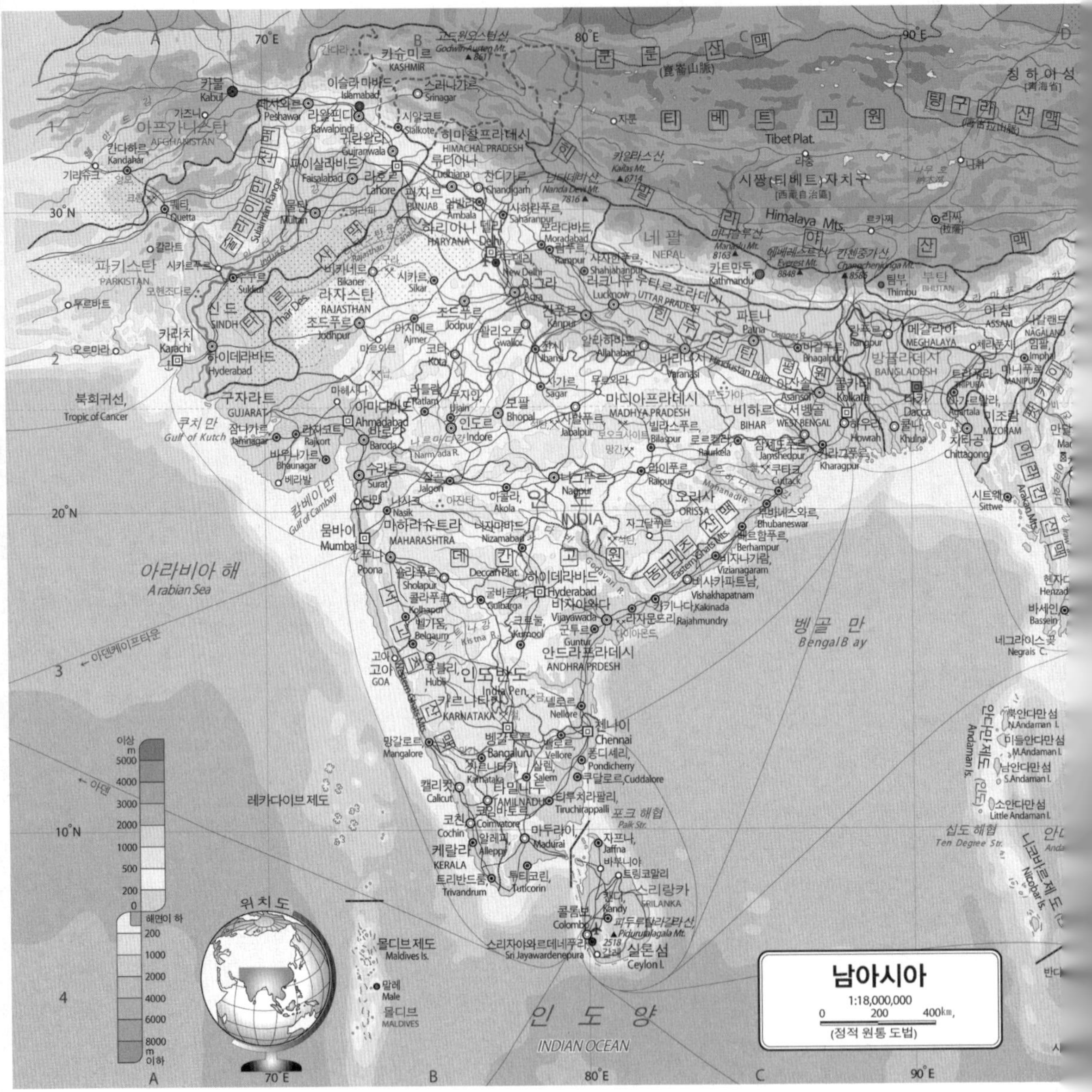

남아시아
1:18,000,000
0 200 400㎞
(정적 원통 도법)
위치도
곤륜산맥
(崑崙山脈)
티베트고원
Tibet Plat.
히말라야산맥
Himalaya Mts.
탕구라산맥
칭하이성
(靑海省)
시짱(티베트)자치구
(西藏自治區)
카슈미르
KASHMIR
고드윈오스틴산
Godwin Austen Mt.
8611
카이라스산
Kailas Mt.
6714
난다데비산
Nanda Devi Mt.
7816
마나슬루산
Manaslu Mt.
8163
에베레스트산
Everest Mt.
8848
칸첸중가산
Chanchenjunga Mt.
8586
네팔
NEPAL
카트만두
Kathmandu
팀부
Thimbu
부탄
BHUTAN
라싸
카불
Kabul
아프가니스탄
AFGHANISTAN
칸다하르
Kandahar
기라슈크
가즈니
페샤와르
Peshawar
이슬라마바드
Islamabad
라왈핀디
Rawalpindi
스리나가르
Srinagar
시알코트
Sialkote
구즈란왈라
Gujranwala
파이살라바드
Faisalabad
라호르
Lahore
퀘타
Quetta
물탄
Multan
술라이만산맥
Sulaiman Range
파키스탄
PARKISTAN
칼라트
수쿠르
Sukkur
투르바트
모헨조다로
신드
SINDH
카라치
Karachi
하이데라바드
Hyderabad
오르마라
인더스강
타르사막
Thar Des.
히마찰프라데시
HIMACHAL PRADESH
루디아나
Ludhiana
찬디가르
Chandigarh
펀자브
PUNJAB
암발라
Ambala
하리아나
HARYANA
델리
Delhi
뉴델리
New Delhi
사하란푸르
Saharanpur
모라다바드
Moradabad
람푸르
Rampur
샤자한푸르
Shahjahanpur
러크나우
Lucknow
우타르프라데시
UTTAR PRADESH
아그라
Agra
비카네르
Bikaner
시카르
Sikar
라자스탄
RAJASTHAN
조드푸르
Jodhpur
아지메르
Ajmer
코타
Kota
과리오르
Gwalior
칸푸르
Kanpur
잔시
Jhansi
알라하바드
Allahabad
바라나시
Varanasi
파트나
Patna
힌두스탄평원
Hindustan Plain
바갈푸르
Bhagalpur
비하르
BIHAR
아산솔
Asansol
서벵골
WEST BENGAL
콜카타
Kolkata
하우라
Howrah
카라그푸르
Kharagpur
잠셰드푸르
Jamshedpur
랑푸르
Rangpur
방글라데시
BANGLADESH
다카
Dacca
쿨나
Khulna
메갈라야
MEGHALAYA
아삼
ASSAM
나갈랜드
NAGALAND
임팔
Imphal
마니푸르
MANIPUR
트리푸라
TRIPURA
아가르탈라
Agartala
미조람
MIZORAM
치타공
Chittagong
시트웨
Sittwe
아라칸산맥
Arakan Mts.
헨자다
Henzada
바세인
Bassein
네그라이스곶
Negrais C.
북회귀선
Tropic of Cancer
쿠치만
Gulf of Kutch
구자라트
GUJARAT
잠나가르
Jamnagar
라지코트
Rajkot
바우나가르
Bhaunagar
베라발
아마다바드
Ahmadabad
바로다
Baroda
캄베이만
Gulf of Cambay
수라트
Surat
사가르
Sagar
보팔
Bhopal
인도르
Indore
우자인
Ujjain
라틀람
Ratlam
자발푸르
Jabalpur
마디아프라데시
MADHYA PRADESH
빌라스푸르
Bilaspur
로르켈라
Raurkela
라이푸르
Raipur
나르마다강
Narmada R.
잘가온
Jalgon
아콜라
Akola
나그푸르
Nagpur
인도
INDIA
오리사
ORISSA
쿠타크
Cuttack
부바네스와르
Bhubaneswar
베르함푸르
Berhampur
마하나디강
Mahanadi R.
마하라슈트라
MAHARASHTRA
나시크
Nasik
니자마바드
Nizamabad
뭄바이
Mumbai
푸나
Poona
데칸고원
Deccan Plat.
동고츠산맥
Eastern Ghats Mts.
비지아나가람
Vizianagaram
비샤카파트남
Vishakhapatnam
카키나다
Kakinada
라자문드리
Rajahmundry
고다바리강
Godavari R.
아라비아해
Arabian Sea
숄라푸르
Sholapur
콜라푸르
Kolhapur
벨가움
Belgaum
굴바르가
Gulbarga
하이데라바드
Hyderabad
비자야와다
Vijayawada
쿠르놀
Kurnool
군투르
Guntur
크리슈나강
Kistna R.
안드라프라데시
ANDHRA PRDESH
벵골만
Bengal Bay
고아
GOA
후블리
Hubli
인도반도
India Pen.
서고츠산맥
Western Ghats Mts.
카르나타카
KARNATAKA
넬로르
Nellore
첸나이
Chennai
망갈로르
Mangalore
벵갈루루
Bangaluru
벨로르
Vellore
퐁디셰리
Pondicherry
쿠달로르
Cuddalore
살렘
Salem
캘리컷
Calicut
타밀나두
TAMIL NADU
티루치라팔리
Tiruchirappalli
코임바토르
Coimbatore
코친
Cochin
알레피
Alleppi
마두라이
Madurai
케랄라
KERALA
투티코린
Tuticorin
트리반드룸
Trivandrum
포크해협
Palk Str.
자프나
Jaffna
트링코말리
스리랑카
SRILANKA
캔디
Kandy
콜롬보
Colombo
피두루탈라갈라산
Pidurutalagala Mt.
2518
스리자야와르데네푸라
Sri Jayawardenepura
갈레
실론섬
Ceylon I.
레카다이브제도
몰디브제도
Maldives Is.
말레
Male
몰디브
MALDIVES
인도양
INDIAN OCEAN
안다만제도
Andaman Is.
북안다만섬
N.Andaman I.
미들안다만섬
M.Andaman I.
남안다만섬
S.Andaman I.
소안다만섬
Little Andaman I.
십도해협
Ten Degree Str.
니코바르제도
Nicobar Is.
아덴케이프타운
아덴
이상 m
5000
4000
3000
2000
1000
500
200
0
해면이하
200
1000
2000
4000
6000
8000 m 이하
70°E
80°E
90°E
30°N
20°N
10°N
A
B
C
D
1
2
3
4

〈표 4-1〉 남아시아의 여러 나라

국명	기본자료	약사(略史)	민족·언어·종교	산업	무역(품목·상대국)
방글라데시인민공화국	**수도**: 다카(Dacca) **면적**: 14만 4,000㎢ **인구**: 1억 6,442만 5,000명(2010년) **인구밀도**: 1,141.9명/㎢(2010년) **국민총생산(1인당)**: 520달러(2008년)	**국명의 유래**: 주민의 대부분을 차지하는 벵골 족의 나라라는 의미 **약사**: 1947년 독립한 파키스탄 내의 동파키스탄 주로서 발족했으며, 1971년 내전으로 인도의 군사 개입에 의한 제3차 인도·파키스탄 전쟁을 거쳐 파키스탄으로부터 분리·독립. 인구밀도는 도시국가를 제외하면 세계에서 최고이며, 경제성장을 넘는 인구 증가율 때문에 세계 유수의 저소득국가임	**민족**: 벵골 족 98% **언어**: 벵골 어가 공식어 **종교**: 이슬람교가 국교로 인구의 86%, 힌두교 12%, 기독교, 불교 등	산업별 인구구성(%)(2005년 총 취업자 수 4,736만 명): 1차 산업 48.1%, 2차 산업 14.4%, 3차 산업 37.6%	**수출**: 117억 7,700만 달러(2008년) • 의류 71.5% • 미국 25.7%, 독일 15.2%, 영국 9.5%, 프랑스 6.5% **수입**: 224억 7,300만 달러(2008년) • 일반기계 11.0%, 석유제품 8.8%, 전기기계 7.1%, 섬유 및 직물 6.8%, 목화 6.0% • 중국 15.6%, 인도 13.2%, 쿠웨이트 7.2%, 인도네시아 5.1%, 일본 5.1%
인도	**수도**: 뉴델리(New Delhi) **면적**: 328만 7,000㎢(카슈미르 포함) **인구**: 12억 1,446만 4,000명(2010년) **인구밀도**: 369.4명/㎢(2010년) **국민총생산(1인당)**: 1,040달러(2008년)	**국명의 유래**: 인더스(Indus) 강 유역에 이주한 아리아 인이 이 지역을 '신두(Sindhu)'라고 부르고, 이것이 그리스 어로 '인도스'라고 발음된 것에서 기인 **약사**: 1857년 무굴제국이 멸망한 후 영국이 1600년 동인도회사를 설립하고, 1858년부터 직접통치를 시작함. 1947년 파키스탄과 분리되어 자치령으로 독립. 여전히 중국과 파키스탄 간의 국경문제를 안고 있음	**민족**: 인도·아리안(Aryan)계 72%, 드라비다(Dravida)계 25% 등 **언어**: 힌디 어(공식어) 등 22개 헌법공인어, 영어(준공용어) 등 800개가 넘는 언어 **종교**: 힌두교 81%, 이슬람교 13%, 그 밖에 기독교, 시크교, 불교, 자이나교	산업별 인구구성(%)(1991년 총 취업자 수 3억 1,413만 명): 1차 산업 60.9%, 2차 산업 11.4%, 3차 산업 18.7%	**수출**: 1,820억 1,900만 달러(2008년) • 석유제품 17.4%, 다이아몬드 8.2%, 철강 6.2%, 의류 6.0%, 섬유 및 직물 5.7% • 미국 11.8%, 아랍에미리트 10.5%, 중국 5.6%, 홍콩 5.5% **수입**: 3,035억 2,500만 달러(2008년) • 원유 27.4%, 일반기계 7.9%, 금 6.3%, 전기기계 6.1%, • 중국 10.0%, 미국 7.8%, 사우디아라비아 7.3%, 아랍에미리트 6.2%
네팔연방민주공화국	**수도**: 카트만두(Kathmandu) **면적**: 14만 7,000㎢ **인구**: 2,985만 2,000명(2010년) **인구밀도**: 202.8명/㎢(2010년) **국민총생산(1인당)**: 400달러(2008년)	**국명의 유래**: 카트만두 분지에 있는 네팔 계곡이라 부르는 계곡의 이름에서 따옴. 티베트 어로 '양모 시장'이라는 의미 **약사**: 13세기에서 18세기 중엽에 걸쳐 마츠라 왕조의 지배를 받다가 나라얀 샤(Narayan Shah)에 의해 1768년 12월 21일에 독립하고, 이듬해 구르카(Gurkha) 왕조를 세움. 1847년 이후에야 국가의 모습을 갖춤. 2007년에 왕정이 종식되고 2008년 5월 28일부터 공화제가 됨	**민족**: 체트리 족 16%, 브라만힐 족 13%, 마가르(Magar) 족 7%, 타루(Tharu) 족 7% 등 **언어**: 네팔 어가 공용어 **종교**: 힌두교가 국교로 81%, 불교 11%, 이슬람교 4%, 기독교 4%	산업별 인구구성(%)(2001년 총 취업자 수 990만 명): 1차 산업 65.7%, 2차 산업 11.9%, 3차 산업 22.2%	**수출**: 10억 9,600만 달러(2008년) **수입**: 35억 5,800만 달러(2008년)

국명	기본자료	약사(略史)	민족 · 언어 · 종교	산업	무역(품목 · 상대국)
부탄왕국	수도: 팀푸(Thimphu) 면적: 3만 8,000㎢ 인구: 70만 8,000명(2010년) 인구밀도: 18.5명/㎢(2010년) 국민총생산(1인당): 1,900달러(2008년)	국명의 유래: '용의 나라'라는 뜻 약사: 1907년 영국의 인정으로 군주제가 성립됐고, 1947년 인도가 영국으로부터 독립함에 따라 1949년 영국에 합병됐던 인도-부탄 지역을 돌려받는 대신 인도에 국방과 외교권을 위임하고 독립	민족: 부탄(티베트계)인 50%, 네팔계 35% 언어: 종카(Dzong-ka) 어가 공용어, 부탄 어, 네팔 어, 영어 종교: 라마교가 국교로 74%, 힌두교 21%	산업별 인구구성(%): N.A.	수출: 5억 8,000만 달러(2008년) 수입: 5억 6,000만 달러(2008년)
파키스탄이슬람공화국	수도: 이슬라마바드(Islamabad) 면적: 79만 6,000㎢ 인구: 1억 8,475만 3,000명(2010년) 인구밀도: 232.1명/㎢2010년) 국민총생산(1인당): 950달러(2008년)	국명의 유래: 펀자브(Punjab)의 P, 아프가니스탄(Afghanistan)의 A, 카슈미르(Kashmir)의 K, 신두(Sindhu)의 S의 조합으로 우르두어로 '깨끗한 나라(청정의 땅)'라는 의미 약사: 1947년 영국령 인도에서 인도와 분리됐고, 동서 파키스탄으로 된 비지(飛地, exclave) 국가로 독립. 독립 후 카슈미르 지방의 귀속문제로 두 번에 걸쳐 인도와 전쟁을 치름. 1971년 동파키스탄은 방글라데시로 분리 · 독립	민족: 펀자브 인 44%, 파슈툰 인 15%, 신드 인(Sindhi) 14%, 발루치(Baluch) 인 4% 등 언어: 우르두(Urdu) 어가 공용어, 그밖에 펀자브 어, 푸쉬트 어, 영어 등 종교: 이슬람교가 국교로 96%를 차지함. 대부분은 수니파, 힌두교 1% 등	산업별 인구구성(%)(2008년 총 취업자 수 4,909만 명): 1차 산업 44.7%, 2차 산업 19.4%, 3차 산업 35.9%	수출: 203억 2,300만 달러(2008년) • 섬유 및 직물 35.4%, 의류 19.3%, 쌀 12.0%, 석유제품 5.7% • 미국 18.0%, 아랍에미리트 9.9%, 아프가니스탄 7.1% 수입: 423억 2,600만 달러(2008년) • 석유제품 16.9%, 원유 13.9%, 일반기계 11.1%, 전기기계 6.9%, 화학약품 5.5% • 사우디아라비아 14.1%, 중국 11.2%, 아랍에미리트 8.9%, 쿠웨이트 8.1%
스리랑카민주사회주의공화국	수도: 스리자야와르데네푸라코테(Sri Jayawa-rdenepura Kotte) 면적: 6만 6,000㎢ 인구: 2,040만 9,000명(2010년) 인구밀도: 311.1명/㎢(2010년) 국민총생산(1인당): 1,780달러(2008년)	국명의 유래: 신할리 어로 '찬란히 빛나는 섬'의 의미로, 1978년 실론에서 현재의 국명으로 개칭 약사: 1948년 영연방 내의 자치령 실론으로 독립. 1972년 국명을 스리랑카공화국으로 바꾸고 영국 자치령에서 탈퇴해 완전히 독립. 1980년대부터 다수파 불교도 신할리 인과 분리·독립하고자 하는 소수파 힌두교도 타밀인과의 민족폭동이 격화됐으나 2009년 내전 종식	민족: 신할리 인 75%, 타밀 인, 17%, 무어인 8% 등 언어: 종래에는 신할리 어만 공용어, 1987년 타밀 어도 공용어로 추가, 그밖에 영어 등 종교: 불교 77%, 이슬람교 9%, 힌두교 8%	산업별 인구구성(%)(2008년 총 취업자 수 717만 명): 1차 산업 32.7%, 2차 산업 26.3%, 3차 산업 38.7%	수출: 83억 7,400만 달러(2008년) • 의류 40.9%, 차 14.9%, 고무제품 5.0% • 미국 22.5%, 영국 13.1%, 독일 5.6%, 인도 · 이탈리아 5.3% 수입: 140억 2,200만 달러(2008년) • 섬유 및 직물 12.4%, 석유제품 12.0%, 원유 9.7%, 전기기계 6.1%, 일반기계 5.6% • 인도 20.8%, 싱가포르 11.7%, 이란 8.8%, 중국 8.1%, 홍콩 5.1%

국명	기본자료	약사(略史)	민족 · 언어 · 종교	산업	무역(품목 · 상대국)
몰디브공화국	수도: 말레(Malé) 면적: 300㎢ 인구: 31만 3,000명(2010년) 인구밀도: 1,046.4명/㎢(2010년) 국민총생산(1인당): 3,640달러(2008년)	국명의 유래: ① 아랍 어로 궁전을 뜻하는 마헬(Mahel)에서 유래되었다는 설, ② 산스크리트 어로 섬의 화환이란 뜻의 말라디파(maladvipa)에서 유래되었다는 설, ③ 타밀 어 또는 마라얄람어 Mala(산)와 산스크리트 어 diva(섬)가 합쳐져 유래되었다는 설 등 약사: 오랫동안 술탄제를 유지해 옴. 포르투갈령에서 1887년 영국 보호령, 1948년 영국 직할의 보호국이었다가, 1965년 7월 독립. 1968년 술탄제를 폐지하고 공화국이 됨	민족: 신할리 인, 드라비다 인, 아랍 인 등의 혼혈 언어: 디베히 어가 공용어 종교: 이슬람교가 국교(수니파)	산업별 인구구성(%): N.A.	수출: 1억 2,600만 달러(2008년) 수입: 13억 8,800만 달러(2008년)

* N.A.: Not Available

자료: 世界と日本の地理統計(2005/2006年版), 古今書院(2005); 世界國勢圖會(2008/09), 矢野恒太 記念會 編(2008); 地理統計要覽, 二宮書店(2011).

남아시아는 동남아시아와 서남아시아를 연결하는 중요한 위치에 있다. 그 지리적 범위는 히말라야(Himalaya) 산맥의 남쪽 인도 아대륙(亞大陸, sub-continent)[1]으로 대륙부의 인도(India), 파키스탄(Pakistan), 방글라데시(Bangladesh), 네팔(Nepal), 부탄(Bhutan)이 이에 속하고, 도서부의 스리랑카(Sri Lanka)와 몰디브(Maldives)를 포함한다. 제2차 세계대전 이전 식민시대에는 네팔 등 일부 지역을 제외하고는 모두 영국의 지배하에 있었다.

인도 아대륙은 인종적으로 아리아(Aria) 인과 드라비다(Dravida) 인 및 그 혼혈이 주체가 되고 있지만, 네팔 등 몽골계도 나타나 인종·민족의 도가니라고 말한다. 인도에는 북부에 힌두 어를 사용하는 백인계의 아리아 인, 남부에 타밀 어를 사용하는 검은 얼굴의 드라비다 인이 많이 거주하고 있다. 공용어인 힌두 어와 준공용어인 영어 이외에 14개 지방 공용어가 있다. 시크교(Sikhism) 신도가 많은 북서부에서는 분리·독립운동이 일어나고 있다. 1947년 힌두교도가 많은 인도, 이슬람교도가 거의 대부분을 차지하는 동·서 파키스탄, 불교도가 많은 스리랑카가 각각 영국의 식민지로부터 독립했다. 이 과정에서 힌두교도와 이슬람교도가 각각 해당 국가로 850만 명씩 인구이동을 했으며, 그 후 1971년 파키스탄으로부터 방글라데시(종래의 동파키스탄)가 분리·독립했다. 그밖에 불교·라마교·시크교 등 여러 종교가 분포하고 있다.

또 거시적으로는 습윤 아시아와 건조 아시아의 점이지대로 자연환경의 지역적 차이도 크다. 힌두 문명의 전통과 특이한 풍속습관이나 보수적인 사회제도가 널리 나타난다. 문화적·경제적으로도 후진성과 생산력의 낮음이 뚜렷하고, 심각한 인구문제로 걱정을 하고 있다. 1985년에는 남아시아 지역협력연합(South Asian Association for Regional Cooperation: SAARC)[2]을 조직해 점진적으로 정치적·경제적 국제협력을 진전시키고 있다.

1) 인도 아대륙의 면적이 448만 7,300㎢인 데 대하여 러시아를 제외한 유럽의 면적이 497만 5,000㎢로 유럽의 면적에 버금간다고 하여 아대륙이라 부른다.
2) 1985년 12월 방글라데시의 다카(Dacca)에서 처음 남아시아 7개국 정상회담을 개최, 공동성명과 함께 'SAARC 헌장'을 채택해 정식 발족했다. 가맹국은 인도, 파키스탄, 방글라데시, 스리랑카, 네팔, 부탄, 몰디브의 7개국이다.

제1장

고산과 평원 및 고원으로 구성된 인도

인도는 중국에 이어 아시아에서 두 번째로 넓은 국가이다. 인도 아대륙의 주요 부분을 차지하고, 벵골(Bengal) 만의 안다만(Andaman)·니코바르(Nicobar) 제도와 아라비아(Arabia) 해의 래카다이브(Laccadive, Lakshadweep) 제도를 포함하고 있다. 인도의 대륙부는 남북으로 3,214㎞, 동서로 2,933㎞ 펼쳐져 있고, 국경선의 길이는 1만 5,098㎞이다. 인도는 인류가 계속 거주해온 세계에서 가장 오래된 지역 중의 하나이다. 인더스(Indus) 강 유역(지금의 파키스탄령)에서는 기원전 3000~기원전 2000년에 걸쳐 다수의 도시가 번성했고, 특징적인 도시문화가 발달했다.

인도의 해외 이주자 수도 많다. 이주 국가는 주로 동남아시아 이외에 남아프리카 및 동아프리카였고, 영국의 통치 아래에 있었던 여러 섬에도 이주했다. 인도가 영국의 통치를 받았던 시대에 영국이 인도 통치를 위한 하나의 수단으로서 인도 노동자를 이러한 섬 지역에 이동하는 것을 권장한 것이 그 원인이다. 남아프리카

남동 해안의 더반(Durban)을 중심으로 해안지역에서 사탕수수 재배 노동자로 일한 사람이 많았다. 1860~1911년에 그 지역으로 이주한 인도인의 수는 약 12만 명에 달했고, 그 후 30만 명까지 되었다. 그러나 제2차 세계대전 이후 아프리카에 독립국가가 탄생됨에 따라 정세의 변화로 아프리카 대륙에서 인도로 돌아온 사람 수가 많았고, 경우에 따라 신흥독립국이 건국된 후 동아프리카에서 인도인을 받아들인 경우도 많았다.

1. 히말라야 산맥의 생성과 자연재해

1) 히말라야 산맥의 형성

인도는 우선 광대한 크기를 가진 국가이다. 한국 면적의 약 14배에 달하고, 미국 면적의 1/2, 러시아를 제외한 유럽 대륙의 면적에 해당하는 328만 7,000㎢가 된다. 그래서 인도를 흔히 아시아에 붙어 있는 아대륙이라 부른다. 또한 인도는 서로 대조적인 현상들이 공존하는 국가이다. 즉, 사막과 같은 건조기후와 세계 최다의 다우지역, 히말라야[1] 산맥에 만년설이 분포한 지역과 습도가 높고 타는 듯한 높은 온도를 나타내는 지역, 세계에서 가장 높은 산과 바다처럼 넓은 힌두스탄(Hindustan) 대평원과 같이 대조적인 현상이 공존한다.

판구조론(plate tectonics)에 의하면 히말라야 산맥과 그 북쪽에 이어지는 티베트 고원, 쿤룬 산맥, 톈산 산맥이 어떻게 만들어졌는가는 오랫동안의 고민이었다. 그러나 대륙이동설에 이어 해양저 확대나 열대류를 고려한 판구조론의 등장으로 그 의문점이 해명돼가고 있다.

남아프리카의 지질학자 뒤트와(Alexander Logie Du Toit)는 1927년 『남아메리카와 남아프리카의 지질학적 비교(A Geological Comparison of South America with South Africa)』에서 1912년 독일의 지구물리학자 베게너가 내놓은 대륙이동설을 재구성했다. 베게너가 하나의 초대륙 판게아를 제시했던 것과는 달리 그는 2개의 큰 대륙을 가정했는데, 북반구의 로라시아 대륙과 남반구의 곤드와나 대륙은 테티스 해[2]라고 불리는 바다에 의해서 분리되어 있었다고 했다. 로라시아 대

1) 산스크리트 어 히마(Hima)와 알라야(Alaya)가 합쳐진 말이다. 히마는 '눈'을 뜻하며 알라야는 '거처'를 뜻하므로 히말라야는 '눈의 거처'라는 의미이다.

2) 고생대 후기부터 신생대 전반기까지 현재의 지중해역에서 카프카스 산맥 및 히말라야 산맥 등의 지역을 지나 동남아시아와 중국 남부 및 한반도에 걸쳐 있던 길고 가느다란 얕은 해역을 일컫는다.

〈그림 4-1〉 히말라야 산맥의 생성과정

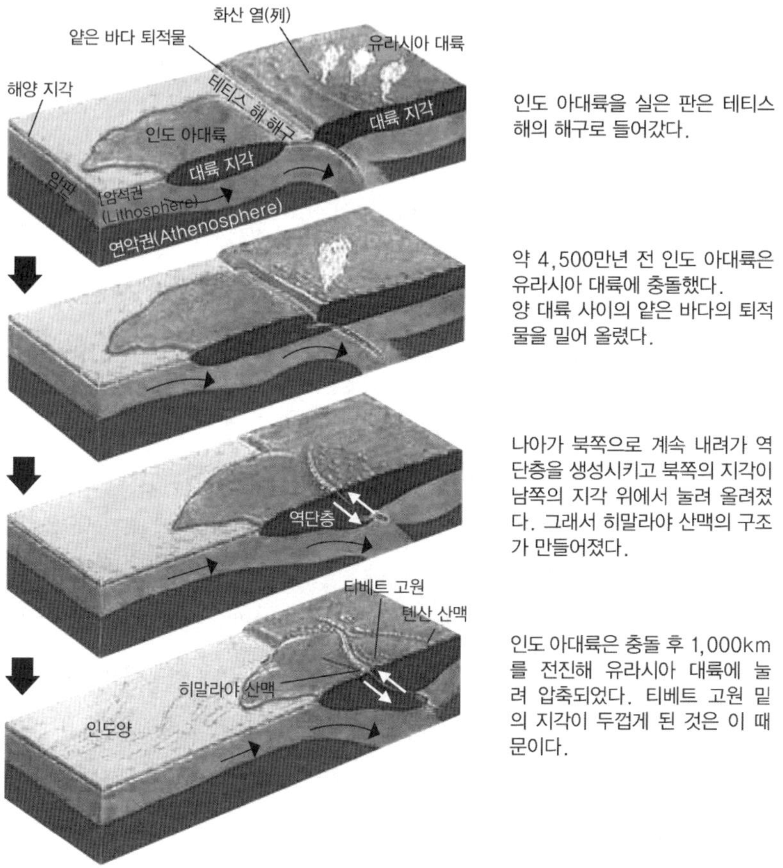
화산 열(列)
얕은 바다 퇴적물
유라시아 대륙
해양 지각
테티스 해 해구
대륙 지각
인도 아대륙
대륙 지각
암판
암석권
(Lithosphere)
연약권(Athenosphere)
인도 아대륙을 실은 판은 테티스 해의 해구로 들어갔다.
약 4,500만년 전 인도 아대륙은 유라시아 대륙에 충돌했다. 양 대륙 사이의 얕은 바다의 퇴적물을 밀어 올렸다.
역단층
나아가 북쪽으로 계속 내려가 역단층을 생성시키고 북쪽의 지각이 남쪽의 지각 위에서 눌려 올려졌다. 그래서 히말라야 산맥의 구조가 만들어졌다.
티베트 고원
텐산 산맥
히말라야 산맥
인도양
인도 아대륙은 충돌 후 1,000km를 전진해 유라시아 대륙에 눌려 압축되었다. 티베트 고원 밑의 지각이 두껍게 된 것은 이 때문이다.

자료: とうほう(地理資料 B 2000: 53).

륙은 주로 중생대(6,500만~2억 2,500만 년 전의 지질시대)에 분리된 현재의 대륙들로 갈라진 것으로 생각된다. 그리고 남반구의 곤드와나 대륙에는 지금의 남반구와 인도 반도, 아라비아 반도가 속한다.

인도 아대륙을 실은 판은 유라시아 대륙과의 사이에 있는 넓은 테티스 해의 해구로 들어가다가 약 4,500만 년 전에 결국 유라시아 대륙과 심한 충돌을 했다. 인도 아대륙의 지각은 유라시아 대륙의 지각을 압축시킴과 동시에 그 밑으로 1,000km나 들어갔다. 이때에 인도 아대륙의 북부 지각에 역단층이 생겨 이 단층을 따라 유라시아 대륙의 지각이 인도 아대륙 지각 위를 누르게 되었다. 이렇게 하여 히말라야의 높은 산맥이 만들어졌다. 히말라야 산맥의 수천m 고지에 나타나는 많은 화석은 두 개 대륙 사이의 테티스 해에서 살았던 생물 화석이 이곳까지 밀려 올려왔다고 생각한다. 나아가 인도 아대륙의 지각이 유라시아 대륙으로 들어감에 따라 티베트 고원의 두꺼운 지각이 만들어져 멀리 있는 톈산 산맥까지 그 영향을 미쳤다(〈그림 4-1〉).

2) 인도의 자연재해

미국 해외재난지원국(The Office of U.S. Foreign Disaster Assistance: OFDA)에서 발표한 세계 재해 통계자료에 의하면 1960~1981년에 인도에서 가장 많은 재해가 발생했고, 필리핀이 2위, 방글라데시가 3위로 나타났다. 인도의 기상재해는 가뭄·폭서·홍수에 의한 것이며 이로 인한 기근이 발생하는데, 그 이유는 히말라야 산맥의 황폐화라는 환경파괴 때문이다. 즉, 과거 30년 동안 히말라야 산맥 산기슭의 산림이 대규모로 벌채되면서 우기에 보수력을 잃은 산에서 한꺼번에 많은 물이 흘러넘쳐 홍수가 일어났다. 또한 벌거벗은 산지에서 흘러내린 토사는 하천 바닥을 높여 대규모 침수를 야기하고 있다. 반면 토지의 건조화·황폐화로 건기에 가뭄이 닥치면 땅이 마른다. 이와 같은 현상으로 인한 기상재해는 인간이 환경을 파괴했기 때문에 일어난다.

히말라야 산지의 극심한 환경파괴는 인도의 인구증가로 농촌지역의 인구가 산지로 이주해 계단식 경작과 화전으로 생계를 잇고 있기 때문이다. 또한 연료의 90% 이상을 나무에 의존하므로 산의 나무가 벌채되기 때문이다. 네팔 지역에서 1년 동안 벌채되는 삼림의 면적은 40만ha에 달한다. 1975년경 국토의 80%였던 네팔의 산림 면적이 현재는 20%에 불과하다.

또 6~9월에 집중적으로 내리는 강수로 갠지스(Ganges) 강과 브라마푸트라(Brahmaputra) 강을 통해 흘러내린 많은 토사가 강바닥에 퇴적되어 범람이 일어난다. 그런데 극심한 인구증가로 빈민들이 강가나 해안습지에 거주하고, 인도 인구의 1/7이 해발 3m 이하의 해안 저습지나 삼각주 등에 거주하고 있어 인명의 피해가 크다(〈그림 4-2〉). 따라서 인도에서는 자연 중에서 기후가 가장 중요한 위치를 차지한다.

가뭄에 대한 인도 비하르(Bihar) 주 주민의 믿음

인도 동부 비하르 지방의 농부들은 어린 딸들에게 알몸으로 바싹 마른 들판을 경작하게 한다. 벌거벗은 소녀들이 일몰 후에 신들을 불러내기 위해 고대의 찬송가를 부르면서 밭을 경작하고, 마을의 여자 노인들이 소녀들의 작업을 돕는다. 마을 사람들은 농작물의 경작과 수확을 관장하는 날씨의 신이 이 광경을 보고 당황하여 비를 내려줄 것이라고 믿는데, 이는 가장 굳게 이어져 내려온 사회 관습이다.

〈그림 4-2〉 남아시아의 계절풍

2. 힌두스탄 평원과 세계적 목화 산지 데칸 고원

힌두스탄 평원은 동쪽 갠지스 강 삼각주에서 서쪽 인더스 강 삼각주에 걸쳐 있는 길이 약 3,200㎞, 폭 약 240~480㎞에 달하는 거대한 평야로서 두터운 충적층으로 덮여 있다. 이 평원은 갠지스 강 하구로부터 1,800㎞ 떨어진 지점의 고도가 270m에 불과할 정도로 매우 평탄하며, 인도의 벼 재배 중심지를 이루고 있다.

힌두스탄 평원 남쪽의 빈디아(Vindhya) 산맥과 사트푸라(Satpura) 산맥을 경계로 북부의 평원과 남부의 고원으로 나누어지는데, 남부의 고원을 데칸(Deccan) 고원이라 한다. 이 산맥들은 북쪽의 아리아 문화가 남쪽으로 전파되는 것을 차단해 아리안 족과 드라비다 족의 인종적·문화적 경계를 이룬다. 데칸 고원의 데칸은 '남쪽'이라는 뜻이며, 건조하고 산이 많은 고원으로 토양은 메마르다. 데칸 고원은 광대한 개석(開析)대지(면적은 약 160만㎢)로 지구상에서 가장 오래된 육지로 알려져 있다. 즉, 선캄브리아(Pre-Cambria)대의 암석을 주체로 하는 안정육괴를 기반으로 중생대 육성층이 퇴적한, 이른바 곤드와나 대륙의 일부에 해당한다. 현재의 지형은 중생대 백악기 이후 현무암의 분출과 그 이후의 지괴운동에 의한 것이다. 현무암의 분출로 북서부에 광대한 용암대지(약 50만㎢)가 형성됐고, 지괴운동으로 서쪽이 높고 동쪽이 낮은 경동지괴를 이룬다. 이 방대한 용암대지에는 풍화작용을 받아 생성된 비옥한 흑색 목화토인 레구르(Regur, Black Cotton Soil)가 덮여 있으며, 이곳이 목화 재배의 중심지이다. 데칸 고원의 동·서쪽 해안에 각각 동고츠 산맥(500~600m)과 서고츠 산맥(1,000~1,500m)이 남북 방향으로 뻗어 있다. 이 동·서고츠 산맥의 고츠(Ghats)는 '계단 또는 비탈'의 뜻으로, 서쪽 부분이 더 높아 데칸 고원의 대부분 강들은 동쪽으로 흐른다(〈그림 4-3〉).

〈그림 4-3〉 인도 아대륙의 지형 단면도

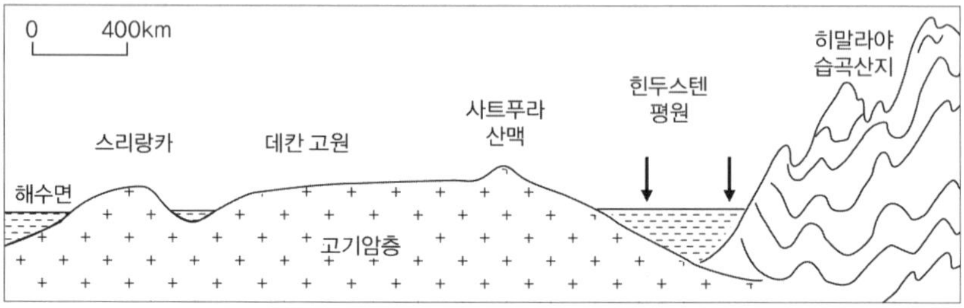

자료: 정승일 외(1999: 181).

제2장

복합경제와 복잡한 사회·문화

1. 인도의 경제개발

인도의 경제체제는 자본주의와 사회주의를 혼합한 의미에서 복합경제라고 불린다. 인도는 독립 후 국영기업을 중심으로 산업을 발전시켜왔다. 그러나 1960년대까지 타타 그룹(Tata Group) 등 재벌에 의한 공업화가 진전돼왔기 때문에 큰 은행, 철도, 전력 등의 기간산업에는 국영기업이 많지만 그 밖의 민간자본 의한 것도 많다. 또 인도는 넓은 국토와 풍부한 자원, 많은 노동력을 갖고 있기 때문에 외국 제품의 수입을 원칙적으로 인정하지 않고, 국내산업의 의한 자급자족 체제를 취하고 있다. 그러나 한편으로 국산품의 일부는 품질이 나쁘고 값도 비싸다는 비판도 있다.

1) 경제개발계획의 착수와 공업 중심 정책(1947~1966년)

1947년 영국으로부터 독립한 인도는 약 200년간의 왜곡된 식민지 경제구조를 극복하고 경제의 근대화와 자급자족 및 자력갱생의 기반을 구축하고자, 소외 '사회주의형 사회(socialistic form of society)'의 이념 아래 장기적인 경제개발 5개년 계획을 수립했다. 초대 수상인 네루(J. Nehru)에게 인도 경제의 근대화는 곧 공업화를 의미했다. 그는 기술과 과학정신을 이끌 수 있는 공업화가 서구에서 경제발전에 기여했던 것처럼 인도에서도 비슷한 결과를 가져오리라 기대했다. 인도의 공업화가 농업 부문에서의 과잉인구를 공업에 흡수시키거나 자체 분야 내에 고용을 증대시킬 수 있는 것으로 기대했으며, 이에 따라 네루는 제2차(1956/57~1960/61년)와 제3차(1960/61~1965/66년) 경제개발계획에서 공업화를 실현시키고자 했다. 제2·3차 기간에 급속한 공업화 전략의 일환으로 중점을 두었던 기간산업은 철강·기계·전력·중화학·비료·석탄·시멘트 공업 등의 분야였다.

그러나 오랜 식민지 경제로 인한 극도의 자본 부족과 낮은 저축률 등 때문에 이 기간에는 자본과 저축이 투자로 환원될 수 있는 여건이 미비했다. 시장기구에 경제를 맡길 경우 부유한 일부 집단의 과소비가 비투자 부문으로 유출될 수 있었기 때문에, 국가가 직접 경제에 개입해 공공 부문에 대한 투자를 유도할 수밖에 없었다. 또한 거의 모든 재원을 중공업에 투자하는 공기업 중심 경제 정책의 실시와 수입과 수출보다는 내수 중심적인 수입대체(import substitution) 전략이 채택됐다.

한편 민간 부문은 농업과 소비재 공업 및 노동집약적 산업으로 제한해 규제와 간섭을 통해 투자를 억제시켰다. 즉, 국내 생산 가운데 민간 부문에 대해서는 엄격한 허가제를 도입해 투자 가능한 자원이 민간 부문에 적절히 할당될 수 있도록 지원했다. 당시 인도 정부는 외국 기업에 대해서는 엄격한 진입 장벽을 유지해 국내 경제의 개방화와 세계 경제로의 통합을 크게 제한했다. 무역적자의 폭을 줄이고 국내 산업의 보호를 위해 수입 품목의 엄격한 제한을 가했으며, 국내 산업이 외국 기업과의 경쟁에서 살아남을 수 있도록 단단한 보호막을 제공했다.

한편 전체 인구의 약 2/3가 거주하고 있는 농촌지역의 주력 산업인 농업은 공업에 비해 즉각적인 투자의 결과를 기대하기 어렵다고 보았다. 또한 다양한

다수확 품종 개발과 비료 생산 및 생산 방법의 개발을 가능케 하는 농업 부문의 발전도 결국 공업화의 정도 여부에 달려 있다고 보았다. 따라서 이 기간에 농업 부문은 공업 부문에 비해 큰 관심을 받지 못했다. 그러나 농업 부문에서도 독립 이후 인도 농업 발전의 가장 중요한 관건이었던 농촌의 비생산적 기생지주 집단을 직접 생산에 종사하는 자영농집단으로 대체하기 위한 토지개혁이 실시됐다. 당시 토지개혁의 내용은 자민다르(Zamindar, 징세 청부인) 등 중개인(intermediaries) 제도의 철폐, 기생적 농촌 부재지주 집단 일부의 자영농으로의 전환, 상층 소작인의 자영농으로의 상승 등을 포함하고 있었다. 그러나 토지개혁이 농민층의 상층부에서는 어느 정도 토지의 재분배를 가져왔지만, 하층 소작인과 빈농 및 무토지 농업 노동자들에 대한 토지의 재분배는 실질적으로 거의 이루어지지 않았다.

2) 농업 혁명과 경제발전(1967~1980년)

미국으로부터의 대규모 식량 수입을 불가피하게 만들었던 1965~1966년의 연이은 가뭄은 1965년 인도-파키스탄 전쟁으로 악화된 국내 경제적 여건을 더욱 악화시켰다. 이는 네루 정부 시절부터의 자립경제와 자력갱생의 기조를 약화시키는 시발점이 됐다. 1964년 네루의 사망 이후 1966년 수상에 오른 네루의 딸 인디라 간디(I. Gandhi)에 의해 단행된 루피(Rupee)의 평가절하는 내부만을 지향하던 인도 경제가 외부를 향한 최초의 진지한 방향 전환이다. 또한 이는 국내의 반대 정치세력의 비판에도 불구하고 지난 세 번에 걸친 경제계획 때보다 수출입에 관련해 다소 개방적인 정책을 채택한 것이었다.

1967~1980년에 걸친 제4·5차 경제개발 5개년 계획은 그간의 중공업 중심적 육성정책을 농업 개발 중심적 육성정책으로 전환시켰으며, 정치적 지지를 담보로 하는 각종 빈곤퇴치 프로그램도 도입됐다. 사실상 독립 이후 인도의 농업 부문 문제 해결의 최우선 과제로 실시된 토지개혁 조치와 토지상한선 체계의 도입 및 반봉건적(semi-feudal) 중개인 제도의 철폐는 일부 지주와 부농층의 토지 소유 집중화를 감소시켰지만 근절시킬 수는 없었다. 농업생산력의 상승은 거의 한계에 봉착해 결국 식량 부족으로 외국의 곡물 수입이 불가피했다.

이러한 상황은 인도 정부로 하여금 1960년대 중반부터 농업정책의 중심을 제도 개혁에서 신기술체계를 도입해 농업생산력을 증대시키는 신농업전략인 소위 '녹색혁명(green revolution)'으로 전환하도록 했다. 도입된 새로운 농업기술체계는 주로 밀과 쌀을 대상으로 하는 다수확 품종, 화학비료와 살충제의 대폭적 사용, 광범위한 관개시설의 이용 등이었다.[1] 이러한 농업기술체계의 도입과 보급을 위해 인도 정부는 각종 농업보조금과 농업지원정책, 예컨대 곡물 가격 보조정책 등을 마련했지만, 사실 이러한 보조금의 주된 수혜자는 토지개혁으로 인한 기생적 지주의 세력 약화로 새롭게 등장한 대규모 자영농 등 부농층이었다. 이들은 정부 보조금과 자신의 대규모 자본을 이용해 신품종 재배에 필요한 관개시설의 정비와 화학비료 및 살충제 등을 구입할 수 있었다.

1970년대 들어 집권당인 회의당(Congress Party)은 정치적 지지를 확보하기 위한 다양한 가난 퇴치 프로그램을 동원했다. 예컨대 '가뭄 다발지대 보호프로그램(the Drought-prone Areas Programs)', '한계농과 농업노동자 발전기구(Marginal Farms and Agricultural Labourers Development Agency)' 등의 도입과 운영을 위해 막대한 정부자금이 지원됐다. 이 프로그램들의 대부분은 가난한 사람들에게 고용을 창출해주는 것이거나 그들에게 자기 고용이 가능한 자금을 제공하는 것이었다.

3) 인도 경제위기의 초래(1980~1990년)

제6·7차 경제개발 5개년 계획이 수행된 이 기간의 경제정책은 한마디로 대중주의(populism)와 경제자유화 경제정책의 실시로 압축될 수 있다. 지난 제5·6차 경제개발계획 때보다 훨씬 다양한 종류의 정부 보조정책이 수행됐다. 식량, 화학비료 등에 대한 보조와 관개, 전력, 도로 등 공공 시설물의 이용에 대한 저가정책 및 철강과 석탄과 같은 공공 부문의 생산물에 대한 저가정책 등에 대규모 세원이 지출됐다. 또한 국영화된 은행들에는 비생산적 부문에 대해서도 대출을 제공했으며, 대기업과 공업 부문에 대한 대출도 농업 부문을 훨씬 앞질렀다. 부실화된 민간기업의 노동자가 해고되거나 기업이 정리되는 일은 없고, 대신 정부가 국가 기업으로 인수함으로써 공기업의 부실화를 유발했다.

이 기간에는 특히 정부와 공공기업 근무자들의 실질 임금이 상승됨으로써 사적

1) 다량의 화학비료와 살충제의 사용으로 토양이 척박해져 농사를 지을 수 없거나 생산량이 줄어드는 문제도 발생하고 있다.

영역의 소비를 증대시켰다. 더구나 제7·8차 경제개발 기간에는 지난 10년 동안 수행됐던 가난 구제 프로그램이 대대적으로 확장되어, 이를 통해 고용이 창출되어 가난한 사람들이 수입을 낳을 수 있게 했다. 특별히 '통합농촌발전 프로그램(The Integrated Rural Development Program)'을 실시해 가난한 사람들에게 자산을 제공하거나 자기 고용이 가능하도록 하는 훈련과정을 제공했다. 그러나 이처럼 대규모로 빈곤한 사람들에 대한 사회적 기회를 제공하는 데 사용된 생활보조비 등 정부를 통해서 소득이 재분배되는 '이전 지불(transfer payment)'은 그들에게 최소한의 소비를 가능케 할 정도였을 뿐, 제공된 기초 교육, 보건과 사회 안정책은 거의 미미한 수준에 그쳤다.

1980년에 다시 재집권에 성공한 간디 수상은 외환위기 상황은 아니었지만, 국내의 복잡한 경제상황을 고려해 1981년에 IMF로부터 약 60억 달러의 차관을 들여왔다. 이 차관은 무역 등에서의 각종 통제와 규제를 완화시킬 때 야기될 수도 있는 경제위기와 그동안의 가난한 사람들을 위한 막대한 사회적 지출이 가져온 재정위기에 대비하기 위한 것이었다. 그녀가 수행한 국내외 무역활동 규제의 완화는 국내총생산(GDP)의 급증과 무역의 활성화 및 외환보유고의 상승이라는 즉각적인 효과를 가져왔다. 그러나 이러한 경제자유화 조치로 인한 경제적 호황은 국내에서 발생한 일부 공장 노동자의 파업과 원활한 국내 생산물 유통 과정을 어렵게 만든 펀자브[2] 지역과 북동부 부족 지역의 호전적인 민족적 분규(ethnic strifes)의 발생 및 이러한 사태에 대한 법과 질서의 회복을 위한 조치에 정부의 지출을 크게 늘려, 인도 경제발전에 큰 역할을 하지 못했다.

1984년 인디라 간디 수상의 사망 후 그녀의 아들 라지브 간디(R. Gandhi)의 집권 동안에도 경제자유화 조치는 지속되어, 인도의 무역제도와 국내 생산의 자유화 움직임에 박차를 가했다. 그러나 지속적이면서 무분별한 가난한 사람들을 위한 사회적 지출 프로그램과 남아시아에서의 이웃 국가와의 군비 경쟁 및 군사적 맹주 지위의 유지를 위한 과다한 국방비 지출 등으로 인해 인도 정부는 적자 예산을 면치 못했다. 1980년대에 꾸준히 증가했던 조세 수입에도 불구하고 각종 보조금의 증가, 공기업 적자 보전, 적자 예산에 대한 이자 지불 등의 비계획 부문에서의 지출 증가로 계획 부문의 투자가 감소될 수밖에 없었다.

1980년대 말에 이르러 외국투자가 줄어들고 인도에 대한 국제신용도가 떨어지

2) 5개의 강이란 뜻으로 '인도의 빵 바구니'라고 말하는 이곳의 동펀자브 지방은 본래 이슬람교도가 거주하던 지역이었으나, 지금은 시크교도가 많아 이들이 분리·독립운동을 하고자 하는 지역이다. 시크교는 15세기 인도 북부에서 힌두교의 신애(信愛, 바크티) 신앙과 이슬람교의 신비사상(神秘思想)이 융합되어 탄생한 종교로서, 현재 신도만 전 세계적으로 2,300만 명에 이르는 세계 5대 종교 중의 하나이다. '시크'라는 용어는 산스크리트 어로 '교육' 또는 '학습'이라는 뜻의 '시스야(sisya)'에서 전래했다는 설과 '가르침'이라는 '식사(siksa)'에서 유래했다는 두 가지 설이 있다.

면서 점차 장기성 외환 차관이 어려워지자, 인도 정부는 늘어가는 정부 재정의 악화를 막기 위해 손쉬운 단기성 외채를 도입해 결국 외채 지불 능력의 한계를 맞고 말았다.

4) 1991년 이후 경제의 자유화(economic liberalization)

1991년 스리랑카 반군 집단인 타밀 엘람 해방 호랑이(Liberation Tigers of Tamil Eelam: LTTE) 대원의 자살폭탄 공격으로 사망한 라지브 간디의 후임으로 회의당의 라오(N. Rao) 수상이 취임했다. 라오 수상은 취임 직후 대대적인 경제자유화와 개방화를 위한 구조조정 정책을 발표했다. 1991년은 1980년대에 누적됐던 외채의 위기가 표면으로 부상되어 더 이상 지불 능력이 불가하던 때이며, 국내의 인플레이션 비율이 급등하고 국가의 재정위기가 눈앞에 닥쳐왔던 해이다. 앞서 언급했다시피 1980년대 인도 정부의 재정 위기는 국가 자원의 부적절한 동원과 무계획적 공공 지출 및 정치적 계산을 둔 선심성 대중주의적 보조금의 남발로 인해 초래된 것이다.

1990년에 들어와 갑자기 몰아닥친 외환위기와 경제성장의 둔화는 1991년에 집권한 라오 정부로 하여금 대외무역정책, 재정금융 및 산업정책 등에 대대적인 수정을 강요했다. 라오 정부는 외환위기 극복을 위해 적극적 구조조정을 수행해야 하며, 이를 통해 재정적자와 무역적자를 해소해야 했다. 또한 국내 상품시장 및 무역·금융 부문의 개방화를 통해 국내와 세계가격의 격차를 최대한 줄이고, 외국 자본과 기술의 자유로운 왕래를 보장하는 경제의 시장 메커니즘에 대한 의존을 강화함으로써 경제발전 과정에서 정부의 역할을 대폭 약화시켜야 했다. 이러한 모든 것은 인도 경제의 세계 경제로의 통합을 요구하는 것으로서, 한마디로 표현해 이제 인도는 '국가 주도 자본주의'에서 '시장 주도 자본주의'로의 변화가 요구됐다.

1991년의 경제개혁정책 이후 4~5년 동안 인도 경제의 지표는 위기적 상황에서 서서히 벗어나 GDP 성장 면에서도 1994/95년에는 6.3%, 1995/96년에는 6.6%로 상승하는 등 괄목할 만한 성장을 했다. 그러나 이러한 긍정적인 발전에도 불구하고 1991년의 신경제정책이 수반한 구조조정은 인도 경제에 인플레이션 압력을 가중시켰다. 또한 이는 평가절하, 관리가격 상승, 각종 보조금의 삭감 등으로 인도 인구의 가장 높은 비율을 차지하고 있는 빈곤층의 경제적 여건을 더욱 어렵게 만들었다. 1996년 말 인도 정부가 보유하고 있는 외환보유고는 약 179억 달러였으며, 이는 수출에 의한 것이 아닌 주로 외화의 차입에 의존한 것이었다. 수출 증가를 위한 평가절하는 인플레이션을 가속화시켰으며, 관세의 감면은 인도 정부로 하여금 물품세 수입에 과도하게 의존케 함으로써 상품가격의 상승을 더욱 부추기게 됐다.

인도 정부는 국가의 재정 적자 및 무역수지 적자를 정상화시키기 위해 긴축재정정책을 수행했지만, 이는 특히 농촌지역 개발 부문과 사회보장 부문에 대한 정부 지출의 대폭적인 삭감으로 이어져 빈곤층의 고용 및 기초생활 조건의 악화를 초래했다. 결국 거시경제의 안정화를 위한 정부의 긴축재정은 도시의 임금 근로자와 농촌의 농민층 및 농업노동자층에 악영향을 끼칠 수밖에 없다.

콜롬보 계획(Colombo Plan)

콜롬보 계획의 정식 명칭은 '남아시아 및 동남아시아에 대한 협동적 경제개발을 위한 국제협약'이다. 이것은 남아시아 및 동남아시아 여러 나라의 경제개발을 촉진시킴과 동시에 이 지역의 생활수준을 향상시키기 위한 목적으로 펼친 공동계획이다. 이 계획은 유일한 국제적인 경제개발계획이지만, 그 실시에 필요한 집약적인 권한을 가진 조직은 아니었다.
이 계획은 1950년 9월 런던에서 열린 영연방자문위원회에서 작성되어 다음 해 7월 1일에 정식으로 발효됐다. 이 계획의 출발점이 된 것은 1950년 1월 스리랑카의 과거 수도인 콜롬보(Colombo)에서 열린 영연방외상회의에서 오스트레일리아 외상 스펜서(P.C. Spencer)가 제안한 동남아시아 또는 남아시아의 통합적인 경제개발계획이다. 원조국은 영국·캐나다·오스트레일리아·뉴질랜드이고, 피원조국은 스리랑카·인도·파키스탄·말레이시아·싱가포르·보르네오였으나 그 후 브루나이·캄보디아·베트남·아프가니스탄·한국·부탄 등이 참가해 1966년까지 계속됐다.

2. 세계적인 농산물 생산국가

인도는 국토면적의 55.1%가 농지다. 농업에 종사하는 인구는 2002년 현재 약

2억 7,000만 명으로 경제활동인구의 58.7%이고, 제1차 산업 종사자 1인당 농지면적은 0.7ha로 매우 영세적이다. 이와 같은 농지면적의 영세화는 힌두교도·이슬람교도의 경우 남자 유산 균등법에 의한 토지상속으로 필지가 세분되어 영세성을 면치 못하고 또한 분산되어 있기 때문이다. 이와 같은 농지면적의 영세화는 낮은 농업생산성에 크게 영향을 미쳐, 2006년 농지면적당 곡물 생산량은 한국의 약 37%, 일본의 약 52%를 차지했다.

이외에 농업생산성에 영향을 미치는 요인으로는 강수량과 관개시설의 부족, 낙후된 농법 등이 있다. 토양의 과도한 이용으로 농업생산성이 낮아졌는데, 수세기 동안 비료가 없이 계속 집약적인 농업을 행했기 때문이다. 또 19세기에 행해진 대규모의 삼림파괴로 집중호우에 의한 토양 중의 유기질의 용탈됐고, 농가는 비료를 구입할 경제력이 없기 때문이다. 그러나 농가는 인분의 사용에 대한 편견을 갖고 있고, 가축분뇨는 연료로 사용하기 때문에 토양의 비옥도를 높일 수 없었다. 한편 힌두교의 성우(聖牛) 사상으로 축력 사용이 제한돼 있다.

인도의 주요 농작물의 생산을 보면(〈표 4-2〉), 벼는 세계 생산량의 약 1/5을 차지하고, 밀은 10% 이상을 차지한다. 기호식품인 차는 세계 생산량의 1/4을, 사탕수수는 약 14%를 차지한다. 이와 같이 인도는 세계 주요 농업 생산국이다. 주요 작물지대를 보면 벼는 힌두스탄 평원과 동부와 서부 해안지역에, 밀은 북부지역에, 기장(millet)은 서부 및 남부지역에서 주로 재배되고 있다(〈그림 4-4〉).

인도는 계절풍의 영향으로 시기에 따라 기온과 강수량이 다르므로, 작물 재배도 하계작물(습윤작물, Kharif)과 동계작물(건조작물, Rabi)로 나누어진다. 하계작물은 여름(6월)에 파종해 가을(10월 내지 11월)에 수확하는 작물로, 인도의 작물 재배면적의 약 3/4, 생산액의 약 2/3를 차지한다. 이에 속하는 작물로는 벼, 기장, 목화, 사탕수수, 황마(jute), 차 등이 대표적이다. 동계작물은 가을(11월)에 파종해 봄(2월 내지 3월)에 수확하는 작물로 밀, 보리, 담배 등이 대표적이다.

목화는 데칸 고원의 레구르에서 주로 생산되는데, 이 토양은 용암대지뿐만 아니라 결정편암지역에도 분포한다. 레구르는 상층과 하층 모두 검은색으로 그 위에는 벼과(禾本科) 초원이 전개된다. 이 토양은 매우 기름져 100년 동안 비료가 없이도 농사를 지을 수 있다고 한다. 특히 화훼 재배에 알맞은데, 그 이유는 레구르가 매우 높은 단립(團粒) 구조를 가진 롬(Loam)질인 중점(重粘) 토양이며, 보수

〈표 4-2〉 인도의 세계적인 농작물 생산(2008년)

작물	세계 점유율(%)	세계 순위	세계 생산량
벼	21.6	2위	6억 8,501만 톤
밀	11.4	2위	6억 8,995만 톤
땅콩	10.4	2위	4,776만 8,000톤
목화	6.1	2위	4,417만 3,000톤
사탕수수	13.6	2위	1억 5,500만 톤
차	17.0	3위	473만 6,000톤

자료: 世界國勢圖會(2008/09), 矢野恒太 記念會 編(2008: 236~244).

〈그림 4-4〉 인도의 주요 작물지대

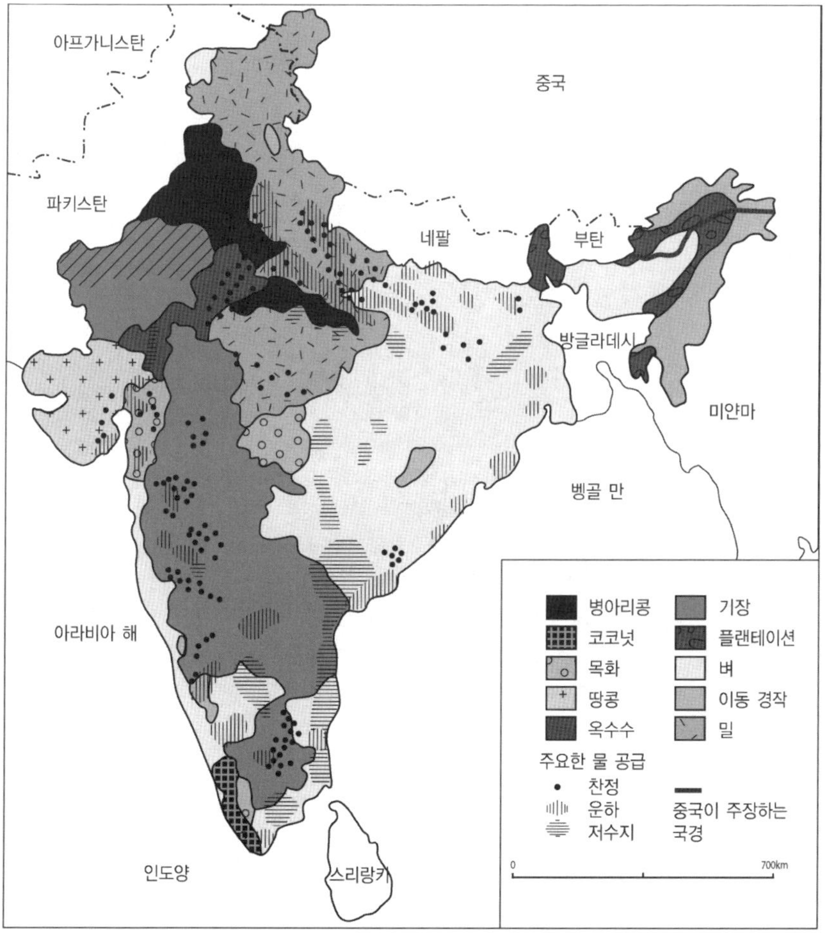

자료: Blij and Mulle(2000: 411).

력이 매우 크기 때문이다. 그 분포는 모암에 제약됨과 동시에 기후적으로 강수량 500~800㎜, 강수일수 30~50일의 지역이다.

차는 19세기에 닐기리(Nilgiri) 고원 남부의 인도 남부지방에서 커피의 대체작물로 재배하기 시작했으며, 아삼(Assam) 지방 브라마푸트라 강의 하곡 및 그 사면 등의 지역에서 재배된다. 사탕수수는 펀자브 지방에서 갠지스 강 상류 지방에 걸쳐 재배되고, 황마는 벵골 삼각주, 아삼 지방 서부, 비하르 주 동부에서 주로 재배된다.

인도의 경작 형태는 산지 이동 경작, 정주형 소농형 농업, 지본주의 농업으로 나눌 수 있다. 산지 이동 경작은 아삼이나 반도부 산지의 밀림지대에서 행하는데, 아삼 지방의 화전 경작을 줌(Jhum)이라 한다. 밭벼·수수·옥수수·조·담배·사탕수수 등을 재배하며, 2~5년 후에는 방기한다. 정주형 소농형 농업은 인도 농업의 주체로 식료작물, 환금작물, 수목농업을 행한다. 자본주의 농업은 대농원인 에스테이트(Estate)와 플랜테이션(차·고무·커피를 생산)으로, 에스테이트에서는 군수용 낙농장과 채소 공급 농장, 사탕수수·목화·유지용 종자처리공장을 갖고 있다.

자민다르 제도

자민다르는 인도의 기생(寄生) 대토지 소유제도이다. 자민다르는 광대한 토지를 소유하고 자신은 경작을 하지 않으며 소작료를 받는 특권적 지주로, 인도 경지의 약 40% 차지하고 있다. 자민다르는 일반적으로 도시에 큰 저택을 소유하고, 영주와 같이 큰 권력을 갖고 있다. 1951년 이후 수회에 걸친 토지개혁에도 불구하고 지주의 이익을 대표한 정치세력이 강했기 때문에 지금도 이 제도는 사실상 계속되고 있다. 한편 라이야트와리(Ryotwari)는 경작자를 토지 소유자로 인정하는 소규모의 토지 소유자를 말한다.

관개농업

관개(irrigation)란 본래 토양 중의 성분을 작물의 성장에 가장 적합하도록 인공적으로 경지에 급수하는 것이지만, 보다 넓은 의미로 작물을 재배하기 위한 필요한 조건을 만들어주기 위해 다음과 같이 경지에 급수하는 것도 포함된다. 즉, 암모니아를 다량 포함한 지하수나 도시의 하수 오물의 침전탱크에서 유출한 물을 작물을 심기 전에 급수하는 비배관수(肥培灌水), 겨울철에 높은 온도의 유수를 농작물, 특히 목초(牧草)에 급수해 서리를 방지하는 동계관수, 이탄지(泥炭地)의 토지 개량에 하수를 끌어들여 이토를 침전시키는 침전관수, 모내기 전에 흙을 부드럽게 하기 위해 써레질 물을 공급하는 것 등이 있다. 그러나 일반적으로는 좁은 의미로 관개라는 용어를 사용한다.

관개에 의해 가능한 농업은 물론 생산을 높이는 농업을 관개농업이라 한다. 관개농업 중에도 계절에 관계없이 관개를 필요로 하는 지역, 특정 계절에만 관개를 필요로 하는 지역, 또 특히 관개를 필요로 하는 작물, 예를 들면 벼를 재배함으로써 관개지역이 되는 등 여러 가지가 있다. 용수원으로는 세계적으로 보아 하천수가 가장 많이 이용된다. 낮은 분수계의 저수지에서 물을 끌어오는 것과 수위를 높여 물을 끌어오는 것, 자연의 구배를 이용하여 물을 끌어오는 것 등 용수로도 여러 가지[3]가 있다. 물이 맑으면 유리한 작물을 재배할 수 있고, 이용할 수 없는 경우에는 관개저수지(irrigation reservoir, tank)[4]를 만들어 빗물이나 계곡물을 저장하여 수원으로 하거나 표류수(表流水)가 없는 경우에는 지하수를 이용하기도 한다. 용수원이 낮은 위치에 있을 때는 지하수로를 멀리 도수(導水)하는 등 각종 양수방법[관정 또는 관우물(tube wells)[5] 관개]이 강구돼왔다.

수자원 이용의 다양화와 더불어 댐 구축기술도 진보되어 다목적 댐이 등장함과 동시에 대형 펌프도 사용되어 관개지역이 확대됐다. 또 인력·축력에 의한 양수방법이 기계화되어 관개농업이 진보했다.

편자브 지방의 수자원 분배로 인한 분쟁은 파키스탄 인의 생활용수를 공급하는 인더스 강과 편자브의 여러 하천 상류가 인도의 영토라는 이유에서 발생한 것이다. 1960년 양국은 협정을 통해 편자브 동부의 베아스(Beas) 강, 수틀레지(Sutlej) 강, 라비(Ravi) 강의 3개 하천은 인도가, 체나브(Chenab) 강, 젤룸(Jhelum) 강, 인더스 강의 용수는 파키스탄으로 할당함으로써 일시적으로 해결됐다(<그림 4-5>).

〈그림 4-5〉 편자브 지방의 물 분쟁지역

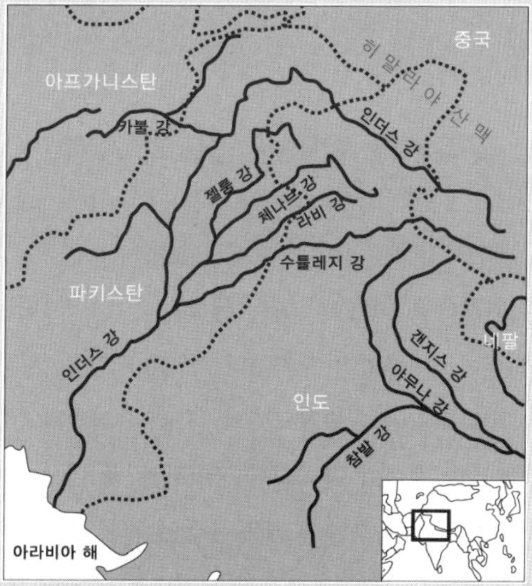

자료: 네이버(http://100.naver.com).

3) 일류(범람) 용수(inundation canals), 항상 관개(perennial canals), 계절 관개(sea-sonal canals) 등이 있다.

4) 인도 반도 내륙부 및 최남단부의 비교적 강수량이 적은 지역과 데칸 고원에서 이루어지고 있다.

5) 인더스 강 유역 우타르 프라데시(Uttar Pradesh)에 분포한다.

시크교

15세기 말에 펀자브에서 나나크(Guru Nanak Dev)가 창교했다. 이슬람교적 요소와 힌두교적 요소가 결합된 인도의 소수 종교로, 현재 약 600만 명의 추종자를 가진다. 교주인 스승(師, Guru)의 인도로 제자(弟子, sikh)들이 최고의 신 하리(Hari)에 귀의함으로써 해탈할 수 있다고 해 시크 교단이라고 불렸다.
종파는 사자파(獅子派)와 이행파(易行派)로 나누어진다. 사자파는 이슬람교 왕의 압박이나 영국 통치하의 정치적 박해에 항거하기 위해 '칼사((Khalsa)'라는 종교단체를 결성해, 입단식에 검의 세례를 준다. 단원에게는 장발 · 단의 · 철환 · 빗 · 단검 등 다섯 가지의 힘을 몸에 지니도록 하며, 전사인 '사자'란 명칭을 붙이는 데 전투적 성격이 강하다. 한편 이행파는 입문식을 받지 않은 시크교도로서 농업과 상업에 종사하며 평화로운 생활을 영위한다.
시크교의 교리는 펀자브 어로 되어 있으며, 신은 오직 하나이고 우상이나 신상(神像)을 만들지 않는다. 인간은 자신의 영혼이 윤회에 의해 여러 가지 모습으로 태어남을 거쳐 궁극적으로 신과 합일될 때까지 신의 명령에 따르는 선한 생활과 기도, 특히 신의 이름을 되풀이해 부름으로써 신을 섬겨야 한다. 시크교에는 사제직이 따로 없고 남녀의 어른은 누구나 종교의식을 집전할 자격이 있다. 의식은 주로 시크교의 성전인 그란트(Granth)를 읽는 것이다.
펀자브 지방에 시크교도가 많은 것은 나나크가 시크교를 창교한 이유도 있지만, 영국이 인도 지배를 포기한 후 인도는 분할되어 펀자브의 서쪽은 파키스탄 영토가 되고 동쪽은 인도 영토가 되었기 때문이다. 그때 파키스탄에 살던 시크교도들이 동펀자브에 살고 있던 이슬람교도들을 몰아내고 정착했다. 이 인구의 대이동은 잔혹한 폭력을 수반해 피해도 컸지만 그 결과 대부분의 시크교 난민들은 동펀자브에 정착했고, 파키스탄과 국경을 접한 많은 지역에서 시크교도들이 인구의 대다수를 차지하게 됐다.

3. 일찍부터 발달한 인도의 공업

면업사업에 종사하던 타타(Jamshedji Tata)가 1907년 비하르 주에 타타 제철소를 건설하고 1911년부터는 선철을, 1913년부터는 강철을 생산함으로써 인도에서 진정한 근대산업이 시작됐다. 그러나 기술 · 자본 · 식민정책 등의 공통적인 원인과 힌두교도나 이슬람교도의 종교관 · 직업관, 카스트(caste) 등에 의해 자본주의적인 기업정신이 결여되어 공업화가 잘 이루어지지 못했다. 그리하여 영국 수입제품에 눌려 몰락한 공예품 수공업자의 직인 중에는 아사한 사람도 있었다. 또한 선진공업국에서는 볼 수 없는 것으로, 수공업자가 세습적인 직업을 버리고 농업으로 전업하기도 했다.

〈표 4-3〉 인도의 주요 도시별 정보통신산업 수출액(2007년)

주요 도시	수출액(억 달러)	주요 도시	수출액(억 달러)
벵갈루루	118	뭄바이	30.1
첸나이	49.6	콜카타	8.6
하이데라바드	45.7		

그러나 최근의 인도는 세계적인 소프트웨어 산업의 수출국으로 '세계의 소프트웨어 공장'이라 불린다. 인도의 실리콘밸리로 불리는 카르나타카(Karnataka) 주의 주도인 벵갈루루(Bengaluru)[6]는 원래 군사도시였으나 지금은 인도의 정보통신(Information Technology)산업 수출 총액의 1/3을 차지하고 있다. 1985년 미국의 다국적 기업인 반도체 기업 연구소가 설립된 것이 계기가 되어, 현재 벵갈루루에는 인도의 정보통신산업체의 1/2 이상이 입지하고 있다. 세계적인 정보통신산업 지사들도 1,000여 개 진출해 있어 미국의 실리콘밸리, 보스턴, 영국의 케임브리지에 이은 세계 4위의 첨단IT산업단지이다.

인도가 세계 정보통신산업의 강국으로 떠오른 것은 높은 교육열과 영어 구사가 가능한 저임금 소프트웨어 기술인력, 우수한 기초과학 기술, 정부의 지원정책 등이 잘 어우러졌기 때문이다. 또한 지리적으로 세계 정보통신산업의 본거지인 미국과 12시간의 시차가 있어, 미국 기업들이 24시간 소프트웨어 연구개발을 위탁하기에도 좋은 조건을 갖추고 있기 때문이다(〈표 4-3〉).

활발한 외국인 직접투자를 받아들이고 있는 인도에서 ICT산업[7]은 근년의 경제성장을 견인하는 중요한 산업 중의 하나이다. 자동차산업을 대표하는 많은 제조업이 전적으로 국내시장을 지향하는 데 대해, 소프트웨어 개발이나 콜센터[8] 업무라는 서비스로 특징지어지는 ICT산업은 처음부터 수출지향을 목표로 성장해왔다. 실제로 2007년의 ICT산업의 총판매액의 80%는 하드웨어 제조 이외의 부문에서 차지했다. 나아가 약 8할이 미국을 최대의 시장으로 수출을 했다. 2000년대에 행해진 외국인 직접투자 누계액을 보면, ICT산업이 자동차산업을 상회하고 인도의 경제 글로벌화를 특징짓게 했다.

미국을 주축으로 국외와 강한 결합관계를 맺고 있는 인도의 ICT산업은 델리(Delhi) 수도권, 뭄바이(Munbai), 벵갈루루, 첸나이(Chennai), 하이데라바드(Hyderabad), 콜카타(Kolkata) 등 인도의 대도시를 거점으로 성장해왔다. 다만 기업 내지는 사업체 수의 증가라는 집적의 실태에 주목해보면, 인도가 선진국에 서비스를 어느 정도 수출했는가를 미리 확인해볼 필요가 있다.

6) 인도 남부지역으로 데칸고원의 해발고도 920m에 위치해 힌두 족 왕들과 영국 식민지 개척자들의 휴양지였다. 인도 최대의 IT기업으로 인포시스(Infosys)사가 이곳으로 이주해 옴으로써 비약적인 발전을 했다.

7) 인도의 ICT산업은 세 가지 분야로 분류할 수 있다. 즉, ① 소프트웨어 개발 등의 IT서비스 부문(IT service and software), ② 콜센터나 백오피스 업무 등의 업무수탁 서비스 부문(Information Technology Enabled Service-Business Process Outsourcing: ITES-BPO), ③ 하드웨어(hardware) 부문이다.

8) 콜센터는 정보통신기술을 사용한 자동적인 업무관리 시스템을 통해 고객들과의 대면접촉을 대신하며, 걸려오는 전화업무와 거는 전화업무 처리를 주목적으로 하는 독립적인 기업의 사무공간을 말한다. 콜센터는 담당업무나 보유 장비의 수준 등에 따라 다양하게 정의할 수 있는데, 크게 업무내용과 공간사용 측면으로 나누어 설명할 수 있다.

그렇지만 '보디 쇼핑(body shopping)'[9]이라고 불리고 있는 인도의 ICT산업은 본래 고객을 바탕으로 기술자를 파견하는 형태로 서비스를 수출해왔다. 그러다 2000년대가 되면서 광대역의 통신회선을 이용해 인도에 거주하면서 소프트웨어 개발업무를 행하는 콜센터나 백오피스(back office)[10] 업무를 행하는 것이 주류가 됐다. 즉, 초기의 시점에는 ICT서비스의 수출은 인도 대도시에 설립된 소프트웨어 개발 센터나 콜센터 등의 사업체에서 행해진 것은 아니고, 또 그들을 입지단위로 한 집적지의 형성과도 무관했다. 이것이 함의하는 것은 인도 대도시에 ICT기업이나 사업체의 집적지가 형성되기 위해서는 ICT서비스의 수출형태가 크게 변화할 필요가 있다는 점이다.

예를 들면, 인도로부터 파견된 인도인 소프트웨어 기술자가 미국 고객을 위해 소프트웨어 개발에 종사하는 경우가 있다. 이 형태에서 서비스 제공은 '온 사이트 서비스(on-site service)[11]'라고 불려 그 대가가 인도 측에 지불되는 경우 해당 서비스는 인도의 수출로 간주한다. 또 미국에 있는 기업을 위해 소프트웨어 기술자가 인도 국내에서 소프트웨어 개발에 종사하거나, 인도의 콜센터의 조작자(operator)가 미국의 고객에게 상품정보를 제공하거나 문의에 대답하거나 할 경우에도 서비스는 수출한 것으로 된다. 서비스의 수출에서 전자의 '온 사이트 서비스'는 국경을 넘는 사람의 이동을 필수조건으로 한다. 이에 대해 '오프 숍 서비스(off-shop service)'라 불리는 후자는 정보통신 기술을 이용하는 것으로, 사람의 국제적 이동을 하지 않고도 서비스를 제공하는 것이 가능하다.

실제로 1991년 경제자유화 이전 인도의 ICT산업에 의한 서비스 수출의 대부분은 국경을 넘는 기술자의 이동에 의한 것이었다. 1990년의 시점에서 온 사이트 방식의 서비스 수출이 전체의 90%를 차지했다. 그러나 그 비율은 1993/94년에는 62.0%, 나아가 2002/03년에는 42.7%까지 낮아졌다. 물론 이러한 변화는 대량의 데이터 송수신을 가능하게 한 정보통신 기술의 발달만으로 이루어진 것은 아니다.

먼저 인도에서 정보기기의 수출이나 국제통신에 관한 규제 완화라는 중앙정부에 의한 제도의 변경이 있었다. 나아가 선진국 기업이 경비절감을 목표로 업무의 일부를 국외로 외부수주(outsourcing)하는 전략을 채택했다. 글로벌 경기변동과 높은 경쟁압력의 원인, 그것이 확대하는 상황이 진전됐다. 기술변화, 제도변화,

9) 임금이 저렴한 국가로부터 인력을 구매하는 것을 말한다.
10) 백오피스는 프런트 오피스(front office)에 대비되는 용어로, 증권시장에서 유가증권 매매 거래 이후의 처리 과정을 담당하는 기관이나 그 기관이 수행하는 업무로 돈을 벌기 위한 업무를 지원하기 위한 후선 업무지원을 말한다. 한편 프런트 오피스는 생산, 판매, 거래 등 부가가치 생산, 즉 돈을 벌기 위한 업무를 말한다.
11) 공급자가 이용자 집을 방문해서 유지 보수를 행하는 서비스이다. 이용자가 미리 제조회사의 대리점이나 판매점 또는 시스템 통합 서비스(system integration: SI) 사업자와 온 사이트 유지 보수 계약을 체결해두면, 하드웨어나 소프트웨어상에 이상이 있을 때 담당 기술자가 와서 고장 복구 등을 행하는 것을 말한다.

기업을 둘러싼 경쟁 환경의 변화와 더불어 인도 ICT서비스 수출은 전적으로 사람의 이동에 의한 것으로, 정보통신 기술을 가진 서비스의 제공으로 그 형태가 크게 변화됐다. 그 결과 서비스를 발생시킨 거점이 된 소프트웨어 개발센터나 콜센터가 인재 확보가 쉬운 인도의 대도시, 그것도 많은 교외 산업단지에 정비된 복합상업지구(office park)에 입지하게 되어 ICT산업의 집적지가 형성되고 있다.

다만 온 사이트 방식이 오프 숍 방식으로 완전히 전환된 것은 아니다. 오히려 거래처 지시에 따라 온 사이트로 행하는 코딩 프로그램(coding program)이라는 업무가 오프 숍 방식으로 인도에서 행해지고 있다. 이와 더불어 고객의 요구를 소프트웨어 개발에 반영시키기 위해 필요한 분석업무가 인도 기업의 기술자에 의해 온 사이트로 행해지게 됐다. 즉, 해당 서비스의 수출 형태의 변화는 동시에 온 사이트로 행해진 업무의 고도화와 더불어 이루어진 것이고, 기술자에 의한 새로운 가술의 획득이나 경험의 축적을 촉진시키도록 했다.

이러한 서비스 수출의 형태 변화를 거쳐 형성된 인도의 ICT산업 집적은 제조업을 염두에 둔 산업집적의 발전경로와는 다른 양상을 드러냈다. 그렇게 주장하는 이유는 해당 산업집적이 소프트웨어 개발센터라는 사업체의 신규입지와 먼저 집적형성이 이루어진 다음에 역외와의 관계를 구축해온 것이 아니기 때문이다. 앞에 적은 바와 같이 정보통신 기술을 이용한 서비스 수출에 앞서 기술자의 국제적 이동에 의한 서비스 수출이 그 주류를 차지했다. 이러한 것을 바탕으로 한다면, ICT산업 집적은 그것이 인도 대도시에 형성된 시점에는 기존의 선진국과의 관계를 사람의 이동을 통해 유지했다고 말할 수 있다. 이에 더해 해외에서 소프트웨어 개발에 종사한 경험이 있는 인도 기술자의 존재를 전제로 해당 산업집적이 성립한 것을 의미한다. 인도 ICT산업 집적은 서비스의 수출 형태의 변화라는 점에서 월경적인 사람의 이동을 포함한 성장 메커니즘을 갖고 있다.

4. 세계 제2위 인구대국의 인구문제

인도는 세계적인 농산물 생산국가인데도 식량생산이 인구증가를 따라가지 못하고 있다. 이는 과거 힌두교의 전통결혼 관습법 스미르티스(charletiseu)[12]의 영

12) 힌두교의 전통관습법인 '스미르티스'에 의하면 종교적 통과의례를 마친 20살 전후의 성인 남자는 아직 사춘기에 도달하지 않은 소녀를 아내로 맞이한다. 동시에 딸을 가진 부모는 자식이 첫 생리를 경험하기 전에 출가시켜야 할 막중한 책무를 진다. 이는 처녀 상태의 생리가 곧 한 생명의 잉태 기회를 상실하는 것이므로 살인죄보다 더 큰 중죄로 간주되는 '스미르티스'의 엄한 계율이 있기 때문이다. 지금도 힌두교 전통의 이상적인 결혼은 신랑이 자기 나이의 1/3 연령에 해당하는 소녀를 아내로 맞이하는 것이다.

〈그림 4-6〉 인도의 인구증가 추세

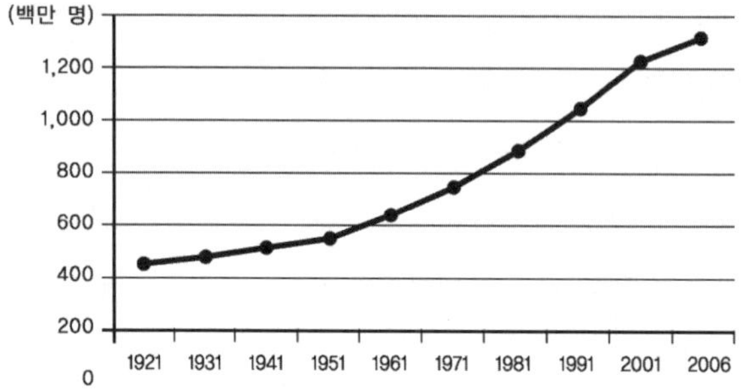

자료: Blij and Muller(2000: 411); 世界國勢圖會(2008/09), 矢野恒太 記念會 編(2008: 15).

향과 문맹자가 많아 가족계획을 잘 이행하지 못하고 있기 때문이다.

많은 개발도상국은 인구의 급증에 어려움을 겪고 있다. 이들 여러 나라들은 제2차 세계대전 이후에 사망률, 특히 유·유아(乳幼兒) 사망률이 낮아져 인구가 폭발적으로 증가했다. 그 예가 인구 11억 명의 인도이다. 20세기 중엽까지 인도의 인구증가는 완만했는데, 1866·1869·1876~1878·1943년의 한발이나 홍수에 의해 기근이 발생하고 말라리아나 콜레라가 유행해 사망률이 높아져 인구증가가 억제됐다. 그러나 제2차 세계대전 이후에는 인구가 급증하기 시작했다. 출생률이 낮아지기 시작했지만 그 이상으로 근대 의학이나 약학의 도입, 교통망의 개선, 국제협력 진전 등으로 사망률이 급속히 낮아졌기 때문이다. 2006년 인도의 인구는 11억 2,000만 명으로 1950년대에 들어와 인구증가율이 크게 늘어나고 있다. 연 인구증가율을 보면 1970년대가 2.22%로 가장 높았고, 그다음이 1960년대(2.20%), 1980년대(2.11%), 1950년대(1.96%)의 순으로 2000~2006년에는 0.81%로 1950년대 이후 가장 낮은 증가율을 나타냈다(〈그림 4-6〉).

인도는 세계 최초로 인구 억제정책을 도입한 국가이지만, 2006년의 통계를 보면 사망률(7.5‰)의 대폭적인 저하와 비교해 출생률은 23.5‰로 여전히 높다. 1970년대에는 정부가 강제로 불임수술을 실시했지만 반발이 심해 결국 간디 정권의 붕괴를 가져왔다. 인도 사람들은 '자녀가 많기 때문에 가난한 것'이 아니라 '빈곤할수록 자녀가 많다'는 사실을 인식할 필요가 있다.

인도의 엘리트 계층은 학력과 교양이 있고 자산도 있어 세계적인 인적 연결이 있으며, 매우 계몽적인 신사들이다. 이들은 가족계획에 대해 과거부터 알고 있었고, 실제로 실시하고 있다. 그리고 중산층도 학력을 갖추고 교양이 있는 사람들은 가족계획을 실시하고 있다.

그러나 저변의 사람들, 특히 인도의 경우 불가촉천민(Out Caste)[13]이라고 불리는 사람들의 인구증가율이 매우 높다. 그들 중 약 90%가 의무교육도 받지 않았으

13) '몸을 스치기만 해도 부정을 탄다'는 계급을 말한다.

며, 자기 이름도 못 쓸 정도로 문맹률이 높다. 불가촉천민의 출생률이 높은 이유는 자식을 일손으로 여기기 때문이다. 자녀는 특히 농업노동에서 중요한 일손이 된다. 부모가 일하러 나가면 동생들을 돌보거나 집을 지키고, 풀을 베기도 한다. 또 힌두교 사회에서는 딸이 3~4명이라도 아들을 원하는 경우가 많다. 힌두교에서는 부모가 죽으면 시신을 화장하는데, 장작에 불을 지피는 일은 남자가 하지 않으면 안 되기 때문이다. 여자는 절대로 그 일을 할 수 없다. 게다가 유아(乳兒)사망률이 높아 5세의 사망률이 96‰이기 때문에, 장래의 정신적인 안정을 생각하면 자녀 수가 많을수록 좋다는 것이다.

급속한 인구증가는 인도에 여러 가지 문제를 가져왔다. 취업 기회가 부족해 많은 사람이 실업이나 빈곤과 기아로 고생하고 있다. 실업이나 빈곤은 교육의 보급이나 산업·생활의 기반이 되는 공공시설의 정비를 방해하기 때문에 경제발전이 한층 지체되는 악순환이 일어난다. 많은 농민들이 보다 나은 생활을 하기 위해 도시로 몰려들지만 도시에서의 고용기회는 한정되어 있기 때문에 슬럼이 형성되기 쉽다.

인도에서는 식량의 증산과 공업화에 노력하는 것과 동시에 1950년대 이후에는 인구억제를 추진해 인구문제를 타개하려고 노력해왔다. 처음에는 성과가 나타나는 것 같았지만, 그것은 가족계획을 이해한 일부 사람들이 실행한 것에 지나지 않았고 대다수의 사람들 사이에는 가족계획이 널리 보급되지 않았다. 자녀가 노동력으로 불가결하다는 생각, 높은 문맹률 등이 인도에서 가족계획이 보급되기 어려운 이유라고 볼 수 있다. 젊은 층의 비율이 높고 여성의 재생산 연령층이 많은 인구구성도 출생률을 즉각적으로 낮추기 어려운 요인 중의 하나다.

출생률의 저하는 산업구조의 변화나 생활수준의 향상을 전제로 하지만, 일반적으로 도시화와 더불어 진행되어온 예가 많다. 인도에서는 취업인구의 약 60%가 농업에 종사하고, 전 인구의 약 75%가 농촌 거주자이지만, 도시인구도 증가하고 있다. 도시 거주자는 농촌 거주자보다 가족 수가 제한된 경향이 있다. 이에 따라 최근 수십 년 사이에는 출생률 감소 경향이 나타나게 됐다.

5. 민족종교 힌두교

힌두교의 '힌두(Hindu)'[14]라는 말은 인도를 산스크리트 어로 '신두(Sindhu)'라고 부르는 데서 유래된 것이다. 이 종교는 기원전 1500년경에 인도를 침입한 아리아인에 의해 만들어진 것으로, 브라만교(Brahmanism)에 토착 미신과 불교 및 자이나교(Jainism)[15]가 결합된 인도 고유의 민족종교이다. 힌두교의 뿌리인 브라만교는 자연신들에 대한 제사를 중시했다. 그러나 기원전 6세기경에 브라만교의 제사 만능주의와 사제 중심의 철저한 계급제도에 대한 반발로 자이나교와 불교가 등장했다. 특히 수행과 평등을 강조하는 불교는 기원전 3세기경 마우리아(Maurya) 왕조 아소카(Asoka) 왕 등의 적극적인 후원을 받으며 영향력을 확대했고 해외로 뻗어나갔다. 힌두교는 이에 대한 대응과정에서 브라만교가 비슈누(Vishunu), 시바(Shiva) 등에 대한 유신론적 종교로 변모함으로써 성립했다. 힌두교는 5세기 이후 굽타(Gupta) 왕조의 지원으로 서서히 불교보다 우위를 차지하기 시작해 8세기경 인도의 지배적인 종교가 됐다(〈그림 4-7〉).

힌두교에는 우주 만물을 창조했고 인간 세계를 다스리는 주신(창조자)인 브라만(Brahman), 하늘과 공중 및 땅에 돌아다니며 세상을 지킨다는 비슈누 신(보존자), 그리고 네 개의 얼굴에 눈이 셋, 팔이 열 개, 머리에 달을 이고 있는 시바 신(파괴자)의 3대 신이 있다. 이외에도 코끼리(부의 신 가네샤, Ganesha)(〈그림 4-8〉

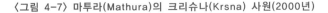

〈그림 4-7〉 마투라(Mathura)의 크리슈나(Krsna) 사원(2000년)

* 오른쪽은 이슬람 사원임.

14) '힌두'란 큰 강(大河)을 뜻하는 신두(Sindhu)의 페르시아 발음이다.

15) 석가와 같은 시대에 마하비라(Mahāvīra, B.C. 599~527)가 재정비한 것으로 불전에서 니간타(Nigantha, 尼乾陀)라 하고, 자나교라고도 한다. 불교와 마찬가지로 비정통 브라만교에서 발생한 출가주의 종교이다. 최고의 완성자를 지나(Jina, 勝者)라 부르고, 그 가르침이라 하여 지나교 또는 자이나교라는 호칭이 생겼다. 불타에서 연유하여 '불교'라는 호칭이 생긴 것과 같은 이치이다.

〈그림 4-8〉 코끼리 모양의 가네샤(왼쪽)와 원숭이 모양의 하누만(오른쪽)

왼쪽〉), 원숭이(보호의 신 하누만, Hanumat)(〈그림 4-8〉 오른쪽〉), 태양, 달, 머리, 강, 불 등 여러 신이 있다. 이 가운데 특별히 섬기는 신을 갖고 있어 시바 파, 비슈누 파 등으로 분류되며, 이들 각 파는 신을 숭배하는 의식도 다르다. 이러한 종파들을 하나로 묶은 것이 카스트 제도이다.

힌두교도는 갠지스 강을 신성한 강이라 하며, 그 물로 목욕을 하면 죄와 부정(不淨)을 씻어낼 수 있다고 믿고, 파괴의 신이고 동시에 창조의 신인 시바 신을 우러러 합장하여 기도한다. 종교학자들에 의하면 힌두교는 종교라기보다는 생활양식이다. 갠지스 강의 중류에서 하류에 걸쳐 힌두교도의 성지가 여러 곳 있지만, 그중 갠지스 강은 성지 중의 성지라고 불린다. 힌두교도는 평생 한 번은 성스러운 갠지스 강에서 목욕을 하고 신에게 기도를 드리는 것이 소망이다. 그들은 목욕을 하면 모든 죄가 씻어 흐른다고 믿고 있다. 갠지스 강 좌안(左岸, 서안)의 바라나시(Varanasi)에는 가트(ghat)[16]라고 불리는 60개의 목욕장이 이어져 있다. 전국에서 모여드는 순례자는 참례자가 묵는 숙사에 머물고 식사의 신세도 지면서 매일 아침, 점심, 저녁에 목욕을 한다.

힌두교에서 힌두력(歷)에 의해 전해지는 종교축제는 쿰브 멜라(Kumbh Mela)로 이 기간 중에 상감(Sangam)[17]이 가장 신성해진다고 믿는다. 강물에 목욕을 하면 모든 죄가 용서되고 윤회의 고통에서도 벗어나며 모든 소원이 이루어진다고 말한다(〈그림 4-9〉). 힌두교도에게 최대의 성지는 갠지스 강과 야무나(Yamuna) 강, 그리고 전설 속의 '지혜의 강' 사라스와티(Saraswati) 강 등 세 개의 강이 합쳐지는 지역이다(〈그림 4-10〉).

힌두교와 이슬람교를 비교해보면 〈표 4-4〉와 같이 힌두교는 민족종교로 다신교이고 이슬람교는 유일신을 믿고 있으며, 힌두교는 타 종교에 대해 관대한데

16) 인도에서 갠지스 강 변의 화장하는 돌계단을 말하는데, 화장할 때 외에는 일반 사람들은 가까이 가지 않는다.
17) 물이 합쳐지는 곳이라는 뜻이다.

〈그림 4-9〉 알라하바드(Allahabad)에서 강물에 몸을 담그는 힌두교도(2007년)

자료: ≪조선일보≫, 2007년 1월 22일자, A2면.

〈그림 4-10〉 인도의 최대 성지

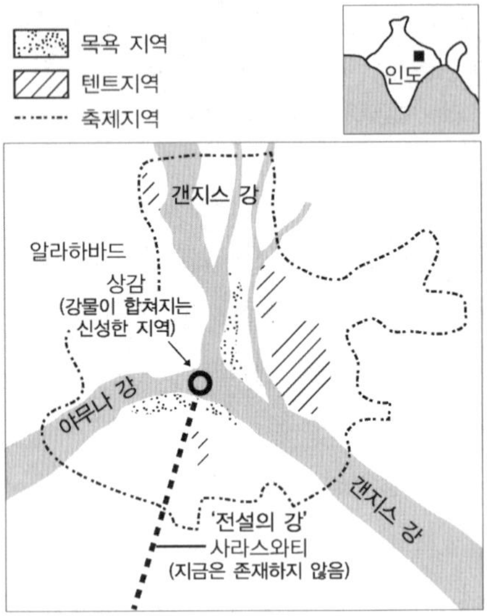

자료: ≪조선일보≫, 2007년 1월 22일자, A2면.

이슬람교는 배척적이다. 그리고 힌두교는 축제가 소란스러운 데 비해 이슬람교는 엄격하고 침묵적인 의식을 행한다.

〈표 4-4〉 힌두교와 이슬람교의 비교

힌두교	이슬람교
다신교	유일신
종교의식이 인간 특성과 사회적 역할에 따라 다양함	종교의식의 통일성
타 종교에 대해 관대	타 종교를 배척
전도의 필요성을 주장하지 않음	신도를 많게 하는 것이 사명
카스트 제도의 불평등성	신자의 평등성
소를 신성시함	소를 식품이나 제물로 사용
축제가 소란스러움	엄격하고 침묵적 의식

성우(聖牛) 사상

인도의 소 숭배는 인간이 다른 창조물과 같은 지위에 있다는 힌두교의 사상에서 유래한 것이다. 인도가 '소의 천국'이라 할 정도로 소를 중시하는 것은 소가 주신인 비슈누(보존자)의 화신 중의 하나라는 믿음을 포함해, 소는 313개의 신이 깃들어 있는 생물로 여기기 때문이다. 또한 중앙아시아 유목민인 아리아 인에게는 역축(役畜)으로서의 소, 인도인에게는 식생활에서 큰 비중을 차지하는 우유・요구르트의 공급원이자 우분(牛糞)은 비료와 연료로 제공되기 때문이다. 인도에는 바닥이나 벽에 우분을 칠하는 관습이 있다. 힌두교도에게는 소가 신성한 동물이지만, 우분을 칠하면 코프라나 개미, 독거미 등의 독충이 오지 않기 때문이다. 인도의 시골에서는 우분이 긴요한 연료라서 가는 곳마다 우분에 짚을 섞어 이겨 양지 쪽 담벼락에 덕지덕지 붙여서 말리고 있다(<그림 4-11>).

〈그림 4-11〉 인도 쿠시나가르(Kushinagar)의 축분연료 건조장(1989년)

힌두교에서 황소는 링가(Linga, Lingam)와 더불어 시바 신앙의 상징이고, 암소는 크리슈나 신이라 따르는 사람들이 있기 때문에 지금도 소를 도살하는 것은 어머니를 살해하는 것과 같이 중죄로 다스리고 있다. 그래서 마하트마 간디(Mahatma Gandhi)는 힌두교의 주요 15개 신 중에서 인간에게 식량을 해결해주는 상징의 신으로 소를 보호하는 것이 힌두교의 중심적 사상이라고 했다. 그러나 모든 소가 다 신성시되는 것은 아니다. 소에도 카스트가 있어 길거리를 자유롭게 돌아다니는 성우가 있는가 하면, 고삐에 매여 마차로 끌고 밭갈이를 하는 소도 있다. 최근에는 쇠고기를 먹자고 주장하는 사람들도 있으나 지배계층인 브라만들이 강력히 반대하고 있다.

6. 무너지는 카스트 제도

카스트(caste)라는 용어는 포르투갈의 여행자가 인도의 계급차별에 놀라서 포르투갈 어로 '종족', '혈연'이라는 뜻의 카스트를 사용한 것이 전화(轉化)된 것이다. 카스트 제도란 사람은 태어남을 의미하는 자티(jāti)라고 부르는 사회적인 집단에서 발생한다고 생각하는 신분제도이다. 이 자티별로 직업이나 출신지가 있고, 그 수는 수천 또는 수만이라고 해왔다. 자녀는 부모가 속한 자티를 그대로 물려받아 부모와 같은 일에 종사했다. 따라서 출신 계급에 따라 삶이 고정되는 이 제도는 현생을 전생에 쌓은 업(業)의 결과로 보는 윤회설에 의해 종교적으로 뒷받침되며 인도인들을 옥죄고 있다.

인도의 카스트 제도는 세습적인 계급제도이다. 고대 아리아 인이 서방에서 인도로 침입해 정착하는 과정에서 원주민 드라비다 족과 혼혈이 이루어지자 피의 순수성을 유지하기 위해 설정한 차별에서 점차 브라만(Brahman), 크샤트리아(Ksatriya), 바이샤(Vaisya), 수드라(Sudra)의 4계급이 형성되고, 그 후 최하층인 불가촉천민도 발생했다. 그리고 나중에 각 계급이 서브(sub) 카스트로 분열되어, 지금은 인도 전역에 3,000종의 카스트가 존재하고 있다고 한다. 기원전 4세기부터 13세기의 중세 봉건시대에 걸쳐 상업의 발달로 사회의 변용이 나타나 직업이 세분화된 서브 카스트 제도가 중요한 비중을 차지하게 됐다. 그렇다고 해도 종교를 주관하는 브라만이나 정치·군사를 한 손에 넣은 크샤트리아의 힘이 약하다고는 할 수 없다. 오히려 봉건 지배계급으로서 점점 권력을 차지했다. 결국 80%를 차지하는 중·하급의 직업이 주로 세분되어 그 구분이 3,000종 가까이 팽창해 정착하고 있다(〈표 4-5〉).

본래의 카스트 제도는 신분에 따라 이마에 그 표시를 달리한다(〈그림 4-12〉). 브라만은 사제이고, 크샤트리아에는 무사나 왕족이 속하고, 바이샤는 농업과 상업 등을 하는 평민이며, 노동자 계급은 수드라이다. 불가촉천민은 아웃 카스트로 지정카스트(Schedule Caste: SC)이고, 산악지역이나 외딴 곳에 거주하는 하층민인 지정부족민(Scheduled Tribe: ST)이 있다.

〈그림 4-12〉 이마에 신분을 나타내는 인도 카스트 제도

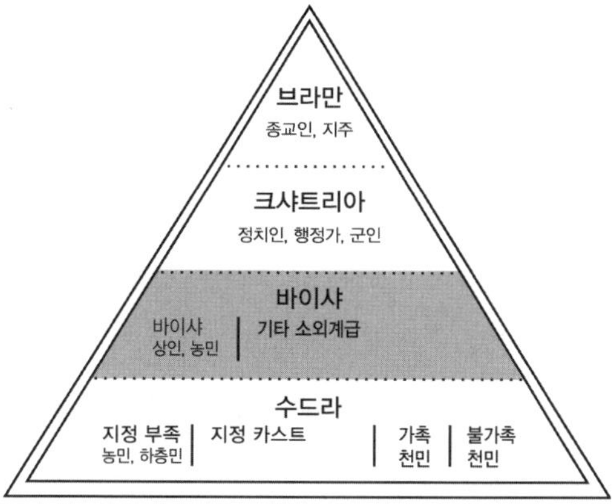

〈표 4-5〉 카스트의 구분

구분	카스트	1차 세분(직업)	자티(Jati)-대표적인 성	총인구 중 비율 및 특징
상위 카스트 (upper Caste)	브라만	푸자리(Pujari, 승려)	자(Jha), 티와리(Tiwari), 샤르마(Sharma), 두베(Dubay)	• 5% 내외(약 500만 명) • 철저한 채식주의자
		부미(Bhumi, 지주)	미그라(Migra), 티와기(Tiwagi), 무케르지(Mukherjee)	
	크샤트리아	군인	싱(Singh), 조한(Chauhan), 타쿠르(Takur)	• 10% 내외
		왕족		
	바이샤	상인	굽타(Gupta), 간디(Gandhi), 아가르왈(Agarwal)	• 15% 내외
		일부 농민		
하위 카스트 (low Caste)	수드라	농민, 하위 서비스 노동자	람(Ram), 프라사드(Prasad), 난다(Nanda), 마우리아(Maurya)	• 10% 내외
	제5계급	지정 카스트 (Scheduled caste: SC)	암베르카르(Amberkar), 나라야난(Narayanan), 피팔(Pippal)	• 불가촉천민(untouchable)에 해당. 당초 브라만 여성과 수드라 남성 사이에 태어난 아이에서 출발
		지정부족 (Scheduled tribe: ST)	스완글라(Swangla), 팡왈리(Pangwala), 캄파(Khampa)	• 산속 등에서 고립되어 살던 토속 부족들
비(非)카스트		기타 소외계급 (Other Backward Classes: OBC)	진달(Jindal), 미탈(Mittal), 야다브(Yadav)	• 32% • 독립 후 ST·SC도 아닌 소외계층을 보호하기 위해 생겨난 정치·경제적 개념의 계층으로 기존 카스트 제도와는 다소 다름. 인구의 40% 내외를 차지할 정도로 다수이며, 수드라, 바이샤, 불가촉천민이 혼재된 계층

* 자티는 직업별·지역별로 3,000개 이상 구분되는데, 같은 자티끼리 같은 성을 사용해 구분됨.
* 제5계급은 예전에 아바르나(Avarna)로서 바르나(4계급)에 포함되지 않은 사람이란 뜻임. 간디 시절엔 수드라에 포함시키려 했지만 별도 구분이 일반적임.

자료: ≪조선일보≫, 2007년 6월 4일자, 16~17일자, B6면.

영국은 인도를 지배하면서 이 전근대적인 제도를 개혁하기보다는 오히려 보존·이용하는 것으로 식민지 정책을 추진했다. 하급 카스트의 사람들은 세분화된 직업에 속박되어 빈곤에 허덕였다.

근대에 들어 로이(Rām Mōhan Rōy), 간디(Mohandas Karamchand Gandhi) 등이 카스트 제도의 철폐를 위해 노력했지만, 아직도 대부분의 지방에서 존재하고 있다. 하리잔(harijan)[18] 운동은 간디가 주장한 '카스트 제도 이전의 인간성 평등' 운동이다. 그가 해방시키려고 한 불가촉천민은 '눈으로 보는 것만으로도 불결하다'고 믿고, 카스트에 마저 넣어도 위축되지 않는 차별을 유사 이래 항상 받아들이는 사람들이다. 그러므로 이 운동이 사회에 침투되면 당연히 카스트 제도의 문제도 붕괴되는 것이었다.

1947년 인도는 영국의 지배에서 벗어나 독립했고, 그다음 해 1월 인도헌법 발포 직전 간디 암살사건이 일어났다. 그러나 그의 유지는 헌법 중에 포함됐다. 인도헌법 제15조에 "국가는 공민(公民)에 대해 종교, 인종, 카스트, 성, 출생지 또는 그 어느 쪽인가에 따라 차별을 행하지 않는다" 나아가 "상점, 음식점, 여관, 공중오락장에 들어가는 것을 방해하여서도 안 되고, 우물, 수조(水槽), 목욕계단, 통로 등도 평등하게 사용하여도 방해하지 않는다"라고 명기되어 있다. 이 조문을 읽으면 심한 차별이 실제로 공공연하게 행해지고 있다는 것을 잘 알 수 있다.

인도는 힌두교가 중심인 사회로 법률상으로는 카스트 제도가 1963년에 폐지됐지만 힌두교도 사이에는 차별의 뿌리가 강하게 남아 있다. 그러나 이러한 카스트 제도에 의한 사회의 세분화가 빈부의 차이를 크게 한다는 등의 이유로 도시지역에서는 차츰 사회계급 제도가 해체돼가고 있다. 또 인도 정부는 계급차별을 당해 온 하층계급을 위해 카스트 간 결혼을 하는 가정에 5만 루피(약 125만 원)의 격려금을 지급하는 방안을 추진 중이나, 액수가 너무 적어 제도 시행의 현실적인 효과가 미미하다.

18) 힌두교 사회에서 '불가촉천민'이라 불리던 4성 이외의 사람들로, 간디의 차별 철폐 운동으로 '신의 자식'이라는 뜻의 이 이름을 붙였다.

바르나(Varna)

바르나는 색(色)을 의미하는 산스크리트 어로, 가장 지위가 높은 브라만은 흰색, 크샤트리아는 적색, 바이샤는 황색, 수드라는 검은색으로 나타낸다. 흰색과 검은색은 피부색을 나타낸 것이다. 인도에 침입한 아리아 인은 키가 크고 피부색이 희고, 침략을 당한 드라비다 인은 몸집이 작고 피부색도 검다. 두 인종은 정복자와 피정복자의 관계였지만 두 인종 간의 혼혈이 있어 혼혈아가 출생한 것에 놀란 아리아 인은 자기 종족을 보존하고 정복자로서의 우위성을 유지하기 위해 인종구분을 확실하게 하는 계급제도가 필요했던 것이다.

7. 분쟁지역 카슈미르

1947년 8월 인도가 영국으로부터 독립하면서 "힌두교도는 동쪽으로 이슬람교도는 서쪽으로"라는 구호로 양국은 분리·독립됐다. 이때 카슈미르(Kashmir)는 힌두국인 인도와 이슬람국인 파키스탄 사이에 끼여 분쟁지역으로 남았다. 1947년 인도 독립조약은 주민투표를 통해 카슈미르의 운명을 결정짓도록 규정했다. 그렇지만 카슈미르의 통치자 하리 싱(Mahraja hari Singh)은 인도로부터 군사원조와 국민투표 실시를 약속 받고 인도 편입 조약에 서명했다. 파키스탄은 카슈미르가 국민투표를 하지 않았고 이슬람교도가 다수라는 이유로 영유권을 주장, 1947년 10월과 1965년 9월 인도와 두 차례 전쟁을 벌였다.

카슈미르에는 인도와 파키스탄 간의 1차 전쟁이 끝난 1949년 7월 유엔의 중재로 군사 분계선이 그어졌다. 한반도 크기의 카슈미르 지역(22만 3,000㎢) 중 40%는 파키스탄에 속하게 됐고 나머지는 인도령이 됐다. 1962년 인도와 중국 간의 분쟁으로 인도 쪽 4만 2,000㎢가 중국령으로 편입됐다. 그 후 1971년 말 방글라데시의 독립문제로 3차 전쟁이 일어나, 1972년 7월 카슈미르 지방 통제선이 획정돼 카슈미르 지방은 인도령의 잠무(Jammu) 카슈미르와 파키스탄령의 아자드(Azad) 카슈미르로 나누어졌다(〈그림 4-13〉). 인도령 잠무 카슈미르 주는 인도 내에서 이슬람교도가 가장 많은 주로 주민의 2/3가 이슬람교도이고, 잠무 부근에만 힌두교도가 거주해 종교인구 구성상으로는 파키스탄에 귀속해야 할 카슈미르 지방이 인도에 편입되어 분쟁이 시작됐다.

〈그림 4-13〉 카슈미르 지방의 분쟁

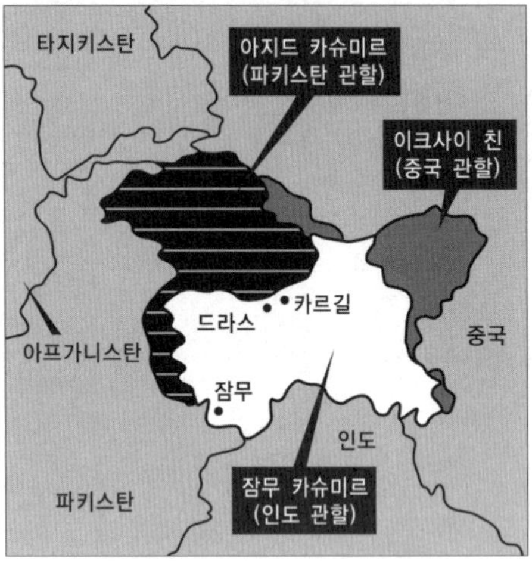

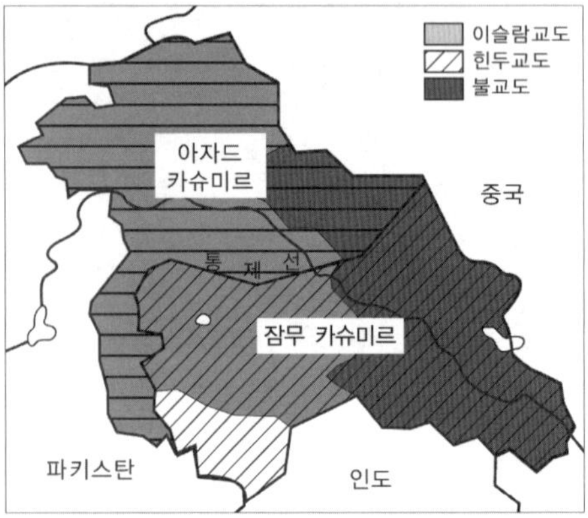

1989년 '증오의 땅', '피의 땅'이라 불리는 인도령 카슈미르에서 이슬람교 분리주의자들이 봉기를 시작했다. 그 결과 1989년부터 1999년까지 약 2만 5,000명의 사망자가 발생했다. 1997년 비정치적인 분야인 문화, 스포츠 등에 의해 두 국가는 화해의 큰 걸음을 하기 시작했으나, 파키스탄은 독립 당시부터 카슈미르는 자기네 땅임을 강변하고 있다. 이 지역의 미래는 유엔의 권고대로 주민투표를 통해 스스로 결정하자는 입장이다. 그러나 인도 정부는 1972년 인디라 간디와 부토(Ali Bhutto) 총리가 외세의 개입 없이 양국 간의 해결에 합의했기 때문에 국제적 논쟁거리가 될 수 없다고 맞서고 있다.

또 카슈미르 지역에는 이 지역의 젖줄인 젤룸(Jhelum) 강에 인도가 댐을 건설하면서 생긴 하류에 위치한 파키스탄과의 갈등, 갠지스 강을 둘러싼 인도와 방글라데시 간의 긴장도 있다.

인도라는 토양이 생성시킨 의식주

인도 사람들이 향신료를 많이 사용하는 이유는 향신료 중에는 소화와 위를 건강하게 하는 효과를 가지고 식욕을 증진시키는 것이 있고, 또 어떤 향신료는 발한(發汗)을 촉진하고 살균·부패방지의 작용을 하기 때문이다. 따라서 향신료를 많이 사용하는 것은 더운 나라에서의 식생활에는 매우 이롭고 적절한 조리법이다.

남자들이 몸에 감는 도티(Dhoti)라 불리는 허리띠나 터번 모양의 사파(Safa), 그리고 여성의 사리(Sari) 등은 더운 인도에서는 이 이상이 없는 좋은 의류라 할 수 있다. 사파는 강한 햇살로부터 머리를 보호하는 데 필요하고, 일상적으로 입는 얇은 면직물의 사리는 입으면 시원하기 때문이다.

타지마할

타지마할(Taj Mahal, 왕궁의 왕관이라는 뜻)은 뉴델리(New Delhi) 남서쪽에 있는 무굴(Mughul)제국의 수도였던 아그라(Agra)의 자무나(Jamuna) 강가에 위치한 이슬람 건축물이다. 인도를 지배했던 이슬람국가 무굴제국의 왕(술탄) 샤 자한(Shah Jehan)이 끔찍이 사랑한 아내 뭄타즈 마할(Mumtaz Mahal, 아르주만드)이 하룻밤 만에 머리가 백발이 되어 죽자 그 아내를 위해 하얀 대리석으로 타지마할을 건립했다. 무굴 건축가 무하마드 이사와 바그다드의 세계적인 돔 건축 기술자인 무하마드 샤리프의 지휘로 1632년에 기공해 1654년에 완성됐다. 이때 터키, 이탈리아, 프랑스로부터 장인들을 동원하고, 코끼리 1,000여 마리가 중국과 러시아에서 가져온 건축자재를 운반했으며, 완공되는 데 22년이 걸렸다. 이 건물은 사랑이 만든 위대한 예술품으로 17세기 동서양을 통해 최고의 걸작이다. 여기에 사용된 대리석 중 백색 대리석은 인도의 마캄(Markham) 지방에서, 흑색 대리석은 남인도에서, 녹색 대리석은 남아프리카와 러시아에서 각각 운송됐다(<그림 4-14>).

〈그림 4-14〉 타지마할

고아 · 조드푸르 · 자이푸르

1498년 포르투갈의 항해사 바스코 다가마(Vasco da Gama)는 오만의 항해사 압둘 마지드(Abdülmecid)의 안내로 아프리카의 희망봉을 돌아 콜카타(Kolkata)에 도착한 최초의 유럽 인이다. 유럽 인에 의한 고아(Goa)의 점령은 동방이 유럽의 상품시장으로 전락하는 계기가 됐을 뿐만 아니라, 동방의 강요된 서구화를 통해 오랜 역사와 전통문화를 지닌 아시아 여러 나라가 서서히 그리고 결정적으로 변질되고 혁신되는 시발점이 됐다. 고아는 인도 내에서 가장 유럽적인 도시로 1961년 인도연방의 한 주로 독립하기까지 450년 동안 포르투갈의 통치를 받았기 때문에 가톨릭과 유럽 문화를 받아들이는 창구 역할을 했다(<그림 4-15>).

〈그림 4-15〉 조드푸르(왼쪽)와 자이푸르(오른쪽)

인도의 건물에는 파란색으로 칠해진 '블루 시티'와 핑크색으로 칠해진 '핑크 시티'가 있다. 힌두교의 시바 신이 독을 삼켜 온몸이 파랗게 변했다는 전설이 있는데, 시바 신을 모시는 브라만 계급의 집들을 파랗게 칠하면서 조드푸르(Jodhpur)에는 파란색의 건물이 많다.

한편 붉은색을 환영의 의미로 생각하는 인도에 영국의 지배 당시 영국 왕자의 방문을 환영한다는 의미로 도시의 건물을 핑크색으로 칠한 건물이 많아졌는데, 자이푸르(Jaipur)가 그 예이다.

제3장

동서로 갈라진 이슬람 국가

1. 21세기형 물 환경사회를 구축한 방글라데시

방글라데시의 비옥한 대지에는 3개의 거대한 하천이 흐르고 있다. 브라마푸트라 강, 갠지스 강, 그리고 메그나(Meghna) 강이다. 이 밖에도 크고 작은 무수히 많은 하천이 국토를 종횡으로 흐르고 있으며 그 유로가 매년 바뀌는 경우도 많다. 방글라데시를 통해 바다로 흘러들기 전에 인도 아대륙 129만 5,000㎢ 토지의 물이 배수된다. 이 수계는 또 히말라야 융설수나 방글라데시 국내의 다량의 몬순 빗물도 운반한다. 매년 6~9월에 집중적으로 내리는 강수로 많은 토사가 갠지스 강과 브라마푸트라 강을 통해 흘러 강바닥에 퇴적된다. 따라서 홍수 시에는 강물이 범람해 피해를 입힌다. 특히 방글라데시는 극심한 인구증가로 빈민들이 강가나 해안습지에 거주하고 있고, 해발 3m 이하의 해안 저습지나 삼각주 등에도 거주하고 있어 인명 피해가 크다.

홍수 다발지역으로 유명한 갠지스 강, 브라마푸트라 강의 치수개발 계획은 주목을 끄는 사업 중의 하나다. 1988년 홍수로 방글라데시 전 국토의 2/3가 침수된 이후 미국, 프랑스, 일본 등이 각각 홍수방지 계획을 내놓았는데, 이 계획은 크게 인도 대수로 공사와 히말라야 수력발전 공사로 나누어진다. 인도 대수로 공사는 인더스 강, 갠지스 강, 브라마푸트라 강의 3대 하천을 연결하는 대규모 수로를 연결해, 주변 지역에 농업용수를 공급하고 하류지역의 홍수피해를 줄인다는 계획이다. 이 대수로의 총연장은 1만 6,000㎞이다. 히말라야 수력발전은 브라마푸트라 강 상류에 댐을 만들고, 그 댐에서 히말라야 산맥을 관통하는 터널을 파서 인도 쪽으로 떨어뜨린다는 계획이다.

2. 인더스 문명의 파키스탄

인더스 강 유역 파키스탄령에서는 기원전 3000~기원전 2000년에 걸쳐 다수의 도시가 번성했고 특징적인 도시문화가 발달했다. 고대 이 지역 거주자들은 많은 재해를 일으킨 인더스 강의 홍수를 조절하고 건조기에는 물을 효과적으로 이용하기 위해 건설했던 대규모 수로와 댐에 의존해 생활했다. 관개에 의해 많은 토지를 농지화할 수 있었고, 이는 많은 주민들에게 공급할 수 있는 식량 생산에 이용될 수 있었다. 밀과 보리가 주곡으로 경작됐으며, 목화[1]가 처음 경작됐다. 또한 벼가 경작됐을 가능성도 있다. 소와 물소를 사육했고, 힘든 일에는 길들여진 코끼리가 이용됐다. 이와 같이 농업은 인더스 강 유역에서 중요했으며, 이 지역의 기본적인 경제활동이었다.

이 지역의 예술과 공예는 다른 초기 도시 발생지역과 마찬가지로 상당히 발달한 수준이었다. 무늬가 있거나 없는 양질의 도기가 생산됐으며, 구리·주석·흑연·금·은 등을 이용한 산업도 발달했다. 물레의 발달은 목화를 이용한 직물공업의 중요성을 입증한다. 조선공업도 상당히 발달해 해상교통과 하상교통에는 각각 다른 두 가지 형태의 배가 이용됐다.

농산물의 매매는 목재나 금속과 마찬가지로 하천을 왕래하며 이루어졌다. 이 지역과 메소포타미아(Mesopotamia)를 연결하는 원양항해에 의한 무역은 인더스 강에 거주하는 무역상들과 항해자들에 의해 이루어졌다. 인더스 강 유역에 발달한 문명의 중심지는 모헨조다로(Mohenjo Daro)[2]와 하라파(Harappa)[3]다.

1) 인더스 강의 하구 신드(Sind) 지방의 목화는 남아시아에 섬유혁명을 가져다주어 지금도 남아시아 일대에서는 목화가 '신두', 그리고 면직물을 '신두니안'이라 일컫는다.
2) '사자(死者)의 언덕'이라는 뜻으로, 파키스탄 동남부 신드 주의 주도 카라치의 북북동 300㎞에 있는 인더스 문명 최대의 도시 유적지이다.
3) 파키스탄의 펀자브 주, 인더스 강의 지류 라비 강변(현재는 10km나 떨어져 있음)에 있는 인더스 문명의 전형적인 유적지로 이 지역의 문명을 하라파 문명이라고도 한다.

하천 유역의 문명이 기원전 1500~기원전 1200년에 소멸한 것은 인도·유럽 어족에 속하는 아리아인의 침입이 원인일 것이다. 아리아 인이 아프가니스탄을 통해 비옥한 북인도 평원에 유입되기 시작한 후 1,000년에 걸쳐 침입세력의 권력투쟁으로 크고 작은 국가·왕국이 할거하는 불안정한 시대가 계속됐다. 이 시대에는 인도의 촌락·가족형태가 확립되고 그밖에 브라만교(힌두교의 고대 형태)나 카스트 체계가 확립됐다.

인더스 강 유역에 발생한 모헨조다로와 하라파(〈표 4-6〉, 〈그림 4-16〉)는 약 600㎞ 떨어져 분포하고 있었지만, 두 도시의 문화발달 수준은 거의 비슷했으며 또 모두 계획도시였다. 기원전 2200년경에 발달한 인더스 강 유역의 도시들은 문자, 바퀴 달린 수레, 성채(城砦)의 축조 등의 면에서 볼 때 메소포타미아 도시문화의 영향을 많이 받은 것으로 추측된다.

〈표 4-6〉 인더스 강 유역에 발달한 도시의 인구

도시	면적(㎢)	인구(명)
모헨조다로	2.6	20,000
하라파	2.6	20,000

자료: 李惠恩(1983: 4).

〈그림 4-16〉 인더스 강 유역의 초기 도시 발생지

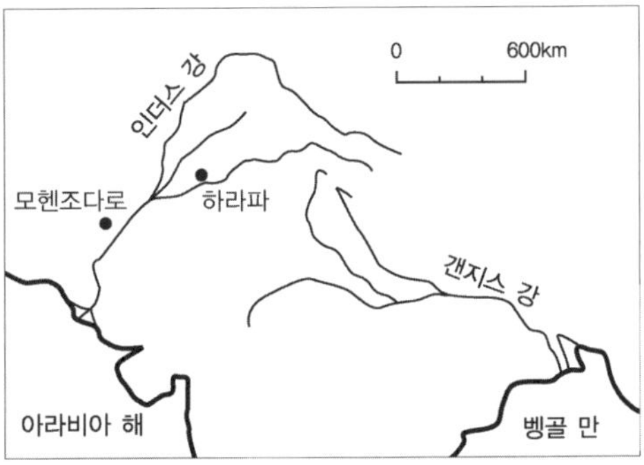

자료: 李惠恩(1983: 7).

파키스탄의 이슬람교는 인도 아대륙을 침략한 정복자의 종교로서 무굴제국이 이 지역을 지배하던 16~17세기에 널리 확산됐다. 몽골의 후손인 바부르(Bābur)가 세운 무굴제국은 1526~1857년까지 331년 동안 지금의 인도와 파키스탄 지역을 통치했던 대제국이다. '무굴'이란 아랍 어로 몽골을 뜻하는데, 바부르는 티무르(Timour)의 5대 손으로 칭기즈 칸(Chingiz Khan)의 후손이기도 하기 때문에 붙여진 이름이다. 시조 바부르는 중앙아시아를 전전한 후 카불(Kabul)을 점령하고, 이곳을 근거지로 해 1526년 인도에 침입했다. 그는 델리(Delhi) 왕조인 로디(Lodi)조의 이브라힘(Ibrahim) 왕을 델리 북방의 파니파트(Panipat) 전투에서 격파하고, 델리를 탈취해 무굴제국을 건국했다.

바부르의 뒤를 이어 그의 아들인 제2대 후마윤(Humayun)은 벵골·비하르 지방에서 일어난 아프간계 수르(Sūr) 왕조의 셰르 샤(Shĕr Shāh)에게 패해, 1540년 페르시아로 도망했다가 1555년 재차 델리를 점령하고 일시 중단됐던 무굴왕조를 부활시켰다. 그 뒤를 이은 왕이 13세에 즉위한 악바르(Akbar) 황제이다. 그는 북인도에서 지배력을 확보하자 그 세력을 인도의 다른 지방까지 확대해, 라자스탄(Rajasthan) 지방에 독립국으로 있던 라지푸트(Rājpūt) 족의 왕(라자)들을 동맹 세력으로 끌어들였다. 또한 1573년 서방의 구자라트(Gujarat) 지방에 진격해 그곳을 지배하고 있던 이슬람 왕조를 타도했으며, 동쪽으로는 1576년 벵골 지방까지 그의 지배하에 넣었다.

1580년대에는 인도 북서부 지방의 펀자브에서 아프가니스탄의 카불에도 군대를 파견해 인더스 강 하류 신드 지방까지 정복했으며, 1590년대에는 남하정책으로 데칸 지방의 이슬람 여러 왕조에도 세력을 뻗어나갔다. 악바르 황제는 이슬람교도나 힌두교도 등 종파를 가리지 않고 능력에 따라 중용해 각 지방의 토지 측량이나 지세(地稅) 결정 등의 실무를 담당하게 했다. 따라서 무굴제국의 행정·사법·지방행정 등의 지배체제는 악바르 황제 시대에 거의 완성됐다고 할 수 있다.

악바르 황제 사후 자항기르(Jahangir), 샤 자한(Shah Jahan), 아우랑제브(Aurangzeb)로 이어져 무굴제국의 전성시대를 이루었다. 특히 제6대 아우랑제브는 데칸의 이슬람 여러 왕조를 정복해 영토를 최대로 확장시켰다. 그러나 그의 만년인 1674년 힌두교도들이 데칸 지방에 마라타(Mahratha) 왕국을 세워 무굴제국의 강력한 적대세력으로 등장했다. 1707년 아우랑제브가 데칸 고원의 원정 도중 죽자 제위(帝位) 계승을 둘러싸고 분쟁이 일어나 무굴의 중앙권력은 급속히 쇠퇴했다. 18세기 말에 이르자 약화된 무굴의 중앙권력은 데칸 지방에서 델리 주변까지 세력을 확장한 마라타 동맹에 좌우되고, 무굴 황제의 지배력은 약화됐다.

18세기 말에서 19세기에 걸쳐 영국의 식민지 지배세력은 마라타-마이소르(Maratha-Mysore) 등 강력한 봉건세력을 멸망시키고, 인도에서의 식민지 지배영역을 확대해갔다. 영국은 명목상으로만 존속한 무굴 황제의 지위는 그대로 남겨두고 식민지 지배의 도구로 이용했다. 그러나 1857년에 북인도를 중심으로 세포이(sepoy, 인도인 용병)의 반란이 일어났다. 각 주둔지에서 반란을 일으킨 인도의 병사들이 델리에 집결해, 무굴 황제 바하두르 샤 2세(Ba hadur Shah II)를 추대하여 새로 정권을 수립했다. 2년에 걸친 이 반란을 무력으로 진압한 영국은 탄압정책을 한층 강화해, 그때까지 명목상으로만 남겨두었던 무굴 황제의 지위를 폐함으로써 무굴제국은 멸망했다.

제4장

히말라야 산지 국가

1. 산지 국가 네팔

1) 지형 · 지질

네팔은 해발 1,000m 이하의 평원에서 8,000m 급의 산지까지를 둘러싸고 있는 산악국으로 5,000m가 넘는 표고 차가 존재한다. 동서의 길이가 약 900㎞, 남북이 약 190㎞의 좁고 긴 국가로 인도-오스트레일리아 판이 유라시아 판에 충돌한 지각변동이 심한 지역에 위치한다. 그 결과 네팔의 지형 · 지질은 동서의 대상구조를 나타내고, 주 경계단층, 주 중앙단층 등의 대규모 단층이 경계를 만들어 크게 5개의 지역으로 구분된다(〈그림 4-17〉, 〈그림 4-18〉).

〈그림 4-17〉 네팔 남북 방향 단면에 연한 자연지리적 지역구분의 개념도

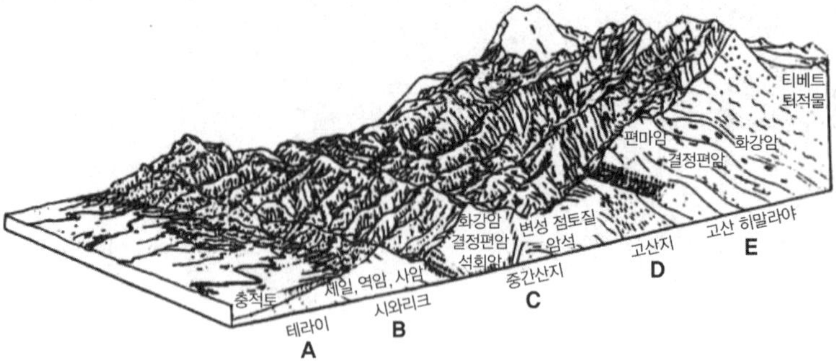

자료: Kenting Earth Science(1985).

〈그림 4-18〉 네팔의 자연지리적 지역구분

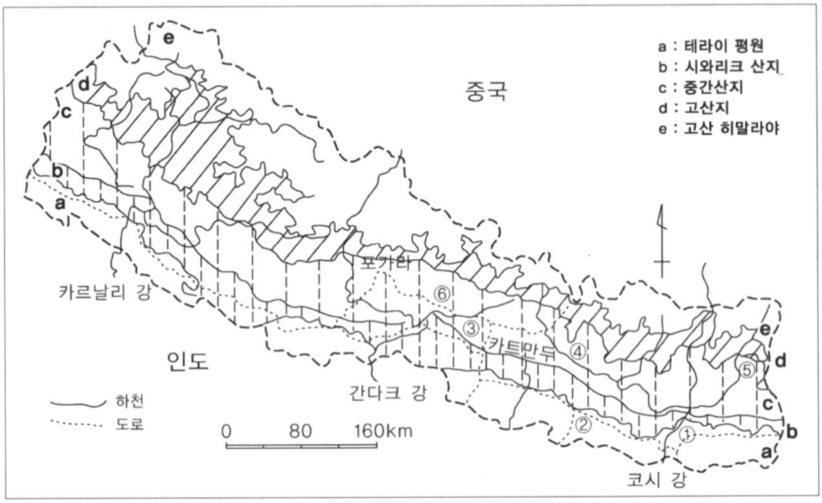

* 아라비아 숫자는 지역구분을 나타냄.
자료: Kenting Earth Science(1985).

a) 테라이(Terai) 평원: 갠지스 강의 일부로 해발 수백m 이하의 평원이다. 신생대 제4기의 두꺼운 자갈(砂礫)·모래·이층(泥層)이 충적평야를 형성하고, 산록에서는 선상지가 발달하고 하도(河道) 변화가 항상 일어난다.

b) 시와리크(Siwalike) 산지: 해발 1,500~2,000m의 구릉성 산지다. 신생대 제3기에서 제4기에 걸쳐 퇴적된 고결도(固結度)가 약한 이암(泥岩), 사암, 역암

으로 되어 있기 때문에 침식을 받기 쉽다.

c) 중간산지(Middle Mountains): 해발 2,000~3,000m의 마하바라트 산지와 그 북쪽의 해발 1,000m 내외의 산지로 되어 있는 지역이다. 주로 퇴적암과 그것이 변성을 받아 암석이 된 천매암(千枚岩), 결정편암이나 석회질암, 화강암으로 되어 있다. 네팔 히말라야 중에는 기복이 작은 부분도 있지만 풍화층이 발달해 침식되기 쉽다.

d) 고산지(High Mountains): 고산 히말라야 앞면에 해당되며, 해발 2,000~4,000m의 산지대로 일부는 빙식을 받고 있다. 변성이 진행된 결정편암·편마암 등으로 되어 있다. e) 지역과 더불어 빙하호 결괴(缺壞) 홍수[1]에 의한 큰 재해를 받기 쉽다.

e) 고산 히말라야(High Himalaya): 대부분 해발 4,000m 이상의 빙하·빙하지형이 발달한 급한 산지이다. 선캄브리아 고생대의 혈암·석회암이나 편마암 등으로 되어 있다.

히말라야 산맥은 제3기 이후 심한 충상(衝上, 위로 치밀어 오름)·융기로 만들어져 산지는 젊고 침식도 활발하며, 지각변동으로 강한 조구응력(造構應力)[2]을 받은 지질체는 침식에 약하다.

이와 같이 높은 산지로 이루어진 네팔에는 교량이 없는 산골마을의 계곡과 계곡 사이를 줄로 연결해 사람이 직접 타기도 하고 물건을 실어 보내기도 하는 전통적인 운송수단이 발달했다(〈그림 4-19〉).

〈그림 4-19〉 네팔의 류쉬(溜索)[3](2007년)

1) 빙하호 홍수는 화산 또는 지진으로 붕괴되거나 높은 온도와 강한 일사를 받아 눈과 빙하가 급속히 녹아 발생하는 경우를 말한다.
2) 조구응력이란 구조지질에서 사용하는 용어로, 습곡과 단층작용 등에 의해 구조지형을 만드는 힘을 말한다. 포괄적인 뜻으로 조산운동이라고 한다.
3) 강의 양안(兩岸)을 가로지르는 굵은 밧줄[와이어로프(wire rope)]을 말하는데, 사람이나 짐 또는 말을 운반한다.

〈그림 4-20〉 네팔의 연 강수량 분포

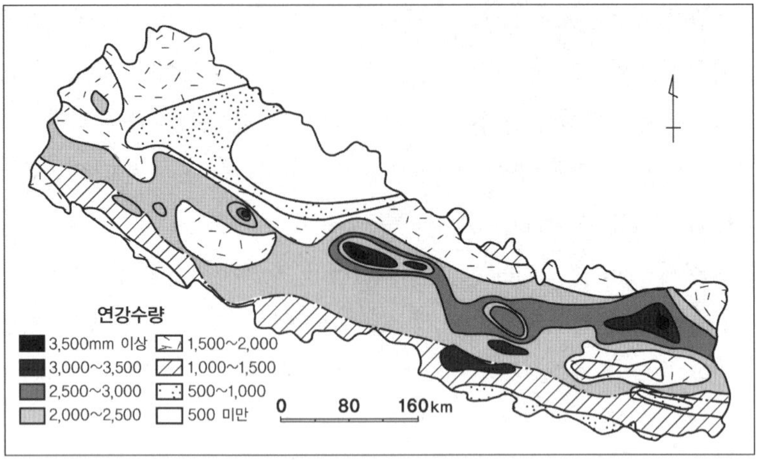

자료: WECS(1987).

2) 기후

네팔은 일본의 오키나와와 거의 같은 위도에 있고, 해발 1,300m의 카트만두(Kathman- du)는 연평균 기온 18℃로 고도에 비해 비교적 온난하다. 인도양에서 발생하는 몬순의 영향으로 연 강수량은 고산지보다 많아 남쪽에서는 1,500~3,000㎜, 포카라(Pokhara) 주변에서는 4,000㎜를 넘는다. 강수량의 80%는 6~9월의 우기에 집중하기 때문에 호우가 발생하기 쉽다. 그러나 고산 히말라야의 높은 봉우리 북쪽에서는 남쪽에서 불어오는 몬순을 가로막아 강수량이 1,000㎜에 미치지 못한다(〈그림 4-20〉).

3) 히말라야의 지역구분과 인구이동

히말라야 지역은 일반적으로 그레이트 히말라야(Great Himalaya)라고 부르는 히말라야 주맥과 테라이나 두아르(Duar, Dooar)라고 부르는 산록평원 중간이 되는 히말라야 산맥의 남사면을 말한다. 전체를 단순하게 말하면 북쪽의 티베트 고원과 남쪽의 갠지스 강, 브라마푸트라 강 평원 사이가 되는 일련의 경사대이다. 사회·문화상으로 이 지역설정과 정의는 티베트와 인도 사이에서의 정치·문화영

〈그림 4-21〉 히말라야 중앙부의 개념도

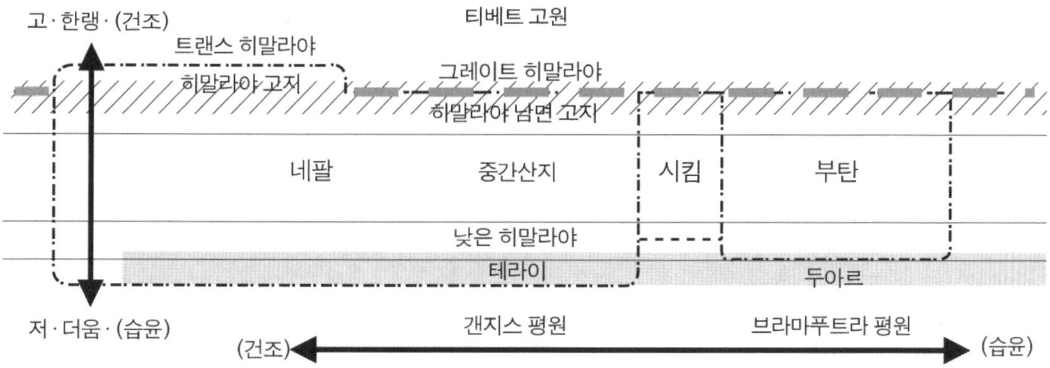

* 위쪽에 망을 씌운 파선은 히말라야 주맥(Great Himalaya)이고, 아래쪽에 망을 씌운 실선은 테라이-두아르 벨트를 나타냄.
자료: 月原(1999: 579).

역, 특히 네팔이나 부탄이라는 국가의 예에서 지지될 수 있다. 히말라야 지역의 하부구분은 국경이나 주 경계에 따라 네팔 히말라야, 펀자브 히말라야 등으로 판별되는 것이 일반적이다(〈그림 4-21〉).

히말라야 지역의 핵심에 해당한다고 말하는 중앙산지의 민족 · 종교의 분포와 인구의 확대경로를 확인해보면, 히말라야 지역은 기본적으로는 티베트-히말라야

〈그림 4-22〉 히말라야 중앙부의 인구확대

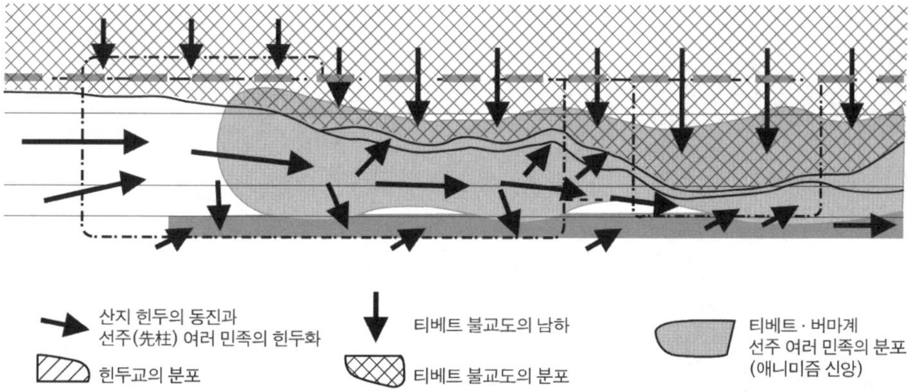

* 위쪽과 아래쪽의 망을 씌운 파선 · 실선의 의미는 <그림 4-21>과 같음.
자료: 月原(1999: 594).

계 민족과 인도-아리안계 민족에 의해 동서로 2구분된다. 현대의 중앙산지에서는 그 접촉 부분에 선주민인 티베트－미얀마 어계 산지민족의 힌두화 현상과 그들을 포함한 네팔계 세력의 동점(東漸)이 나타나는 것을 확인할 수 있다. 중앙산지의 종교·사회 면에서 네팔이나 부탄은 인도와 티베트 문화와는 어느 정도 성격을 달리한다. 그 동서의 대립·접촉관계는 수직성·남북성의 해석 틀인 티베트-인도 사이에서 동등한 것이 아니다. 따라서 이 동서 2구분에 의해 네팔 및 인도·히말라야에서 처음부터 축적된 산지민족의 힌두화에 관한 다수의 연구나 티베트-인도의 인터페이스(interface)라는 인식 틀에서 얻어진 수직성·남북성에 관한 논의가 이루어진다(〈그림 4-22〉).

4) 살아 있는 여신 쿠마리

네팔에는 어린 여자아이를 살아 있는 신으로 섬기는 오랜 전통의 쿠마리(Kumari) 이야기가 있다. 쿠마리는 네팔 네와르(Newar) 족의 1,000년이 넘는 전통으로 4~7세 여자아이들 중에서 흠이 없이 예쁘고 머리카락과 눈동자가 검어야 하며, 이가 가지런해야 하고 월경이 없어야 하는 등 32가지 조건을 만족시켜야 선발될 수 있다. 쿠마리가 되면 짙은 화장에 금장식을 하고 이마에 '제3의 눈'을 그린 채 가족과 떨어져 카트만두 도심 탈레주 바와니 사원(Taleju Bhawani Temple)에서 살게 된다. 9월 인드라자트라(Indrajatra) 축제를 포함한 몇 번의 나들이 이외에는 밖에 나가거나 학교에도 다닐 수 없다. 9월 축제에서는 국왕이 쿠마리에게 무릎을 꿇고 복을 빈다. 쿠마리는 초경을 하면 즉시 자격이 박탈되며, 동시에 새로운 쿠마리가 여신으로 뽑힌다. 환속(還俗)한 쿠마리는 일반인과 같이 살게 되는데, 액운을 지녀 남편이 일찍 죽는다는 통념 때문에 결혼을 못하고 외롭게 사는 경우가 많다. 이러한 쿠마리 제도에 인권침해 요소가 없는지 최근 네팔 정부 문화부에서 조사 중이다(〈그림 4-23〉).

〈그림 4-23〉 네팔의 쿠마리 모습

2. 세계에서 가장 행복한 국가 부탄

부탄왕국은 동히말라야 남쪽에 위치한 산악 국가이다. 남쪽으로 인도 국경 부근의 아삼 평원에서 북쪽으로 중국 국경 부근의 히말라야 주맥까지 남북으로 약 200㎞ 사이에 표고 100m 전후부터 7,000m 이상까지 변화한다. 따라서 국토는 작지만 지구 육지의 낮은 곳부터 높은 곳까지를 일거에 다다를 수가 있다. 세계 최고봉을 둘러싼 히말라야 대산맥은 등산이나 탐험, 탐색의 매력으로 오랫동안 사람들의 관심을 받아왔다.

네팔 히말라야 서쪽의 서부~중부 히말라야에 관해서는 꽤 이전부터 그 양상이 국제사회에 알려졌지만, 부탄 히말라야를 포함해 시킴(Sikkim)[4] 동쪽의 동히말라야에 관해서는 정치적 배경 등으로 신비적 매력을 아직도 간직하고 있는 편이다.

1) 부탄의 자연과 환경변화

부탄과 부탄 히말라야를 비경(祕境)이라고 일컫는데, 이곳은 자연과학적 측면에서도 매력적인 지역이다. 식생을 예로 들면, 히말라야 주변 지역은 열대 산지의 특징을 가진 식생대와 온대 산지의 특징을 가진 식생대의 접합부에 해당된다. 동시에 습윤 산지와 건조 산지의 특징을 가진 식생 패턴이 접합된 부분에 해당된다. 그리고 제4기[5] 빙기·간빙기의 환경변화에 대해 일종의 피난 장소로 제공됐기 때문에 현재도 매우 다양한 식생을 관찰할 수 있다. 이 때문에 히말라야 지역의 식생은 아시아 각 지역의 현재 식생의 계보를 아는 데 좋은 수단이 된다. 알프스(Alps) 산맥이나 히말라야 산맥이 동서로 장벽을 이룬 상태로 존재하기 때문에, 유럽 식생에는 빙기의 빈약한 식생상의 영향이 지금까지도 계속되고 있는 것과는 대조적이다. 그러나 이러한 히말라야 주변의 자연식생으로 남아 있는 지역도 한정되어 있다는 점에서, 부탄 히말라야 식생을 연구하는 데서 얻는 점은 많다고 하겠다.

부탄에는 귀중한 동식물이 꽤 풍부하게 남아 있다. 부탄의 동식물상이 풍부하다는 점에 대해서는 부탄 정부도 충분히 인식해, 동식물의 보호나 자연환경의 보전을 국책으로 강력히 추진하고 있다. 예를 들면 영림서가 경찰권을 갖고 있으

4) 인도의 서벵골 주 북부에 있는 시킴은 영국의 보호령을 거쳐 1950년 인도의 보호국이 됐다. 그러나 인도는 1975년 5월 주민들의 반대 운동을 무릅쓰고 시킴 왕국을 22번째 주로 공식 합병시켰다. 면적 7,096㎢로 주도는 강토크(Gangtok)다.

5) 현재를 포함해 과거 약 170만 년 동안을 말한다.

며, 영림서의 허가를 받은 나무만 벌채를 허락하고 있다. 벌채한 후에는 영림서의 지도에 의해 조림지를 만드는 사회적 시스템을 구축하고 있다. 또 자연공원이나 보호구 설치에도 적극적으로 나서고 있다.

지형적 측면에서 히말라야라는 세계 제일의 대산맥이 언제, 어떻게 발달해왔는가를 알고 싶은 연구자가 생각하는 것은 자연의 성립일 것이다. 히말라야는 신생대 제4기에 들어와서부터 급격히 융기했다는 설과 신생대 제3기[6]에 이미 상당히 높았다는 설이 오늘날까지 대립되고 있지만, 논쟁에 종지부를 찍을 결정적인 근거는 없다. 이러한 상황이기 때문에 부탄 히말라야의 발달과정도 아직 충분히 밝힐 수가 없다. 현재까지의 한정된 자료에 의하면, 주맥과의 위치 관계에서 본 산맥 남부 단면의 융기 패턴에서 중부~서부 히말라야에 비해 부탄 히말라야에는 주맥의 융기 속도가 느리거나 현저한 융기의 개시시기가 늦었다는 가능성을 생각할 수 있다. 이러한 히말라야에서 지역성의 차이는 히말라야의 발달과정을 생각하는 데 하나의 중요한 관점이 된다.

기후학적 측면에서 히말라야와 그 북측의 티베트 고원은 상공 1만 수천m에 이르는 대류권의 1/3~1/2 이상의 높이를 가지고 편서풍의 사행 등 지구대기의 대순환에 매우 큰 영향을 미치고 있다. 히말라야나 티베트 고원 주변의 설빙(雪氷) 면적과 인도 몬순의 강약 사이에는 뚜렷한 역상관관계가 있다고 알려져 있다. 따라서 현재와 같은 대기 대순환 패턴의 성립 시기와 히말라야 산맥 및 티베트 고원의 융기과정, 빙기·간빙기 순환(cycle)의 기후변화 성립시기 등은 밀접하게 관계를 갖고 있을 가능성이 높다. 이러한 관점에서의 고환경(古環境) 변천사에 관한 논쟁은 빙기에 히말라야 산맥과 티베트 고원의 대부분을 넓게 덮은 대규모 빙상(氷床)의 존재 여부, 이를테면 티베트 빙상 논쟁 등의 형태로 현재도 국제학회를 뒤흔들고 있다.

한편 부탄을 포함한 히말라야 산맥~티베트 고원의 과거 설빙 면적의 변화를 아는 것은 고기후(古氣候) 시스템을 복원하기 위한 것만이 아니고, 온난화가 초래할 장래를 예측하기 위해서 필요한 기후 모델의 옳고 그름을 검토하는 데도 매우 중요한 의미를 갖는다. 특정한 시대에 관한 확실한 증거가 부족한 부탄 히말라야의 예는 소빙기(小氷期)[7]에 대응한 설빙 지역 면적의 현저한 확대를 시사하며, 그러한 설빙 환경의 변화는 히말라야 산록의 하천 유출 환경의 변화에도 큰 영향

6) 약 2,300만~170만 년 전의 기간을 말한다.
7) 13~19세기 세계적인 한랭기를 말한다.

을 미칠 가능성이 지적된다. 나아가 네팔이나 히말라야 등과 마찬가지로 부탄 히말라야에도 빙하의 축소와 관련해 형성된 빙하호가 다수 현존하기 때문에, 빙하호 결괴 홍수가 하류지역의 취락에 피해를 미칠 위험성이 높은 것도 문제가 되고 있다.

2) 높은 행복지수의 인간생활

부탄왕국은 동식물의 보호나 자연환경의 보전과 더불어 티베트 불교에 뿌리를 둔 전통문화 보호도 국책으로서 강력하게 추진하고 있다. 외국인 관광객의 입국에 관해서도 금전적 부담이나 제한이 가해지고 있다. 최근 상황이 많이 바뀌었으나 기본자세는 일관된다고 말할 수 있다. 이러한 사회적 배경이 부탄의 풍요로운 자연과 전통문화의 유지에 큰 역할을 담당하고 있다.

부탄에는 수도 팀푸(Thimphu)를 제외하면 전통적인 생업 형태나 야크(yak) 유목민의 이동생활 패턴 등이 짙게 남아 있다. 현재 부탄왕국에서는 중요한 경제지수는 국내총생산(Gross Domestic Products: GDP)이 아니라 국민총행복량(Gross National Happiness: GNH)이라고 하고 있다. 이 용어가 뜻하는 바와 같이 "물질적인 발전이라는 이름 아래에 전통문화가 없어지면 그것은 가장 서글픈 것이고, 그러한 발전은 꼭 피하지 않으면 안 된다"라는 신념은 부탄왕국의 기본자세로서 행정조직이나 국민의 의식 중에도 널리 퍼져 있다.

부탄에서는 1999년 6월 처음으로 TV방송과 인터넷 서비스를 실시했다. 이와 같이 부탄이 개방과 민주적 개혁을 하게 된 것은 영국에서 유학한 현 국왕 왕추크(Jigme Khesar Namgyel Wangchuck)에 의해서다. 그의 선왕은 국왕을 보면 9번 절을 하는 등 폐쇄적인 정책을 써왔으며, 1974년까지 외국인 관광객에게 문호를 개방하지 않았다. 티베트와 시킴이 주변의 강대국들에게 편입되는 것을 보아온 부탄은 그때까지 종교적 삶과 고유 전통을 지키기 위해 바깥 문물의 유입로가 될 TV방송을 허락하지 않았다. 1990년대 초반 인근 네팔 유입민들에 대한 '인종청소'를 실시하는 등 부탄의 '정열적인' 고립 추구는 외교적 문제가 되기도 했다.

제5장

인도양에 떠 있는 눈물방울과 꽃

1. 찬란하게 빛나는 섬 스리랑카

적도 가까운 북위 8° 상에 위치한 '인도의 눈물방울' 스리랑카의 국명은 스리랑카말로 '찬란하게 빛나는 섬'이라는 뜻이다. 인구의 약 70%가 아리아계 신할리(Sinhalese) 족으로 불교를 믿으며, 인도 남부에서 이주해 온 타밀 족은 힌두교를 믿는다. 아랍 인이 침공했을 때 정착한 무어 인(Moors)은 이슬람교 믿는다.

지금의 스리랑카인 랑카(Lanka) 섬의 가장 오래된 원주민은 오스트로-아시아계 종족으로서 웨다(Weda) 인이라고 한다. 1953년 인구센서스에 등록된 웨다 인의 수는 803명에 불과했다. 스리랑카는 2세기경 그리스의 지리학자 프톨레마이오스(Ptolemaios)가 지리적 위치뿐만 아니라 섬의 주요 도시와 산물들을 지도와 함께 정확히 기술해 유럽 인들의 관심을 모았다.

스리랑카는 베네치아(Venezia)를 출발해 오사카로 향하는 해양 실크로드 구간에서 인도양에 위치한 중계항으로 끊임없이 외침을 당했다. 인도 아대륙을 휩쓴 아랍의 이슬람 세력은 10세기까지 실론 섬을 정복해 통치했고, 1505년에는 포르투갈의 지배를 받았다. 그 후 네덜란드가 동양의 무역기지로 이용했으며, 1795년에는 영국의 식민지가 되어 150년 이상 지배를 받았다. 제2차 세계대전 이후 1948년에 자치령이 됐다가 1972년에 완전한 독립의 쟁취와 함께 국명을 스리랑카로 바꾸었다. 수도 스리자야와르데네푸라코테(Sri Jayawardenepura Kotte) 시는 1984년 콜롬보로부터 옮겨 온 신흥도시이다.

스리랑카는 차와 보석으로 유명하며, 이밖에 고대 왕실의 춤이었다는 캔디안(Kandyan) 춤과 페라헤라(Perahera) 축제, 5월 15일의 베사크(Vesak) 제(석가탄신 축제) 등이 유명하다. 스리랑카에는 16계급의 카스트 제도가 있는데, 그중 농민이 제일 계급이 높고 집시(Gypsy) 족이 최하류 계급에 속한다. 기혼여성은 붉은 옷을 입는다. 스리랑카는 온통 야자수로 덮여 있는데, 수박만 한 돌덩이 같은 야자 열매가 20m 높이의 나무에서 떨어져 해마다 수십 명의 사상자가 나온다.

1) 캔디왕국의 코드를 찾아라!

18~19세기 초 캔디왕국(Kandyan Kingdom)을 지배했던 라자신하(Sri Vijaya Rajasinha) 왕은 재위 마지막 해에 대규모 도시계획을 감행했다. 각종 구역이 재편되고 여러 개의 새로운 광장이 만들어졌으며 인공호수가 조성됐다. 왕궁과 성벽에 대한 대대적인 재건축도 이루어졌다.

왕은 이들 도시 경관요소의 재편과 생산을 통해 자신의 권력과 위엄을 국민에게 심어주려 했다고 말했다. 왕은 신화 속의 세계, 우주의 모습, 당대의 천국에 관한 담론(discourse)[1]을 염두에 두고, 그것을 현세의 도시경관에 재현함으로써 영원한 지상 왕국을 건설하고자 했던 것이다. 그럼으로써 자신의 권위가 사회적으로 널리 파급되고 영원히 지속되기를 희망했다. 그러나 귀족들이나 농민들은 새롭게 조성된 도시경관을 왕의 의도대로 읽지 않았다. 귀족들은 폭군의 허식 내지 미친 짓 정도로 보았고, 강제노역에 동원된 농민들은 그러한 건축을 부당하고 억압적인 것으로 받아들였다.

캔디의 도시경관을 이해하려면 경관 생산자(왕)가 누구였는가에 대한 포착이 가장 우선적으로 시작돼야 할 것이다. 그다음으로 그가 사용했던 코드(code)[2]들, 즉 도로망·건축물·호수·광장 등 다양한 도시경관 요소들의 의미를 파악해야

1) 담론은 프랑스의 역사철학자 푸코(M. Foucault)의 사상을 대변하는 개념이라고 해도 과언이 아니다. 담론이란 언어로 구성된 것들, 즉 신체를 통한 실제 체험과 대비되는 언어적 구성물을 의미한다.

2) 코드는 모든 상징체의 구조와 사상성을 조직하는 원리로, 그 의미인 기표와 의미를 전달하는 운반체인 기의로 구성되어 있다. 코드에 의해 생산된 산물을 텍스트(text)라 한다.

〈그림 4-24〉 스리랑카의 캔디왕국

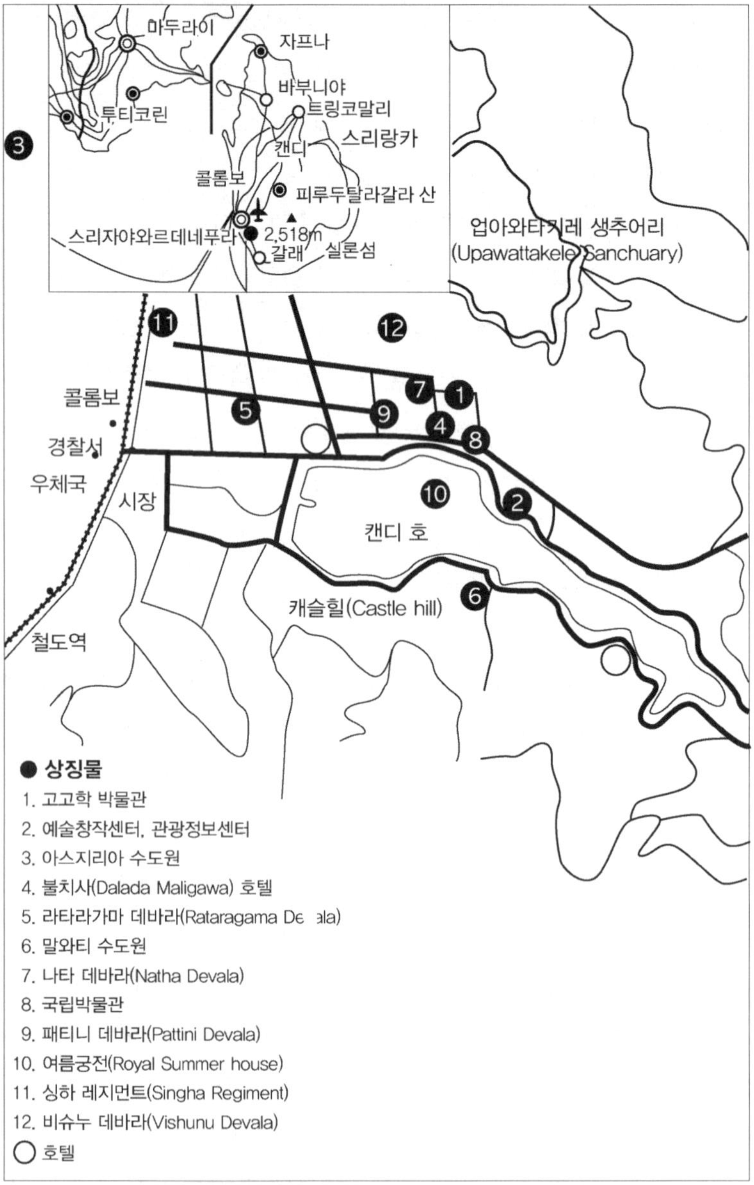

자료: 전종한 외(2005: 279).

할 것이다. 그리고 이러한 코드들의 조합으로 만들어진 전체 도시경관을 해석하기 위해 당대의 신화, 우주관, 천국관과 관련된 담론들을 이해해야 할 것이다.

또한 왕에 의해 쓰인 도시경관(텍스트, text[3])은 서로 다른 담론 세계에 살고 있는 사회집단마다 다양하게 해석할 수 있음을 주목해야 한다(〈그림 4-24〉).

2) 종지부를 찍은 종교분쟁

스리랑카는 차 생산으로 유명한데, 영국이 차 생산을 늘리기 위해 인도 남부로부터 타밀 어를 말하는 힌두교도를 이주시켜 인구의 약 20%나 차지하게 한 것이 종교분쟁의 화근이 됐다. 스리랑카의 원주민은 신할리 어를 말하는 불교도인데, 타밀 어를 말하는 타밀 족이 이주해 와서 신할리 족으로부터 차별을 받고 시민권을 얻지 못해 과격한 분쟁이 발생한 것이다(〈그림 4-25〉).

〈그림 4-25〉 스리랑카의 종교분쟁

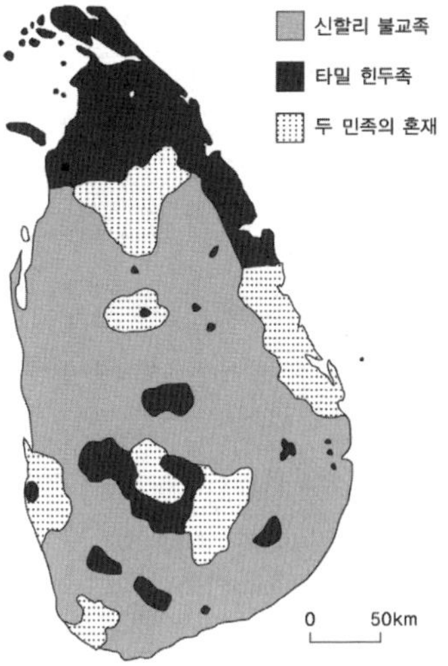

자료: Rubenstein(1994: 205).

1972년에는 국명을 타밀 어로 된 국호 실론(Ceylon)에서 신할리 어인 스리랑카로 바꾸기도 했다. 그러자 1965년부터 타밀 족의 분리 독립운동이 추진되어 1975년 이후에는 간헐적인 충돌이 일어났다. 1983년 7월부터는 분리투쟁이 본격화되어 타밀 족 본거지인 자프나(Jaffna) 반도에서 몇 명의 정부군이 사망했는데, 이로 인해 신할리 족의 타밀 족 대학살(약 1,000명)이 전국적으로 발생했다. 이러한 일련의 사건 이후 1983년부터 타밀 엘람 해방 호랑이(LTTE) 등 타밀 반군은 대규모 반정부 투쟁을 벌여왔다. 1989년 6월 프레마다사(R. Premadasa) 대통령 정부와 LTTE 간 평화협상으로 일시 휴전이 성립되기도 했으나, 1990년대에도 무장충돌 및 폭동·테러는 줄어들지 않았다.

2001년 12월 5일 '내전 종식'을 공약으로 내건 라닐 위크레메싱헤가 스리랑카 총선에서 총리로 당선되면서 휴전 논의가 급물살을 타기 시작했으며, 협상 개시 약 두 달 만에 휴전 합의에 이르렀다. 위크레메싱헤 총리와 반군 LTTE의 지도자 프라브하카란(V. Prabhakaran)이 휴전협정에 서명해 2002년 2월 23일 0시부터 정부군과 반군 간 휴전이 공식 발효됐다.

그 후 정부군과 반군은 노르웨이 정부의 중재로 휴전을 선언한 뒤 평화협상을 진행해왔고, 2002년 11월 LTTE가 민주적 정치체제에 참여하고 기존 정당들의

3) 현상학·해석학에서, 나타난 현상을 텍스트로 보고 현상을 이해-해석하는 것을 말한다. 일반적으로 무엇인가의 의미를 나타내는 기호체계로, 문장 이외에 경관, 지도, 회화(그림), 경제·정치·사회제도 등을 가리킨다. 현상학·해석학에서는 경관을 종교·사상·제도 등 무엇인가의 문화적·사회적 메시지(전언)를 전하여 읽을 수밖에 없는 것으로 본다.

반군지역 활동을 허용하겠다고 발표했다. 그리고 양측은 협상에서 권력분점을 다룰 정치위원회를 포함해 군사, 경제 현안을 논의할 3개 위원회의 설립에 전격 합의했다. 이 합의는 반군 측이 그동안 협상에서 고수해온 독립국 창설 요구를 거둬들이고, 대신 연방(federal) 또는 연합(confederate) 형태의 권력분점 안을 제시함에 따라 이뤄진 것으로 알려졌다. 그러나 스리랑카 평화협상이 반군 측이 더 많은 자치권 보장을 요구하며 중단되는가 하면, 대통령과 총리 간 권력투쟁으로 말미암아 또다시 유혈 내전의 위기를 맞는 등 스리랑카 내전은 종식되지 않은 상태였다. 그 후 2010년 정부군의 승리로 26년간의 내전은 종지부를 찍었다.

해면에 떠 있는 꽃 몰디브

몰디브는 인도의 남서쪽으로 600㎞ 떨어진 인도양에 분포한 국가이다. 1968년 영국 보호령에서 독립한 이슬람 국가로 대통령 중심제의 공화국이다. 이 국가의 동서 길이는 120㎞, 남북의 길이는 820㎞로 87개의 섬이 전문휴양지로 개발되어 있다. 연평균 기온은 25~30℃이며, 평균 해발고도는 2m 내외로 가장 큰 섬이 서울시의 여의도보다 작다. 국민의 대부분은 신할리인, 드라비다 인, 아랍 인 등의 혼혈족이다. 공용어는 인도-유럽어의 하나인 몰디비안 드히베히(Maldivian Dhivehi) 어이고, 화폐는 루피아(Rupee)이다.
야자와 바나나 이외에는 농사를 지을 수 없어 국민소득은 낮지만, 풍부한 해산물로 생활하는데 어려움이 없다. 수도는 인구 6만 명의 말레(Malé)로 종교와 경제의 중심지이다.

제5부

저위도에서 중위도에 걸쳐 있는 건조 아시아

제1장

내륙에 위치한 중앙아시아

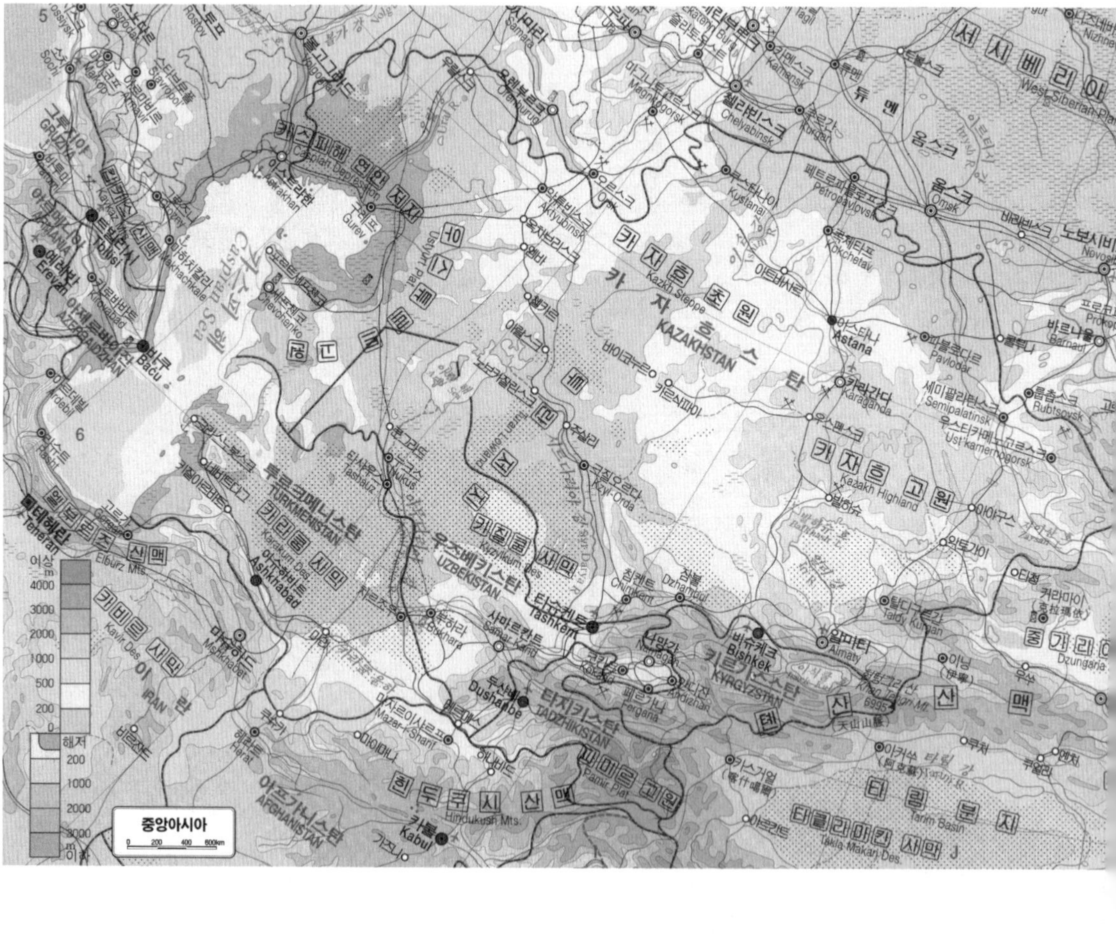

〈표 5-1〉 중앙아시아의 여러 나라

국명	기본자료	약사(略史)	민족 · 언어 · 종교	산업	무역(품목 · 상대국)
카자흐스탄공화국	수도: 아스타나(Astana) 면적: 272만 5,000㎢ 인구: 1,575만 3,000명(2010년) 인구밀도: 5.8명/㎢(2010년) 국민총생산(1인당): 6,160달러(2008년)	국명의 유래: 카작(까작)인들의 나라라는 뜻 약사: 고대부터 실크로드 교역으로 사마르칸트(Samarkand) 등의 오아시스 도시가 발달함. 1991년 12월 독립	민족: 카자흐 인 57%, 러시아 인 27% 등 언어: 러시아 어, 카자흐 어 종교: 이슬람교 수니파 43%, 기독교 17%	산업별 인구구성(%)(2008년 총 취업자 수 786만 명): 1차 산업 30.2%, 2차 산업 16.8%, 3차 산업 53.0%	수출: 771억 9,200만 달러(2008년) • 원유 61.1%, 철강 8.3% • 이탈리아 16.7%, 스위스 15.9%, 중국 10.8%, 러시아 8.7%, 프랑스 7.6% 수입: 390억 1,100만 달러(2008년) • 일반기계 19.1%, 철강 11.0%, 원유 7.3%, 자동차 6.4% • 러시아 36.4%, 중국 12.1%, 독일 6.8%, 우크라이나 5.6%, 미국 5.1%
키르기스스탄공화국	수도: 비슈케크(Bishkek) 면적: 20만㎢ 인구: 555만 명(2010년) 인구밀도: 27.8명/㎢(2010년) 국민총생산(1인당): 780달러(2008년)	국명의 유래: 40개의 천막 또는 40인의 딸을 의미 약사: 중앙아시아 북부에 있는 내륙국으로, 1864년 제정러시아에 정복됨. 러시아 혁명 후 소비에트 투르키스탄공화국의 일부가 됐고, 1926년 키르기스자치공화국, 1936년 키르기스스탄공화국을 거쳐 1991년에 독립	민족: 키르기스 인 65%, 우즈베크 인 14%, 러시아 인 13% 언어: 키르기스 어, 러시아 어 종교: 이슬람교 수니파 61%, 기독교 10%	산업별 인구구성(%): N.A.	수출: 16억 1,800만 달러(2008년) 수입: 40억 7,200만 달러(2008년)
타지키스탄공화국	수도: 두샨베(Dushanbe) 면적: 14만 3,000㎢ 인구: 707만 4,000명(2010년) 인구밀도: 49.4명/㎢(2010년) 국민총생산(1인당): 600달러(2008년)	국명의 유래: 토착민인 타지크 족에서 유래 약사: 중앙아시아에 있는 내륙국으로 1895년 제정러시아에 정복됨. 1924년 부하라(Bukhara) 사회주의공화국의 일부로서 소비에트연방에 편입됨. 다시 우즈베키스탄공화국 내 타지크(Tadzhik) 자치공화국을 거쳐 1929년 구소련을 구성하는 공화국이 됐으며, 구소련의 해체와 함께 1991년 독립	민족: 타지크 인 80%, 우즈베크 인 15% 언어: 타지크 어, 우즈베크 어, 러시아 어 종교: 이슬람교 수니파 79%, 시아파 5%	산업별 인구구성(%): N.A.	수출: 14억 600만 달러(2008년) 수입: 32억 7,000만 달러(2008년)

국명	기본자료	약사(略史)	민족 · 언어 · 종교	산업	무역(품목 · 상대국)
우즈베키스탄공화국	수도: 타슈켄트(Tashkent) 면적: 44만 7,000㎢ 인구: 2,779만 4,000명(2010년) 인구밀도: 62.1명/㎢(2010년) 국민총생산(1인당): 910달러(2008년)	국명의 유래: 우즈베크라는 몽골계 부족명에서 유래 약사: 중앙아시아 중부에 있는 국가로서 19세기 후반 제정러시아의 속국이 됨. 1924년 10월 구소련의 일원으로 우즈베크 소비에트사회주의공화국을 수립. 구소련의 붕괴와 함께 1991년 9월 완전 독립	민족: 우즈베크인 80%, 러시아 인 6%, 타지크 인 5% 언어: 우즈베크어, 러시아 어, 타지크 어 종교: 이슬람교 수니파 76%, 러시아 정교 1%	산업별 인구구성(%): N.A.	수출: 103억 6,900만 달러(2008년) 수입: 70억 7,600만 달러(2008년)
투르크메니스탄공화국	수도: 아슈하바트(Ashkhabad) 면적: 48만 8,000㎢ 인구: 517만 6,000명(2010년) 인구밀도: 10.6명/㎢(2010년) 국민총생산(1인당): 2,840달러(2008년)	국명의 유래: 해당지역에 사는 투르크 인에서 유래 약사: 중앙아시아 남단에 위치한 나라로, 1865년 제정러시아의 침략을 받은 후 1884년 합병됨. 1918년 4월 러시아군에 의해 투르크멘 자치 소비에트 사회주의 공화국이 선포됐고, 1924년 10월 투르크멘 소비에트 사회주의공화국이 수립됨. 1991년 10월 구소련의 해체와 함께 독립	민족: 투르크멘인 85%. 우즈베크인 5% 언어: 투르크멘어, 러시아 어, 우즈베크 어 종교: 이슬람교 수니파 87%	산업별 GDP 구성(%)(2007년 총 85억 달러): 1차 산업 약 8%, 2차 산업 약 51%, 3차 산업 약 24%	수출: 26억 3,200만 달러(2003년) 수입: 25억 1,200만 달러(2003년)

* N.A.: Not Available

자료: 世界と日本の地理統計(2005/2006年版), 古今書院(2005); 世界國勢圖會(2008/09), 矢野恒太 記念會 編(2008); 地理統計要覽, 二宮書店(2011); 각국 한국대사관.

그믐달 모양

오늘날 이슬람 세계의 구급차와 병원, 약국 등에는 적십자(赤十字) 대신 그믐달 모양의 적신월(赤新月)이 그려져 있다. 이는 십자군 전쟁[1]으로 인한 서구 세계와 아랍 세계의 갈등과 불화에서 기인한 것으로, 십자 표시가 기독교도들의 상징물이었기 때문이다.

1) 11~13세기에 걸쳐 기독교가 성지 팔레스타인(Palestine)과 성도 예루살렘(Jerusalem)을 이슬람교도로부터 탈환하기 위해 8회에 걸쳐 대원정을 한 전쟁이다.

1. 공통적인 성격을 가진 중앙아시아

유라시아(Eurasia)라는 용어는 1883년 오스트리아 지질학자 쥐스(E. Suess)가 유럽과 아시아를 포함하는 지구상의 가장 큰 대륙을 지칭하기 위해 창안한 개념이다. 그러나 오늘날에는 좁은 의미에서 중앙아시아(Central Asia)를 지칭하기도 한다.

중앙아시아는 카스피 해(Caspian Sea)의 동쪽으로 자연환경적·문화적으로 세계에서 가장 복잡한 지역이다. 볼가(Volga) 강의 하류 사라토프(Saratov)에서 러시아(Russia)의 동부 변경인 노보시비르스크(Novosibirsk)까지에 5개의 집단적인 이슬람교 국가가 위치하는데, 한때는 구소련의 분쟁지역이기도 했다. 오늘날 이들 독립국가의 국경은 구소련에 의해 구획됐으며, 경제적으로 고통을 받고 있다.

아지야(S. Aziya)는 중앙아시아를 중동 아시아(Middle Asia)로 더 적절하게 번역했다. 구소련의 중앙아시아 경제지역에서 5개의 사회주의공화국은 우즈베키스탄(Uzbekistan), 투르크메니스탄(Turkmenistan), 키르기스스탄(Kirgizstan), 타지키스탄(Tadzhikistan), 카자흐스탄(Kazakhstan)으로 구성되어 있다. 이들 각 국가는 지금 독립국가이다. 그러나 도시에 아직도 러시아 시민들이 상당히 거주하고, 그들은 공업과 서비스 분야에 종사하며, 타지키스탄에는 군인도 주둔하고 있다.

중앙아시아 5개 국가의 면적은 400.3만㎢로 우크라이나(Ukraina)와 미국 텍사스(Texas) 주의 약 두 배이다. 2010년 인구가 약 6,140만 명이고, 2025년까지 약 7,000만 명으로 증가할 예정이다. 5개 국가의 대부분의 경제·사회 지표는 구소련에서 가장 가난하고 개발되지 않았음을 나타낸다. 이들 국가는 서남아시아와 세 가지 면에서 비슷한데, 물 공급이 부족하고 석유와 천연가스 매장량이 많고 개발 잠재력도 높다는 점이다. 비러시아 인으로 이슬람교가 주된 종교이다. 투르크메니스탄에서는 터키 어를 사용하나, 타지키스탄은 이란어파에 속한다.

중앙아시아는 주요 철도망에 의해 유럽의 러시아 및 시베리아(Siberia)와 연결됐고, 이는 19세기 후반에 러시아에 흡수되는 한 요인이었다. 1917년 이후 구소련이 등장해 이 지역 유목민들을 억압하고, 공산당이 지방민들을 고용했다. 그리고 중앙의 사회경제 감독자는 경제적 전문화를 더욱 촉진시켜 지역 간의 거래가 이루어지게 함으로써 국가 경제를 활성화시켰다. 예를 들면 중앙아시아는 원면

〈표 5-2〉 중앙아시아 국가의 인구변화

(단위: 백만 명)

국명	1963년	1994년	2005년	2010년
카자흐스탄	11.5	17.1	15.3	15.7
키르기스스탄	2.4	4.5	5.2	5.6
타지키스탄	2.3	5.9	7.1	7.1
우즈베키스탄	9.7	22.1	25.4	27.8
투르크메니스탄	1.8	4.1	5.0	5.2

자료: Cole(1996: 181); 世界國勢圖會(2008/09), 矢野恒太 記念會 編(2008: 26); 二宮書店. 地 理統計要覽(2011: 18).

(原綿)·축산물·석유·천연가스를 구소련 내의 다른 지역으로 수출하고, 식료품이나 기계설비·석탄·목재를 북부지방으로부터 수입했다.

중앙아시아의 5개 국가는 면적이나 인구, 산업에서 상당히 다양하지만 가능한 미래문제로 지적되는 많은 공통적인 현상을 가지고 있으며 그것은 다음과 같다.

첫째, 이들 국가들은 수자원의 부족으로 제약을 받는다. 각 국가들은 강수량이 발생하도록 하는 꽤 많은 산맥을 가지고 있지만, 영토의 나머지 지역은 천연 목초지이거나 사막 또는 반사막이다. 두 개의 큰 강과 여러 개의 작은 강이 산지지역에서 발원해 계곡과 북쪽 및 서쪽의 저지를 가로질러 흐르며, 경작지의 대부분은 이들 강물을 이용한다.

둘째, 이들 지역은 계획정책가들에 의해 제2차 세계대전 이전이나 그 이후에 경공업 중심으로 개발됐다. 5개국 중 어느 국가도 제한된 공업기반 이상의 미래에 대한 공업 계획을 수립하지 못해, 아시아의 신흥공업경제지역군(Newly Industrializing Economic Regions: NIEs)에 참여하기를 열망하고 있다.

셋째, 인구는 5개 국가의 토착민이 높은 성장을 보이고 있다. 출생률은 타지키스탄 2.8%, 키르기스스탄 2.5%, 카자흐스탄 2.3%, 투르크메니스탄 2.2%, 우즈베키스탄 2.1%로 거의 2.0%대를 나타내, 이란(Iran)의 1.8%보다는 높고 아프가니스탄의 4.7%보다는 낮은 편이다(〈표 5-2〉).

넷째, 민족적 긴장과 갈등이 중앙아시아의 국가 내에서나 국가 간에 일어나고 있다. 그것은 복잡하고 구불구불한 국경의 배치와 각 국가에 다른 국가의 주민들이 상당히 거주하고 있기 때문인데, 특히 우즈베크 인이 다른 국가에 많이 거주해 그 상태를 악화시켰다.

다섯째, 새로운 아시아 지도를 보면 5개국 중 3개 국가는 다른 나라들에 둘러싸인 내륙국이다. 투르크메니스탄과 카자흐스탄의 서쪽은 카스피 해에 연해 있지만, 볼가 강, 볼가-돈(Don) 강 운하나 돈 강을 경유한 흑해로의 접근은 조그마한 선박을 이용해 바다로 나갈 수 있는 것이 유일한 통로이다. 그밖에 장벽이 되는 산맥이나 사막은 좋지 않은 도로를 통해서만 가로지를 수 있어, 중앙아시아에서 페르시아(Persia) 만이나 아라비아(Arabia) 해로 가는 데는 시간과 비용거리가 상당히 필요하다.

2. 중앙아시아의 한민족

구소련에 거주하는 우리 동포를 고려인(카레예츠, 일명 카레이스키)이라 한다. 이들의 유랑의 역사는 1863년 무렵부터 시작되며, 이때의 이주를 '제1의 이주'라 한다. 기근을 피해 두만강을 건너 러시아 연해주로 간 초기의 이민자들은 순탄하게 삶의 터전을 마련했다. 그러나 1919년 3·1운동 후 국경을 넘는 사람들이 급격히 늘어나자 구소련 당국은 국경을 봉쇄했다.

스탈린(Iosif V. Stalin)이 연해주에서 중앙아시아로 강제 이주시킨 1937년 9월에 연해주에 거주한 우리 동포는 18만 명에 달했다. 스탈린은 우리 동포들이 일본인의 스파이가 될 우려가 크다며 강제이주를 단행했지만, 그 배경에는 스탈린의 소수민족 말살정책이 숨겨져 있었다. 이 이주를 '제2의 이주'라고 한다.

구소련의 우리 동포들은 폐쇄된 화물열차에 실려 3개월 동안 죽음의 여정을 거쳐 중앙아시아의 타슈켄트와 알마티(Almaty)로 옮겨졌다. 그 과정에 숨져간 우리 동포는 2,000여 명이나 됐다. 그렇지만 우리 동포들은 극한 상황에서도 좌절하지 않고 특유의 부지런함으로 사막과 황무지를 개간해 옥토로 바꿔 생활의 터전을 마련했다. 그 후 62년이 지난 지금까지 가슴속에 응어리진 한이 사라질 시간이 흘렀지만, 타지키스탄의 우리 동포들은 다시 고통의 길로 내몰리고 있다. 현재 독립국가연합(Common wealth of Independent States: CIS)에 거주 중인 우

〈그림 5-1〉 독립국가연합에 거주하고 있는 한인 동포의 이주경로(위)와 분포(아래)

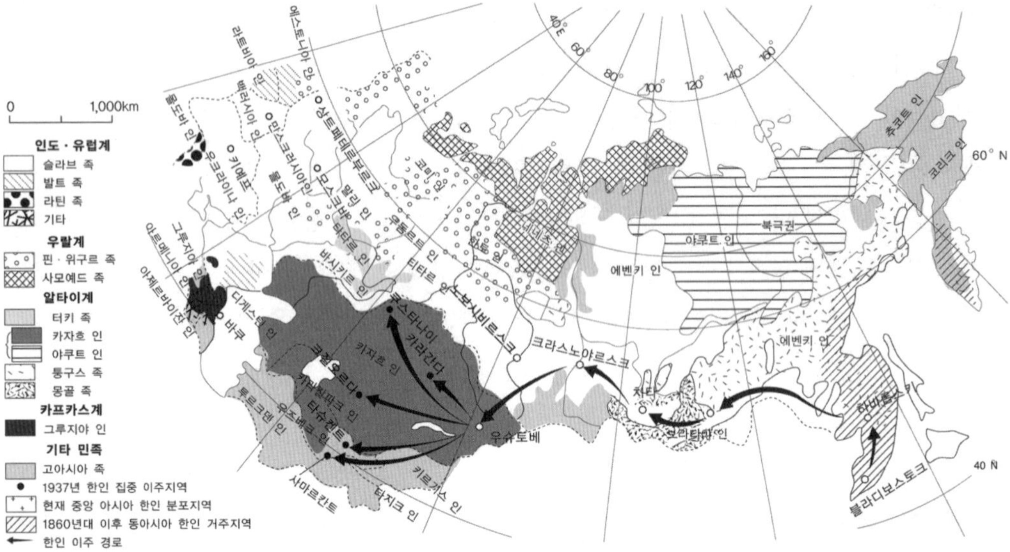

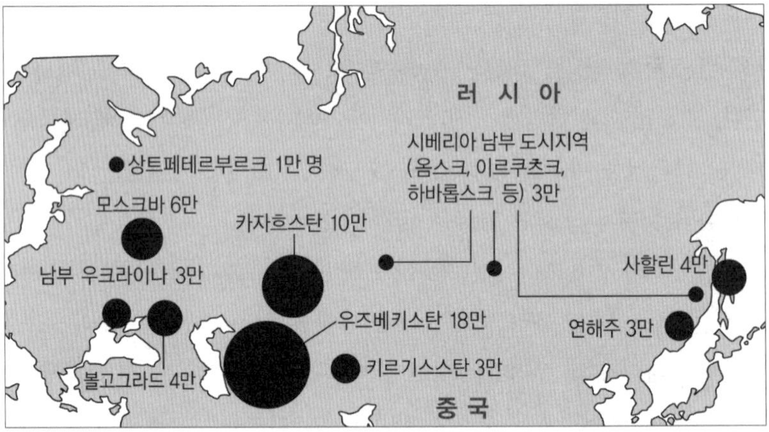

리 동포들은 약 46만 1,000명으로, 우즈베키스탄에 약 22만 명, 러시아와 카자흐스탄에 각각 약 10만 명이 흩어져 살고 있다(〈그림 5-1〉).

구소련의 하나였던 타지키스탄공화국에 살던 우리 동포 약 1만 명이 60여 년 동안 살던 땅에서 쫓겨나 전쟁난민으로 유랑하고 있다. 타지키스탄의 두샨베와 후잔트(Khujand) 등에 살던 우리 동포 약 1만 3,000명 대부분이 7년 동안 계속되는 내전을 피해 인근 카자흐스탄·우즈베키스탄공화국, 러시아의 볼고그라드(Volgograd, 옛 스탈린그라드) 등지로 피신했다.

1989년 구소련 체제의 붕괴 전후로 일어난 러시아 극동지역으로의 귀환이주(return migration)[2]를 '제3의 이주'라 부른다. 이러한 제3의 이주의 배출요인은 내전이나 이슬람교 민족주의와 국가의 언어정책 등으로, 이주 지역은 볼고그라드를 비롯한 러시아 남부와 극동이었다. 이 지역들은 구소련으로부터 독립해 러시아 어 대신에 자국어를 채택했기 때문에 고려인은 공용어와 러시아 어, 민족어를 습득해야 하는 부담을 안게 됐다. 특히 고려인은 대부분 공무원, 교사, 의사, 연구원, 집단농장장 등의 관리직이나 사무직에 종사하는 경우가 많아 공용어를 사용하지 못할 경우 직장에서 해고되거나 차별대우를 받는다.

이러한 이주는 더 좋은 경제적 지위, 직업에서의 성공, 자녀교육 등 개인 또는 가족의 이익을 극대화하기 위한 요구뿐만 아니라 중앙아시아 국가들의 정치적·경제적 상황에도 기인한다. 내전이 일어나는 나라들은 그루지야(Gruziya), 아제르바이잔(Azerbaidzhan), 타지키스탄, 우즈베키스탄 등이다. 한편 흡인요인으로는 군 주둔지 시설과 토지사용의 허가, 피압박 민족의 복권과 명예회복법 제정 및 가족 또는 친척과의 관계가 작용하고 있다. 이를 나타낸 것이 〈표 5-3〉이다.

최근 중앙아시아의 한인들이 시베리아 동부지역으로 귀환하는 현상이 나타나고 있는데, 이러한 현상을 한인 자신들의 경제적 이익을 극대화하기 위한 것이라는 신고전경제학적 관점(neoclassical economic perspective)으로만 설명할 수는 없다. 그리고 국제 노동력 이동에 영향을 미치는 사회구조를 중시하면서 인구 유입국과 유출국의 시장·사회·국가 나아가 세계시스템 모두를 포괄하는 역사·구조적 관점(historical-structural perspective)에서, 주변부가 중심부로 편입되는 과정에서 이주가 발생한다는 주장도 설득력을 가지기 어렵다. 즉, 배출지인 중앙아시아 지역과 귀환지인 시베리아 동부지역이 세계시스템론(world system theory)[3]에서 설명하는 중심부와 주변부에 놓여 있기 때문에 이주가 발생한다는 설명도 설득력이 없다. 귀환하는 시베리아 동부지역의 경제적 여건이 중앙아시아보다 우월하기 때문이 아니라, 중앙아시아 국가들의 정치적·경제적 요인, 즉 내전이나 이슬람교 민족주의 또는 국가의 언어정책이 더 중요한 배출요인으로 작용하고 있기 때문이다. 신고전경제학적 관점과 역사·구조적 관점을 결합시켜 보면 귀환

2) 재정착하기 위해 고국 또는 고향으로 돌아가는 이주민들의 움직임을 말한다.

3) 월러스틴(I. Wallerstein)에 의하면 자본주의 세계경제는 3개의 지리적 집단으로 구성되어 있는데, 핵심(core), 주변(periphery), 반주변(semi-periphery)이 그것이다. 핵심지역의 여러 나라는 상대적으로 강력한 국가기구를 갖고 있으며, 균질의 국민문화가 형성되어 고임금을 향수할 수 있는 자유로운 노동자가 있고, 높은 이윤을 획득할 수 있도록 자본 집약도가 높은 상품을 생산하고 있는 국가로, 통상 선진국이라 불리는 지역이다. 이에 대해 주변지역이란 상대적으로 불완전한 국가적 통합을 할 수밖에 없는 약한 국가기구를 갖고 있으며, 저임금 노동자를 이용해 낮은 이윤을 획득하는 자본집약도가 낮은 상품을 생산하는 지역이다. 핵심지역과 주변지역의 사이에는 지배-종속관계가 나타나며, 주변에서 핵심으로 가치가 이전되기 때문에 양자는 대립관계에 있다. 반주변지역이란 이러한 대립관계에 있는 핵심지역과 주변지역과의 관계를 완화하는 완충지대로서 위치 지을 수 있다.

〈표 5-3〉 중앙아시아 한인 귀환이주의 배출-흡인 모형

배출요인	중앙아시아		흡인요인	러시아 시베리아 동부
거시적	• 국가의 언어정책 • 내전과 민족 갈등	➡	거시적	• 군 주둔지의 시설과 토지 사용의 허가 • 복권과 명예회복법 제정
미시적	• 교육열 • 신분상승의 욕구		미시적	• 가족 또는 친지의 관계망

자료: 이채문 · 박규택(2003: 561).

이주는 경제적·사회적·정치적 공백 속에서 발생하는 것이 아니며, 이주에 대한 개인적 또는 가족적 결정은 거시 구조적 변수와의 상호작용 속에서 발생하는 '민족 친화적 이주(migration of ethnic affinity)'라 볼 수 있다. 따라서 중앙아시아 한인의 귀환이주는 미시적·거시적 요인이 서로 연관된 관점에서 설명되어야 한다.

3. 카자흐스탄의 환경재앙

구소련의 공화국 중에서 두 번째로 큰 국가가 카자흐스탄[4]이다. 2010년 인구는 약 1,600만 명으로 인구밀도가 낮다. 국토의 대부분은 초원(steppe)지대이고, 북부의 반사막지대는 1950년대 말 러시아 인의 거주에 의해 광범위하게 경작됐다. 카자흐스탄 주민 대부분이 거주하는 남부는 중앙아시아에서 북쪽으로 연결되는 사막지대로, 관개에 의해 경작하고 있다. 카자흐스탄은 곡물과 농산물을 구소련의 다른 지역으로 공급하는 중요한 공급지였다. 석탄과 철광석 및 그 밖의 광물자원은 특히 러시아의 우랄 중공업지역으로 공급했다.

구소련이 붕괴한 1991년 카자흐스탄의 새로운 지도자는 독립국가로서의 밝은 전망을 강조했지만, 러시아 연방과의 완전한 결별을 상상하기는 어렵다. 구소련의 붕괴 이후 유럽과 아시아의 새로운 정치지도는 생소하고, 미래에 대한 변화를 기대하기는 어렵다. 카자흐스탄이 러시아에게 아직까지도 주요한 이유는 러시아와 구소련의 중앙아시아 간을 연결한다는 입지적 요인 때문이다. 또 유럽 러시아

4) 카자흐스탄의 세미팔라틴스크(Semipalatinsk)에는 구소련의 핵실험장이 남아 있는데, 과거 450회 이상의 핵실험에 의한 방사능 오염이 심각한 상태라는 것이 밝혀졌다.

와 중국을 연결하는 짧은 철도가 이곳을 통과하고 있다. 그밖에 러시아가 카자흐스탄에 영향력을 미치기를 원하는 이유는 구소련 붕괴 이전인 1989년 카자흐스탄 인 수는 650만 명으로 러시아 인 620만 명보다 조금 많았기 때문이다.

카자흐스탄의 중앙부에는 소량의 석탄과 철광석이 매장돼 있고, 서부에는 다량의 석유와 천연가스가 매장돼 있다. 그리고 동부에는 비철금속도 매장돼 있다. 이러한 광물자원들의 매장지는 러시아의 우랄과 서부 시베리아 지역과 가까워 자원공급이 유리하다. 러시아가 카자흐스탄의 북부 2/3 지역에 대한 관심을 지속하는 것은 이와 같이 좋은 경제적 이유 때문이다. 또 구소련에서 핵실험을 한 주요한 지역 중 한 곳이 카자흐스탄이다.

수자원 개발이 환경재앙을 일으킨 대표적인 사례 중 하나가 중앙아시아의 아랄(Aral) 해이다. 강물을 관개용수로 이용하면서 지구 최악의 생태계 파괴가 일어난 것이다. 중앙아시아의 사막지대에서 대규모 관개사업이 시행되기 전인 1960년 전후까지 아랄 해는 면적 6만 8,000㎢로 세계 4위의 내륙호였다. 그러나 1976년에는 5만 5,700㎢, 그리고 30년 만에 3만 7,000㎢로 줄어들어 세계 6위의 면적으로 떨어진 것이 확인됐다.

1950년대에 구소련은 아랄 해 유역의 카자흐스탄과 우즈베키스탄의 사막지대를 농토로 바꾸기 위해 '자연대개조계획'에 착수했다. 아랄 해로 흘러드는 시르다리야(Syr Darya) 강과 아무다리야(Amu Darya) 강 유역은 연 강수량 200㎜ 이하의 건조지대인데, 이들 강의 물줄기를 바꿈으로써 불모의 사막을 푸른 대륙으로 바꾼 대규모 관개사업이 그것이다. 특히 1960년 아무다리야 강 남쪽에 건설된 1,300㎞의 카라쿰(Kara Kum) 운하는 두 강에 종횡으로 수로를 낸 '사회주의의 성공'으로 홍보된 대역사의 산물로, 레닌 수로 또는 스탈린 운하라고 불렸다. 실제로 이 일대의 목화 생산량은 1950년대 400만 톤에서 1980년대에 900만 톤으로 증가했고, 구소련 목화 생산량의 95%, 쌀 생산량의 40%, 야채 생산량의 25%를 차지해 '사막의 기적'이라고 불렸다.

그러나 농지의 확대로 인해 아무다리야 강은 대부분의 유량을, 시르다리야 강은 절반 이상의 유량을 경작지로 빼앗겼다. 관개사업을 하기 전에 두 강은 한 해에 550억㎦의 물을 아랄 해에 공급했으나 1980년대에는 70억㎦로 격감했다. 사막지대에 위치한 아랄 해는 물줄기가 줄어들면서 말라들어 갔고, 찌는 듯한

〈그림 5-2〉 아랄 해 주변의 관개지역(왼쪽)과 축소과정(1960~2000년)(오른쪽)

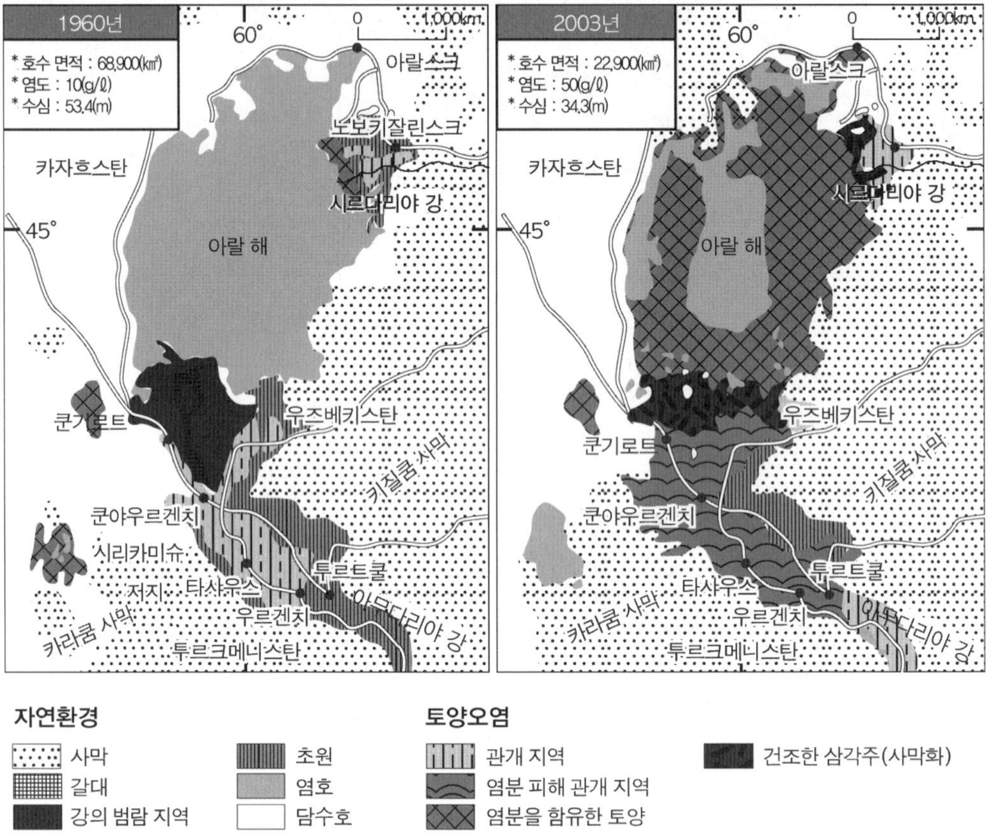

자료: 하크 세계지도(2007).

더위로 인한 해수면의 증발은 호수물의 염분농도를 높였다. 현재 아랄 해는 바닷물보다 3배 짠 죽은 호수가 됐다. 철갑상어·연어·잉어 등 아랄 해의 명물들이 사라졌고, 약 1만 명의 어민들로 번성했던 남부 무이나크(Muynak) 항은 폐어선이 즐비하다. 연안 최대의 항구도시였던 북동단 아랄스크(Aralsk) 시는 호안으로부터 90㎞ 밖으로 밀려났다. 아랄 해는 두 개로 나누어져 북쪽에 작게 남아 있는 부분은 '소아랄', 남쪽을 '대아랄'이라고 부른다. 1980년대 들어서는 걸어서 횡단할 수 있게 됐다.

말라붙은 호수의 바닥에서 날리는 소금 폭풍은 연안 400㎞까지 피해를 주고 있다. 지하수의 소실과 염분농도의 상승으로 마실 물도 구하기 어렵게 됐고, 농업 지대에서 유출되는 농약성분은 하천수를 오염시켰다. 선진국의 유아사망률은 5‰ 내외인데, 이 지역은 100~500‰까지 높아졌다. 전문가들은 앞으로 30년 안에 아랄 해가 완전히 바닥을 드러낼 것으로 예측하고 있다(〈그림 5-2〉).

4. 카스피 해의 국경분쟁

세계에서 가장 넓은 내해인 카스피 해의 면적은 약 37만 1,000㎢로 한국의 3.7배이며, 염분 농도는 바다와 비슷하다. 카스피 해에는 약 2만㎢의 대륙붕이 분포해 바다로 불려왔지만, 바다와 직접 연결되는 출구가 없어 '호수'라는 견해도 있다. 카스피 해가 바다냐 호수냐에 따라 지리적인 측면뿐만 아니라 경제적인 의미도 달라진다. 카스피 해는 페르시아 만 지역과 러시아의 서시베리아 지역에 이어 세계 3대 석유 및 가스 매장지로 평가되고 있어, 이 바다를 둘러싼 연안 국가 사이의 영해권 분쟁이 일어나고 있다.

카스피 해는 1921년과 1940년 두 번에 걸친 구소련과 이란 간의 협정에 의해 양국이 각각 50%를 차지해 개발돼왔다. 그러나 구소련의 붕괴로 분리된 독립국가들이 카스피 해에 매장된 약 1,000억 배럴의 석유와 6조 9,000억㎥의 천연가스를 개발하기 위해 카스피 해의 영해권을 주장하고 나섰다. 러시아·카자흐스탄·아제르바이잔의 안은 카스피 해를 영해 20마일, 경제수역 20마일, 공해로 구분하는 내해론(內海論)을 주장하는 것으로, 2003년 카스피 해 북부 수면을 이들 국가들의 해안선 길이에 비례해 19%·27%·18%씩 나누기로 자체 합의했다. 그러나 이란과 투르크메니스탄은 각국이 동일하게 20%씩 나눠야 한다며 강하게 반발하고 있다. 한편 러시아·아제르바이잔·카자흐스탄의 안은 1982년 채택된 유엔 국제해양헌장에 의거해 연안 5개 국가가 12마일 영해와 경제수역으로 카스피 해를 분할해야 한다고 주장하는 것이다. 이 안은 러시아와 이란에게 지나치게 불리한데, 그것은 대규모 석유매장 지역이 상당 부문 아제르바이잔에 분포하기 때문이다(〈그림 5-3〉).

〈그림 5-3〉 카스피 해의 영해권 분쟁

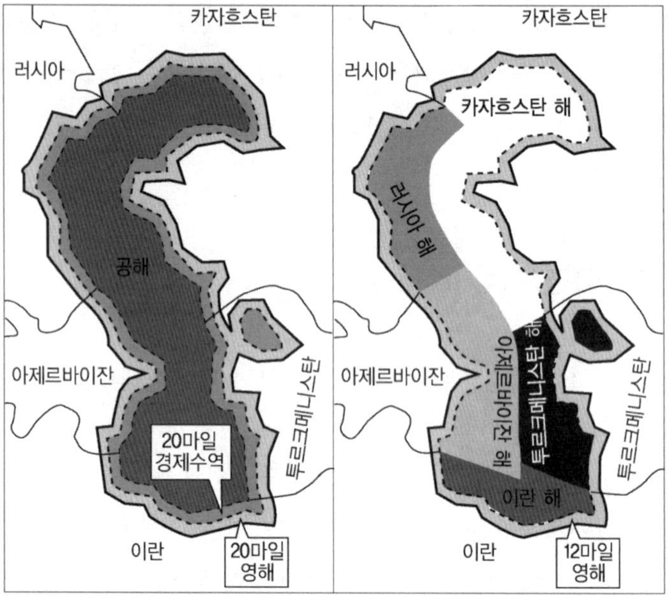

'처녀 보쌈' 결혼풍속

중앙아시아 키르기스스탄에는 '파흐쉐니야 제브식'이라 불리는 풍습이 있다. 우리의 옛 '보쌈'에 해당하는 것이다. 총각은 마음에 드는 미혼 여성이 있으면 그녀의 동의를 얻어 말에 태워 집으로 데려간다. 대부분의 경우 그날로 첫날밤을 치른다. 다음 날 총각 가족은 여성의 처녀성 여부를 확인하고 결혼할지를 결정한다. 결혼은 신랑 측이 신부 측에 청혼하는 것이 보통이다. 처녀가 아닌 것으로 확인될 경우 결혼을 취소하기도 한다.

보쌈은 오쉬 등 키르기스스탄 남부 도시에서 행해지고 있으며, 농촌과 유목민들 사이에는 더욱 빈번한 것으로 알려졌다. 하지만 보쌈을 한 여성이 유부녀일 경우 납치 행위가 돼 낭패를 치르기도 한다. 유부녀로 밝혀지면, 총각 가족들이 상대방 가족을 찾아가 정중히 예를 갖춰 사과하면 위기를 모면하기도 한다. 이 때문에 총각은 보쌈을 해온 여자의 혼인 여부를 반드시 확인해야 한다.

시대의 변화에 따라 이제 키르기스스탄의 남자들은 말 대신 자동차를 이용해 주로 야간에 여성들을 보쌈하고 있다. 신세대 젊은이들 사이에서도 보쌈을 당연한 것으로 간주하는 풍조가 있다. 심지어 사전에 보쌈하는 날과 시간까지 정해놓고, 여성이 '범행'을 기다리기까지 한다는 것이다.

카라쿰 운하

구소련 시절의 거대한 프로젝트인 카라쿰 운하는 투르크메니스탄 동부 산악지역의 아무다리야 강에서 사막의 중심부까지 나아가 카스피 해까지 물을 끌어오도록 계획됐다. 이 운하의 길이는 1,300㎞로 운하의 주변 지역 약 300만 에이커의 토지에 목화, 채소, 과일 등의 농경이 가능하게 만들었다. 투르크메니스탄은 카스피 분지에서 석유와 천연가스를 개발한다는 희망에 차 있다.

제2장

세계적 석유산지 서남아시아

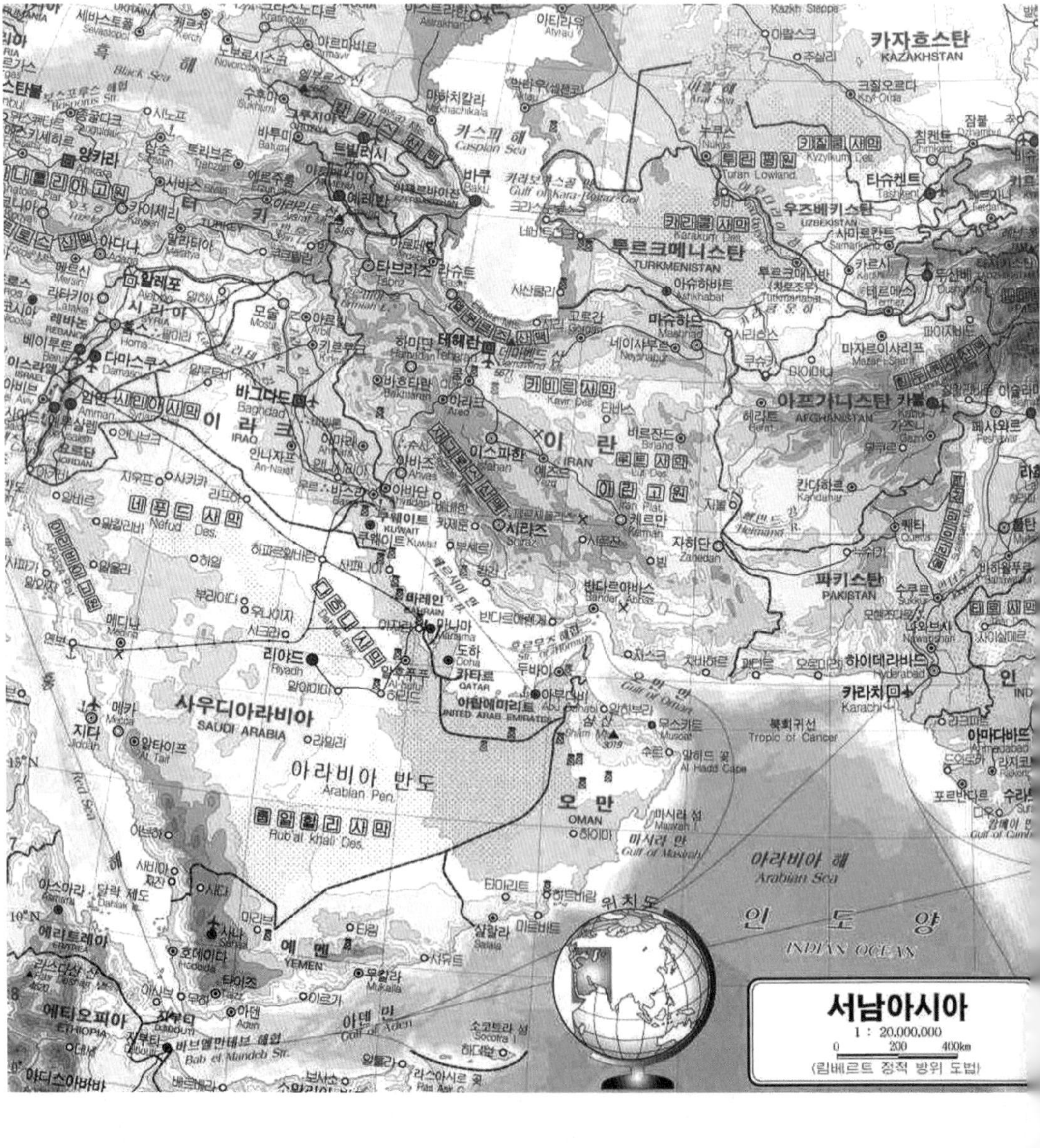

〈표 5-4〉 서남아시아의 여러 나라

국명	기본자료	약사(略史)	민족·언어·종교	산업	무역(품목 · 상대국)
아프가니스탄공화국	수도: 카불(Kabul) 면적: 65만 2,000㎢ 인구: 2,911만 7,000명(유목민 제외)(2010년) 인구밀도: 44.7명/㎢(2010년) 국민총생산(1인당) 370달러(2008년)	국명의 유래: 아프간 족의 토지 약사: 인도 · 서남아시아 · 중앙아시아 세 지역의 지리적 요충지에 위치한 나라로, 19세기부터 영국과 제정러시아의 침략 대상이 됨. 1905년 영국의 보호국이 된 이후 1919년 라왈핀디(Rawalpindi) 화평조약으로 독립이 정식으로 승인됐지만 지리적 중요성 때문에 1979년에는 구소련군, 2002년에는 미국과 영국 등 연합군의 공격을 받음	민족: 파슈툰 인 42%, 타지크 인 27%, 하자라 인 9%, 우즈베크 인 9% 언어: 다리 어, 파슈토 어, 터키계 여러 언어 종교: 이슬람교 99%(수니파 82%, 시아파 17%)	산업별 인구구성(%): N.A.	수출: 3억 1,400달러(2004년) 수입: 21억 7,700만 달러(2004년)
이란이슬람공화국	수도: 테헤란(Teheran) 면적: 162만 9,000㎢ 인구: 7,507만 7,000명(2010년) 인구밀도: 46.1명/㎢(2010년) 국민총생산(1인당): 3,540달러(2008년)	국명의 유래: 근세 페르시아어로 '아리아 인의 나라'라는 의미임 약사: 1951년 석유의 국유화 선언. 1979년 시아파 지도자 호메이니에 의해 이란 혁명이 일어나 팔레비왕조가 붕괴되고 이슬람공화국이 됨. 같은 해 인질사건에 의해 미국과 단교. 1980~1988년 이란과 이라크 사이에 전쟁이 일어났으며, 현재는 주변 여러 국가와의 관계 개선의 방향으로 나아가고 있음	민족: 페르시아 인 51%, 아제르바이잔 인 24% 언어: 페르시아 어가 공용어이고 그밖에 터키 어, 쿠르드 어 등 종교: 국교는 이슬람교 시아파로 인구의 96%(시아파 90%, 수니파 6%) 차지	산업별 인구구성(%)(2008년 총취업자 수 2,050만 명): 1차 산업 21.2%, 2차 산업 31.4%, 3차 산업 47.3%	수출: 830억 달러(2007년) • 원유 79.4% • 일본 23.9%, 이탈리아 10.7%, 프랑스 6.9% 수입: 572억 3,000만 달러(2008년) • 일반기계 24.3%, 철강 11.8%, 전기기계 및 자동차 8.8%, 석유제품 5.2% • 아랍에미리트 18.8%, 독일 13.2%, 프랑스 7.0%, 중국 및 이탈리아 6.1%
이라크공화국	수도: 바그다드(Baghdad) 면적: 43만 8,000㎢ 인구: 3,146만 6,000명(2010년) 인구밀도: 71.8명/㎢(2010년) 국민총생산(1인당): 796달러(2008년)	국명의 유래: 아랍 어로 '풍족한 과거를 갖는 나라'라는 의미 약사: 1958년 공화제로 이행하고 1968년 바스당이 정권을 장악함. 1979년부터 정권을 장악했던 사담 후세인 대통령이 2003년 권좌에서 물러나고 현재에 이름. 1980년 이란을 침공했고, 1988년까지 이란-이라크 전쟁. 1990년 쿠웨이트를 침공해 합병을 선언하지만 1991년 걸프(Gulf)전으로 패배함	민족: 아랍 인 80%, 쿠르드 인 15%, 걸프전 이후 대량의 쿠르드 인 난민 발생 언어: 아랍 어가 공용어이고 그밖에 쿠르드어, 터키 어 등 종교: 이슬람교 96%(이 중 수니파 34%, 시아파 62%), 기독교 4%	산업별 GDP 구성(%)(2002년): 1차 산업 약 29%, 2차 산업 N.A., 3차 산업 N.A.	수출: 637억2,600만 달러(2008년) 수입: 354억 9600만 달러(2008년)

국명	기본자료	약사(略史)	민족 · 언어 · 종교	산업	무역 (품목 · 상대국)
사우디아라비아왕국	**수도:** 리야드(Riyadh) **면적:** 215만㎢ **인구:** 2,624만 5,000명(2010년) **인구밀도:** 12.2명/㎢(2010년) **국민총생산(1인당):** 17,870달러(2008년)	**국명의 유래:** '사우드가(家)의 아라비아'에서 유래 **약사:** 1927년 사우드 왕이 영국으로부터 독립을 인정받음. 1938년 유전 발견. 성지의 수호국으로서 아랍지역의 리드격 **문화:** 정교일치의 군주국으로 이슬람교 관습법이 중시되어 헌법 · 의회는 존재하지 않음. 걸프전 이후 민주화를 추구하는 운동이 높아지고 있음	**민족:** 아랍 인 90%, 흑인과의 혼혈 **언어:** 아랍 어가 공용어 **종교:** 이슬람교의 발상지로 메카(Mecca), 메디나(Medina)의 2대 성지가 있음. 국민의 대부분은 수니파에 속하는 와하브파[1] 94%	**산업별 인구구성(%)(2008년 총 취업자 수 796만 명):** 1차 산업 4.8%, 2차 산업 17.1%, 3차 산업 78.1%	**수출:** 2,341억 4,500만 달러(2007년) • 원유 76.6%, 석유제품 7.6% • 일본 26.8%, 미국 17.5%, **수입:** 1,151억 3,300만 달러(2008년) • 일반기계 17.6%, 자동차 13.3%, 전기기계 11.6%, 철강 8.4% • 미국 13.6%, 중국 9.7%, 독일 8.9%, 일본 8.7%
쿠웨이트국	**수도:** 쿠웨이트(Kuwait) **면적:** 1만 8,000㎢ **인구:** 305만 명(2010년) **인구밀도:** 171.2명/㎢(2010년) **국민총생산(1인당):** 43,930달러(2008년)	**국명의 유래:** '요새'라는 의미의 아랍 어 kout에서 유래 **약사:** 1899년 영국의 식민 지배를 받았으며 1939년 정식으로 보호국이 됨. 1960년 영국으로부터 사법권과 통화관리권을 넘겨받았고 1961년 6월 독립 주권을 획득함	**민족:** 아랍계 쿠웨이트 인 45%, 기타 아랍 인 35% **언어:** 아랍 어가 공용어, 영어 **종교:** 이슬람교 83%(수니파 58%, 시아파 25%)	**산업별 인구구성(%):** N.A.	**수출:** 874억 6,700만 달러(2008년) • 원유 61.6%, 석유제품 29.8% • 일본 20.3%, 미국 11.0%, 네덜란드 5.5% **수입:** 248억 7,500만 달러(2008년) • 일반기계 15.3%, 자동차 15.1%, 전기기계 10.9%, 철강 9.3% • 중국 11.5%, 미국 11.3%, 일본 8.5%, 독일 7.5%, 이탈리아 6.0%
바레인왕국	**수도:** 마나마(Manama) **면적:** 750㎢, **인구:** 80만 7,000명(2010년) **인구밀도:** 1,076.2명/㎢(2010년) **국민총생산(1인당):** 25,420달러(2008년)	**국명의 유래:** 아랍 어로 bahrayn은 '두 바다'를 뜻함. 즉, 바닷물과 민물이 나란히 있음을 의미 **약사:** 바레인 섬과 그 주위의 크고 작은 33개의 섬으로 구성된 섬나라. 1521년 이후 이란의 지배를 받던 중 1880년 영국 보호령이 됐고, 1971년 영국군의 수에즈(Suez) 이동 철군과 함께 독립	**민족:** 아랍계 바레인 인 67%, 인도인, 파키스탄 인 **언어:** 아랍 어가 공용어, 영어 **종교:** 이슬람교가 국교로 81%(시아파 76%, 수니파 25%), 기독교 9%	**산업별 인구구성(%):** N.A.	**수출:** 188억 6,500만 달러(2008년) **수입:** 125억 3,000만 달러(2008년)
카타르국	**수도:** 도하(Doha) **면적:** 1만 2,000㎢ **인구:** 150만 8,000명(2010년) **인구밀도:** 130.2명/	**국명의 유래:** '순수'를 의미하는 그리스 어 카타로스(catharos)에서 유래 **약사:** 18세기에는 오늘날 바레인의 토후(土侯) 할리파가	**민족:** 아랍 인 40%, 인도 인(18%), 파키스탄 인(18%), 이란 인(10%)	**산업별 GDP 구성(%)(2007년 684억 달러):** 1차 산업 9.1%, 2차 산업 68.5%,	**수출:** 420억 2,000만 달러(2007년) • 원유 46.9%, 액화천연가스 29.4% • 일본 34.3%, 한국 21.8%, 싱

국명	기본자료	약사(略史)	민족 · 언어 · 종교	산업	무역 (품목 · 상대국)
	㎢(2010년) 국민총생산(1인당): 87,990달러(2008년)	(家)의 영토였으나 1868년 영국과 우호조약을 체결했고, 1916년 특별조약으로 영국의 보호령이 됨. 1971년 9월 1일 독립	언어: 아랍 어가 공용어 종교: 수니파 이슬람교(와하브파가 대다수)(73%)	3차 산업 22.4%	가포르 11.8%, 인도 5.2% 수입: 268억 5,000만 달러(2007년) • 일반기계 23.5%, 전기기계 13.7%, 철강 12.7%, 자동차 12.2% • 일본 9.6%, 미국 9.0%, 독일 8.4%, 이탈리아 7.4%, 한국 7.2%
아랍에미리트연방	수도: 아부다비(Abu Dhabi) 면적: 8만 4,000㎢ 인구: 407만 7,000명(2010년) 인구밀도: 56.3명/㎢(2010년) 국민총생산(1인당): 60,659달러(2008년)	국명의 유래: 7개 부족의 수장들이 모여서 이룬 연합왕국이라는 뜻 약사: 아라비아 반도 동부에 있는 7개 에미리트(아랍 토후국)로 이루어진 나라. 1853년 실질적인 영국의 보호국이 된 이래 여러 토후국들이 흥망과 집산을 되풀이함. 1971년 카타르·바레인을 제외한 토후국들이 에미리트연합국으로 독립	민족: 아랍계, 인구의 78%는 외국인 언어: 아랍 어 종교: 수니파 이슬람교가 국교로 대부분(63%)	산업별 인구구성(%)(2008년, 총 취업자 수 185만 명): 1차 산업 4.2%, 2차 산업 23.0%, 3차 산업 72.6%	수출: 1,540억 달러(2007년) • 원유 38.3%, 석유제품 10.9% • 일본 16.4%, 인도 7.3% 수입: 1,589억 달러(2007년) • 자동차 9.8%, 일반기계 9.7%, 전기기계 9.0%, 철강 8.7%, 금 8.4% • 중국 9.9%, 인도 9.6%, 미국 7.0%, 일본 6.6%, 독일 5.8%
오만국	수도: 무스카트(Muscat) 면적: 31만㎢ 인구: 290만 5,000명(2010년) 인구밀도: 9.4명/㎢ 국민총생산(1인당): 14,330달러(2008년)	약사: 150여 년간 포르투갈의 지배를 받다가 1650년 추방함. 1891년부터 영국에 대한 정치적·군사적 의존이 높아져 사실상 피보호국이 됨. 1951년 영국과 우호통상조약을 체결하면서 완전 독립국이 됨	민족: 대부분이 아랍 인 언어: 아랍 어가 공용어, 영어 종교: 이슬람교(다수는 이바디파 75%)	산업별 GDP 구성(%)(2007년 403억 3,100만 달러): 1차 산업 1.3%, 2차 산업 45.3%(석유가스), 3차 산업 53.4%	수출: 377억 1,900만 달러(2008년) 수입: 229억 2,500만 달러(2008년)
예멘공화국	수도: 사나(Sanaa) 면적: 52만 8,000㎢ 인구: 2,425만 5,000명(2010년) 인구밀도: 45.9명/㎢(2010년) 국민총생산(1인당): 960달러(2008년)	국명의 유래: 고대 히브리 어로 오른쪽 또는 남쪽을 뜻하는 'yamin'에서 유래되었다는 설과 아랍 어로 번영과 축복의 땅이라는 'Al Yumin'에서 유래되었다는 설 약사: 1918년 서구 열강에 패배한 오스만튀르크제국으로부터 독립한 후 예멘아랍공화국(북예멘)과 영국령으로 나뉨. 1967년 영국령으로부터 예멘인민민주공화국(남예멘)이 독립, 분단된 후 1990년 5월 22일 재통일, 단일국가가 됨	민족: 아랍 인, 소수의 인도계 주민 언어: 아랍 어가 공용어 종교: 시아파 이슬람교(북)가 국교, 수니파 이슬람교(남)	산업별 인구구성(%): N.A.	수출: 71억 6,000만 달러(2007년) 수입: 58억 9,200만 달러(2007년)

국명	기본자료	약사(略史)	민족·언어·종교	산업	무역 (품목 · 상대국)
터키공화국	수도: 앙카라(Ankara) 면적: 78만 4,000㎢ 인구: 7,570만 5,000명(2010년) 인구밀도: 96.6명/㎢(2010년) 국민총생산(1인당): 9,020달러(2008년)	국명의 유래: 터키 족이라는 민족명에서 유래 약사: 오스만튀르크제국으로서의 영예로 16세기에 최성기를 맞음. 수도는 이스탄불(Istanbul)이었지만 1923년 공화제로 바뀌면서 앙카라로 천도. NATO 가맹국이고 유럽의 일원으로서 EU 가입을 신청했으며, 쿠르드 인·그리스 인·유대 인 등의 소수민족문제를 많이 갖고 있음	민족: 터키 인 80%, 쿠르드 인17%로 독립을 요구하는 쿠르드 게릴라와 정부군 사이에 전투가 격화되고 있음 언어: 터키 어가 공용어. 남동부에서는 쿠르드 어 사용 종교: 이슬람교 수니파가 97%	산업별 인구구성(%)(2008년 총 취업자 수 2,119만 명): 1차 산업 23.7%, 2차 산업 26.4%, 3차 산업 50.0%	수출: 1,320억 300만 달러(2008년) • 자동차 13.6%, 철강 12.8%, 의류 10.3%, 전기기계 7.2%, 섬유·직물 7.0% • 독일 9.8%, 영국 6.2%, 아랍에미리트 6.0%, 이탈리아 5.9%, 프랑스 5.0% 수입: 2,018억 2,300만 달러(2008년) • 일반기계 10.4%, 전기기계 7.6%, 철강 7.4%, 자동차 6.1%, 석유제품 5.4% • 러시아 15.5%, 독일 9.3%, 중국 7.8%, 미국 5.9%, 이탈리아 5.5%
시리아아랍공화국	수도: 다마스쿠스(Damascus) 면적: 18만 5,000㎢ 인구: 2,250만 5,000명(2010년) 인구밀도: 121.5명/㎢(2010년) 국민총생산(1인당): 2,160달러(2008년)	국명의 유래: 그리스 어의 아시리아에서 유래 약사: 1920년 고도 다마스쿠스에서 아랍왕국으로 독립을 선언했으나 프랑스의 지배로 좌절됨. 제2차 세계대전 중인 1941년 9월에 다시 독립을 선언했고, 전쟁 후 1945년 UN에 가입하면서 독립이 인정됐으며 1946년 4월 완전 독립이 이루어짐	민족: 아랍 인 90%, 아르메니아 인 5%, 쿠르드 인 3%, 팔레스타인 인 언어: 아랍 어가 공용어, 아디게 어, 아르메니아 어 종교: 이슬람교 86%(수니파 74%), 기독교 14%	산업별 인구구성(%): N.A.	수출: 143억 달러(2008년) • 원유 64.9%(2002년) • 이탈리아 33.0%, 프랑스 14.1%, 사우디아라비아 9.5%, 터키 7.7%(2002년) 수입: 183억 2,000만 달러(2008년) • 기계류 32.4%, 철강 10.9%, 자동차 7.8%, 플라스틱 5.1%(2002년) • 이탈리아 7.3%, 미국 6.9%, 한국 6.2%, 중국 5.9%, 독일 5.7%
레바논공화국	수도: 베이루트(Beirut) 면적: 1만㎢ 인구: 425만 4,000명(2010년) 인구밀도: 407.1명/㎢(2010년) 국민총생산(1인당): 1인당 국내소득은 6,780달러(2008년)	국명의 유래: '하얗다'는 뜻으로 레바논 산맥의 만년설에서 기원 약사: 1922년 시리아에 편입되면서 프랑스의 위임통치령이 됐다가 1926년 시리아에서 분리되어 프랑스로부터 자치권을 얻음. 1944년 1월 완전히 독립함	민족: 대부분 아랍 인 언어: 아랍 어가 공용어이고, 그밖에 영어, 프랑스어 종교: 이슬람교 각 파 55%, 기독교(38%)	산업별 인구구성(%): N.A.	수출: 34억 7,900만 달러(2008년) 수입: 161억 4,200만 달러(2008년)
이스라엘국	수도: 예루살렘(Jerusalem) 면적: 2만 2,000㎢ 인구: 728만 5,000명(2010년) 인구밀도: 330.1명	국명의 유래: 구약성서에 등장한 인물의 이름에서 따온 말로 히브리 어로 '신의 전사'를 의미함 약사: 1948년까지 진행된 시오니즘(조국복귀) 운동의 결	민족: 유대 인 76%, 팔레스타 인 등 아랍계 20% 언어: 히브리어와 아랍 어	산업별 인구구성(%)(2008년, 총 취업자 수 278만 명): 1차 산업 1.7%, 2차 산업 20.8%, 3차 산업	수출: 608억 2,500만 달러(2008년) • 다이아몬드 31.6%, 전기기계 14.8%, 의약품 7.9% • 미국 32.6%, 벨기에 7.5%, 홍콩 6.8%

국명	기본자료	약사(略史)	민족 · 언어 · 종교	산업	무역 (품목 · 상대국)
	/㎢(2010년) 국민총생산(1인당): 24,720달러(2008년)	과 건국. 그 후 주변 아랍 여러 나라와의 전쟁이 계속돼 많은 팔레스타인 난민이 발생함. 1993년에는 PLO(Palestine Liberation Organization)와의 잠정 자치 합의가 조인됐지만 하마스(Hamas) · 헤즈볼라(Hezbollah) 등의 테러 활동은 여전히 계속되고 있음	가 공용어, 도시에는 영어가 꽤 통용됨 종교: 유대교 76%, 이슬람교 17%(대부분 수니파), 기독교 2%	76.5%	수입: 676억 5,600만 달러(2008년) • 다이아몬드 14.3%, 원유 12.4%, 전기기계 11.9%, 일반기계 7.8%, 자동차 6.4% • 미국 12.3%, 벨기에 6.5%, 중국 6.5%, 스위스 6.1%, 독일 6.0%
요르단하시미테왕국	수도: 암만(Amman) 면적: 8만 9,000㎢ 인구: 647만 2,000명(2010년) 인구밀도: 72.4명/㎢(2010년) 국민총생산(1인당): 3,470달러(2008년)	국명의 유래: 요르단 강에서 유래 약사: 제1차 세계대전 후 영국의 위임통치를 받았고 여러 차례 협정을 거듭하면서 단계적으로 자치권을 확대함. 1945년 아랍연맹(Arab League)에 가맹했고, 1946년 5월 25일 트란스요르단 하심 왕국으로 독립	민족: 아랍 인 98%, 체르케스 인 1%, 아르메니아 인 1% 언어: 아랍 어가 공용어, 영어 종교: 수니파 이슬람교 94%, 기독교 4%	산업별 인구구성(%)(2009년 229억 7,000달러: 1차 산업 약 10%, 2차 산업 약 20%, 3차 산업 약 70%	수출: 77억 8,800만 달러(2008년) • 의류 18.8%, 의약품 7.9%, 기계류 7.8%, 칼리염 7.0%, 금 6.3%(2002년) • 이라크 21.8%, 미국 15.6%, 인도 8.2%, 사우디아라비아 5.6%(2002년) 수입: 167억 6,400만 달러(2008년) • 기계류 13.9%, 원유 11.4%, 자동차 8.5%(2002년) • 이라크 14.2%, 독일 9.3%, 미국 7.3%, 중국 6.7%(2002년)
키프로스공화국	수도: 니코시아(Nicosia) 면적: 9,250㎢ 인구: 87만 9,000명(2010년) 인구밀도: 95.1명/㎢(2010년) 국민총생산(1인당): 26,940달러(2008년)	국명의 유래: 라틴 어로 '구리'라는 의미 약사: 제1차 세계대전 개전 시 영국의 식민지가 됨. 그 후 1925년 로잔(Lausanne) 조약으로 영국의 정식 직할식민지가 됐지만, 그리스와 터키의 갈등을 잠재우기 위해 1959년 영국이 런던에서 미국의 중재 아래 키프로스 독립협정에 서명. 그 후 1960년 8월 16일 정식으로 독립 선언	민족: 북키프로스는 터키계 98%, 남키프로스는 그리스계 80%, 터키계 11% 언어: 터키 어(북), 그리스 어(남), 영어 종교: 북키프로스는 이슬람교(수니파) 99%, 남키프로스는 그리스 정교 95%	산업별 인구구성(%): N.A.	수출: 16억 1,800만 달러(2008년) 수입: 40억 7,200만 달러(2008년)

* N.A.: Not Available

자료: 世界と日本の地理統計(2005/2006年版), 古今書院(2005); 世界國勢圖會(2008/09), 矢野恒太 記念會 編(2008); 地理統計要覽, 二宮書店(2011); 각국 한국대사관.

1. 문명의 교차로 서남아시아

서남아시아는 중동[2]의 범위와 거의 일치하지만 아프리카는 포함하지 않는다. 캅카스(Kavkaz) 지방이나 구소련의 중앙아시아를 포함하는 경우도 있지만 통상 구소련의 범위는 제외된다. 범위의 결정에서 가장 문제가 많은 것이 파키스탄으로 파키스탄은 통상 남아시아에 속하지만 그 일부, 특히 서부의 발루치스탄(Baluchistan)은 서남아시아에 포함하는 경우도 있다. 그것은 건조지역으로서 지역성이 유사하기 때문이다. 지중해의 키프로스(Kyprus) 섬은 통상 서남아시아에 속한다.

서남아시아는 건조경관과 이슬람교가 지배적이며, 경제적으로 공업은 미발달됐고 농목업도 기술적으로 늦어 생산력이 매우 낮다. 그러나 세계 최대의 석유 산출지역이기 때문에 세계경제에서 차지하는 지위는 중요하다. 민족적으로는 아리아 인, 아랍 인, 터키 인이 많지만 유대 인, 아르메니아 인 등 많은 민족이 거주하고 있다.

서남아시아는 5해(海) 내의 육지로 흑해, 카스피 해, 홍해, 페르시아 만, 인도양에 둘러싸여 있다. 면적은 623만㎢이고 인구는 약 2억 명이며 인구밀도가 아주 낮다. 서남아시아에서 터키(Turkey)를 제외하면 그 밖의 국가들은 세계에서 가장 건조한 지역 중 하나에 속하는데, 큰 강 유역을 제외하면 대부분이 초원이나 사막이기 때문에 주민의 다수는 유목생활을 한다. 서남아시아는 유럽과 아시아, 아프리카 대륙에 접하며, 1869년 수에즈 운하의 개통으로 유럽과 아시아의 통로가 되어 전략적 위치에 있다. 그리고 석유 매장량이 풍부한 지역으로 산유국과 비산유국 간의 경제적 차이를 보이며, 석유자원을 둘러싼 미묘한 국제관계 때문에 세계열강의 각축장이 되고 있다. 고대문명의 발상지라 장엄한 고대유적이 많은데, 7세기 초 아랍의 대정복에 의해 헬레니즘(Hellenism)[3] 문화와 페르시아 문화를 포함한 독특한 융합문화를 형성했다. 제1차 세계대전 후 터키를 비롯한 몇몇 국가가 독립했고, 아프가니스탄(Afghanistan), 이란, 이라크(Iraq), 사우디아라비아(Saudi Arabia), 아랍에미리트(Arab Emirates), 예멘(Yemen)을 제외하고는 제2차 세계대전 이후에 독립한 국가들이다.

1) 아라비아 반도 네지드(Nejd)의 와하브(Muhammad ibn Abdul Wahab)가 창설했다. 그는 오랫동안 메디나·이라크·이란 등 각지를 순방한 다음 고향으로 돌아와, 무함마드(Muhammad) 예언 후 300년까지를 올바른 이슬람교가 행해진 기간이라 하고, 그 이후의 신사조(新思潮)는 배척돼야 한다고 주장했다. 원시 이슬람교로의 복귀를 주장해 수니파와 대립하고 극단적인 금욕주의를 주장했다. 이 종파는 현재 사우디아라비아의 국교로서 확고한 세력을 가지고 있으며, 이슬람교 중에서 가장 계율이 엄격하다.

2) 중동(Middle East)이란 명칭은 북아프리카의 동쪽 모로코(Morocco)와 모리타니(Mauritanie)의 서대서양에서 아프가니스탄에 이르는 전 지역을 가리킬 때에 통상 사용하는 용어이다. 따라서 사하라(Sahara)와 아프리카의 지중해 연안[모로코, 알제리(Algeria), 튀니지(Tunisia), 리비아(Libya), 이집트(Egypt)], 아라비아 반도, 이라크, 터키, 이란 등을 포함하는 지역으로 오늘날 이슬람 문명이라는 점에서 보면 넓은 문화적 단일성을 갖는다고 볼 수 있다.

3) 그리스 문화·정신으로, 1863년 독일의 드로이젠(J. G. Droysen)이 그의 저서 『헬레니즘사』에서 처음 쓰기 시작했다.

1) 저위도에서 중위도에 걸쳐 펼쳐진 건조지역

서남아시아는 세계 육지 면적의 약 10%를 차지하고, 동쪽은 인도 아대륙, 서쪽은 지중해와 홍해, 북쪽은 흑해, 캅카스 산맥, 카스피 해, 남쪽으로는 인도양과 아라비아 해에 둘러싸여 있다.

서남아시아 대부분의 지역이 사막기후(desert climate)이고, 여름에는 기온이 매우 높다. 사막기후 주변에는 초원기후(steppe climate)가 분포한다. 그러나 서남아시아의 지중해에 면한 지역과 엘부르즈(Elvurz) 산맥 북사면의 카스피 해 연안에는 지중해성 기후가 분포한다. 서남아시아 지역은 높은 산맥을 제외하면 거의 사막이나 초원이지만 산지에 내린 비나 눈이 산기슭에서 샘이 되어 솟아나는 곳은 오아시스가 된다. 또 티그리스(Tigris)·유프라테스(Euphrates) 강 등 외래하천의 유로를 따라 좁고 긴 농업지대가 형성되어 있다. 메소포타미아(Mesopotamia)[4]에서 시리아(Syria) 동부를 거쳐 사해의 저지에 이르는 지역은 '비옥한 초승달 지대'라고 불리어 윤택한 농업지대를 이룬다.

2) 고대문명의 발상지이자 문명의 교차로

서남아시아 지역에 사람들이 살기 시작한 것은 기원전 약 6000년 구석기 시대이며, 메소포타미아 동부의 고지를 포함한 이 지역 일대에서 야생식물 재배와 함께 동물을 사육하기 시작했다고 생각한다. 인류가 최초로 직물을 짜고, 쟁기를 만들고 사용하는 방법을 안 것도 메소포타미아에서였다.

또한 이 지역은 아시아·유럽·아프리카의 결절점으로 많은 동서 문명의 교류가 이루졌다. 그 때문에 이 지역은 침입과 정벌이라는 파란의 역사를 갖고 있다. 로마제국의 침입 후 사산(Sassan) 왕조 페르시아와 이슬람 제국 등이 번영했다.

3) 이슬람 사회와 민족 문제

(1) 종교의 고향

서남아시아는 유대교·기독교·이슬람교의 발상지이다. 염소나 양에게 줄 목초

4) Mesopotamia는 그리스어로 '사이'란 뜻의 meso와 '강'이란 뜻의 potamos가 합성된 말로, 메소포타미아는 '강 사이의 땅'이란 뜻이다.

를 구하기 위해 이동해 온 이스라엘 민족이 야훼(여호와)라고 불리는 신을 믿게 된 것이 유대교의 시작이고, 이것으로부터 기독교가 발전했다. 나아가 이들의 영향을 받고 7세기에 무함마드가 이슬람교를 확립했다. 현재 서남아시아 대부분의 국가에서는 이슬람교가 번성하고, 이슬람 문화권을 형성하고 있다. 이슬람교에서는 메카나 메디나 등을 성지로 정해 1일 5회 메카를 향해 기도를 하며, 단식일을 정하고, 돼지고기를 금기시하며, 일부다처 등의 계율이나 전통을 지키고 있다.

(2) 민족 문제

서남아시아의 주요 민족은 이슬람교를 믿고 아랍 어를 사용하는 아랍 민족이다. 그러나 아프가니스탄 · 이란 · 터키는 이슬람교도가 많은 민족이 아니고, 이스라엘은 유대 민족이다. 또 이슬람교도는 수니파와 시아파로 크게 나누어진다. 1980년에 시작된 이란과 이라크의 전쟁은 이슬람교의 종파 문제, 국경 분쟁, 쿠르드(Kurd) 족 문제 등이 원인이 됐고, 세계의 석유 공급에 큰 영향을 미쳤다.

국가가 멸망하면서 세계에 흩어진 유대 민족은 '시온(Zion, 팔레스타인)으로 돌아가자'라는 시오니즘(Zionism) 운동을 전개하고, 19세기 후반 팔레스타인으로 이민을 시작했다. 1947년 유엔이 팔레스타인의 3분할 안을 제시했지만 아랍 측은 거부했으며, 유대 민족은 그다음 해 이곳에 이스라엘공화국을 건국했다. 이 때문에 아랍 여러 나라의 군대가 개입해 1948년 제1차 중동전쟁(팔레스타인 전쟁)이 시작됐다. 네 번에 걸친 전쟁의 결과 이스라엘은 영토를 확장했고, 많은 아랍인들은 난민이 됐다. 1979년 이스라엘과 이집트 간에 평화협정이 조인됐지만, 그 밖의 아랍 여러 나라는 이를 인정하지 않아 이스라엘과의 분쟁이 계속되고 있다.

4) 건조지역의 전통적인 유목생활

유목은 건조지역의 혹독한 자연환경에서 인간이 전개한 대표적인 생활양식이다. 아라비아 반도를 중심으로 한 지역에는 많은 유목민이 생활하고 있으며, 그중 대표적인 유목민은 베두인(Bedouin) 족[5]이다. 유목민은 목초나 물을 구하기 위해 이동하면서 낙타나 양 · 염소 · 소 등을 사육한다. 유목민은 많은 부락(집단)으로

5) 아라비아 반도 내륙부를 중심으로 시리아 · 북아프리카 등의 사막에 사는 아랍계 유목민으로 낙타 · 양 · 염소 따위를 사육하고, 낙타에 의한 통상에 종사하며, 이슬람교를 믿는다.

나누어져 부족별로 일정한 회유(回遊) 루트를 갖고, 오아시스에 일정한 기간 체류하면서 이동한다. 이동거리가 수천㎞에 달하는 부족도 있으며, 국경을 넘어 이동하는 경우도 많다. 이동에는 수평이동과 수직이동이 있는데, 아프가니스탄의 파슈툰(Pashtun) 족은 겨울에는 저지로, 여름에는 저지에서 산지로 이동한다.

유목민의 주식은 가축의 젖이나 유제품이고, 가축을 도살하여 고기를 먹는 것은 제례 등의 특별한 때만이다.[6] 오아시스 등에서 교환하는 것도 가축의 고기가 아니라 양모나 유제품이며, 천막에서 주거한다.

20세기에 들어와 각국 정부가 유목민의 정착화 정책을 시행해 유목민 수는 감소하고 있다.

5) 석유자원의 개발과 근대화

서남아시아는 이란을 시작으로 상업에 바탕을 둔 원유 개발에 성공했다. 서남아시아의 원유 매장량은 세계 매장량의 약 56%(2009년)를 차지한다. 이들 석유자원은 구미 자본에 의해 개발되어 제2차 세계대전 이후 산출량이 급증했다. 서남아시아는 본래 노동력이 적은 지역이었다. 그러나 1970년대 이후 석유자본에 의한 경제 하부구조가 구축되면서 외국인 노동력이 증가해, 약 300만 명[7]에 달했다고 한다.

종래 이 지역에서는 영국·프랑스·독일·이탈리아 등 유럽 여러 나라의 세력이 교착(交錯)됐으나, 제2차 세계대전 이후에는 미국이 하나의 강한 세력으로 정리됐다. 미국의 서남아시아 진출은 1930년대 말부터였으며, 아랍 여러 나라의 석유개발과 구소련의 남하세력에 대항하기 위함이었다. 그 결과 이 지역에서는 오랫동안 미국과 유럽 여러 나라로 원유를 공급했다.[8] 그러나 1945년 아랍연맹이 결성되어 1951년 이란이 석유를 국유화했고, 1956년에는 이집트가 수에즈 운하를 국유화했다. 또 구미 석유자본이 독점해온 석유의 채굴·정제·판매 등을 되돌리기 위한 석유수출국기구(Organization of Petroleum Exporting Countries: OPEC)[9]나 아랍석유수출국기구(Organization of Arab Petroleum Exporting Countries: OAPEC)가 결성되어 산유국의 권리를 주장하게 되었다. 한편 비산유국의 대부분은 지금도 경제의 중심을 농목업에 두고 있는데, 국내의 자본축적이

6) 건조지역의 주민들은 양, 소, 낙타 등을 유목하기 때문에 가축을 대단히 중시한다. 고기는 대단한 식료이기 때문에 가축을 감소시키는 고기는 많이 먹지 않는다. 가축을 죽이지 않고도 우유를 얻을 수 있기 때문이다. 우유는 영양이 풍부한 음식이지만 그대로는 소화가 잘되지 않고, 또 보존도 장기간 할 수 없다. 그래서 치즈 등 여러 가지 유제품으로 가공해서 먹는다.

7) 이 중 아랍지역에서 유입된 노동력이 약 65%를 차지했다. 1980년대 이후에는 인도·파키스탄·필리핀·한국 등에서 유입된 노동력의 증가가 뚜렷하다.

8) 최초의 석유 개발은 1908년 이란의 자그로스(Zagros) 산맥에서 영국인 달시(W. Darsy)가 시굴해 1912년 상업적으로 생산한 것이다. 이라크의 키르쿠크(Kirkuk)·모술(Mosul) 유전 등에서는 1920년대에 영국·프랑스·네덜란드·독일 간의 석유이권획득에 의한 암투가 일어났다. 사우디아라비아에서는 1932년에 영국 자본으로 석유가 개발됐다.

9) 1960년 산유국과 석유수출국기구가 그 이익을 지키기 위해 설립한 국제조직으로, 이란·이라크·쿠웨이트·사우디아라비아·베네수엘라의 5개국이 설립했다. 그 후 카타르·인도네시아·리비아·아랍에미리트연방·알제리·나이지리아·에콰도르·가봉이 가입해 13개국이 됐다. 본부는 오스트리아 빈에 있고 서방 산유국을 견제하는 세력이 되었다.

부족해 외국의 자금 원조에 의해 농업의 근대화나 공업화가 진행되고 있다.

서남아시아를 지중해 초승달형(Mediterranean Crescent)에 속하는 국가들과 걸프 만 국가들(Gulf States)로 나누기도 한다. 앞의 국가들은 지중해 동안을 따라 분포하고 유럽과 오랜 상호작용의 역사를 가지며, 뒤의 국가들은 상대적으로 유럽과 접촉이 적다.

2. 건조지역의 자연환경

서남아시아에는 고지대(경질암석 분포), 충적선상지(고지대 가장자리), 충적평야(충적선상지 연장지역), 염호와 사막지역이 분포한다. 북부와 북동부는 산지와 고원지역으로 이란 고원[엘부르즈(Elburz) 산맥, 자그로스(Zagros) 산맥], 아나톨리아(Anatolia) 고원[폰투스(Pontus) 산맥과 토로스(Toros) 산맥] 등이 분포하고, 남동부에는 아라비아 고원(선캄브리아기의 곤드와나 대륙의 일부, 단층곡의 함몰로 홍해에 의해 아프리카와 분리, 경동지괴)이 있다. 유프라테스·티그리스 강이 흐르는 중앙 저지는 페르시아 만으로 유입되는 충적평야를 이룬다.

서남아시아 북부의 아나톨리아·이란 고원, 캅카스·엘부르즈·자그로스 산맥 등은 알프스-히말라야 조산대에 속하는 신기조산대에 속한다. 서남아시아의 동쪽 끝은 아프가니스탄과 파키스탄의 국경을 이루는 힌두쿠시(Hindu Kush) 산맥 가운데의 카이바르 고개(Khaibar pass)이고, 서쪽 끝은 흑해와 지중해를 연결하는 보스포루스(Bosporus) 해협과 다르다넬스(Dardanelles) 해협이다. 이 신기조산대의 남쪽과 북쪽에는 세계적인 유전이 분포하는데, 남쪽 연변에는 페르시아 만, 북쪽 연변에는 카스피 해 연안의 바쿠(Baku) 유전 등이 있다. 카이바르 고개는 아프가니스탄과 파키스탄의 국경인 힌두쿠시 산맥에 위치하며, 서남아시아와 남아시아를 경계 짓는 고개이다. 예로부터 동서교통의 요충지로 알렉산더 대왕도 이 고개를 통과했다고 한다. 고개의 양쪽에는 카불(Kabul)과 페샤와르(Peshawar)의 두 개 도시가 발달했다.

터키·시리아·이라크에 걸쳐 있는 산악지대인 쿠르디스탄(Kurdistan)은 '나라가 없는 최대의 민족'이라고 불리는 쿠르드 족의 거주지이다. 이곳의 민족 독립운동은 주변 각 국가의 영토 확대와 결합되어 복잡한 양상을 나타내고 있고, 난민 문제도 심각하다.

남부의 아라비아 반도는 안정육괴에 속하고, 대지(臺地) 상의 아라비아 탁상지이다. 아라비아 반도 전체는 건조한 사막이다. 터키의 아나톨리아 고원에서 발원하는 티그리스·유프라테스 강은 시리아와 이라크를 경유해 페르시아 만으로 유입되는 외래하천이며 국제하천이다. 두 개의 큰 강이 흐르는 이라크 평원을 메소포타미아라고 부르며, 고대로부터 비옥한 토양의 혜택을 입었다. 기원전 5000년경에 메소포타미아에서는 관개용수를 이용한 가장 오래된 농경이 발달했다. 기원전 3000년경에는 몇 개의 도시국가가 출현했고, 주 7일·60진법·설형문자 등으로 대표되는 메소포타미아 문명이 탄생했다.

아프가니스탄부터 이란, 터키, 아라비아 반도의 유라시아 대륙 남서부 일대를 가리키는 서남아시아 지역은 아열대 고압대의 영향을 받아 고기압이 발생하기 쉽고, 연간 강수량이 적다. 이 때문에 지역의 일부는 스텝기후의 초원이지만 대부분은 사막이다. 사막은 관목이나 선인장 등, 이를테면 내건성(耐乾性) 식물 이외에 암석이나 모래가 광대한 토지에 펼쳐져 있다. 강수량이 적은 데다 강우는 짧은 시간에 집중해서 내린다. 일부 하천은 짧은 시간의 강우 때에만 물이 흐르는 와디[wadi, 고천(涸川)]가 된다. 사막에서는 하루 동안의 기온 차가 심해, 낮에는 40℃를 넘을 때도 있지만 밤에는 0℃ 이하로 내려갈 때도 있다. 이러한 특징은 이집트에서 수단, 알제리 등을 경유해 모로코에 이르는 아프리카 북부 일대에서도 나타난다.

3. 건조지역에서 인간 삶의 터득

서남아시아의 건조지역에는 베두인이라 불리는 아랍계의 유목민이 살고 있다. 그들은 양·산양·낙타를 가축으로 하며, 건조지역을 부족단위로 이동한다. 낙타는 사막과 같은 기후의 생활에 적응해 있고 교통수단으로 이용된다. 양이나 산양 등의 우유·치즈·버터·털을 얻어 가까운 도시에 팔고, 그 대신에 곡물 등을 구입한다. 가축의 분뇨는 비료나 연료로 이용되고, 가축의 가죽은 이동식 천막이나

의류의 재료로 사용된다.

그러나 이러한 전통적인 생활도 유전지대가 개발되면서 변화해가고 있다. 낙타 대신에 자동차를 이용하고 관개의 정비에 의해 정착화가 진행돼왔으며, 부근의 유전 등에는 노동자로 탈바꿈한 유목민도 등장했다.

오아시스 농업

건조지역에서는 사람들의 생활에서 물을 획득하는 것이 매우 중요하다. 나일(Nile)·티그리스·유프라테스 강 등 사막을 흐르는 외래하천이라 불리는 큰 하천 연안의 지하수가 솟아나는 곳을 오아시스라고 부르며, 인구의 거의 대부분은 이러한 오아시스에 집중 분포해 있다. 물 관리는 대단히 엄격하며, 이란에서는 오아시스를 카나트(Qanat) 등으로 불리는 인공 지하수로로 끌어들인다.

지하수가 샘으로 자연 용출하는 전형적인 오아시스는 오히려 적고, 오아시스 농업(oasis farming)의 대부분은 인공관개에 의존하고 있다. 따라서 오아시스 농업이란 초건조 기후 아래에서 인공관개를 바탕으로 행해지는 농업을 가리킨다. 사막에서 행해지는 소규모 샘 오아시스 농업부터 메소포타미아의 외래하천에 의한 대규모 하천 오아시스 농업까지 모두 오아시스 농업에 포함된다.

오아시스 농업의 특색은 다음과 같다. 첫째, 인공관개가 농업 성립의 불가결한 전제가 되는 것으로, 이것은 습윤지역의 관개가 수량(水量) 증대라는 보완적 역할을 담당하는 것에 지나지 않는 것과 대조적이다. 둘째, 빈틈없는 물 관리체제와 물 수요가 적은 작물과의 조합이다. 셋째, 기계력이나 축력보다는 수노동(手勞動)에 의존한 노동집약적 농업이다. 넷째, 작은 오아시스일수록 자급적 성격이 강해 보리·잡곡·대추야자 등의 주식용 작물을 주로 재배한다. 다섯째, 오아시스의 규모가 클수록 물의 공급량이 증대해 목화 등 상품작물의 도입이 진척됐다.

건조농법

〈그림 5-4〉 서남아시아의 농목업지역

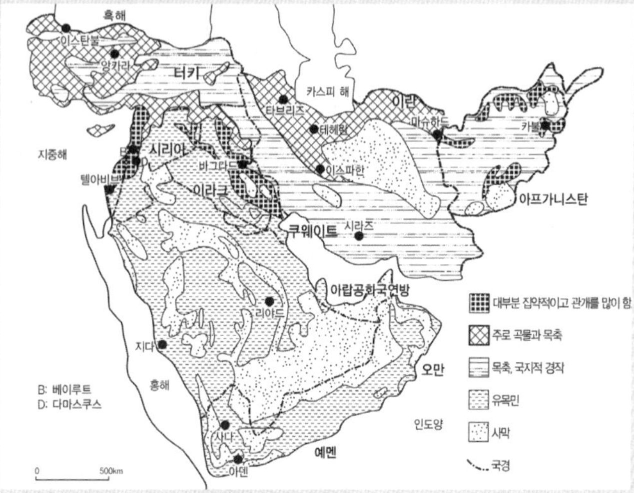

자료: Cole(1996: 318).

위드초(J. Widtsoe)에 의하면 건조농법(dry farming method)이란 연 강수량 500㎜ 이하의 지역에서 관개를 하지 않고 강수에만 의존해서 수익을 얻기 위해 유용(有用) 작물을 재배하는 농업방식을 말한다. 건조농법의 중심 명제 중 첫째는 적은 양의 빗물을 토양에 빠르게 침투시키는 것이다. 둘째, 토양의 표면에 교란층과 진압층을 가진 모세관 현상을 차단함으로써 수분증발을 방지해, 토양수분을 작물이 필요로 하는 시기까지 보전·저장하는 것이다. 셋째, 내건성 작물·품종을 선택해 조합시키는 것이다. 특히 첫째와 둘째의 토양수분 보전을 위한 토양처리가 가장 중요하며, 그것은 비가 온 전후에 면밀한 경운작업을 반복함으로써 가능하다. 경운작업은 구대륙의 건조지역에서는 가축이 끄는 쟁기와 써레에 의해, 신대륙의 건조지역에서는 트랙터가 끄는 쟁기(plow)와 쇄토기(harrow)에 의해 행해진다.

건조농업은 건조농법을 바탕으로 하는 농업으로 그 분포범위는 연 강수량 250~500㎜의 스텝기후지역과 거의 일치하고, 목축의 토지이용 지역과도 중복된다. 동시에 오아시스 농업 이외의 농업은 불가능한 사막지역과 습윤 농업지역[보수(保水)를 위한 면밀한 경운작업이 없이도 강수만으로 농업이 가능한 지역]과의 점이지대에서 행해진다. 세계의 건조농업지역은 역사가 길고 자급적·노동집약적인 구대륙형과 기업적·자본집약적인 신대륙형으로 구분된다. 유일하게 이용하는 수자원인 강수량의 계절적 분배에 의해 하우형(夏雨型)과 동우형(冬雨型)으로도 나누지만, 신대륙에서는 이 구분이 명료하지 않다. 따라서 세계의 건조농업지역은 다음의 유형으로 구분한다.

첫째, 구대륙의 하우형 건조농업지역이다. 중국의 화베이 평야 및 인도 아대륙의 펀자브 평야에서 데칸 고원에 걸친 몬순지대의 연변부, 아프리카의 사하라 사막 남방에서 동아프리카에 이르는 지역 일대가 여기에 속한다. 주요 작물은 여름의 기장(millet)을 비롯한 잡곡이다.

둘째, 구대륙의 동우형 건조농업지역이다. 서남아시아에서 지중해의 남쪽과 북쪽 해안지방으로, 주로 겨울에 맥류를 재배한다. 첫째와 둘째 모두 구대륙 농업사에서 큰 역할을 해 화베이에서 화중·화난으로, 인도 아대륙에서 동남아시아로, 지중해에서 북서유럽으로 농업의 발달이 전개됐다. 즉, 오늘날 구대륙의 주요 농업지대인 습윤 농업지대의 생산력 향상은 이들 건조농업지역에서 처음으로 농법체계가 성립됨으로써 가능했다.

셋째, 신대륙형의 건조농업지역이다. 미국의 그레이트플레인스(Great Plains) 서부, 남아메리카의 팜파스(Pampas) 서부, 오스트레일리아 남동부가 여기에 속한다. 주요 작물은 밀이다. 18세기에 영국에서 성립된 툴(J. Tull)의 합리적 농법을 신대륙의 건조농업에 적용한 것으로, 특히 미국의 건조농업은 투기적 성격이 강하고 토지관리가 불충분하기 때문에 광범위한 토양침식을 일으켰다(<그림 5-4>).

4. 석유의 의존과 앞으로의 과제

1) 석유의 발견과 채굴

20세기 이후 서남아시아에서는 유전이 계속해서 발견됐다. 이 지역의 유전은 채굴효율이 좋고 산유량이 방대해 값싼 석유를 전 세계에 공급해왔다.

석유개발에는 많은 자본과 높은 기술력이 필요하기 때문에 많은 유전은 메이저(국제석유자본)에 의해 채굴됐고, 산유국에게 돌아가는 채굴에 따른 이권료(利權料)는 매우 미미했다. 이에 1960년에 사우디아라비아 등의 산유국은 석유수출국기구(OPEC)를 결성해, 자국 유전의 국유화로 석유산업에 참여해 많은 이익을 가져올 수 있게 되었다(〈표 5-5〉).

〈표 5-5〉 서남아시아 산유국의 석유 현황

산유국	매장량(백만kℓ)(2007년)	가채연수	산출량(만kℓ톤)(2007년)	수출량(만 톤)(2007년)
사우디아라비아	42,016	85.9	48,894	33,939
이란	22,006	96.8	22,732	12,884
이라크	18,285	151.5	12,071	6,778*
쿠웨이트	16,139	128.7	12,536	8,060
아랍에미리트	15,550	108.7	14,310	10,512
카타르	2,418	52.1	4,643	-
오만	875	21.3	4,109	-
중립지대	795	24.9	3,192	-
시리아	398	17.7	2,240	-
예멘	477	22.2	2,147	-
바레인	20	2.0	998	-

* 2005년 자료임.
자료: 世界國勢圖會(2008/09), 矢野恒太 記念會 編(2008); 地理統計要覽, 二宮書店(2011, 84).

2) 산업의 발전과 근대화

산유국인 사우디아라비아는 석유로 인한 많은 수입으로 근대화[9]를 추진했다. 유전은 주로 페르시아 만 인접지역에 분포하며, 지중해와 홍해로 송유관이 설치되어 있다(〈그림 5-5〉). 지중해로의 송유관 설치는 유럽으로의 석유수송을 유리하게 하였다. 석유산업의 발달로 많은 수익을 얻어 근대적인 시가지 건설과 공항 및 항만시설 등이 정비됐다. 또 철강이나 비료 관계의 중화학 콤비나트(kombinate)[10]도 건설되어 페르시아 만안은 대규모 공업지대가 됐다. 페르시아 만안의 국가들에는 주위의 비산유 아랍 여러 나라나 인도·파키스탄 등의 남아시아 여러 나라로부터 많은 국제노동력이 밀려들었다. 해수의 담수화나 대규모 기계화 농업을 도입함에 따라 농산물의 생산도 비약적으로 신장되어 밀 등은 수출이나 대외원조에 사용되고 있다.

9) 근대화와 더불어 물의 수요가 뚜렷하게 증가함에 따라 지하수 이외에 해수를 담수로 바꾸는 담수화 장치를 이용해 물을 공급하고 있다.

10) 자원과 생산 기술적 결합을 경제 합리성의 측면에서 관철하기 위해 조직된 대기업의 지역적 결합집단(생산복합체)을 말한다.

〈그림 5-5〉 서남아시아의 유전지대와 주요 송유관 배치

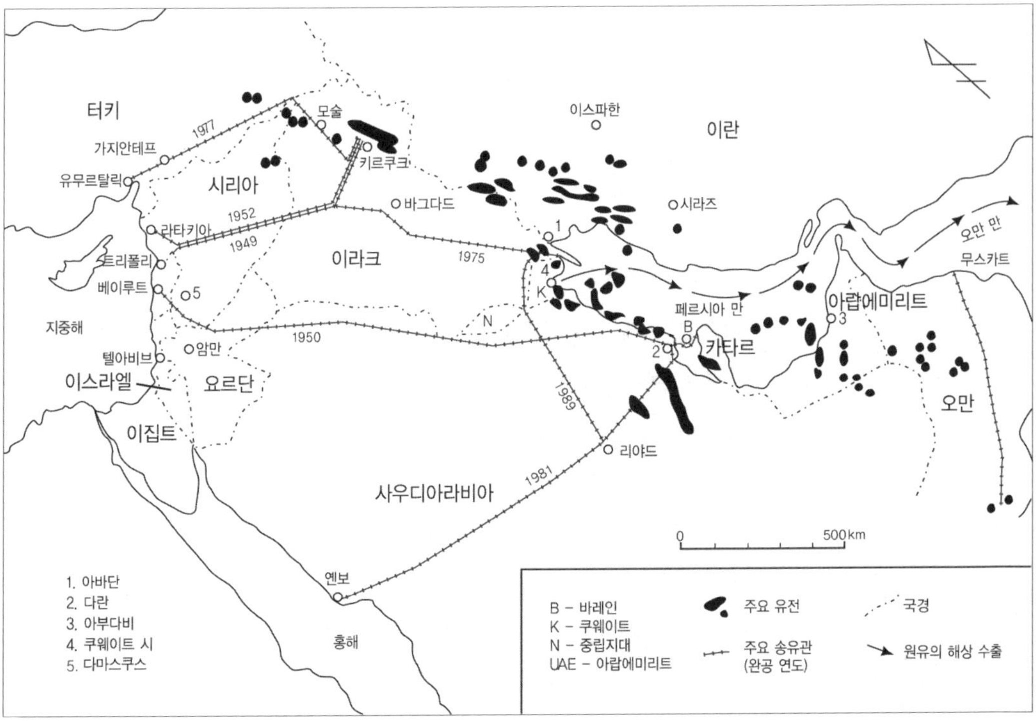

자료: Cole(1996: 324).

국제석유자본과 석유수출국기구

세계 석유자원의 생산 독점의 역사적 형성은 자본·국가 간의 경쟁과 제휴의 역사라 할 수 있다. 원유의 탐사·채굴·회수 등 상류부문(up-stream)에서 파이프라인이나 탱크에 의한 수송·정제·판매·석유화학 등 하류부문(down-stream)에 이르기까지 일관된 조업을 세계적인 규모에서 행하는 회사인 메이저(국제석유자본: International Oil Majors)는 19세기 말에 형성됐다. 처음에는 자기 나라의 석유를 개발했으나 석유제품의 수요 급증으로 비용이 낮은 유전으로 발길을 옮기게 됐다. 이와 같은 역할을 하는 메이저는 엑슨모빌(Exxon Mobil Corporation),[11)] 걸프오일(Gulf Oil),[12)] 소칼(SOCAL: Standard Oil Company of California), 텍사코(Texaco)[13)] (이상 미국 자본) 등과 로열 더치 셸(Royal Dutch Shell, 영국과 네덜란드 자본), BP(British Petroleum Co. Ltd., 영국 자본)로 이들을 7대 메이저라 한다. 여기에 프랑스 석유(Company of Frances de Petrol, 프랑스 자본)을 더하면 8대 메이저가 된다. 그러나 지금은 프랑스 자본을 뺀 4대 메이저가 되어 세계 석유 매장량의 3%, 생산량의 10%를 차지하고 있다.[14)]

8대 메이저는 공산권을 제외한 세계 산유량의 1/2과 원유가격 결정권을 장악했다. 그러나 석유수출국기구(OPEC)가 그 세력을 확대하고 산유국들이 국유화 정책[15)]을 추진하면서 자유세계의 산유량 점유율이 50% 이하로 내려가고, 원유가격 결정권도 산유국이 장악하게 되었다. 엑슨모빌 등의 메이저는 석유의 정제나 판매 등의 하류부문에서는 그대로 강력한 지배력을 갖고 있으며, 상류부문의 기술수준도 타의 추종을 불허하고 있다.

5. 유입된 국제노동력

세계 각 국가 간에는, 경제는 발달하지 않고 노동력이 풍부한 국가가 거리상 가까이 있으면 경제가 발달하고 노동력이 부족한 국가로 노동력이 이동하게 된다. 이와 같은 노동시장 체계는 영국의 경제학자 시어스(D. Seers) 등에 의한 핵심-주변(core-periphery) 개념으로 설명할 수 있다. 핵심지역은 자본이 풍부한 개발국으로, 개발도상국인 주변 지역으로부터 유입된 노동력을 조직화한다.

1960년경부터 1990년경까지의 세계 노동력 이동패턴을 보면, 1960년경에는 서부 유럽, 서남아시아, 남아프리카공화국, 미국, 아르헨티나로의 이동이 나타났으며, 1970년경에는 이들 지역으로의 노동력 이동이 더욱 뚜렷하게 나타난다고 볼 수 있다. 즉, ① 남부 유럽 여러 나라와 북아프리카 여러 나라에서 구서독·프랑스로의 노동력 이동, ② 남아프리카의 여러 나라에서 남아프리카공화국으로

11) 모빌(Mobil Corporation)은 1999년 세계 1위의 석유회사인 엑슨(Exxon)에 흡수·합병되어 엑슨모빌로 사명을 변경했다.

12) 걸프오일은 1984년 3월 소칼에 흡수됐다.

13) 2001년에 셰브런(Chevron)에 흡수되어 셰브런 텍사코가 되고, 2005년에 셰브런이 됐다.

14) 신 7자매(new seven sisters)는 사우디아라비아의 아람코(Aramco), 이란의 국영석유(NIOC), 베네수엘라의 PDVSA, 중국의 석유천연가스 집단(CNPC), 브라질의 페트로브라스(Petrobras), 러시아의 가즈프롬(Gazprom), 말레이시아의 페트로나스(Petronas)로 세계의 석유와 천연가스 매장량의 1/3 이상, 생산량의 약 1/3을 통제하고 있다.

15) 주로 개발도상국이 보유하고 있는 천연자원에 대한 지배권의 확대 주장과 그것을 실현하기 위한 여러 가지 활동을 자원 내셔널리즘이라 한다. 자원이 유럽과 북아메리카 선진국의 식민지 지배의 중요한 대상이 되고, 더구나 국제 대자본이 자원 보유국을 대신해 자원의 개발·수송·가공·판매 등의 자원경제를 사실상 담당해왔다. 이에 대해 천연자원을 보유하고 있는 개발도상국들에서는 식민지 지배 및 자원 지배가 시작된 시기부터 자원 내셔널리즘의 싹이 텄다. 그러나 국유화란 수단에 의해 항구 주권의 확보를 도모하고 국민의 복지와 발전에 기여하려는 시도는 1937년 볼리비아가 석유 국유화를 실행하고, 1938년 멕시코가 국영석유회사를 국제 석유회사에서 접수하고 설립한 것에서부터 시작됐다.

의 노동력 이동, ③ 남아시아와 북아프리카 여러 나라에서 서남아시아 여러 나라로의 노동력 이동, ④ 중앙아메리카 여러 나라에서 미국으로의 노동력 이동, ⑤ 남아메리카 여러 나라에서 아르헨티나로의 노동력 이동이 그것이다. 이 가운데 서남아시아로의 노동력 이동에 대해 살펴보면 다음과 같다.

1973년 석유파동 이후 유럽 노동시장에서의 노동력 수요가 급격히 감소됐다. 반면 서남아시아의 산유국에서는 자본은 풍부하지만 노동력의 부족 현상이 나타나, 1970년대 후반부터 서남아시아는 세계에서 가장 활발한 국제 노동시장이 되었다. 1979년 아랍의 여러 나라 중에서 OPEC 가입국의 국제 노동력은 200만 명으로 1975~1976년에 주요 국제 노동력 이동의 50%를 차지했으며, 특히 쿠웨이트·카타르·아랍에미리트연방이 2/3 이상의 비율을 차지했다.

이와 같이 서남아시아로 노동력이 이동한 원인은 풍부한 자본에 의한 사회 하부구조 시설, 사회 서비스 시설, 다양한 제조업의 발달을 위한 사업을 추진한 결과 부족해진 노동력을 보충하기 위한 것이었다. 서남아시아의 아랍 여러 나라는 원주민의 수가 절대적으로 적고 여성의 사회 참여율이 낮으며, 육체노동을 경시하고 자기 나라 국민은 비생산적인 관직에 종사하기를 원했기 때문이다.

1970년대 말에 서남아시아의 여러 나라로 노동력을 수출한 주요 국가는 이집트(아랍 여러 나라 전체 노동력의 20% 차지), 구북예멘(16%), 요르단(15%), 파키스탄(10%), 인도(6%), 구남예멘(4%), 시리아(4%), 레바논(3%), 튀니지(3%) 등이었다. 또 노동력의 이동패턴은 구남·북예멘과 요르단, 이집트에서 사우디아라비아로, 요르단에서 쿠웨이트로, 인도와 파키스탄에서 오만과 바레인으로 인접국가에서 이동이 이루어졌다.

이들 지역으로 이동된 많은 노동력은 대부분 비숙련 건설 노동자이지만(〈표 5-6〉), 이집트·요르단·팔레스타인 인은 교사, 회사원, 기술자 등의 전문직에 종사했다. 그러나 노동력 이입국가에서 몇 가지의 문제점이 발생했다. 쿠웨이트에서는 국제 노동력의 가족들의 증가로 하부구조 시설비가 증가하는 현상이 나타났다. 요르단에서는 1970년대 말 25만 명(자국 내 노동력의 1/3)이 이동해 자국 내의 노동력 부족 현상이 나타났다. 또 구북예멘에서는 해외 노동자가 송금한 금액이 GNP의 80% 이상이 되어 매년 50% 이상의 통화팽창이 일어났다.

〈표 5-6〉 주요 아랍 국가에 이입된 국제 노동력(1975~1976년)

국명	총노동력 (1,000명)	노동력 중 이입된 국제 노동력의 비율(%)	건설업에 이입된 국제 노동력의 비율(%)	건설 노동력 중 이입된 국제 노동력의 비율(%)
바레인	83	43.4	21.4	48.2
쿠웨이트	305	69.9	22.9	93.0
리비아	784	42.3	53.1	77.5
오만	110	63.3	86.0	75.7
카타르	66	80,0	18.8	97.3
사우디아라비아	1,684	46.9	40.7	95.0
아랍에미리트	298	85.4	37.4	82.4
계	3,294	51.9	41.2	85.6

자료: Jones(1981: 277).

6. 율법이 엄격한 이슬람교

1) 이슬람교의 이해

이슬람교[16]는 7세기 초에 유대교와 기독교의 영향을 받아 성립됐으며, 이슬람[17]이란 아랍 말로 '신에게 복종'을 의미한다. 경전인 코란(Quran)[18]은 알라(Allah)의 말씀을 담은 교조 무함마드(마호메트, 571~632)[19]의 교시집이며, 알라는 아라비아의 전통적인 최고의 신 '알라 탈라(Allah Tala)'에서 따온 것이다. 이슬람교는 신자가 실천해야 할 계율인 5행(다섯 기둥)과 믿어야 할 6신(알라, 천사, 경전, 예언자, 최후의 심판, 숙명)이 신앙의 뼈대를 이룬다. 이슬람교의 5행은 ① 알라만이 유일한 신이라고 매일 고백하는 일, ② 성지 메카의 카바(al-Kaba) 신전을 향하여 하루에 5번[20] "알리 아크바르"(신은 위대하다)라고 낭독하며 기도를 해야 하며, ③ 빈곤하고 불행한 사람에게 매년 수입의 1/40을 희사하는 일, ④ 무함마드가 코란을 계시받은 성스러운 달인 라마단(Ramadan, 이슬람력[21]의 제9월)에는 일출부터 일몰까지[22] 배고픈 사람의 고통을 체험하기 위해 단식을 하는 일,[23] ⑤ 일생 동안 1회 이상

16) 우리말로 회교, 회회교라고 하며, 이는 중국 회흘(回紇)인이 믿었다 하여 붙여졌다. 이슬람이란 '평화'를 뜻하고 무슬림들의 인사말 '앗 쌀람 알라이쿰'도 '평화가 당신에게 있기를'이란 기원이다. 무슬림이란 이슬람교도 자신들이 자기들을 스스로 부르는 명칭으로 '신에 복종하는 인간'이라는 뜻이다.

17) 이슬람의 상징은 달과 별이다.

18) 코란은 '읊다, 읽기, 읽어야 할 것'이라는 뜻으로, 무함마드가 40세에 가브리엘 천사로부터 약 22년 2개월 22일간 하느님의 말씀을 계시받아 담은 내용이다. 그래서 번역된 코란은 존재하지 않는데, 설사 번역본이 있다고 해도 이를 코란이라 부르지 않는다. 왜냐하면 코란은 신(알라)이 천사를 통해 예언자 무함마드에게 아랍 어로 직접 전한 언어이기 때문에 이를 번역하면 신이 직접 말한 것이 아니기 때문이다.

19) 무함마드는 하느님의 말씀을 이 땅에 전한 사자(使者), 예언자 중의 한 사람으로 이슬람 신자들은 무함마드 대신에 '무슬림'이라는 표현을 쓴다.

20) '알라는 위대하다'라고 모스크의 확성기에서 기도를 권유하면 사람들이 일어나 메카를 향해 기도를 한다. 이 기도는 해가 뜨기 전, 정오 전후, 오후 시간의 중간쯤, 해가 저문 직후, 해가 진 후 2시간 후로 이를 각각 파즈르(Salat al-fajr), 주흐르(Salat al-dhuhr), 아스르(Asr), 마그립(Magrib), 이샤(Isha)라 부른다.

21) 이슬람력은 622년 7월 16일을 기원 원년 1월 1일로 하고 1년이 354일인 양력이다.

22) 해가 뜨기 전 새벽 기도 전 식사를 수후르(Suhur), 저녁식사를 이프타르(Iftar)라 한다. 낮에는 물 한 잔도 마시지 못하므로 '미스와크(miswak)'라는 나무뿌리 한두 개를 가지고 다니며, 뿌리를 자른 뒤 건조해진 입안을 닦아주면 입 냄새는 물론 박테리아까지 말끔하게 없애주는 효과가 있다.

성지 메카를 순례할 일이다. 이슬람교는 주로 아랍 상인에 의해 전파됐으며, 이슬람교를 믿지 않으면 과다한 세금을 부가하는 등의 강압적인 방법으로 이루어졌다.

이슬람교도는 성스러운 사원에 들어가기 전에 손과 발, 눈 등을 더럽지 않은 흐르는 물, 샘, 온천, 바닷물, 강물 등 세정물로 허가된 물로 깨끗이 세 번씩 씻어야 하며, 이러한 세정행위를 우두(wudu)라고 한다. 이와 같이 손과 발, 눈을 깨끗이 씻는 이유는 사원에 들어가기 전에 몸과 마음을 청결하게 해야 한다는 의미도 있지만, 이렇게 함으로써 개인위생이 청결해져 많은 사람들이 모이는 사원에서의 공중보건도 지키게 된다는 의미도 있다. 이슬람교도는 술을 마시지 않고 돼지고기와 조개 등을 먹지 않으며, 양고기도 알라 신의 이름으로 죽인 것이 아니면 먹지 않는다. 또 힌두교와 마찬가지로 왼손은 부정(不淨)한 손이라 생각한다. 여성은 얼굴이나 속살이 보이지 않게 차도르(chador)로 전신을 감싸며, 근친자 이외의 남성과는 대화를 하지 않도록 코란에 적혀 있다. 이슬람교도들이 기도하는 장소인 모스크(mosque)에는 다른 종교를 가진 사람은 들어갈 수가 없는데, 모스크는 예배의 장소 이외에 집회나 학습의 장소로도 사용되고 여행자의 숙박시설로도 이용된다.

이슬람교에서는 신앙증언, 예배, 단식, 종교세 납부와 함께 신자가 실천해야 할 '다섯 기둥' 가운데 하나로, 3~5일간 메카의 성지를 순례하며 아라파트(Arafat)산 등정과 돌 던지기 의식(악마의 기둥에 돌 던지기) 등을 치른다. 성지순례를 갔다 온 남자 이름 앞에는 하지(Haji), 여자 이름 앞에는 하쟈(Hajjah)라는 호칭을 붙이는데, 이는 그들의 신앙심을 존중한다는 뜻이다(〈그림 5-6〉, 〈그림 5-7〉).

이슬람교도는 사망 이후 24시간 이내에 매장한다. 그것은 죽음이 종말이 아니라 또 다른 차원의 영원한 삶의 시작이 되는 것으로 보는 이슬람교의 가르침 때문이다. 그리고 묘를 파서 관을 사용하지 않고, 흰 천으로 시신을 싸서 흙과 직접 접촉하게 한다. 또 시신을 모로 눕혀 얼굴이 키블라(qiblah, 메카)[24] 방향으로 향하게 한다.

이슬람교 사회에서는 4명의 아내를 맞이하는 것을 인정하고 있다.[25] 이것은 이슬람 이전 사회에서 돈만 있으면 몇 명의 아내도 맞이할 수 있는, 이른바 매매결혼에 대한 제한을 두는 해결방법이었다. 무함마드가 기독교 사회에서와 같이 일부일처제를 바람직한 제도라고 하면서도 일부다처제를 채택한 이유는 다음과

23) 이 밖에 낮 시간의 절제를 통해 신에게 더 가까이 가고, 공복 상태에서 자신의 몸 상태를 정밀히 진단하기도 한다.

24) 예배를 드릴 때에는 일정한 방향을 향하지 않으면 안 된다는 셈 족(Semites 또는 Semitic족)의 관념을 받아들인 것이다. 이슬람교도는 헤지라 직후에 유대교도를 본받아 예루살렘을 향해 예배를 드렸으나 그 후 이슬람 교단과 메디나의 유대교도 사이의 관계가 변화됨에 따라 메카를 키블라로 정했다. 모스크는 어디든지 키블라를 향해 지어져 있다.

25) 일부다처가 탄생한 것은 이슬람사(史)에서 이름 높은 우후드 전투 이후로, 이 전쟁에 참전한 병사의 1할 이상이 전사했다. 그 때문에 미망인과 고아가 대량 발생했다. 사막이나 유목이라는 가혹한 생활환경에서 일부다처는 오히려 일종의 사회정책 또는 자비나 이웃 사랑의 연장선상에서 승인된 것이다. 일부다처는 남편의 자의로만 인정되는 것이 아니며, 남편에게는 어느 정도 경제력이 있어야 하고 나아가 본처의 허락도 필요하다.

〈그림 5-6〉 이슬람교의 메카 성지 순례 일정

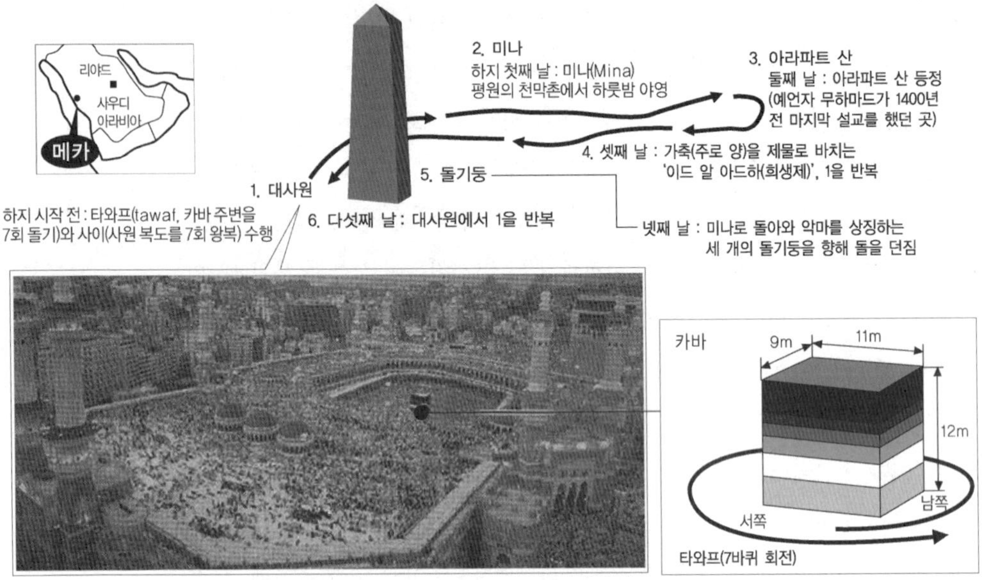
리야드
사우디
아라비아
메카
2. 미나
하지 첫째 날 : 미나(Mina)
평원의 천막촌에서 하룻밤 야영
3. 아라파트 산
둘째 날 : 아라파트 산 등정
(예언자 무하마드가 1400년
전 마지막 설교를 했던 곳)
4. 셋째 날 : 가축(주로 양)을 제물로 바치는
'이드 알 아드하(희생제)', 1을 반복
5. 돌기둥
넷째 날 : 미나로 돌아와 악마를 상징하는
세 개의 돌기둥을 향해 돌을 던짐
1. 대사원
하지 시작 전 : 타와프(tawaf, 카바 주변을
7회 돌기)와 사이(사원 복도를 7회 왕복) 수행
6. 다섯째 날 : 대사원에서 1을 반복
카바
9m
11m
12m
서쪽
남쪽
타와프(7바퀴 회전)

〈그림 5-7〉 메카의 카바 신전 주위를 돌며 기도하는 모습(1999년)

같다. 첫째, 무함마드가 살아 있을 당시에는 부족 간 투쟁으로 미망인이 증가했고, 이에 대한 일족(一族) 사회보장적 구제가 필요했다. 둘째, 병상에 있는 아내를 두고 결혼생활을 계속하기 위해서였다. 셋째, 한 사람의 아내로 만족하지 못하는 남자에 대한 무함마드의 인간적 이해 때문이었다. 서남아시아에서 북아프리카에 걸친 건조지역을 기반으로 하고 있는 이슬람교가 미작지역을 기반으로 한 불교나 목축지역을 기반으로 한 기독교와 전혀 다른 강한 전투적 성격을 갖고 있고, 부족 간이나 부족 이외 집단과의 투쟁으로 남자의 소모가 많았다는 것을 생각할 때 지역의 성격과 일부다처제를 잘 이해할 수 있다.

이슬람교는 수니[26]파(80~90%)와 시아[27]파로 나뉜다. 632년 이슬람교 창시자인 무함마드가 후손이 없이 세상을 뜨면서 생긴 승계 시비가 분열의 발단이었

〈표 5-7〉 기독교·이슬람교·유대교의 특성

구분	기독교	이슬람교	유대교
신	야훼	알라	야훼
신앙 대상	야훼, 그리스도, 성령	알라	야훼
성전	구약 · 신약성서	코란, 모세 5서, 복음서	구약성경, 탈무드
메시아(구세주)	예수 그리스도	알라	종말에 등장
예수관	신의 아들	신의 아들이 아닌 단순한 예언자	유대교의 이단자 · 사기꾼
성도(聖都)	예루살렘	메카, 메디나, 예루살렘	예루살렘
성직자	신부, 사제, 목사	없음	랍비(rabbi)*
할례	없음	13세 무렵 의무	생후 8일째 의무
우상숭배	엄격히 금함	엄격히 금함	엄격히 금함
단식	있음	있음	있음
안식일	일요일	금요일	토요일

* 유대교의 율법교사에 대한 경칭임.
자료: 이정록 · 구동회(2006: 57)를 수정.

다. 당시 아라비아 반도에는 약 10만 명의 추종자들이 신생 이슬람국가를 이루고 있었다. 지도력(leadership)의 공백을 놓고, 무함마드의 혈족 중에서 칼리프(Caliph, Khalīfah, 신의 사도의 대리인)를 추대해야 한다는 시아파와 혈통과 무관하게 통치자를 선출해야 한다는 수니파가 맞섰다. 다수는 무함마드의 측근이자 장인인 아부 바크르(Abū Bakr)를 칼리프로 선출했다. 반면 소수파는 혈통승계를 고집하며 무함마드의 사촌이자 사위인 알리(Ali)를 후계자로 내세웠다. 결국 알리는 파국을 피하기 위해 아부 바크르를 1대 칼리프로 인정했다가 3대 칼리프인 우스만(Uthmān)이 암살된 후 4대 칼리프에 올랐다. 그러나 우스만의 6촌 동생이자 당시 시리아 다마스쿠스의 총독인 무아위야(Muawiyah)가 반발했다. 661년 알리가 살해된 후 무아위야는 왕조를 세워 자기 아들에게 칼리프를 물려주었다. 그 후에도 시아파는 '순교자' 알리의 말을 높게 받드는 등 수니파와 이슬람 해석에서 조금씩 차이를 보였다. 엄격한 성직자 위계가 존재하고 이들이 막강한 정치적 권위를 행사한다는 점도 시아파만의 특징이다.

그렇지만 오늘날 부각되고 있는 두 종파 간의 갈등은 교리문제라기보다는 서남

26) 무함마드의 언행을 따르는 이들이라는 뜻이다.
27) 알리의 추종자들이라는 뜻의 축약이다.

아시아의 지정학적 변동과 관련이 크다는 것이 전문가들의 분석이다. 수니파의 후견국인 사우디아라비아 왕정은 친미(親美)로 안정을 추구해온 반면, 시아파 대국인 이란은 반미(反美)를 내세워 서남아시아에서 영향력 확대를 꾀하고 있다. 인접한 또 다른 서남아시아 대국인 이라크에서는 세속주의 후세인(S. Hussein) 정권 때는 소수계인 수니파가 득세했지만, 이라크 전 이후 시아파가 선거로 다시 집권했다. 시아파가 집권한 이란에서는 주변국의 지역환경이 이란에 더욱 유리해지는 형국이다(〈표 5-7〉).

2) 이슬람의 도시 내부구조

시가지 중심에는 매주 금요일 정오에 집단예배에 참례하기 위한 중앙 모스크와 다수의 상점이 줄지어 시장(suq, bazar, 상업지구)이 입지하고 있다. 시가지의 대부분을 차지하는 주택지구는 미로를 연상할 정도로 막다른 골목을 이루고 있는 것이 특징이다. 전통적인 시가지는 벽으로 둘러싸여 있고, 그 어느 곳인가에 문이 설치되어 있다. 주택지구의 외측에는 광대한 묘지가 존재하고, 견고한 벽으로 둘러싸인

〈그림 5-8〉 이슬람 도시의 공간구조 모형

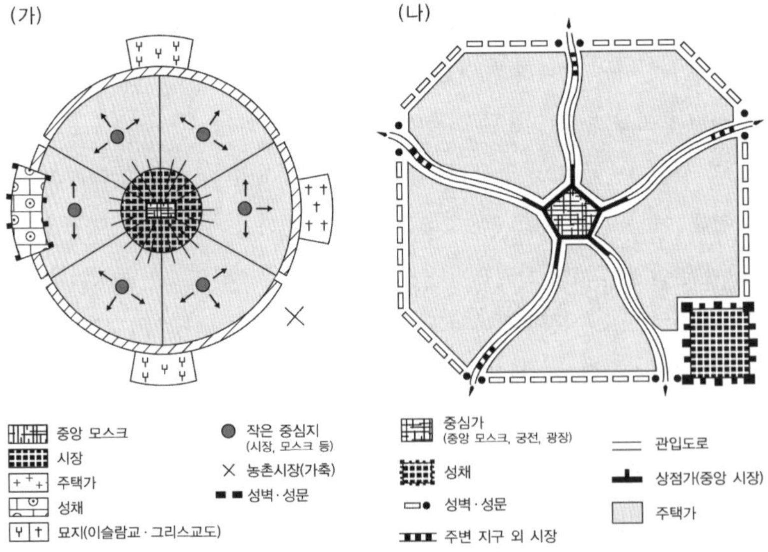

자료: Dettmann(1969), Wirth(1979), 中村 外(1991: 130).

성채가 시가지의 한편에 형성되어 있다. 이들 두 개의 모형에서 강조하는 점은 서로 다르지만 〈그림 5-8〉 (가)는 독일의 지리학자 데트만(K. Dettmnan)이 제시한 이슬람 도시의 이념형으로 다마스쿠스의 조사결과를 바탕으로 하고 있다. 내용적으로는 중앙 모스크를 핵으로 한 동심원 구조가 강조되고 있고, 이슬람 도시의 공간구조에 나타나는 규칙성을 나타내고 있다. 〈그림 5-8〉 (나)의 구조 모형은 시가지의 중심에서 문으로 통하는 관입가로의 중요성을 강조한 것으로, 중앙이나 주변의 시장에 사람들이 많이 드나드는 가로에 면해 있다는 것을 나타낸 것이다.

이슬람의 금융

일반적으로 이슬람의 율법인 샤리아(shariah)의 정신에 부합되는 형태의 금융을 이슬람 금융(Islamic finance)이라 하는데, 이것은 세 가지 기본 원리를 따른다.

첫째, 이슬람 율법 샤리아는 확정이자(수익)를 보장하는 행위인 이른바 리바(riba)를 불로소득으로 규정해 엄격히 금지하고 있다. 즉, 화폐의 시간가치를 인정하지 않는다. 이 때문에 실물거래를 수반하지 않고 고정금리를 수수하는 채권의 발행과 은행의 일반적인 예금·대출업무는 허용되지 않는다. 또한 금융기관은 채권자라기보다는 자금을 제공하는 공동투자자 또는 파트너로 인식되기 때문에 실물에 투자한 결과에 따른 손익을 차입자와 사전에 약정된 비율로 분배하는 것을 원칙으로 한다.

둘째, 이슬람 금융에서는 미래 특정 사건의 발생 여부에 따라 거래대상이나 가격이 결정되는 불확실한 거래를 가랄(gharar)이라고 부르며, 이런 거래도 엄격히 금지하고 있다. 선물(先物)이나 옵션(option)과 같은 파생상품 거래도 원칙적으로 허용되지 않는다.

셋째, 샤리아는 주류, 돼지고기, 도박, 담배, 무기 등을 비도덕적 업종으로 규정해 하람(haram)이라 하고, 이와 관련된 금융거래도 허용하지 않는다. 아울러 특정 금융거래가 이러한 원칙들에 부합되는가의 여부를 이슬람 학자들로 구성된 샤리아 위원회에서 판단하고 있다.

이슬람 금융에는 채권 형태인 수쿠크(sukuk) 이외에도 신탁상품에 해당되는 무다라바(mudaraba), 리스(lease) 금융과 유사한 이자라(ijara), 보험상품인 타카풀(takaful) 등 다양한 상품이 있다. 또한 1980년대 이후 말레이시아에서는 국제 이슬람 금융의 허브가 되겠다는 기치를 내걸고 제도를 정비해 현재 이슬람 금융의 선도적 위치를 차지하고 있다.

모스크

모스크[28] 중앙의 둥근 지붕은 영어로는 돔, 아랍 어로는 꿉바(qubba)라고 하며, 뾰족하게 솟은 첨탑은 미나렛(minaret)이라고 부른다. 돔이나 첨탑과 같은 건축양식이 이슬람 초창기부터 존재했던 것은 아니다. 이슬람 공동체가 점차 확산되고 정복을 통해 제국으로 발전하면서 주변의 비잔틴이나 페르시아 문화의 영향을 받은 이슬람 특유의 모스크 건축양식이 탄생한 것이다.

완만한 선이 의미하듯 모스크의 돔은 평화를 상징한다. 돔의 끝은 보통 초승달로 장식하는데, 초승달은 샛별과 함께 이슬람의 대표적 상징이며 '진리의 시작'을 의미한다. 즉, 무함마드가 최초로 계시를 받을 때 초승달과 샛별이 한데 어울려 떠 있었다고 전해지며, 그때부터 하나님의 진리가 인간에게 내려지기 시작했기 때문이다.

모스크 건축양식의 또 다른 특징인 첨탑은 기능 면에서 두 가지 역할을 한다. 하나는 하루 다섯 차례의 예배 시간을 알리기 위해 무앗찐이라고 불리는 사람이 이 첨탑 위에 올라가 '아잔(adhan)'을 외친다. 높은 데 올라가 소리칠수록 멀리까지 잘 들리기 때문이다. 또 하나의 기능은 이방인들에게 그 지방의 모스크 위치를 쉽게 알려주기 위함이다. 높은 첨탑은 쉽게 눈에 띄기 때문에 길을 모르는 외지인이라도 이 첨탑을 보고 모스크를 쉽게 찾을 수 있다.

첨탑의 수는 보통 1~2개이지만 오스만튀르크제국 시대에 들어오면서 첨탑의 수가 권력의 상징이 되기도 했다. 돔과 첨탑 등 화려한 외부구조와 달리 모스크 내부구조는 극히 단순하다. 돔이 받치는 내부구조는 기둥이 필요 없기 때문에 운동장과 같은 넓은 공간이 펼쳐지며, 바닥에는 카펫이 깔려 있을 뿐이다. 내부 사방의 벽면 중 한쪽 면에는 아치형으로 움푹 파인 벽감이 있다. 이를 미흐랍(mihrab, nicht)이라고 부르는데, 예배를 보는 방향, 다시 말해 사우디아라비아의 메카 방향(qibla)을 나타낼 뿐 별다른 의미는 없다. 따라서 전 세계의 모든 모스크들은 메카를 향해 건립된다(<그림 5-9>).

〈그림 5-9〉 이스탄불[29] 블루 모스크[30] 사원(2000년)

28) '꿇어 엎드려 경배하는 곳'이라는 의미의 아랍 어 마스지드[masjid, 아랍 어로 부복(俯伏)을 한다는 뜻]가 영어로 변형된 것이다.

29) 터키 최대의 도시이고 무역항으로, 기원전 8세기 말경 그리스 인들이 식민지로 건설했다. 고대의 이름은 비잔티움(Byzantium)이었고, 4세기경 동로마제국의 콘스탄티누스(Constantinus) 황제가 천도한 이후 1,600년 동안 콘스탄티노플(Constantinople)로 불렸다. 그 후 1453년부터 오스만제국의 수도였으며, 1923년 터키공화국이 수립되면서 수도가 앙카라로 옮겨졌다. 콘스탄티노플이라고 불리던 것이 이스탄불로 불리게 된 것은 1930년부터이다. 이스탄불은 '이슬람교도가 무성하다'는 뜻이다. 이스탄불에는 3,000여 개의 이슬람 사원이 있는데, 그중에서도 17세기 초에 건립된 블루 모스크(Blue Mosk)가 유명하다. 이 교회의 건너편에 있는 성소피아 성당(Ayasofya)은 지금은 박물관으로 이용되고 있다.

30) 블루 모스크는 파란색과 초록색의 스테인드글라스(stained glass)가 사원 내부에 장식되어 푸른색을 띤다고 하여 붙여진 이름이다.

이슬람교도 여성들의 복장 및 베일

이슬람교도 여성들에게 베일은 본래 여성을 분별해 보호해야 한다는 코란의 가르침에서 비롯됐다. 여성들의 네 가지 베일은 모두 머리에 쓰는 두건(頭巾) 형태였으나 환경에 따라 전신을 가리는 베일로 발전했다는 설이 있다. 이슬람교 여성 교도들은 이러한 두건과 베일을 종교적 이유에서 자발적으로 착용하는데, 지역에 따라 이름과 형태는 조금씩 다르다. 차도르는 이란에서 많이 착용하며, 얼굴만 드러내고 전신을 가리는 복장으로 이라크에서는 아바야(abayah)라고 부른다. 히잡(hijab)은 머리 스카프로 얼굴만 드러내고 머리만 가리는데, 샤일라 · 두파타 등으로 불리고 이란 · 사우디아라비아의 일부 여성들이 착용한다. 부르카(burka)는 눈 부위를 망사로 가리며, 아프가니스탄 · 파키스탄 · 이라크 등에서 주로 착용한다. 니캅(nikam)은 머리 전체를 감싸고 눈 부위만 가로로 드러내는데, 사우디아라비아 · 예멘 · 바레인 · 쿠웨이트 · 아랍에미리트 등 아라비아 반도의 여성들이 착용한다. 키마르(khimar)는 얼굴은 드러내되, 머리와 상반신을 가리는 것이다. 2010년 유럽에서 이슬람 전통복식인 부르카와 니캅의 착용을 금지하는 조치가 잇따랐다(<그림 5-10>). 여성 인권유린의 상징을 제거함으로써 이슬람교 여성 교도의 권익신장과 사회통합을 위한다는 것이었지만, 거기에는 유럽의 뿌리 깊은 반이슬람 정서도 깔려 있다.

〈그림 5-10〉 이슬람교 여성 교도의 두건과 베일

* 왼쪽부터 차도르, 히잡, 부르카, 니캅, 키마르.

제3장

사파비 왕조의 여러 나라

페르시아[1]제국(Persian Empire)의 범위는 인더스 강의 서쪽부터 지금의 터키 동쪽, 즉 이란과 요르단, 이집트 북동부의 북쪽, 중앙아시아, 캅카스 산맥의 남쪽에 이르렀다. 일반적으로 아케메네스(Achaemenes) 왕조의 페르시아(B.C. 550~B.C. 330년)를 페르시아제국이라고 부르지만, 그 후로 1935년까지 이 지역에 일어났던 여러 개의 제국들을 서양의 역사학자들은 모두 페르시아제국이라 불렀다. 그 후 이 지역을 통치했던 아제르바이잔과 쿠르드계 부족에 기원을 둔 사파비 왕조(Safavid dynasty, 1502~1736년)는 이란, 이라크, 아프가니스탄 등을 포함하며 점차 성장해가다가 오스만튀르크에 막혀서 더 이상 팽창하지 못했다. 사파비 왕조는 시아파 이슬람교를 종교로 받아들임으로써 가장 큰 시아파의 나라가 되며 오늘날 이란의 시아파로 이어지고 있다.

1) 페르시아라는 명칭은 고대부터 서양인들 사이에서 이란 민족 또는 이란 민족에 의한 고대제국을 가리키는 말로 사용됐다. 이 명칭의 기원은 고대 그리스 인들이 이란 남서부 해안 지역에 사는 사람들을 파르스(Fars)라고 부른 데서 비롯됐다. 이것이 라틴 어화해 페르시아(Persia)로 변화했다.

1. 광물자원의 보고 아프가니스탄

아프가니스탄은 동서 교역의 중요한 역할을 한 실크로드의 중심에 자리를 잡고 있어 교역으로 인한 경제적 부를 이루었지만, 다른 한편으로는 이 길을 따라 이민족이 침략해 아프가니스탄 인들은 수많은 고충을 겪어야 했다. 무수한 외세의 침입에도 아프가니스탄 인들은 굳건히 자신들의 문화를 지켜왔다. 그러나 구소련의 침공으로 이슬람교의 여러 종파와 종족 간의 분열과 내전, 탈레반(Taliban)[2] 세력의 정권 장악 및 이슬람 근본주의 정치실험이 이루어졌다. 2001년 9월 11일 알카에다의 테러사건의 배후인물 빈라덴(Osama bin Laden)에게 은신처를 제공한 탈레반 정권은 미국의 아프가니스탄 공격으로 붕괴되고 과도정부의 수립과 동시에 내전으로 국가경제는 빈사상태에 빠졌다.

아프가니스탄은 파슈툰 족이 약 40%를 차지하고, 그다음으로 타지크 족(약 25%), 하자라(Hazara) 족(약 19%), 우즈베크 족(약 6%) 등 12개의 소수민족으로 구성되어 있다. 파슈툰 족은 국토의 중동부에 거주하고 유목생활을 하는 일부를 제외하고 정착농경을 하고 있다. 파슈툰 족 중에는 탈레반이 많아 한때 총인구의 약 47%까지 차지했으나, 구소련 침공 이후 파키스탄과 이란 등지로 약 620만 명의 난민이 발생해 인구가 크게 감소했다. 헤라트(Herāt)의 북동부 지역과 서부 주변 지역에 주로 거주하는 타지크 족은 아프가니스탄에서 가장 교육을 많이 받은 엘리트 집단으로 수도 카불과 다른 도시의 중산층을 이룬다. 13세기부터 정착한 하자라 족은 칭기즈 칸(Chingiz Khan)의 후손들로 시아파이며, 중부 산악지대에서 유목생활을 하여 경제적으로 하류층을 형성한다. 북부지방에 거주하는 우즈베크 족은 힌두쿠시 산맥 북쪽 지역에서 주로 농사를 지으며 살고 있다. 이들은 오래전에 중앙아시아로부터 아프가니스탄을 침공한 유목민의 후손들이다. 이밖에 투르크멘계와 키르기스계, 발루치 족 등 소수종족이 약 10%를 차지한다(〈그림 5-11〉).

2) 탈레반은 이슬람교 수니파 원리주의자들을 주축으로 아프가니스탄 내전의 강자로 부상한 무장 이슬람 학생단체로 '구도자', '탐구자', '학생'을 의미한다. 현재 최고지도자인 오마르(Mohammed Omar)가 1994년 10월 파키스탄 접경지역인 칸다하르(Kandahar) 주에서 과격 이슬람 학생운동가를 규합해 무장 투쟁 조직을 결성한 것이다.

〈그림 5-11〉 아프가니스탄의 민족 분포

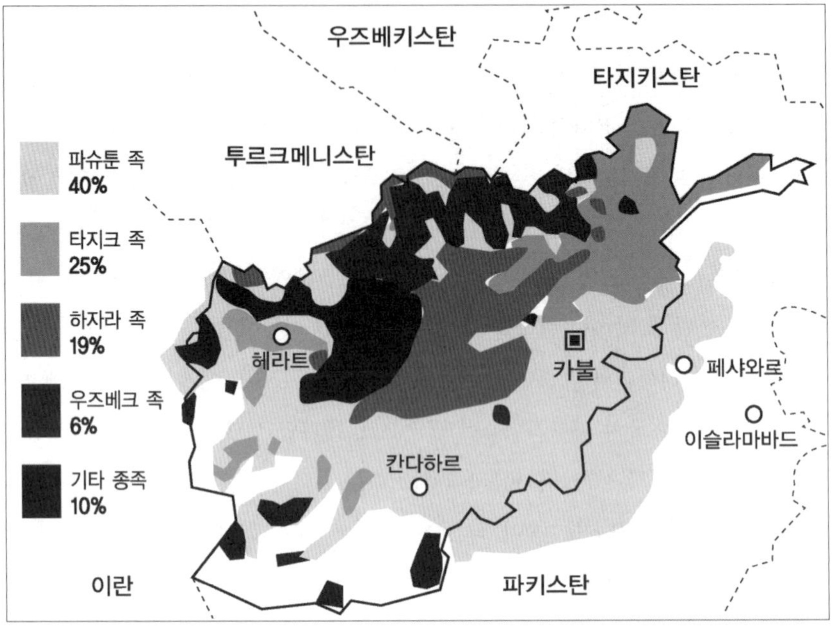

〈그림 5-12〉 아프가니스탄의 광물자원 분포(2010년)

한편 아프가니스탄은 리튬(lithium)[3]의 세계적인 광업 중심지일 뿐만 아니라 철광석·구리·코발트·금 등 다양한 광물자원이 엄청난 규모로 매장되어 있다. 리튬은 아프가니스탄 중서부 가즈니(Gazni) 주의 소금호수 한 곳에 볼리비아 전체 매장량(세계 매장량의 50%를 차지)과 맞먹는 규모가 매장돼 있다(〈그림 5-12〉).

2. 자원은 풍부하나 경제활동이 부진한 이란

3) 리튬은 휴대전화나 전기 자동차 배터리의 주원료로 그 수요가 폭증하고 있지만 볼리비아 등 극소수의 나라에만 매장되어 있는 희귀자원이다.

이란은 기원전 6세기경에 세워진 페르시아제국의 영토로서 아시아와 유럽을 잇는 통로이기 때문에 자주 외침을 당했지만, 페르시아 문화는 세계에 커다란 영향을 미쳤다. 제2차 세계대전 이후 팔레비(M. R. Pahlevī) 왕은 서양과 정치적으로 협력하는 동시에 구소련과 동부 유럽 사회주의 국가와 원만한 경제적 관계를 유지하는 정책을 펴왔다. 그는 석유산업의 발달로 급속한 경제적·사회적 발전을 위한 계획을 추진해 상당히 성공을 거두었다. 그러나 1979년 2월 왕정을 부정하고 이란의 서구화·세속화 정책에 반대하는 이슬람교 시아파(90%)의 호메이니가 주도한 이슬람 혁명으로 왕정이 무너지고 이슬람공화국이 수립됐다. 이후 이란은 미국을 비롯한 자유진영과 외교적으로 경색되고, 온건 수니파 이슬람 국가와의 반목으로 고립을 자초했다. 그뿐만 아니라 이라크와의 8년 전쟁(1980~1988년)의 여파로 1990년대 초까지 경제적 어려움을 겪어왔다.

1990년대 말 이후 하타미(M. Khatami) 정권부터 적극적인 산업정책 및 외국인 투자 유치 추진, 고유가 등에 힘입어 경기 회복세를 나타내고 있다. 2000년 이래 수년간 연평균 6% 이상의 경제성장률을 유지하며 지속적인 발전을 하고 있다. 2005년 아마디네자드(M. Ahmadinejad) 대통령 취임 이후 강경 보수 성향의 정부가 수립되면서 사회정의 실현과 부의 재분배 등을 주요 정책 목표로 설정하고 민생 위주의 경제 정책을 추진하고 있다. 그 후 2006~2008년간 국내경기 활성화 및 고유가 지속으로 6~7%의 경제성장을 달성했으나, 2009년도에는 국제 금융위기 여파 및 유가 하락 등으로 0.5%로 크게 둔화됐다.

소득세 및 법인세 인하, 외국인 투자제도 개선 등 하타미 전 정부의 개혁, 개방정책 추진에도 불구하고 과도한 석유 의존에 기인한 모순적 경제구조가 지속되어, 현 아마디네자드 정부는 서민 소득증대, 소득분배 구조개선, 석유 의존형 수입구조 탈피, 물가억제, 부정부패 척결, 국영기업 민영화 등을 골자로 한 경제정책을 추진해왔다. 그러나 2010년 핵문제가 교착 상태에 빠져 유엔 안전보장이사회의 제재(4차) 결의안, 미국 의회의 제재, EU 제재 등 국제사회의 대이란 추가 제재로 석유·가스 개발, 정유 분야, 대외 금융거래, 운송 등에 심각한 타격이 가해졌다. 이러한 제재가 계속될 경우 이란은 국가위기 및 국내경제의 큰 어려움에 봉착할 전망이다.

석유 의존적 경제(수출의 80% 이상)인 이란은 국제 유가변동에 취약한 구조로, 유가 하락에 대비해 비축한 외환 안정 기금 규모가 800억 달러에 이른다. 그러나 예산의 비효율적 운용, 투명성 결여 문제가 내부적으로 논쟁 중이다. 또한 주요 생필품에 대한 막대한 국가 보조금 지급 등을 통한 인위적 국가통제경제를 유지하고 있으나 개혁파와 보수파 갈등에 의해 개혁정책 추진이 지연됨에 따라 차츰 구조적 경제 문제점들이 노정되고 있는 상태이다. 그리고 과도한 규제, 관료주의, 사회에 만연된 부패로 국내외 투자가 제대로 이루어지지 않아 가까운 장래에 지나친 석유 의존 경제 탈피가 어렵다고 볼 수 있다. 또 인플레이션 문제는 경제정책 운용의 압박요인이자 최대 민심 불안 요소 중 하나이다. 젊은 층(30세 이하 세대가 전체 인구의 약 70%)과 저소득층에 대한 일자리, 주택공급 문제의 심화도 예상된다. 따라서 향후 이란 경제의 지속적인 성장과 발전을 위해서는 지속적인 경제 개방, 개혁 정책의 추진이 긴요하다.

이란의 제4차 경제사회개발 5개년 계획(2010~2015년)에 따르면 석유·가스광구 개발 투자의 70%를 외국자본으로 조달해야 한다. 또한 지금과 같이 석유 분야 투자가 부진할 경우 8년 내에 석유 순수입 국가로 전락할 가능성도 제기되고 있어(2009년 10월 국회 조사국 보고서), 외국 투자와 유전관리 신기술 도입 등이 절실한 상황이다. 특히 외국 투자 유치의 결정적 장애요소인 미국의 대이란 경제제재가 강화됨에 따라 이란 내 유전, 사우스 파스(South Pars) 가스전 개발, 정유소 건설 등 주요 에너지 관련 프로젝트 추진이 답보 상태에 머물고 있어, 이란 정부는 국채 발행, 펀드 조성 등을 통한 자체적 프로젝트 자금 조달을 추진 중이다. 그러나 2010년 7월 1일 통과된 미국 의회의 포괄적 이란 제재법에 따르면, 외국 기업들의 대이란 에너지 분야 투자, 용역 및 기타 관련 사업 분야들이 제재 대상으로 지정돼 있다.

3. 비옥한 초승달 지역 이라크

유프라테스 강으로부터 시리아 사막 북쪽 끝을 거쳐 지중해 동부를 따라 남쪽으로 나일 강 하곡에 이르는 거대한 아치형의 반원을 그리는 지역을 비옥한 초승달(Fertile Crescent) 지역이라 한다(〈그림 5-13〉). 이 이름이 붙여진 이유는 이 지역이 유프라테스 강 유역의 관개와 겨울철의 강수로 땅이 비옥하고 생산성이 높았으며, 일찍부터 사람들이 거주해 인류 역사의 요람지를 형성했기 때문이다. 이 아치형 반원 지역의 중심부는 이집트와 아나톨리아(터키 중부)를 연결하는 지협

(isthmus)이다. 길이 약 500마일, 폭 약 75마일의 이 지협은 서쪽은 지중해, 동쪽은 시리아 사막으로 경계 지어지며, 후에 레반트(levant)라는 이름으로 불린다. 오늘날 레바논(Lebanon), 이스라엘, 시리아의 서부, 요르단 등의 국가가 위치하고 있는 지역으로, 이 지역을 둘러싼 고대 강국들의 투쟁과 영고성쇠(榮枯盛衰)는 인류의 역사 그 자체라고 할 수 있다.

〈그림 5-13〉 비옥한 초승달 지역

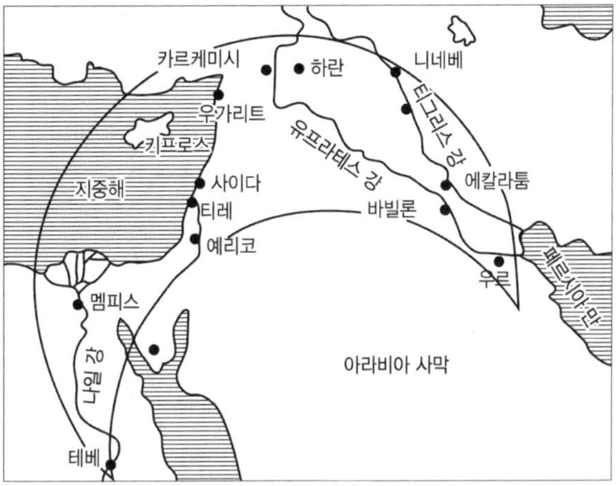

자료: 金富植(1993: 112).

비옥한 초승달 지역, 즉 레반트 지역에서도 핵심을 이루는 지역은 팔레스타인이다. 지금의 요르단과 이스라엘이 위치한 지역으로, 그 이름은 이스라엘의 다윗 왕 시대에 지중해 쪽에서 침입해 해안평야에 자리 잡은 필리스틴(Philistine) 족이 이 지역을 팔레스타인(아랍 어로는 Falastin)이라 이름 붙인 데서 유래한다. 이 비옥한 초승달 지역에서 초승달의 서쪽 끝에 해당하는 이집트를 제외한 지역, 즉 지금의 이라크·시리아·레바논·요르단·이스라엘(팔레스타인)이 위치한 지역을 아랍에서는 마슈리크(Mashreq) 또는 동아랍이라고 부르고, 이와 반대로 북아프리카의 아랍 여러 나라(모로코·알제리·튀니지)는 마그레브(Maghreb)라고 부른다.

이상과 같은 비옥한 초승달 지역에 오늘날 세계인의 큰 관심이 모아질 수밖에 없는 이유를 몇 가지로 요약하면 다음과 같다. 첫째, 인류문명의 발상지 및 교차로이며, 예리코(Jericho)나 주베일(Jubail) 등은 인간이 계속 거주해온 지상 최고(最古)의 취락이다. 둘째, 유대교와 기독교의 발상지이며, 예루살렘은 세계의 다른 어떤 도시보다 많은 사람들로부터 사랑(passionate responses)을 받고 있다. 셋째, 팔레스타인을 포함한 서남아시아 지역은 그 지정학적 위치나 자원, 민족, 종교 등 여러 가지 요인에 의해 세계의 여러 문제가 집중적으로 응축되어 있는 곳이며, 서남아시아의 문제가 곧 세계의 문제이다. 넷째, 오랜 대립과 반목 끝에 1993년 9월 14일에 '영토와 평화의 교환'을 원칙으로 한 '오슬로 평화협정'이 체결되고, 팔레스타인자치국 건설에 합의했다. 그러나 2000년 9월 이스라엘 강경파인 샤론

(A. Sharon) 총리의 동예루살렘 내 이슬람 성지 방문 사건으로 유혈 충돌이 일어나 이 지역의 불안은 다시 고조되었고, 이후 휴전협상과 재충돌, 암살과 자살테러 등 분쟁이 끊이지 않고 있다. 팔레스타인과 이스라엘 인이 앞으로 팔레스타인 지역에서 어떻게 공생의 원리에 의해 평화롭게 살아갈 것인가가 세계의 이목을 끌고 있는 이유는 그것이 세계의 평화와 직결되기 때문이다.

1) 지역 내의 분쟁

이슬람교에는 수니파와 시아파라는 두 개의 큰 세력이 있다. 두 세력은 교의(教義)가 뚜렷이 달라 대립하고 있다. 시아파가 대다수를 차지하는 이란과 수니파가 주류를 이루는 이라크 두 나라는 1980년대에 대립해, 이란-이라크 전쟁을 일으켰다. 1990년에는 이라크가 유전의 확보와 페르시아 만으로의 진출을 위해 쿠웨이트를 침공했고, 다음 해인 1991년에 페르시아 만안 전쟁(이른바 걸프 전쟁)이 발발했다. 미국을 중심으로 한 다국적군은 유엔 안전보장이사회의 결의에 따라 이라크에 대해 무력행사를 했다. 이로 인해 전장이 되었던 유전은 큰 손상을 입었고, 장기간의 화재나 해역의 원유유출 등으로 환경에 큰 영향을 미쳤다.

2) 왕 제도와 수장 제도

이 지역의 많은 국가들은 영국이나 프랑스의 식민지나 보호국 등으로서 종속적인 지위에 있었다. 제1차 세계대전 이후 사우디아라비아·요르단·이라크 등이 독립했고, 1970년대 초기에는 카타르·바레인·아랍에미리트 등이 독립을 했다. 그러나 사우디아라비아나 쿠웨이트·아랍에미리트 등은 왕이나 부족의 장이 실권을 장악하고 있다. 이와 같이 왕제·수장제를 취하는 국가에는 의회가 없는 국가도 있다. 또 이란에서는 왕제시대의 근대화 정책에 종교계 지도자가 반발해 1979년 왕제가 무너진 이란혁명[4]이 일어났으며, 이슬람교를 국교로 하는 이란이슬람공화국이 되었다.

4) 이란은 1906년 헌법 공포 이래 입헌군주제였지만, 1979년 호메이니를 최고 지도자로 한 임시 혁명정부가 발족되어 공화국이 되었다.

3) 강 사이의 땅 이라크

메소포타미아라는 말은 그리스 어로 '강 사이의 땅'이라는 뜻의 '메소스(mesos)'와 '강'이라는 뜻의 '포타모스(potamos)'로 이루어진 합성어로 '두 강 사이의 지역'이라는 뜻이다. 즉, 티그리스 강과 유프라테스 강 사이의 지역, 특히 저지대의 습지와 소택지가 분포하는 남부지역을 말한다. 이 지역은 기원전 4000~기원전 3000년에 세계문명이 발상한 곳으로 현재 이라크의 남부에 해당한다.

메소포타미아의 비옥한 토양은 사막과 산지 사이에 분포한다. 그 중에도 특히 아라비아 만을 향해 남쪽으로 뻗은 수메르(Sumer) 또는 저지 메소포타미아(Lower Mesopotamia)라고 불리는 남부지역은 홍수 때마다 하천에 의해 운반된 토사가 퇴적되어 이루어졌다. 이 평야지대의 토양은 비옥했으나 고대 수메르(Sumer)의 농민들은 농경에 많은 어려움을 겪었다. 비가 거의 내리지 않기 때문에 경지에 물을 공급하기 위해서는 관개수로를 개발해야 했다. 또한 5~10월까지 6개월간 너무 더워 지면의 습기가 모두 증발해, 경지가 염분이 많은 불모의 땅으로 변모했다. 더욱이 작물들이 결실을 하는 시기인 봄에는 하천이 자주 범람해 경작지를 습지로 만들어 수확에 어려움을 주는 등 큰 피해를 주었다.

그러나 이 수메르 지역은 중요한 식량자원을 갖고 있었다. 즉, 염분이 많은 토양에서 잘 자라는 대추야자(date palm), 소택지에서 사육되는 돼지와 야생 조류(wildfowl), 강에서 많이 어획되는 물고기 등이었다. 이와 같은 충분한 식량자원은 이 지역에 많은 인구를 거주하게 하였다. 인구가 많을수록 노동력이 풍부해져 더 많은 관개수로를 만들 수 있었으며, 댐의 건설도 가능했다. 이 비옥한 평야에 거주했던 수메르 사람들은 파종과 경작기술을 개선하고 가축도 사육하며 범람원을 개간하고, 또 더욱 효과적인 창고시설을 마련했다. 그리고 더 좋은 무기와 농기구의 개선 및 금속공예의 발달과 더불어 도시를 건설했다.

세계 최초의 도시는 기원전 6000~기원전 5000년에 등장했다. 그러나 도시의 정의에 부합되는 도시의 출현은 신석기시대인 기원전 3500년경이었다. 세계 도시의 발생지역에는 황허 유역(B.C. 1300년), 인더스 강 유역(B.C. 2500년), 메소포타미아 지방(B.C. 2700년), 나일 강 유역(B.C. 3000년), 메소아메리카(B.C. 1400년), 중앙 안데스, 남서 나이지리아 등이 있다. 세계의 도시 기원과 이들 도시와

〈그림 5-14〉 세계 도시의 기원과 접촉

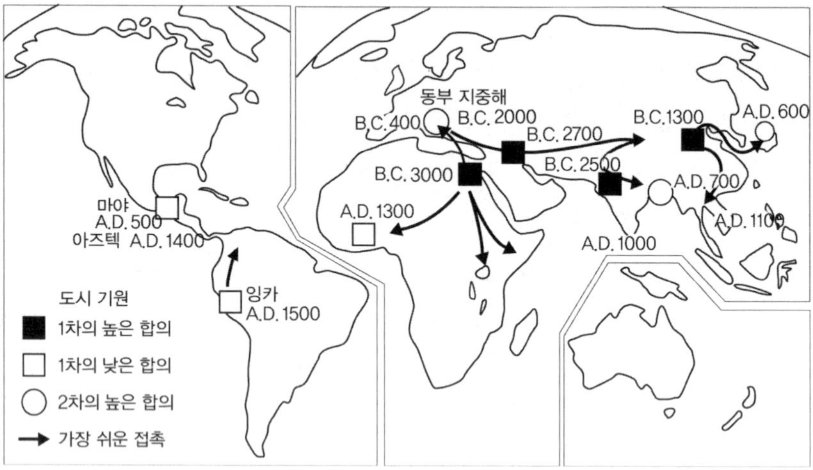

자료: Herbert and Thomas(1982: 56).

〈그림 5-15〉 메소포타미아 지역의 초기도시 발생지

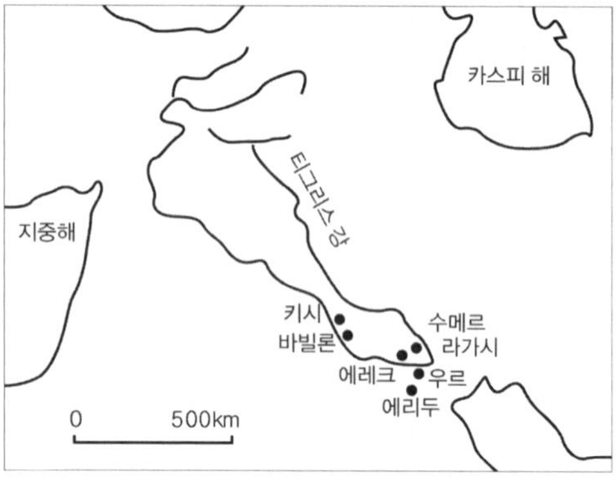

자료: 李惠恩(1983: 3).

다른 지역과의 접촉에 근거한 학자들의 높은 합의를 이룬 최초의 도시 발생지는 나일 강 유역이며, 이곳에서 메소포타미아 지역과 동지중해 연안지역, 아프리카의 기니(Guinea) 만과 접촉했다. 그리고 인도의 인더스 강 유역에서 중국의 황허 유역과 벵골 만 연안으로 접촉이 이루어졌으며, 동남아시아로는 중국에서 접촉이 이루어졌다(〈그림 5-14〉).

메소포타미아 지역에서는 비옥한 토양으로 수로를 따라 〈그림 5-15〉와 같이 도시들이 발달했는데, 최초의 도시는 에리두(Eridu)였다. 이 당시 도시의 인구규모는 메소포타미아의 경우 우르(Ur, 면적 0.9㎢)에는 5,000명이, 에레크(Erech, 면적 5.2㎢)에는 2만 5,000명이 거주했다.

제4장

아라비아 반도의 여러 나라

아라비아 반도는 북서쪽에서 남동쪽으로 약 2,200㎞에 동서 너비는 약 1,200㎞이며, 면적은 약 300만㎢이다. 동쪽은 페르시아 만과 오만 만, 서쪽은 홍해, 남쪽은 아라비아 해와 아덴(Aden) 만에 둘러싸여 있으며, 북쪽은 사막지대로 중앙아시아에서 아프리카의 사하라 사막으로 이어지는 대(大)사막지대의 중앙부에 위치한다. 중앙의 사우디아라비아, 북동쪽의 쿠웨이트, 동쪽의 바레인·카타르·아랍에미리트, 남쪽의 예멘, 남동쪽의 오만 등 7개국으로 구성되어 있다.

1. 대추야자에서 석유 수출로 부국이 된 사우디아라비아

18세기부터 알 사우드(Al Saud)가 주도하는 국토 회복운동이 일어나 국명이 사우디아라비아로 되었고, 이슬람 율법을 엄격히 집행하고 있어 '영원한 중세국가'이기도 하다. 고대에는 고대 예멘이 아라비아 반도를 통치했으며, 무함마드 탄생 이후(570년) 이슬람 역사가 시작됐다. 1453년부터 오스만튀르크의 지배를 받았으며, 1913년 영국의 힘을 빌려 오스만튀르크군을 축출했다. 그 이후 영국의 지배하에 있다가 1927년 5월 20일 독립했으며, 1932년 국명을 사우디아라비아 왕국으로 개칭했다.

사우디아라비아는 석유가 개발되기 이전에는 전통적인 유목과 무역에 의존해, 대추야자가 수출의 대부분을 차지했다. 1938년 석유가 발견되고, 제2차 세계대전 후 미국 자본에 의해 본격적으로 생산이 이루어졌다. 그 후 세계에서 손꼽히는 산유국으로 성장해 현대적인 산업과 농업, 유목 및 가내 수공업이 병존하고 있으며, 1970년대 유류파동 이후 막대한 외화수입을 재원으로 활발한 경제개발계획을 추진했다. 특히 1980년대에 들어와서는 중화학공업 분야의 개발에 주력하고 있으며, 직업훈련·해외연수 등으로 기술인력 확충에 노력하고 있다.

사우디아라비아에서는 바닷물을 정수한 용수를 파이프라인을 통해 도시에 공급하므로 사막을 지나는 용수는 자동적으로 온수가 된다. 가정에서는 냉각장치를 이용해 냉수를 사용할 수도 있다.

2. 진주에서 석유 채취로 바꾼 쿠웨이트

쿠웨이트는 1930년 석유가 발견되기 전까지만 해도 해상 실크로드를 연결하는 걸프 해의 조그마한 어촌에 불과했으며, 걸프 해의 맑은 물에서 진주를 채취하는 일이 유일한 생업이었다. 쿠웨이트는 제2차 세계대전 이후 석유의 발견과 서부 유럽 강대국의 개입으로 엄청난 운명의 개조를 강요받았다. 오스만튀르크제국 치하에서 이라크의 바스라(Basra) 주에 속했던 쿠웨이트는 이라크가 독립하면서 별도로 영국의 통치 아래에 있게 됐다. 석유의 이권이 영국으로 하여금 쿠웨이트를 포기할 수 없게 만든 것이다. 식민시대가 청산되면서 1961년에 독립했지만, 여전히 영국은 쿠웨이트의 가장 강력한 우방이자 간섭자로 남아 있었다. 이라크는 끈질기게 국토 회복을 요구했지만 국제사회에서 그들의 목소리는 겉으로 드러나지 않았다. 이것이 1990년 8월 이라크의 쿠웨이트 침공으로 촉발된 걸프전쟁의 역사적 배경이 되었다.

한편 쿠웨이트는 오랜 논란 끝에 2003년부터 여성의 투표권과 피선거권인 참정권을 허용해 걸프지역의 국가들 중에서도 획기적인 조치를 취하게 되었다. 한편 카타르는 1999년 3월부터 시의원 선거에 여성 참여를 허용했고, 오만에서는 정부 자문위원회에 여성 2명을 간접적으로 선발했다는 점에서 다른 국가들보다 여성의 사회진출이 상대적으로 활발한 편이다. 쿠웨이트에서 여성의 목소리가 반영된 것은 1990년 이라크와의 전쟁 때부터이다. 이라크가 쿠웨이트를 강점했을 때 여성들은 활발한 레지스탕스 운동을 펼쳤다. 이라크가 퇴각한 뒤 국왕은 보상 차원에서 여성의 참정권을 약속했다. 현재 수니파는 여성의 참정을 반대하고 있고, 일부 시아파는 피선거권을 제외하고 투표권만 부여하는 것을 찬성하고 있다.

3. 서남아시아 유일의 도서국가 바레인

바레인은 1820년 대영제국의 보호령이 됐으며, 1971년 카타르와 함께 독립하면서 영국의 통치령으로부터 벗어났다. 바레인은 독립 이후부터 토후국이었지만 2002년 2월에 입헌군주국으로 전환했다. 서남아시아 지역에서는 유일한 도서국가로 페르시아 만의 군도(群島)로 구성되어 있다. 북동쪽의 국제공항이 있는 길이 약 6.5㎞의 무하라크(Muharraq) 섬과 수도 마나마는 인공제방으로 연결되어 있고, 석유 적출항이 있는 시트라(Sitrah) 섬도 역시 인공제방으로 바레인 섬과 연결되어 있다.

〈그림 5-16〉은 NASA가 촬영한 바레인 해안의 고급 휴양지 두라트 알 바레인(Durrat Al Bahrain, 바레인의 진주)의 공사 모습으로, 이 인공 섬의 휴양지에는 호텔과 쇼핑센터, 주택가, 골프코스 등이 건설될 예정이다.

〈그림 5-16〉 바레인의 진주(2011년)

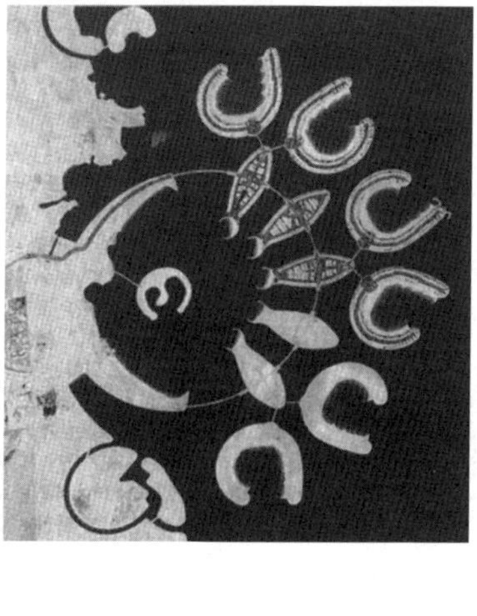

4. 유서 깊은 카타르

아라비아 반도의 동부 페르시아 만에 돌출한 카타르 반도에 위치하며, 18세기에는 바레인의 토후 할리파(Khalīfah)가(家)의 영토였다. 19세기에 오스만튀르크 제국의 지배를 받았으며, 1868년 영국과 우호조약을 체결했고 1916년 특별조약으로 영국의 보호령이 되었다. 1968년 영국군이 철수한 지 3년 만인 1971년 9월 1일 독립했다.

2세기에 프톨레마이오스가 만든 지도에 '카타라'라는 이름으로 등장했을 정도로 유서가 깊다. 152억 배럴의 원유와 900조㎥의 천연가스가 매장되어 있는 자원부국이자 경제부국이다.

5. 토후국으로서의 아랍에미리트

아랍에미리트는 페르시아 만 연안의 아부다비, 두바이(Dubai), 샤르자(Sharjah), 라스알카이마(Ras al-Khaimah), 아즈만(Ajman), 움알카이와인(Umm al-Qaiwain), 푸자이라(Fujayrah)의 7개 토후국(Emirates)[1]으로 구성되어 있다.

19세기 이래 영국이 이들 7개 토후국에 대해 지배적인 영향력을 행사해오다, 1968년 모든 영국군을 1971년까지 철수하겠다는 성명을 발표했다. 이에 따라 1968년 2월 28일 카타르와 바레인을 포함한 9개 토후국이 연합최고회의(Supreme Council of Rulers) 결성에 합의했지만, 1970년 6월 바레인과 카타르가 연합 결성안에 반대하고 독자노선을 걷게 되었다. 1971년 영국군이 페르시아 만 연안에서 철수하면서 1971년 12월 2일 라스알카이마를 제외한 6개 토후국으로 구성된 아랍에미리트 국가로 독립함으로써 영국으로부터 국방·외교권을 되찾았다. 라스알카이마는 그 후에 가입했다.

기후는 사막기후로서 여름에는 대단한 고온이며 계절에 따라 강우량이 크게 다르다. 주요 자원으로는 원유와 천연가스 등이 있고, 토양이 척박하고 수자원이 부족하기 때문에 농업은 발달하지 못했다. 공산품으로는 비료·알루미늄·시멘트·플라스틱 등을 생산한다. 아라비아 반도에서 가장 규모가 큰 담수 생산공

1) 근대화가 늦어 세습의 특정 실력자가 자기의 권력으로 지역 주민을 정치적으로 지배하고, 불문율로 통치해 온 국가를 말한다.

장이 있다.

아랍에미리트 정부는 아부다비와 두바이 두 개 토후국의 원유 판매수입을 재원으로 나머지 비산유 토후국들을 지원해, 사회간접자원 건설, 농업·수산업·관광업 등에 집중적으로 투자하고 있다. 세계 4위의 원유 매장량과 세계 3위의 가스 매장량을 바탕으로 원유 등 관련 부문의 생산과 수출이 절반 가까이 차지한다. 한편, 경제의 원유 의존도를 줄이기 위해 제조업·무역업·관광업 등 여러 분야의 발달을 위한 도로 개·보수, 발전소 건설, 대형 송수관 매설, 주거 시설 확대 등 기간산업에 대한 투자를 더욱 확대하고 있다.

종족구성은 남아시아 인 약 50%, 아랍 인 약 23%, 에미리트(Emirati) 인 약 19% 등이다. 언어는 아랍 어 외에도 영어가 통용되고, 종교는 이슬람교(수니파 80%, 시아파 16%)가 대부분이며, 기독교와 힌두교도 일부 믿고 있다.

석유자본으로 부를 축적한 아랍에미리트의 토후국 두바이는 20세기 초 작은 항구에 불과하여 바다에서 조개를 캐거나 육지에서 양이나 염소 등을 유목했다. 또 페르시아 만과 인도와의 중계무역으로 생활을 영위했으나 지금은 무역뿐만 아니라 금융·교통·관광의 중심지가 됐다. 1966년 두바이석유회사가 화타(Fatah) 유전을 발견했고, 그 후 활라(Falah) 유전, 라시드(Rashid) 연근해 유전 등이 발견되어 석유개발로 자본이 축적되어 도시의 개발이 이루어졌다.

두바이 해안에서 8㎞ 떨어진 바다 위에 조성된 인공도시는 팜 주메이라(Palm Jumeirah), 팜 제벨알리(Palm Jebel Ali), 팜 데이라(Palm Deira) 등 3개 섬으로 이루어졌다. 두바이 정부 소유의 부동산 개발사인 나킬(Nakheel)사가 바다를 매립해 건설하기 시작한 이 인공도시 사업은 2006년 1월에 시작되어 2008년 말에 완공됐는데, 공사비만 140억 달러가 투입됐다. 야자수 모양의 인공 섬에는 종합 관광레저 타운이 들어서고, 두바이 해안선의 길이는 72㎞에서 두 배 이상 늘어났다. 세계 8대 불가사의라는 찬사를 받을 만한 대규모 공사였다.

두바이 팜 아일랜드

이 인공도시는 야자나무 형태로 하나의 굵은 나무줄기와 17개의 가지로 구성됐으며, 11㎞의 긴 방파제로 이루어진 초승달 형태의 섬으로 둘러싸여 있다. 나무줄기 부분에는 아파트와 상가가 들어섰고, 가지 부분에는 고급 주택과 빌라 등의 거주단지, 초승달 부분에는 초호화 호텔과 휴양시설이 들어섰으며 모노레일이 건설됐다. 인공 섬 건설에는 모래 9,400㎥, 바위 700만 톤이 들어갔으며, 준설기를 이용해 10.5m 깊이의 해저면에 모래를 부어 해수면 위 3m까지 올라가도록 매립하는 방식으로 이루어졌다. 인공 섬 크기는 가로세로 5×5㎞이고 총면적은 560만㎡이다. 총비용은 120만 3,000달러가 들었고, 근로자 4만 명이 투입됐다. 고급빌라를 분양할 때는 매우 높은 분양가에도 불구하고 세계적인 유명 인사들이 몰려들어 매진됨으로써 화제가 되기도 했다(<그림 5-17>).

〈그림 5-17〉 두바이 팜 아일랜드(Dubai Palm Island)(2009년)

6. 고대 신라까지 진출했던 오만

오만은 아프리카와 유럽, 인도양을 잇는 해상교역의 중심지였다. 고대 이 지역에서 해상활동을 주도한 민족은 예멘 인이었다. '솔로몬과 시바'로 유명한 시바국의 여왕은 현재 예멘의 수도인 사나 근처에 도읍해 해상교역으로 부를 축적했다. 장미수, 안식향, 유향(乳香)2)을 비롯한 진귀한 향료와 모카커피는 지금도 세계인의 사랑을 받는 오만의 주요한 교역품이다. 오만 인은 선박 제조기술의 개발로

2) 감람과(Burseraceae)의 열대식물인 유향수(乳香樹)의 껍질을 벗기면 나오는 흰 수액을 말린 수지(樹脂)를 말한다. 태우면 좋은 향기가 나며, 진통·경련·타박상·부스럼·월경통 등의 약재로도 사용된다. 5~8월에 수확하며, 아라비아 반도 남부와 소말리아에서 주로 서식한다. 오만의 와디다우카(Wadi Dawkah)는 유향의 원산지라 할 정도로 많이 자라는 지역 중의 한 곳이다.

8~9세기경 아랍 인이 주도한 해양 교통혁명을 일으켜 동서의 만남에 크게 기여했다. 그들의 뛰어난 항해기술과 앞선 과학 문명을 바탕으로 한반도의 신라에까지 진출했으며, 845년 아랍 인 이븐 쿠르다지바(Ibn Khurdadhibah)가 편찬한 『제도로 및 제 왕국지(Kitabu'l Masalik wa'l Mamalik)』에는 신라에 대한 흥미로운 기사가 있다.

7. 남북을 통일한 예멘

예멘은 몬순의 풍부한 강수량으로 일찍부터 부(富)를 이루었으며, 홍해와 인도양의 중계지에 위치해 지중해 연안 국가들이 필요로 하는 물품들을 통제할 수 있었다. 그리하여 '행복의 아라비아(Arabia Felix)'로 불린 시바(Sheba)왕국으로 번성했다. 기원전 7세기경에는 대규모 관개 시설로 농업을 발달시키고 향료 무역으로 많은 수익을 얻어 왕조의 번영이 절정에 다다랐다. 남단의 천연 양항(良港)인 아덴(Aden)은 무역의 중계지이자 물자의 집산지로서 크게 번영했다.

7세기에는 수니파가 티하마(Tihama) 평야에서, 시아파계의 자이드(Zaid)파가 고원지대에서 각각 세력을 잡고, 9세기에 들어서 자이드파의 이맘(Imam) 야흐야 알하디가 라시드 왕조를 창건했다. 1517년 오스만튀르크에 정복되자 서유럽 국가들이 그 세력을 저지했으나 결국 1872년 다시 오스만튀르크에게 정복됐다. 남부의 요충지인 아덴 항은 오스만튀르크에 정복됐다가, 1839년에는 영국의 동인도회사가 기선용 저탄기지를 건설하기 위해 점령했고, 1953년에는 자유항이 되었다.

1911년 자이드파의 이맘 야흐야(Yahya)가 대반란을 일으켜 고원지대의 지배권을 획득하고 오스만튀르크는 해안지대만을 지배하게 되었다. 제1차 세계대전 후 패전국 오스만튀르크가 철수하자, 승전국인 영국은 이 지역을 분리하여 북예멘만 독립시키고 남예멘은 남아라비아연방에 편입시켜 계속 지배함으로써 이후 분단의 시초를 만들었다.

북예멘은 제정일치의 왕정을 실시했다. 1955년에는 내각제를 도입했으며, 1962년에는 대령 아브둘라 살랄(Abdullah Salal)이 주도한 쿠데타로 국왕을 추방하고 공화정부를 수립했다. 이후 왕당파는 산악지대를 근거지로 저항했으며, 1967년 살랄 정권이 무너지고 온건파인 이리야니(Iryani) 정권이 탄생하여 왕당파와 화해했다. 그러나 정권참여를 요구하는 왕당파의 요구에 내전이 지속됐으며 결국 1990년 이리야니가 왕당파의 요구를 수락해 내전이 종식됐다.

영국 총독의 지배를 받던 남예멘에서는 이집트의 지원 아래에 남예멘의 완전 독립을 목표로 한 남예멘해방전선(FLOSY)·민족해방전선(NLF) 등의 세력이 계속해서 반영(反英) 투쟁을 전개해, 1967년 11월 남예멘인민공화국을 선포하고 민족해방전선의 서기장 사비가 대통령에 취임함으로써 아라비아 반도에서 유일한 공산 정권을 수립했다. 1970년 11월에는 신헌법을 공포하고 국명을 예멘인민민주공화국으로 바꾸었다.

분단된 남·북 예멘은 같은 민족·언어·종교를 가지고 있었으나, 왕정을 거쳐 아랍 민족주의를 지향하는 공화정을 채택한 북부와 사회주의 체제를 채택한 남부의 이데올로기 차이가 컸다. 그래서 남·북 예멘은 1979년 2월 국경전쟁을 치를 정도로 관계가 악화되기도 했다. 1980년 4월 남예멘에서 온건파인 나세르 모하메드(Naser Mohamed)가 집권하면서 통일의 움직임이 시작됐다. 1981년 11월 북예멘 대통령 살레흐(Saleh)가 남예멘을 처음 방문했으며, 12월에는 남북통합을 명시한 아덴협정을 맺었고 이어서 1983년에는 예멘 최고평의회가 구성되어 통일 작업이 구체화됐다.

1986년 남예멘에서 사회주의 체제를 고수하려는 강경파가 쿠데타를 일으켜 통일 작업에 차질이 발생했지만, 구소련의 개혁과 개방의 영향으로 다시 통일 분위기가 조성되어 1987년 7월 남예멘 대표단이 북예멘을 방문하여 통일에 관한 노력을 재개하기로 합의했다. 1988년 초에는 국경에서 양측 군대를 철수했으며, 5월에는 국경 지대 유전의 공동 개발에 착수했다. 1989년 11월에는 양국 정상이 회담을 갖고 통일 예멘공화국을 수립하기로 합의했고, 통일 헌법을 마련하여 1990년 5월 22일 남예멘의 아덴에서 재통일을 선언하고 예멘공화국을 수립했다.

제5장

지중해성 기후의 영향을 받는 지역

1. 유럽 대륙에 한 발을 들여놓은 터키

기복이 적은 토로스(Toros) 지방의 구릉지대, 에게 해(Aegean Sea)에 흘러드는 비옥한 하천지대, 지중해에 면한 온난한 안탈리아(Antalya)와 아다나(Adana) 평원지대, 흑해에 면한 좁은 연안지대를 제외하면 터키의 국토는 기복이 심한 산맥지대와 그 산맥에 둘러싸인 고도(高度)의 반건조 아나톨리아 고원으로 덮여 있다. 평균고도는 서부에서 표고 600m, 동부의 고원지대에서는 표고 1,830m를 넘는다. 최고 지점은 터키와 아르메니아(Armenia) 및 이란의 국경에 걸쳐 치솟은 아라라트(Ararat) 산[1]으로 해발 5,135m이다. 그 밖에도 표고 3,000m 이상의 산들이 100개가 넘는다.

동아나톨리아에서 원류하는 티그리스 강과 유프라테스 강 이외의 하천은 비교적 규모가 작다. 이러한 하천의 유역은 반건조 경사지대에 위치하고 있기 때문에 우기와 건기의 유량 차이가 심하다. 터키 최대의 호수는 반(Van) 호(3,714㎢)이고, 제2의 호수는 염분 농도가 높아 제염업에 이용되어온 투즈(Tuz) 호(1,500㎢)

1) 화산으로, 구약성서 창세기에서는 노아의 방주가 이 산에 표착했다고 한다.

이다. 해안선의 길이가 8,333㎞이나 천연의 양항은 많지 않다.

국토의 대부분이 지진 다발지역이고, 군발성(群發性) 지진이 발생한다. 1970년 3월 29~30일에는 서부의 게디즈(Gediz) 지역에서 1,000회 이상의 진동이 감지되어 1,086명이 사망했다. 1975년 9월 6일에는 반 호 서부에서 일어난 지진으로 적어도 2,300여 명이 사망했고, 1976년 11월 24일 반 호 지역에서 발생한 지진으로 약 4,000명이 사망했다고 추정하고 있다. 1983년 10월 30일에는 북동부의 에르주름(Erzurum) 지역에 발생한 지진으로 1,200명 이상이 사망했다. 가장 피해가 컸던 지진은 3만 명이 사망한 1939년 12월 29일 에르진잔(Erzincan) 근교에서 발생한 지진이다.

1) 과거 영화를 누렸던 오스만튀르크

터키는 소아시아의 대부분과 발칸(Balkan) 반도 남동부의 일부로, 아시아의 서쪽 끝에 위치한다. 흑해, 에게 해, 지중해에 둘러싸인 반도로 예로부터 아시아와 유럽을 잇는 중요한 통로였다. 아시아와 유럽에 걸쳐 있는 터키는 보스포루스 해협과 다르다넬스 해협을 사이에 두고 있으며, 한때 동로마제국의 핵심부로 비잔틴(Byzantine) 문화[2]가 번창했다. 그 후 13세기 말 남부 유럽과 서남아시아, 북아프리카를 지배했던 오스만튀르크(Osman Türk, Ottoman Turks)제국(1299~1922년)이 등장했다(〈그림 5-18〉). 이 제국은 제1차 세계대전 중 동맹국으로 참전했다 패전국이 되어, 세브르(Sèvres) 조약에 의해 1914년 이전의 영토를 대부분 상실하고 소아시아와 유럽의 일부만을 차지하게 됐다. 그 이후 그리스로부터 침략을 받아 한때는 국가 존망의 위기를 겪기도 했다. 그러나 1922년경부터 케말 파샤(Kemal Pasha, Kemal Atatürk) 장군의 지휘 아래 그리스 군을 앙카라에서 격파하고, 도주하는 그리스군을 이스탄불에서 대파함으로써 잃어버린 영토를 회복했다. 로잔 조약으로 지금의 터키공화국의 영토를 갖게 됐으며, 세습적인 술탄(Sultan)[3] 터키 군주는 폐위시키고 1923년 공화국이 되었다.

세속주의에 의한 서구화로 터키 혁명을 일으킨 신생 터키공화국의 정권을 처음 인정한 구소련은 제2차 세계대전 중에 압력을 가했으나, 전후에 터키는 미국에 접근해 NATO와 OECD에도 가입하며 서남아시아에서 서방의 최전선에 위치하

2) 중세 동로마제국의 문화로 고대 그리스·로마 문화의 전통을 이어받고 동방 문화를 흡수해, 5세기 말에서 10세기에 걸쳐 황금시대를 이루었으며 건축 미술이 특히 뛰어났다.

3) 이슬람교의 종교적 최고 권위자인 칼리프가 수여한 정치지배자의 칭호를 말한다.

〈그림 5-18〉 오스만튀르크제국의 최대 확장기

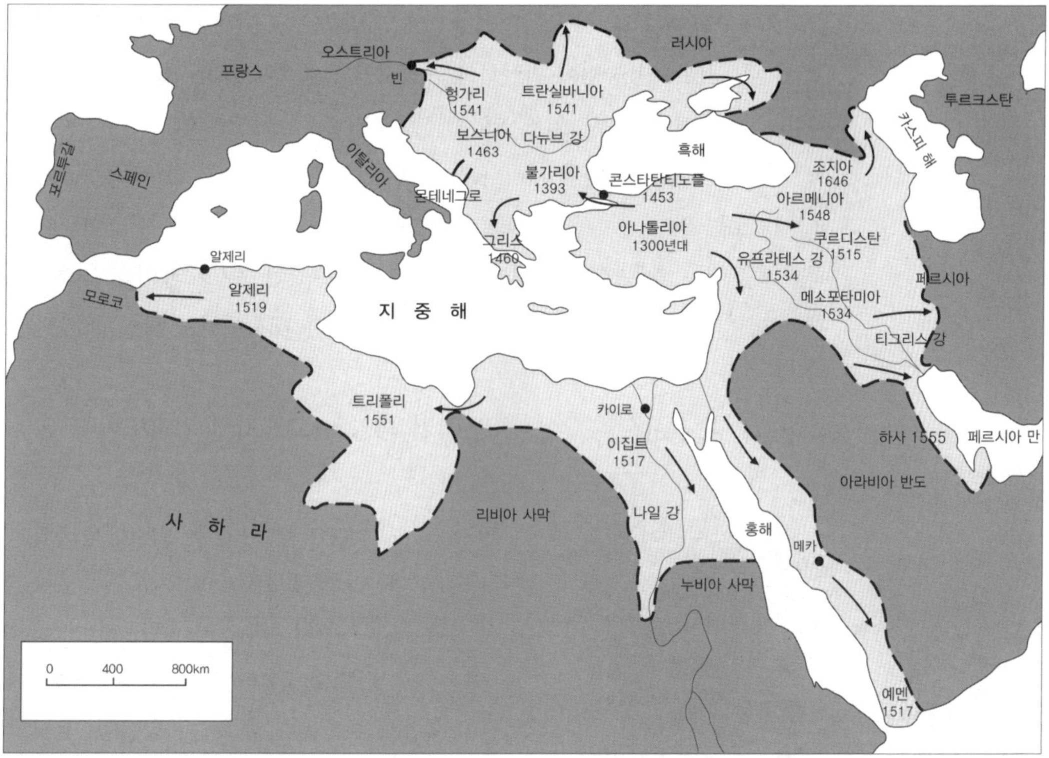

자료: Blij and Muller(2000: 293).

게 되었다. 그러나 구소련의 붕괴로 중앙아시아의 지역이 공간적·사회경제적으로 인접하게 되었다. 즉, 터키계 여러 나라와의 결합의 강화로 아타튀르크(케말 파샤) 시대에는 배제됐던 범터키주의적 사조가 출현하고 민족주의적 정당도 대두했다. 경제협력기구(Economic Cooperation Organization: ECO)나 터키문화예술공동운영기구(Joint Administration of Turkic Arts and Culture: TURKSOY)라는 국제조직도 결성되어 문화적 결합만이 아니고 경제적 결합도 꾀하게 돼, 중앙아시아는 터키로서는 시장의 확대나 에너지 확보가 불가결한 지역이 되었다. 한편으로는 EU(European Union) 가맹을 교섭하고, 캅카스 여러 나라나 러시아, 우크라이나, 불가리아 등과 흑해경제협력기구(Organization of the Black Sea Economic Cooperation: BSEC)를 형성했다. 이러한 점에서 터키는 냉전시대에 서방과 유대관계를 맺고, 중앙아시아의 결절로서 동측에 연계되며, 북쪽의 흑해지역이나 남쪽의 이슬람 세계와의 접속성도 있어 지정학적 중요성을 확인할 수 있다.

터키는 자연환경을 기준으로 보통 7개 지역으로 구분된다. 먼저 서부지역은 공업이나 근대적인 농업이 발달하고 관광자원도 풍부해 경제적으로 선진지역에 속한다. 이에 비해 동부지역은 농업 생산에서도 뒤져 후진지역에 속한다. 이 때문에 동서 간의 경제 격차가 나타나고, 실질적으로 2구분되는 실정이다. 동부지역의 개발로는 티그리스·유프라테스 강 상류를 개발하는 동남 아나톨리아 개발계획이 주목된다. '세속화가 진행된 서부지역과 보수적인 동부지역'이라고 하는 것 같이 터키의 동서 2분성은 이슬람적 전통에 대한 대응에서도 확인된다.

2) 터키 중앙의 고원지대 카파도키아

터키 중부 아나톨리아 고원에 자리 잡은 카파도키아(Kapadokya, 옛 지명 Cappadocia)에는 하늘로 곧게 솟은 촛대 모양의 바위들이 많다. 이 바위들은 약 300만 년 전 해발 3,916m의 에르지예스(Erciyes) 화산이 폭발해 수백㎞에 마그마가 덮인 뒤 오랜 기간 바람·빗물·지하수 등의 작용으로 용암의 약한 부분은 깎여 나가고 단단한 부분은 차별 침식이 되면서 생긴 모습으로, 기반암은 응회암이다.

커다란 암석들의 중간에는 구멍이 뚫려 있는데, 처음에는 이 지역 사람들이 전쟁의 피해를 적게 받으며 수비를 하기 위해 구멍을 파서 살기 시작한 것이었다. 8세기 전후에는 이슬람교의 세력이 확대되면서 기독교인들의 피난처로 이용되어, 석굴의 내부에는 성당이나 수도원 등의 종교적 집회 장소들이 많이 존재했다(〈그림 5-19〉, 〈그림 5-20〉).

〈그림 5-19〉 터키 중부 아나톨리아 고원의 카파도키아

〈그림 5-20〉 데린쿠유(Derinkuyu, 깊은 웅덩이)의 초기 기독교 박해시대의 지하도시 단면도

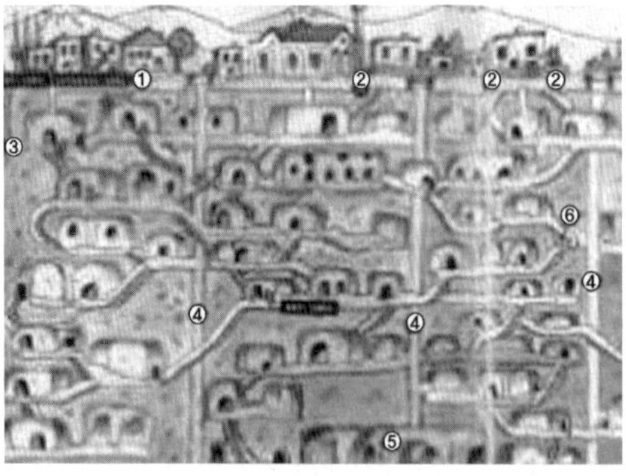

* ① 입구, ② 막힌 입구, ③ 수로, ④ 통풍구, ⑤ 교회, ⑥ 돌문

3) 독립 국가를 기원하는 쿠르드 족

쿠르드 족은 약 4,000년 이상 고유의 문화와 언어를 지켜오면서도 국가를 갖지 못한 세계 최대의 소수민족이다. 지금의 이라크 땅에 존재했던 고대 메소포타미아 제국 초기의 기록을 보면 '쿠르드'와 비슷한 이름을 가진 산악부족들이 자주 언급된다. 따라서 역사가들은 쿠르드 족이 적어도 4,000년 동안 존재해온 것으로 추정하고 있다. 쿠르드 족은 7세기에 이슬람교로 개종했으며 대부분 수니파 교도들이다. 이들의 용맹성은 널리 알려져, 많은 군대에서 용병으로 활약했다. 유목민인 쿠르드 족은 단합이 어려웠고 부족 간에도 반목이 심했다.

16세기 이후 오스만튀르크제국의 지배를 받던 쿠르드 족은 제1차 세계대전의 패전국인 오스만제국의 분할을 위해 1920년에 맺어진 세브르 조약에서 독립국가 건국의 승인을 받았다. 그러나 이 조약은 터키의 반발로 국제적으로 비준을 받지 못했고, 이를 대체한 1923년의 로잔 조약에는 쿠르드 국가에 대한 언급이 일절 없었다. 제1차 세계대전 이후 윌슨(T.W. Wilson)의 민족자결주의에 고무되어 건국의 기회를 얻었으나 영국의 석유공급원 확보라는 이기주의로 물거품이 되고 말았다. 제2차 세계대전 이후 혼란을 틈타 1946년 1월 1일 역사상 처음으로 마하마드공화국(Republic of Mahabad, 공식명칭은 Republic of Kurdistan)을 세웠으나 구소련의 배신으로 1년 만에 이란군에게 패했다. 미국은 이라크를 견제하기 위해 쿠르드 반군을 지원하다가 중단하는 등 국제정세에 유리한 쪽으로 이들을 이용해 왔다. 이란과 이라크 전쟁 등 서남아시아에 전운(戰雲)이 감돌 때마다 쿠르드 족은 희생을 당했다.

1923년 근대 터키공화국의 초대 대통령인 케말 파샤는 쿠르드 언어와 문화 말살 정책을 펴면서 쿠르드 족을 박해했다. 이때부터 터키 쿠르드 족의 저항투쟁이 시작됐다. 그러나 구심점이 없어 지지부진하던 쿠르드 독립운동은 압둘라 오잘란(Abdullah Öcalan)이 등장하면서 무장 유혈투쟁의 길을 걷게 되었다.

터키 내에서 그리스계와 아르메니아계, 유대 인 등은 정식으로 소수민족의 대접을 받고 있지만 쿠르드 족은 공인을 받지 못하고 있다. 공인받은 소수민족은 자신들의 고유 언어를 가르칠 권리를 갖는다. 터키 군사정권은 쿠르드 어의 비공식 사용마저 금지했다가 1991년 해제했다. 그러나 방송, 교육, 정치 등에서 쿠르

〈그림 5-21〉 쿠르드 족의 이동

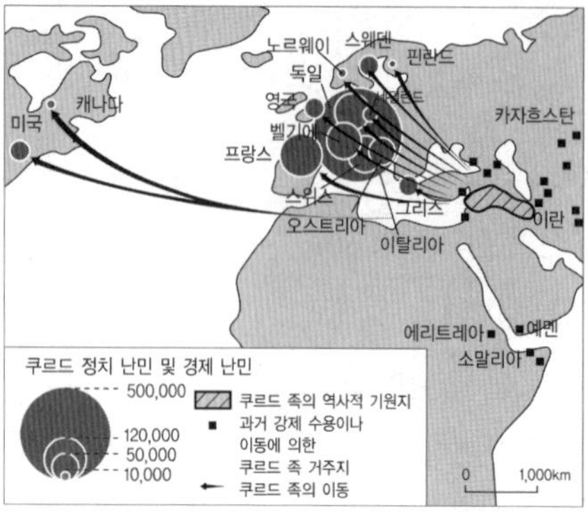

자료: 르몽드세계사(2009).

드 어를 공식적으로 사용하는 것은 여전히 불법이다.

쿠르드 족은 내분과 외압에 밀려 터키 동부와 이란 북서부, 이라크 북부, 시리아 북부 및 아르메니아 남부에 걸친 산악지역에 약 2,000만 명이 거주하고 있다. 이 곳을 쿠르드 족은 '쿠르디스탄(Kurdistan, 쿠르드 족의 땅이란 뜻)'이라 부른다. 그밖에 독일에 약 50만 명, 영국에 약 5만 명 등 서부 유럽국가에도 쿠르드 난민들이 거주하고 있으나, 사회의 하층민으로 근근이 살아가고 있다. 해외조직으로는 독일에 '쿠르드 정보센터'가 있고, 브뤼셀에 쿠르드 해방전선(Eniya Rizgariya Netewa Kurdistan: ERNK) 본부가 있다(〈그림 5-21〉, 〈그림 5-22〉).

〈그림 5-22〉 쿠르드 족의 분포

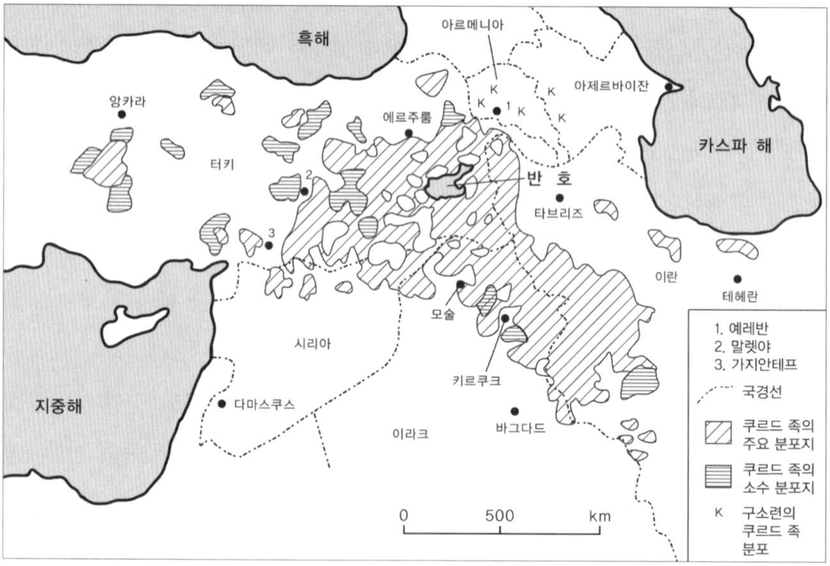

자료: Cole(1996: 321).

터키, 시리아, 이라크의 물 분쟁

유프라테스 강과 티그리스 강[4]의 물 자원을 둘러싸고 터키, 시리아, 이라크 3개국 간에 갈등이 일어나고 있다. 유프라테스 강과 티그리스 강은 사막지역을 흐르는 외래하천으로 발원지가 모두 터키이다. 터키 북동부 아나톨리아 산악지대에 건설된 케반·카라카야·아타튀르크 댐은 댐이 만들어지면서 생긴 호수를 '유프라테스 해'라고 부를 정도로 규모가 매우 크다. 이들 댐에 저수를 하면 유프라테스 강과 티그리스 강의 하류지역 주민들은 물 기근을 겪게 된다. 이 밖에 요르단 강 상류인 야르무크(Yarmouk) 강을 둘러싸고 이스라엘, 시리아, 요르단 간에 물 전쟁이 일어날 가능성도 있다(<그림 5-23>).

〈그림 5-23〉 터키 아나톨리아 고원의 댐 분포

하란의 흙집 마을

하란(Harran)은 5,000년 동안 아나톨리아와 메소포타미아 사이를 연결하는 무역의 통로 역할을 맡았던 마을로, 본래 이름은 아람나하라임(Aramnaharaim)[5]이다. 주민은 초원에서 양을 치는 반유목민의 후손이다. 이 마을에는 흙벽돌을 4~5m 쌓아 올린 원추형의 긴 지붕들이 연결되어 만들어진 흙집이 있다. 하란 마을 사람들은 원추형의 지붕 끝에 구멍을 만들어서 그곳을 통해 들어오는 빛으로 실내를 밝게 한다. 지붕을 원추형으로 높고 길게 세운 것은 아마도 이 지역의 무더운 날씨 때문인 것 같다. 실내의 더운 열기는 높고 긴 천장을 통해 빠져 나가기 때문에 한여름 45℃를 오르내리는 기온에도 실내가 시원하고, 겨울에는 따뜻한 편이다. 집의 구조는 매우 단순한데 원뿔 같기도 하고 벌집 같기도 한 이 흙집의 각 채는 모두 연결되어 있으며, 한 채씩 각각 부엌·거실·응접실·창고 등으로 사용한다(<그림 5-24>).

〈그림 5-24〉 터키 하란의 옛 신전 앞의 원추형 지붕의 흙집 마을

4) 이들 두 하천은 외래하천으로 습윤지역에서 발원해 건조지역을 관류하고 있다.
5) 티그리스와 유프라테스의 두 강 사이에 있는 '아랍 사람들의 땅'이란 뜻이다.

터키의 식생활과 기호

에크멕(ekmek): 바게트와 같은 모양이나 크기는 좀 작고, 겉은 딱딱하고 속은 부드러운 빵을 말한다. 터키 사람들은 모든 음식을 먹을 때 이 빵을 곁들여 먹는다.
케밥(kebab): 터키 어로 케밥이란 꼬챙이에 끼워 불에 구운 고기라는 뜻이며, 본래 아랍 음식이었다. 쇠고기·양고기·닭고기 등(돼지고기는 제외)을 쇠막대기에 끼워 세우고 바비큐 모양으로 불에 익힌 후, 익힌 부분을 잘라서 먹는다. 고기를 쇠막대기에 끼울 때는 양고기와 다른 육류를 섞바꾸어 끼운다.
아이란(ayran): 요구르트에 물을 타고 소금을 넣어 거품을 일어나게 하여 마시는 음료로, 더위를 이기기 위해 마신다.
물담배: 터키는 물담배가 유명한데 물담배를 피우는 집은 도둑이 들지 않는다고 한다. 그 이유는 첫째, 물담배는 막대기를 쥐고 피우기 때문에 범접을 못하고, 둘째, 이 담배를 피우면 기침을 하기 때문에 잠자지 않고 있다는 것을 도둑이 알기 때문이고, 셋째, 물담배를 피우면 일찍 죽기 때문에 젊은이들만 살고 있다고 생각하기 때문이다.

2. 숨겨진 보배 시리아

시리아는 아시아, 유럽, 아프리카 세 대륙이 만나는 지역으로 일찍부터 국제교역의 중심지가 되었다. 중국에서 시작되는 약 6,500㎞나 되는 비단길(silk road)이 끝나는 종착지이고, 또한 아라비아 반도 남부지역에서 시작되는 향료길(Incense Road)이 끝나는 곳이다. 중국과 아라비아 반도에서 수송된 물자들은 다시 안타키아(Antakya)[6]로 옮겨져 지중해를 통해 유럽과 아프리카, 터키 등으로 분산됐다.

시리아는 '숨겨진 보배'라고 부르듯이 베일 속에 감추어진 나라이다. 수도 다마스쿠스의 동쪽으로는 끝없이 광대한 시리아 '동부 사막'이 펼쳐지지만, 서쪽으로는 레바논의 높은 산들이 병풍처럼 둘러싸여 있어 사막을 건넌 대상들이 환호한 천혜의 땅이다. 오늘날의 다마스쿠스는 두 부분으로 나누어져 있다. 하나는 고대로부터 내려오는 역사적인 구도시이고, 또 하나는 19~20세기에 확장된 신도시이다. 이 가운데 구도시는 고도(古都) 중의 최고도로 타원형의 성벽으로 둘러싸여 있다. 구도시에 있는 길이 1,300m, 너비 15m의 대로는 로마시대에 건설된 것으로, 원래는 직선 도로이고 도로 양편에는 석주가 늘어서 있었다. 그러나 오늘날에

6) 제1차 세계대전 후 프랑스가 시리아를 위임통치할 때 프랑스는 안타키아를 터키에 할양(割讓)했다. 그러나 시리아는 오늘날까지 이를 인정하지 않아 시리아에서 발행되는 지도에는 시리아의 영토로 되어 있다.

〈그림 5-25〉 레바논의 종교분포

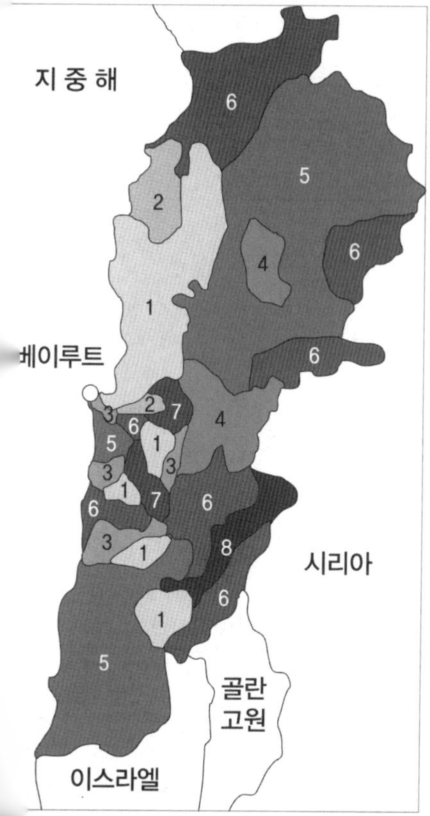

독교 마론파 2. 그리스 정교 3. 그리스 가톨릭 4. 마
와 가톨릭 혼재 5. 이슬람 시아파 6. 이슬람 수니파
슬람 드루즈파 8. 드루즈파와 그리스 정교 혼재

는 과거의 모습을 찾을 수 없고 길도 좁아졌다. 직선 도로의 서쪽 절반은 천장이 있는 전형적인 아랍 인 시장 '수크(suq)'가 되어버렸다.

3. 종교의 박물관 레바논

레바논의 종교는 이슬람교가 59.7%로 가장 많고, 그다음으로 기독교가 약 39%, 기타가 약 13%를 차지한다. 이슬람교는 다시 시아파, 수니파, 드루즈(Druze)파, 이스마일(Ismailism)파, 누사이리(Nusayri)파 등으로 나뉘며, 기독교도 마론파(Maronites) 가톨릭, 그리스 정교, 멜카이트(Melkite) 가톨릭, 아르메니아 정교 등으로 나뉘어 17개 종파가 복잡하게 얽혀 있다. 1975~1990년 사이에 일어난 내전은 이와 같은 종교의 다양함에서 비롯된 것이다(〈그림 5-25〉).

레바논은 지형적으로 레바논 산맥[루브난(Lubnan) 산맥]과 안티레바논 산맥으로 구성되어 있는데, 이들 사이에 북동에서 남서 방향으로 뻗어 있는 고원이 베카(Bekaa) 계곡[7]이다. 면적 4,429㎢의 이 지역은 리타니(Litani) 강과 오론테스(Orontes) 강이 흐르고 있어 비옥하기 때문에 기독교나 이슬람교 세력이 들어와 이단적 분파를 하기에 적합했다. 즉, 북서 해안 저지대, 중앙의 레바논 산맥, 그 동쪽의 베카 계곡과 동부 국경을 따라 안티레바논 산맥 등은 이 지역에서 삶을 꾸려왔던 여러 이질적 공동체들의 고유성을 유지하는 데 큰 도움이 되었다. 그러나 1971년에 팔레스타인 해방기구(Palestine Liberation Organization: PLO) 게릴라와 난민들이 이 지역에 들어오면서 기독교와 이슬람교 사이에 합의됐던 '견제와

7) 해발고도 1,000m 내외로 남북 길이는 120㎞, 동서 길이는 8~15㎞의 비옥한 평야지대이다.

균형'이 깨지고 갈등이 표면화되기 시작했다.

장기간의 내전으로 야기된 적대감정은 민족적·종교적 다양성과 부분적으로 프랑스 식민통치의 영향이었으나, 팔레스타인에 대한 아랍 여러 나라와 이스라엘 간의 갈등이 가장 중요한 원인이었다. 1991년 이슬람교의 시아파와 수니파, 기독교의 마론파 등 주요 분쟁 당사자 간에 극적인 평화협정이 체결되고, 팔레스타인 해방기구와 이스라엘 간에 대타협이 이루어짐으로써 16년간의 레바논 내전은 외견상 끝이 났다.

4. 아랍 족 사이의 유대 인 국가

1) 국토를 회복한 이스라엘

'이스라엘'이란 아브라함(Abraham)의 손자인 야곱(Jacob)의 별명이다. 그 의미는 '하느님과 겨뤘다'이다. 유엔이 영국의 통치 아래 있던 팔레스타인을 유대와 아랍의 두 국가로 분리 독립시키기로 함에 따라, 1948년 5월 14일(유대력) 이스라엘 건국의 아버지 벤구리온(D. Ben-Gurion)이 독립을 선언했다. '유대 인들이 자신의 집에서 평화로운 죽음을 맞을 수 있도록 보통 국가를 세우자'라는 시오니즘의 기치 아래 모여든 유대 인들은 사막을 녹지로 바꾸고, 사어(死語)인 히브리어를 부활시키고, 유대교(Judaism)를 믿었다.

유대민족은 135년 로마제국에 대규모 반란을 일으켰다 실패한 후 가혹한 보복을 받고 사방으로 흩어져 디아스포라(diaspora)[8]가 되었다. 팔레스타인은 7세기에는 사라센제국의 지배를 받았고, 12세기에는 십자군이 이 지역에 예루살렘왕국을 건설하기도 했으나 15세기부터는 오스만제국이 이 지역을 지배했다. 이렇게 영토를 잃은 유대 인들은 가는 곳마다 경제·문화적으로 빼어난 성취를 이루었지만, 민족종교를 중심으로 강한 정체성을 유지하는 바람에 그 지역의 다른 민족들과 융합하지 못했다. 그로 인해 중세 말에는 유럽 전역에서 유대 인의 추방과 함께 유대 인 거주지역을 지정한 게토(ghetto) 정책이 실시됐다. 게토는 사방이 벽으로 둘러싸여 있고, 외출할 경우 의무적으로 특별한 표식을 해야 했다.

8) 디아스포라는 '이산(離散) 유대 인', '이산의 땅'이라는 의미로도 사용된다.

〈그림 5-26〉 중세시대 유대 인의 추방 후 정착과정

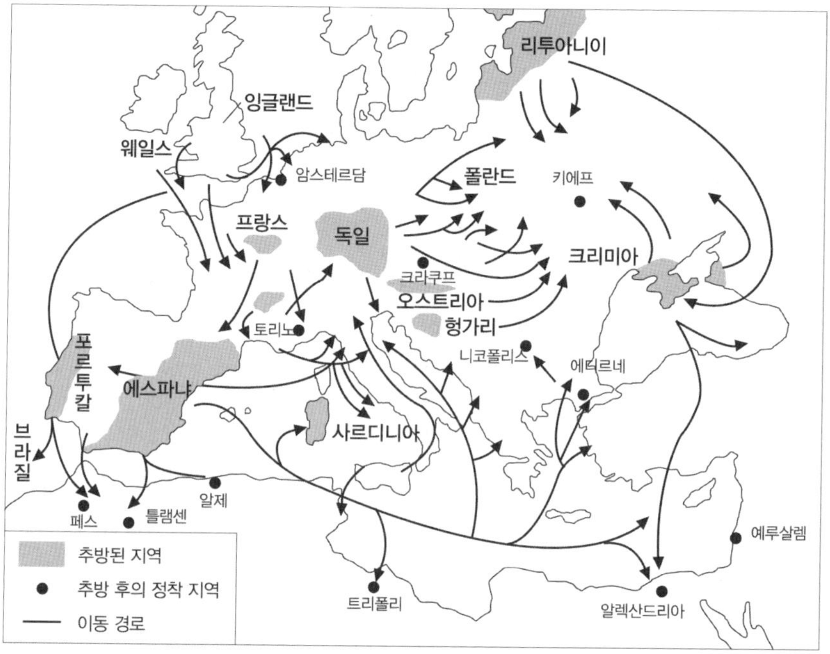

자료: 이정록·구동회(2006: 68).

이런 게토가 유럽 전역으로 급속히 확산되면서 많은 유대 인들은 동부 유럽과 러시아 등지로 재이동을 했다. 그러나 폴란드는 비교적 유대 인들에게 관대해 많은 유대 인들이 바르샤바(Warszawa)를 비롯한 여러 도시에 이주하여 유대문화를 유지했다(〈그림 5-26〉). 이렇게 동부 유럽으로 이주한 유대 인을 아슈케나짐(Ashkenazim)[9]이라 한다. 18세기 프랑스 혁명 이후 서부 유럽에서 유대 인에 대한 차별제도가 폐지됐으나 19세기 후반에 인종론적 반유대주의가 대두했고, 19세기 말의 공황기에 프랑스와 독일의 일부 중산층이 사회적 모순을 유대 인의 탓으로 돌리면서 집단적 차별이 다시 등장했다. 동부 유럽의 집단학살(pogrom)을 피해 많은 유대 인들이 독일로 이주하면서 이러한 경향은 심화됐으며, 1894년 프랑스에서 발생한 드레퓌스 사건(Dreyfus Affair)[10]은 반유대주의의 대표적인 사례이다. 이와 같이 유대 인들은 여러 차례 박해의 대상이 되었고, 결국은 잃어버린 옛 땅에 유대 인 국가를 세우자는 시오니즘(Zionism) 운동[11]이 19세기 말부터 시작됐다.

9) 유대 인은 라인 강의 동쪽인 독일, 베네룩스 3국, 발트 3국, 러시아 등에 거주한 아슈케나짐, 이베리아 반도에 주로 거주한 세파라딤(Sefaradim), 에티오피아 계의 팔라샤(Falasha)로 구분한다. 아슈케나짐은 미국, 유럽, 이스라엘, 남아프리카공화국에 약 1,200만 명이 거주하여 세계 유대 인의 약 70%를 차지한다. 세파라딤은 이스라엘, 서남아시아를 포함한 아시아, 아프리카에 약 45만 명이, 팔라샤는 이스라엘, 에티오피아, 예멘 등에 약 2만 명이 거주하고 있다.

10) 1894년 10월 프랑스 참모본부에 근무하던 포병대위 드레퓌스(A. Dreyfus)가 독일대사관에 군사정보를 팔았다는 혐의로 체포되어 비공개 군법회의에 의해 종신유형의 판결을 받았다. 파리의 독일대사관에서 몰래 빼내온 정보 서류의 필적이 드레퓌스의 필적과 비슷하다는 것 이외에는 별다른 증거가 없었으나 그가 유대인이라는 점이 혐의를 짙게 하였던 것이다. 그 후 군부에서는 진범이 드레퓌스가 아닌 다른 사람이라는 확증을 얻었는데도 군 수뇌부는 진상 발표를 거부하고 사건을 은폐하려 했다. 드레퓌스의 결백을 믿어 재심(再審)을 요구해오던 가족도 진상을 탐지하고, 1897년 11월 진범인 헝가리 태생의 에스테라지 소령을 고발했지만, 군부는 형식적인 신문과 재판을 거쳐 그를 무죄로 석방했다.

11) 시온은 유대 인들이 신성시하는 산의 이름으로 '신이 조상 모세에게 정해 준 땅'이라는 의미를 갖는다. 시오니즘은 유대 인을 독자민족으로 간주하고 유대 인의 국민국가를 건설함으로써 유대민족의 활로를 찾자는 운동과 사상을 말한다. 이 운동은 1896년 『유대인국가(Der Judenstaat)』를 저술한 유대 인 언론인 헤르츨(T. Herzl)을 중심으로 하여 이루어졌는데, 헤르츨은 시오니즘의 아버지라고 불린다.

1882년 팔레스타인에 최초의 시온주의자 정착촌이 건설됐고, 1918년 서남아시아를 점령한 영국은 밸푸어 선언(Balfour Declaration)을 통해 시오니즘을 지지했다. 그러나 유대 인과 아랍민족의 지지가 동시에 필요했던 영국이 이후 애매한 태도를 보임으로써 유대 인 국가 건설은 차질을 빚기 시작했다.

유대 인들의 시오니즘 운동에 결정적인 불을 댕긴 것은 역설적으로 히틀러의 유대 인 탄압이었다. 아우슈비츠(Auschwitz)를 비롯한 유대 인 집단수용소의 가스실에서 600만 명의 동포를 잃고 난 후에 유대 인은 국가 건설만이 이 수난의 종지부를 찍을 수 있는 유일한 방법이라는 것을 깨달았다.

제2차 세계대전이 끝나자 전 세계로부터 유대 인들이 팔레스타인으로 몰려들었다. 당시 최대 강대국으로 떠오르던 미국의 트루먼(H. Truman) 대통령의 친(親)시오니즘에 힘입어, 1947년 11월 유엔총회에서 팔레스타인을 아랍국가와 유대국가의 두 부분으로 분할하는 결의안을 통과시켰다. 그러자 아랍민족과 이스라엘 간의 전쟁이 시작됐고, 유대 인 테러단체의 폭력을 피해 원주민의 70%인 약 72만 명이 살고 있던 팔레스타인을 떠났다.

독립 당시 이스라엘의 인구는 약 87만 명(이 가운데 비유대 인이 15만 6,000명)으로 농업에 취업한 인구가 경제활동 인구의 약 33%(1950년)를 차지했으나, 1998년에는 590만 명의 인구에 비유대 인이 120만 명이고, 농업에 종사하는 인구는 취업자 수의 3% 미만이었다.

2) 농촌 거주유형

이스라엘에 살고 있는 유대 인들의 농촌 거주유형은 크게 모샤바(Moshava), 모샤브(Moshav), 키부츠(Kibbutz)의 세 가지로 나누어진다. 모샤바는 개인이 토지나 건물 등을 모두 소유할 수 있는 일반적인 유럽형의 농촌마을이다. 여기에 거주하는 사람들은 자력으로 토지를 매입할 수 있으며, 농업 이외에도 제조업이나 상업에 종사할 수 있다. 처음에는 농업에만 종사하는 사람들이 모여 살던 모샤바는 복합적인 산업경제 체제를 형성함에 따라 노동자도 이입되고 단순한 농촌에서 도시로 변모한 거주유형이다. 다른 도시들과 다른 점은 농업도 그들 경제 체제 내의 일부분으로 간주한다는 점이다.

〈표 5-8〉 농촌 거주유형의 비교

구분	토지, 가옥 등의 사유재산	농장경영과 농산물의 판매	생활필수품 구입	유형
모샤바	인정	자유	자유	유럽형 농촌
모샤브	인정	협동, 공동	자유	소농(小農)의 거주유형
키부츠	불인정	공동	공동구입	집단거주

자료: 李惠恩(1990: 1~2).

모샤브는 소농(小農)들의 거주유형으로 이곳에 거주하는 사람들은 사유재산으로 토지와 주택을 소유하며, 농장의 경영 및 토지 이용도 자율적이다. 그러나 자신들의 토지는 반드시 자손들 중 어느 한 사람에게만 상속할 수 있으며, 농장경영에 필요한 노동력은 다른 사람의 도움이 없이 가족노동으로만 이루어져야 한다. 모샤브에 거주자는 공동체라는 의식을 갖고 서로 협동하는 것을 원칙으로 하며, 농산물의 판매나 농업경영에 필요한 재료의 구입은 반드시 공동으로 하는 것이 특징이다.

키부츠(히브리 어로 집단이란 뜻이었으나 최근에는 집단거주의 뜻)는 그곳에 거주하는 사람들의 사유재산이 전혀 인정되지 않는다는 점에서 모샤바, 모샤브와는 상당한 차이가 있다. 키부츠는 '각자의 능력에 따라서 각자로부터, 각자의 필요에 따라서 각자에게'라는 기본이념 아래에서 이루어진 공동 생활체로서 키부츠에 소속한 사람들의 공동소유이며, 노동 또한 거주자 모두가 공동으로 분담해 이루어진 사회·경제구조를 형성한다. 이 공동생활체의 일원이 되기를 원하는 사람은 일정의 유예기간을 거친 후 대의원 회의 결정에 의하며, 키부츠에서 태어난 사람이라 하더라도 성년이 된 이후에는 자의에 의해 회원이 될지 아닐지를 결정할 수 있다(대체로 50~60%가 회원이 됨)(〈표 5-8〉).

(1) 키부츠의 형성과 발달

1909년 갈릴리 호(Sea of Galilee)에서 남쪽으로 약 1.6km 떨어진 움 주니(Um Jouni)라는 지역에 소련에서 이주해 온 젊은 유대 인들이 소련의 협동농장을 모방하여 만든 소규모 집단거주(Kvutza)가 키부츠(최초의 키부츠는 Degania)의 시작이었다. 이들은 사회주의와 시오니즘의 정신을 기본이념으로 한 새로운 생활을 자신들

〈그림 5-27〉 키부츠의 분포(1988년)

자료: 李惠恩(1990: 2)

의 고향에서 영위하기 위해 집단거주지를 형성했고, 처음에는 12~15명 정도의 젊은 남녀들로 구성됐다.

처음에는 열악한 환경, 육체노동의 무경험, 농업에 대한 지식의 부족, 황량한 토지자원 등의 나쁜 조건으로 많은 어려움을 극복해야만 했다. 그러나 제1차 세계대전이 끝난 후 동부 유럽 국가들에서 이주해 오기 시작한 유대 인들에 의해 키부츠의 수는 지속적으로 증가했다. 1930년대에는 독일계 유대 인들이 이주해 왔고, 그 후에는 영어권의 유대 인을 비롯해 세계 각지에 흩어져 있던 유대 인들이 모여들어 자신들의 땅에서 살려는 노력의 일환으로 키부츠를 형성했다.

키부츠는 이스라엘 국가 성립에 실제로 많은 공헌을 했다. 〈표 5-9〉에서와 같이 1930년대까지는 적은 수의 키부츠가 형성됐으나, 1936년 이후 이스라엘이 성립되었던 1948년 직전까지는 145개로 그 수가 증가했다. 이러한 추세는 국가 성립 후 10여 년간 계속됐으나 1956년 이후는 안정을 보였으며, 1988년에는 274개의 키부츠가 이스라엘의 북서부에 주로 분포하고 있다(〈그림 5-27〉).

키부츠에 거주하는 인구는 키부츠의 수가 급증했던 1948년경에 가장 많아 이스라엘 인구의 약 48%인 6만 5,000명이었다. 그 후 세계 여러 지역으로부터 독립된 이스라엘로 인구가 유입됨에 따라 인구증가는 이룩됐으나 키부츠의 거주인구는 현재 전체 인구의 3% 정도다.

(2) 키부츠의 경제

키부츠의 기본적인 경제활동은 농업이다. 경작지에서 생산되는 농산물이 가장 중요한 생산물이며, 그 외에 가축 사육이나 낙농품의 생산도 행하고 있다. 그리고 키부츠에 따라 여러 가지 공산품도 생산하며 서비스산업에 종사하기도 한다. 키부츠의 수입은 농산물 판매 수입이 약 50%, 공산품 판매 및 관광산업 등에서 나머지 약 50%를 얻고 있다. 키부츠에서 경제활동을 하는 사람들의 산업구성비는 서비스 분야 35.2%, 농업과 어업 25.5%, 광업과 제조업이 22.7%이다.

키부츠 내에서 돈은 전혀 사용되지 않으며, 임금도 없다. 작업한 결과에 따라 신용을 적립하고 쌓인 신용에 따라 각자에게 필요한 의복, 가구 등을 신청하면 키부츠에서 일괄해서 구입해준다. 또한 가구당 연간 1,000달러 정도의 용돈을 받을 수 있는데, 이 돈은 각자가 모아놓았다가 각자가 필요할 경우 지출할 수 있다. 과거에는 키부츠에 들어올 때는 모든 재산을 키부츠에 헌납하는 등 사유재산을 인정하지 않았으나, 최근에는 본인이 원하면 부모로부터 상속받은 것 등을 본인이 소유할 수 있도록 사유재산을 일부 인정하고 있다.

〈표 5-9〉 키부츠의 변화

연도	키부츠 수
1909	1*
1936	47
1947	145
1956	227
1966	232
1976	245
1986	269
1988	274

* 최초의 키부츠 데게니아(Degania).
자료: 李惠恩(1990: 2).

(3) 키부츠의 당면과제와 미래

오늘날의 키부츠는 3세대의 창조물로서 개척사회의 면모를 탈피하고 국가의 발달에 공헌한 사회경제적인 공동체로서 인정을 받고 있다. 이는 키부츠에 거주하고 있는 인구가 이스라엘 전체 인구의 약 3%에 불과하지만 키부츠에서 생산된 농산물은 이스라엘 전체 농산물의 40%를 차지하며 공산물도 7%나 차지하는 점에서도 증명된다. 그러나 키부츠가 성립된 후 80여 년이 지나면서 키부츠의 구성원과 주변 환경 조건도 바뀜에 따라 키부츠가 당면한 몇 가지 문제점이 있다.

첫째, 구성원들의 의식변화이다. 키부츠를 창설한 1세대들은 뚜렷한 이념과 믿음을 가지고 키부츠를 유일한 생활유형으로 발전시켰으며, 2세대들은 부모의 강한 이념 아래에서 키부츠의 경제·사회·행정적인 기초를 다지기 위해 노력해온 세대이다. 그러나 3세대들은 안정되고 번영한 키부츠에서 성장해 1·2세대만큼 강력한 이념적 배경이 적다. 그 대신 3세대들은 급변하는 현대생활에 도전하기 위해 키부츠 성립의 기본이념을 일부 수정하면서 키부츠 내에서의 변화를 모색하는 데 앞장서기도 하며, 그들 나름대로의 문제점 파악과 해결을 위해 노력하고 있다.

둘째, 인구증가의 문제이다. 키부츠 내에서는 가족계획이라는 단어가 존재하지 않으며, 보통 한 가구당 4명의 자녀를 두고 있다. 이들 자녀는 태어남과 동시에 부모와 떨어져 살고 있으므로 부모의 입장에서는 자녀 수가 문제되지 않겠지만,

〈표 5-10〉 키부츠 거주자의 연령층 구조

연령층	인구수	%
0 ~ 14	38,100	30.0
15 ~ 24	24,100	19.1
25 ~ 44	36,300	28.8
45 ~ 64	15,800	12.6
65세 이상	11,600	9.2
계	125,900	100.0

자료: 李惠恩(1990: 4).

키부츠라는 제한된 공간에서의 인구증가는 폭발적이라고 볼 수 있다. 특히 〈표 5-10〉에서와 같이 키부츠 거주자의 연령별 구조를 보면 키부츠 내의 인구폭발은 당연해 보인다. 이스라엘에서는 결혼연령층이 25세 전후로 출산이 늦어 40대 후반까지 출산하는 경우가 많은 것을 볼 때, 가임연령(25~44세)이 28.8%를 차지한다는 점과 14세 이하의 유·소년층이 많다는 점에서 인구증가를 예측할 수 있는 것이다.

셋째, 공간의 제한성이다. 인구증가는 키부츠 내에 새로운 시설을 보충하는 문제로 파급되며 예산의 확대 등 경제적인 문제까지 발생시킨다. 키부츠의 외형이 무한정 확장될 수 없는 현실에 비추어볼 때 제한된 공간은 새로운 키부츠의 회원을 받아들일 수 없으며, 제한된 시설에서는 거의 동일한 요구를 충족시켜주지 못한다는 문제도 등장한다.

이러한 문제들은 급변하는 현대사회에 얼마나 적응하고 협조해 나가느냐에 따라 해결될 수도 있으며, 키부츠의 장래도 이에 달려 있다. 또한 아직도 50% 정도의 키부츠 출신 젊은이들(Kibbutz Kids)이 키부츠로 되돌아오고 있는 것으로 보아 키부츠의 미래는 밝다고 할 수 있다.

1980년대 후반 사회주의가 퇴조하고 이스라엘이 경제난을 겪으면서 키부츠는 사양길에 접어들었다. 2000년까지 절반 이상이 파산했고, 젊은이들은 줄지어 빠져나가 남은 노인들에게는 수십 년간의 고된 노동에도 불구하고 수중에 집 한 채 남지 않았으며 연금혜택도 없었다. 이러한 문제를 해결하기 위해 민영화를 하고, 주요 자산은 여전히 공동소유이지만 공동체 운영을 전문경영인에게 맡겼다. 많은 키부츠들은 주택 소유권도 개인에게 넘겼다. 모든 수익을 똑같이 나눈다는 원칙도 바꾸어, 수익 창출의 기여도에 따라 월급을 달리했다. 그 결과 갈릴리의 야수르(Yasur) 키부츠는 최근 4년간(2002~2006년) 주민 수가 50%나 늘었고, 남부 네그바(Negba) 키부츠는 2007년 4월 하루에 80명의 신입 거주자를 받아들였다.

사회주의 구조였던 이스라엘 키부츠는 형성된 지 100년이 된 2009년, 사유화를 인정하고 효율성을 강조하는 자본주의 사회의 모습에 가까워지고 있다. 수익창출구조도 농업에서 관광산업으로 돌아섰다. '노동 의욕을 고취시키지 못하는 노동구조와 경쟁력이 떨어지는 농업 위주의 경제구조로 인해 수많은 키부츠 마을들이 파산 신청을 냈다'며 '경제난에 허덕이던 대부분의 키부츠가 사라졌다'고 했다. 전성기였던 1970년 키부츠 마을은 260여 개에 이르렀으나 현재는 30여 개밖에 남지 않았다. ≪뉴욕타임스≫에 따르면 키부츠는 2007년을 기점으로 공동체에서 사유화를 인정하고 개인의 적성에 맞는 전문직을 인정하는 등 본격적인 변화를 시도하고 있다.

3) 이스라엘과 아랍국가의 분쟁

1947년 11월 29일 유엔총회에서 팔레스타인을 유대국가와 독립 아랍국가로 분할 결정함에 따라 이스라엘과 아랍국가의 분쟁이 본격화됐으며, 이때 양측의 충돌로 1,700여 명이 사망했다. 이스라엘은 1948년 5월 14일 독립을 선언하고 미·소로부터 승인을 획득했는데, 그다음 날 아랍군이 이스라엘을 공격했다. 1949년 7월 7일 제1차 중동전쟁이 발발해 이스라엘이 팔레스타인 영토의 70%를 차지하고, 약 85만 명의 팔레스타인 인을 강제 축출했다.

1956년 10월 29일 제2차 중동전쟁이 일어나 이스라엘이 시나이(Sinai) 반도를 점령했고, 1964년 5월 28일에는 팔레스타인 해방기구가 공식 출범했다. 이스라엘은 1967년 6월 5일 제3차 중동전쟁(6일 전쟁)으로 동예루살렘, 시나이 반도, 가자(Gaza) 지구, 골란(Golan) 고원(1981년 12월 14일 합병), 요르단 강 서안을 점령한 후, 27일에 동예루살렘을 합병해 이스라엘 정착촌을 건립했다. 그 후 1973년 10월 6~25일에 이집트와 시리아가 이스라엘을 기습해 제4차 중동전쟁이 일어났다. 1979년 3월 26일 이스라엘과 이집트 사이에 평화협정이 아랍국가로서는 처음 체결됨에 따라 1982년 이스라엘은 이집트에게 시나이 반도의 대부분을 반환했다. 그 후 많은 평화협정을 위한 회담이 이스라엘과 인접 아랍국가 사이에 이루어졌으며, 이스라엘도 점령한 아랍국가의 영토에서 철수하고 팔레스타인을 자치지구로 인정했다. 1993년 9월 9일 이스라엘과 팔레스타인 간에 상호승인을

〈그림 5-28〉 팔레스타인 지역의 변천

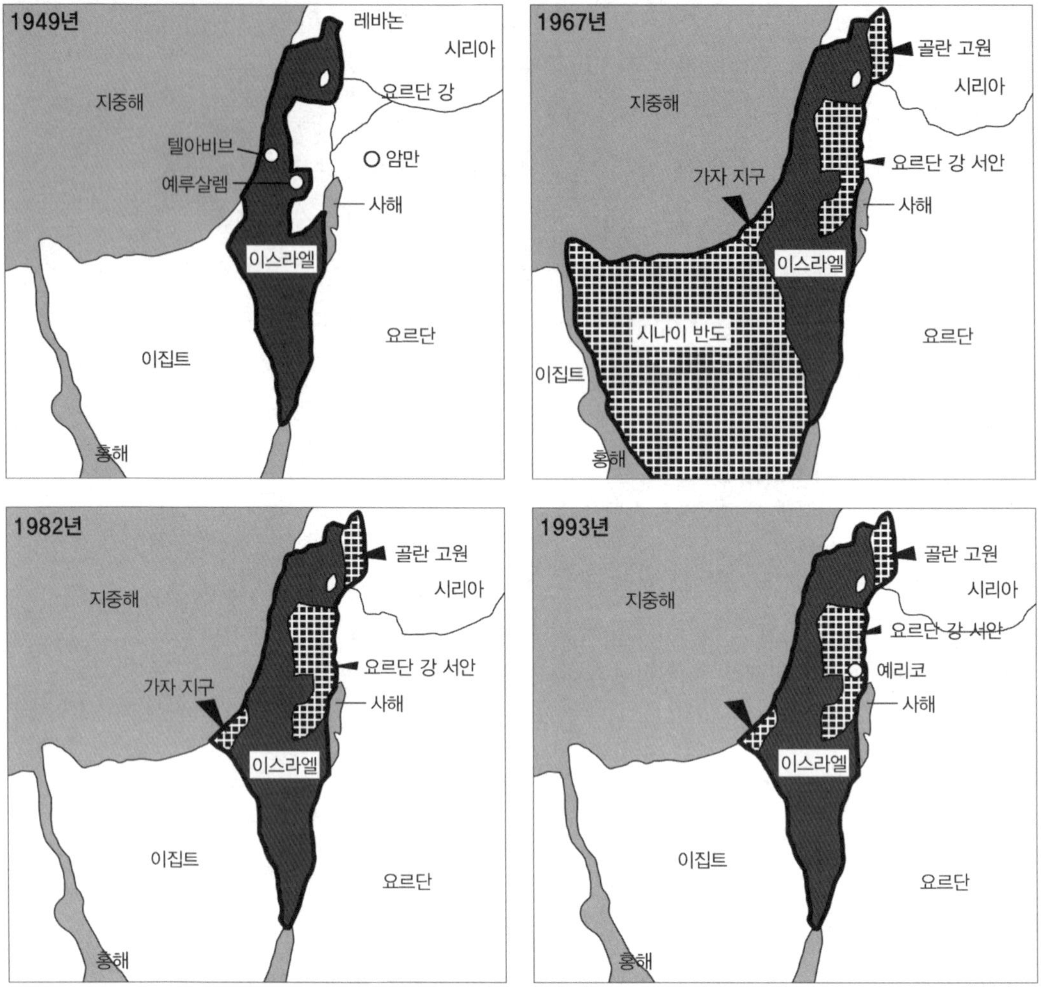

자료: ≪조선일보≫, 1993년.

합의함으로써 분쟁은 끝났으나, 아직도 평화는 정착되지 못하고 있다(〈그림 5-28〉).

팔레스타인은 현재 유엔에서 참관인 조직(observer entity)으로 인정되며, 국가로는 인정을 받지 못하고 있다. 2010년 팔레스타인 인구 약 1,100만 명은 크게 다섯 지역으로 나누어져 분포하고 있어 국민통합이 쉽지 않다. 인구의 분포를 보면, 가장 많이 거주하고 있는 요르단의 270만 명을 포함한 시리아·레바논·

이집트의 약 500만 명, 그다음으로 요르단 강 서안 약 260만 명, 가자 지구 약 160만 명, 이스라엘 내 약 150만 명, 동예루살렘 약 30만 명의 순이다. 요르단 강 서안에는 팔레스타인 해방기구의 본부가 있으며 비교적 안정적인 사회를 이루고 있다. 동예루살렘에 거주하는 팔레스타인 인은 이스라엘 시민도 아니고 팔레스타인 자치지구 소속도 아니다. 이스라엘에 거주하는 약 130만 명은 팔레스타인계 이스라엘 인으로, 이들은 이스라엘 시민으로서의 지위와 권리를 누리고 있다.

4) 유대 인의 생활과 문화

이스라엘에는 아랍 인도 살고 있지만 국민의 대다수가 유대 인으로 구성되어 있다. 유대 인은 민족종교인 유대교를 열심히 믿고 있으며, 유대교의 가르침에 따라 생활을 영위하고 있다. 유대교는 기원이 오래된 종교로 기독교나 이슬람교의 바탕이 된 종교이다. 유대교에서는 신은 우주의 창조주이고 유일신이다. 유대 인은 그 신에 의해 선택된 민족으로 특별한 임무와 책임을 부가시켰다고 믿고 있다.

유대 인은 신과의 계약에 바탕을 두고 계율을 지키는 생활을 하고 있다. 안식일이나 제사일에는 시나고그(synagogue)라고 불리는 유대교회당에서 경건하게 기도를 올린다. 그때 사용되는 언어가 히브리 어(Hebrew language)이고, 이 언어는 이스라엘의 공식어이다. 전통에 따라 세심한 식사 규정도 지키고 있다. 예를 들어 포유류 중에서는 소나 양 등은 먹지만,[12] 소나 양을 식용으로 할 때는 고통을 최소화하는 방법으로 도살하지 않으면 안 된다.

유대 인은 유대 인으로서 귀속의식을 가지는 하나의 집단이지만 사회계층에서는 두 가지 그룹으로 나누어진다. 즉, 건국 이전에 유럽으로부터 이주해 온 사람들과 건국 이후에 서남아시아의 여러 나라로부터 이주해 온 사람들로 나누어진다. 전자는 사회 각 분야의 상층부를 차지하고 있고, 후자는 종속적인 입장에 있는 경우가 많기 때문에 불만이 높아지고 있다. 출신지를 배경으로 양자의 문화적 차이도 크다.

12) 돼지, 오리, 개, 토끼, 게, 가재, 뱀장어, 문어 등은 먹지 않는다.

〈그림 5-29〉 사해의 소금 결정체(1991년)

〈그림 5-30〉 이스라엘과 요르단의 사해 살리기 프로젝트 개요

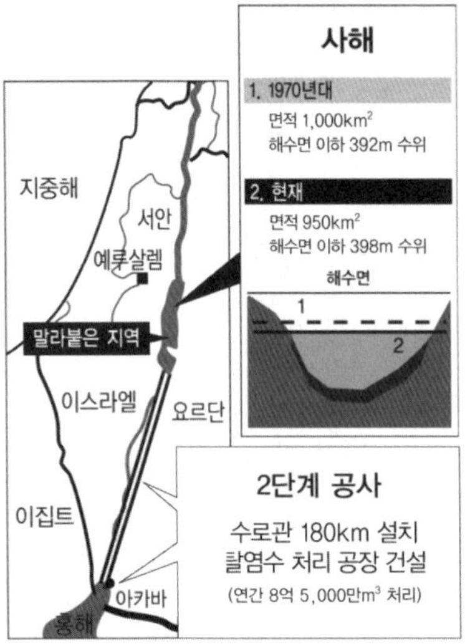

5) 사해와 개발 프로젝트

사해(死海, Dead Sea)는 시나이 반도의 동쪽 아카바(Aqaba) 만에서 요르단 강으로 이어지는 지구대에 분포한 염호(鹽湖)이다. 사해의 남북 길이는 75㎞, 동서의 폭은 가장 긴 곳이 18㎞, 둘레는 200㎞, 면적은 950㎢이며, 해면보다 398m나 아래에 있어 지구에서 지표로부터 가장 낮은 지점에 위치한다.

사해는 염분 농도가 바닷물(4~5% 전후)보다 7~8배가 높은 30% 전후[13]여서 물고기가 살 수 없다. 물속에 칼슘·포타슘(Potassium)·마그네슘·유황 등의 광물질이 많이 함유되어 있어 이스라엘의 주요 수출품이 되고 있다. 사해 지역에는 공기 중의 산소가 다른 지역보다 10% 더 많고, 사해의 물은 피부병·관절염·류머티즘 등에 좋아 병원을 겸한 호텔들이 많이 분포하고 있다. 또한 이곳의 검은 진흙은 고대 이집트의 황후도 사용했을 정도로 피부에 좋다고 해 지금도 화장품으로 널리 판매되고 있다.

사해는 매일 평균 500만 톤의 물을 받아들이지만 나가는 곳이 없어도 물이 넘치지 않는 것은 그만큼의 증발량 때문이다(〈그림 5-29〉).

사해의 물이 많이 증발되는 이유는 건조한 바람이 사해를 지나가기 때문이다. 지중해에서 불어오는 습한 바람이 지중해 연안의 해발 1,000m의 산을 넘어오면서 단열팽창한 건조한 바람이 되고, 이 건조한 바람이 사해를 지나가면서 수증기를 빼앗아감으로써 증발이 심하고 수위가 낮아지게 된다. 이렇게 사해의 수위가 저하되고 염분의 농도가 짙어지는 것을 방지하기 위해 이스라엘과 요르단은 '사해 살리기 프로젝트'를 수립했다. 그것은 두 나라가 공동으로 아카바 만에서 홍해의 물을 끌어들이는 180㎞ 길이의 수로관을 건설하는 것이다(〈그림 5-30〉, 〈그림 5-31〉).

13) 아프리카 지부티(Djibouti)의 락 아살(Lac Assal) 호는 아프리카에서 가장 낮은 지역이고 또 가장 더운 곳이다. 이 호수는 세계 최고 수준의 염도를 나타내는 사해의 33.7%보다 높은 34.8%로, 본래 바다이던 지역이 동아프리카 대지구대에 속하여 지진과 화산 폭발로 호수가 만들어졌으며 그 후 바다로부터 짠물이 계속 유입되고 있기 때문이다.

〈그림 5-31〉 사해가 증발이 심해 염분이 많은 이유

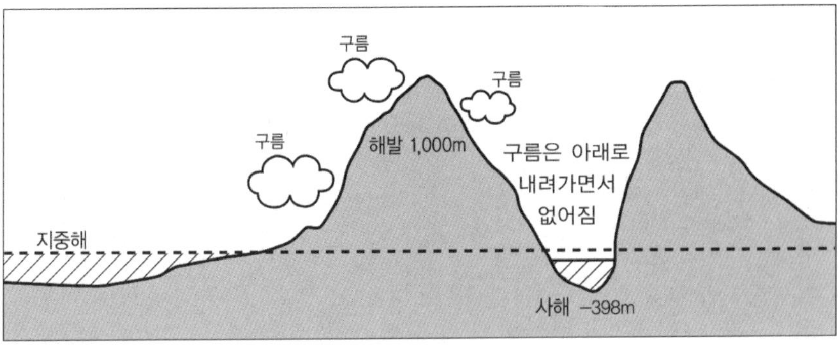

예루살렘

예루살렘은 유대교, 기독교, 이슬람교 세 종교의 성지이다. 기원전 1000년경 팔레스타인에 왕국을 건설한 다윗 왕은 예루살렘을 수도로 정했다. 예루살렘의 옛 시가지에 지금도 남아 있는 '신전의 언덕'의 서쪽 벽은 솔로몬(다윗의 아들) 신전의 유구(遺構)라고 한다. 사방 약 1㎞의 넓이를 가진 옛 시가지는 종교별로 4개의 거주지구로 나뉘어 있는데, 그중 유대교도 지구에 이 벽이 있다. 유대 인은 이 벽을 '통곡의 벽'이라 부르며, 지금도 매일 벽을 향해 성서를 읽고 아득한 유대 인 수난의 역사를 되새긴다.

이슬람교도 지구에서 기독교도 지구로 나 있는 길은 예수 그리스도가 십자가를 등에 지고 걸었다는 '비통의 길'이다. 이 길에 이르면 기독교도 지구의 골고다 언덕에 지금도 성분묘교회(Church of the Holy Sepulchre)가 서 있다. 부활절 즈음 세계에서 모인 순례자들은 작은 십자가를 등에 지고 가시관을 머리에 쓰고 '비통의 길'을 걷는다.

한편 이슬람교도는 이 성지를 쿠드스(Quds, 성스러운 집)라고 부른다. 신전의 언덕은 하람 압사리프(Hrām Apsarif, 고귀의 성전)라고 부르는데, 그중 '바위의 돔(dome)'에서 예언자 무함마드가 어느 날 밤 대천사 가브리엘의 안내로 승천해 알라신과 만났다고 한다. 그 옆에 있는 엘악사 사원(EL Aksa Mosque, 원방의 예배당)은 무함마드가 천마를 타고 내려온 장소라고 한다.

예루살렘은 세 종교의 고귀한 것이 집중된 성지이고, 이것을 이스라엘이 점령·관리하는 것이 분쟁의 씨앗이 되었다(<그림 5-32>).

〈그림 5-32〉 예루살렘과 예루살렘 시가지(2000년)

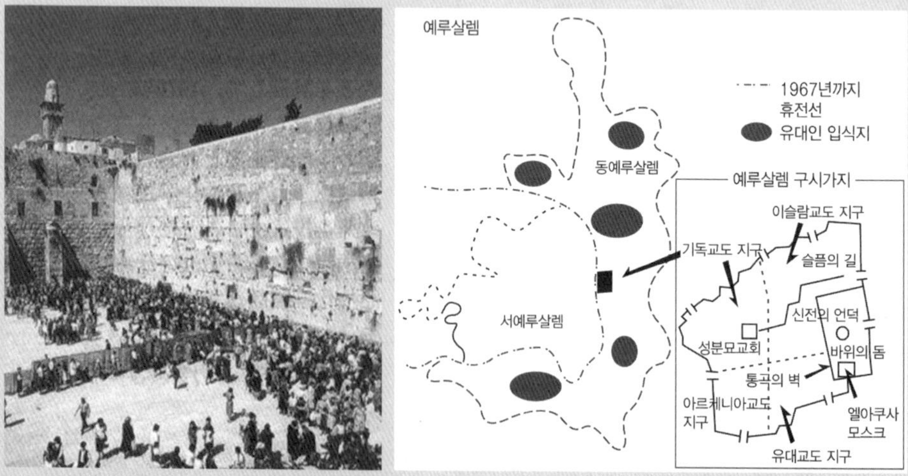

자료: 日本地理資料 B(2000: 274).

5. 서남아시아의 유일한 입헌군주국 요르단

요르단은 1세기부터 6세기까지 기독교 문화권에 속했으나 636년 이후 사라센 제국의 판도에 편입됐다. 11세기의 100년 동안은 십자군의 지배로 다시 기독교 문화권에 있었으나, 그 이후부터 현재까지 이슬람 문화권에 속해 있다.

1916년 이후 영국의 위임통치를 받아왔으며, 1946년 5월 25일 독립해 왕국이 되었고, 1952년 1월 헌법을 제정했다. 1967년 6월 '6일 전쟁' 때 요르단 강 서안 지역과 예루살렘을 이스라엘에게 빼앗겼다. 입헌군주국이기 때문에 정부 형태는 국왕중심제이며, 세습제로 즉위하는 국왕이 국가정책 결정과 집행에서 절대적인 권한을 행사한다. 정당은 1976년 이래 존재하지 못하다가 1992년 8월 정당법이 상하 양원에서 통과되어 합법화되었다.

국토의 서단에 레바논과 안티레바논 두 산맥이 남북으로 달리고 그 사이에 폭 10~20㎞의 대지구대(大地溝帶)가 있으며, 이 지구대가 갈릴리 호,[14] 사해, 아카바 만 등을 거쳐 아프리카에 이어진다. 지구대의 저변은 평탄하지 않아 헤르몬(Hermon) 산(2,814m)에서 발원한 요르단 강이 남쪽으로 흘러 사해에 들어간다. 지구대는 사해 남쪽에서 차츰 높아져 그 10㎞ 남방에서 해수면과 같은 고도가 된다. 지구대 동부의 요르단은 표고 500~1,000m의 완만한 고원 상을 이룬 암석 사막지대이다. 지구대의 서쪽은 지중해성 기후로 하계에는 고온·건조하고 동계에는 저온·다습하며 강수량이 500㎜ 정도이고, 동쪽은 사막기후지역으로 강수량이 200㎜ 미만이다.

주요 산업으로는 농업과 광공업을 들 수 있는데, 요르단 강 지류에 댐이 건설됨으로써 농업용 수자원이 확보되어 농업을 영위하고 있으며, 주산물은 밀과 보리이다. 경제적으로는 요르단 서안지역의 상실로 농지뿐 아니라 관광자원마저 잃었으며, 인근 아랍산유국으로부터의 원조 규모가 줄어들어 경제 불황이 지속되고 있다. 경제 규모가 영세하여 미국, 사우디아라비아 등의 원조에 의존하고 있다. 요르단은 서남아시아 내륙의 교통중심지로서 국제항공노선과 통신망이 발달되었으며, 내륙국이기 때문에 정부에서는 'IT가 요르단의 생존 방법'이라고 하고 있다.

14) 모양이 하프와 비슷하기 때문에 구약성서에서는 '키네렛(Kinneret) 바다'라고도 하고, 신약성서에서는 '게네사렛(Gennesaret) 호수' 또는 '티베리아(Tiberias) 바다'라고도 한다. 52㎞ 둘레에 깊이는 약 50m이며, 대지구대 안에 있기 때문에 호수면이 해발 -212m로 해수면보다 낮다. 성서와 관계가 깊은 호수이며, 호반(湖畔)에는 예수가 공생애(公生涯)를 시작한 가버나움(Capernaum)과 예수의 제자인 시몬, 베드로, 야고보, 요한 등이 태어난 막달라(Magdalena)가 있다. 요르단 강은 호수의 북쪽에서 흘러들어 남쪽으로 나와 사해를 향해 흐른다.

페트라

〈그림 5-33〉 페트라 유적

페트라(Petra)는 이집트, 아라비아, 페니키아(Phoenicia) 등의 교차지점에 위치한 산악도시이다. 선사시대부터 사막의 대상로를 지배해 번영을 누렸던 대상(隊商, caravan) 도시로 나바테아 인(Nabataeans)이 건설했다. 나바테아 인은 기원전 7세기부터 기원전 2세기경까지 시리아와 아라비아 반도 등지에서 활약한 아랍계 유목민이다.

페트라 유적은 붉은 사암으로 이루어진 거대한 바위 틈새의 좁고 깊은 골짜기를 지나 나오는 헬레니즘 양식의 웅대한 건물이다. 건물 정면은 암벽을 파서 만들었고, 암벽을 파서 방도 만들었다. 페트라의 대부분의 건물들은 이와 같이 암벽을 파서 만들어졌으며, 이곳에는 극장과 온수 목욕탕, 상수도 시설이 갖추어져 있어 현대 도시 못지않았다. 실크로드의 길목으로 수많은 대상들이 들르는 상업의 요충지로서 한때 크게 번창했던 이 도시는 대상무역의 쇠퇴와 함께 폐허가 되어 여러 세기 동안 발견되지 않은 채 남아 있었다. 이 도시 유적은 1812년 부르크하르트(J.L. Burckhardt)라는 스위스의 한 젊은 탐험가에 의해 발견됐다. 현대의 수수께끼 유적의 하나로 남아 있는 이곳은 이집트의 피라미드와 더불어 고대 세계 7대 불가사의의 하나로, 1985년 유네스코 세계문화유산으로 지정됐다. 영화 <인디아나 존스: 최후의 성전(Indiana Jones and the Last Crusade)>(1989)의 촬영장소로도 유명하다.

카즈네(Al Khazneh, The Treasury)는 페트라 유적 중 최고로 인상적이고 웅대한 2층 건물이다. 25m 높이의 코린트식 기둥 6개가 정면을 받치고 서 있는 그리스 건축양식의 건물로, 기원전 1세기경 나바테아 왕의 무덤으로 만들어졌다 한다. 카즈네란 베두인의 말로 '보물'을 뜻한다. 건물 꼭대기에 항아리 모양의 단지가 조각되어 있는데, 이곳에 셀 수 없는 보물이 숨겨져 있을 것이라는 전설에서 유래했다. 건물 외관의 넓이는 30m, 높이는 43m에 달하는데 1, 2층 정면에 걸쳐 나바테아 인의 신들이 조각되어 있다. 암벽을 파고 다듬어 만든 건물로 매우 견고하게 지어졌다(<그림 5-33>).

암만

암만은 기원전 10세기 중엽 암몬(Ammon)왕국의 수도였던 랍바(Rabba)로, 알 칼라(Al-Qala) 산꼭대기에 성채도시(城砦都市)15)가 발달한 것이다. 랍바는 기원전 8세기 말 아시리아(Assyria) 제국에게 정복돼 그 후 400년 이상 역사의 무대에서 퇴장했다. 기원전 4세기 초에서 7세기 초까지는 비잔틴 시대의 기독교 전파와 함께 교회가 건립됐고, 기원전 3세기 그리스 시대에는 랍바에서 빌라델비아(Philadelphia)로 이름이 바뀌었다. 기원전 63년에는 로마제국의 통치 아래에서 도시의 전성기를 맞이했다. 로마제국은 이곳이 교통의 요지라는 점에 착안해 6,000명 이상을 수용하는 야외 원형극장16)(<그림 5-34>)과 넓은 광장(forum), 석주(石柱)도로를 건설하는 등 빌라델비아를 로마식 대도시로 건설했다. 630년대에 당시로서는 신흥종교인 이슬람교를 신봉하는 아랍 인들이 이 지역을 정복해 도시의 이름을 암만으로 바꾸었다. 제1차 세계대전 이후 요르단이 건국되면서 암만이 수도로 선정됐다.

〈그림 5-34〉 암만 시 도심에 있는 야외 원형극장 (1997년)

15) 성곽도시(castle town)라고도 하며, 영주가 다스리는 성 아래에 발달한 도시로 성과 도시가 유기적인 관련을 맺고 있는 도시를 말한다. 엄밀히 말하면 성곽도시의 기원은 상업도시이나 오늘날의 도시 기능분류에는 어디에도 속하지 않는다.

16) 오늘날에도 예술 공연장으로 빈번하게 사용되고 있다.

6. 동서로 갈린 키프로스

키프로스공화국은 그리스 신화에서 아프로디테와 아도니스가 태어난 곳이며, 키뉘라스(Kinyras) 왕과 테우크로스(Teukros), 피그말리온(Pygmalion)의 고향이기도 하다. 신석기 시대에 소아시아에서 이곳에 온 일부 사람들은 발전된 철기 가공 기술을 가지고 있었다. 기원전 2400년경 아나톨리아 인들이 키프로스에 오면서 청동기 시대가 시작됐다. 미케네(Mycenae) 그리스 인들은 기원전 1600년경에 키프로스에 처음으로 왔는데, 이 시기의 정착지는 섬 전역에 흩어져 있었다. 다른 그리스 인 집단들이 기원전 1100~1050년경에 온 것으로 보이는데, 이때부터 키프로스는 그리스의 성격을 강하게 띠게 됐다. 그 후 1570년 오스만제국의 피얄레 파샤가 이끄는 6만 명의 대규모 군대가 주민들의 격렬한 저항을 물리치고 키프로스를 정복했다. 그리고 터키와 러시아와의 전쟁(1877~1878년) 이후 1878년 이 섬의 주권이 아닌 행정권은 대영제국에 양도됐다. 대영제국에게 키프로스는 자국 식민지 통로에 자리 잡은 군사 요충지였다. 키프로스는 1960년 영국의 식민지로부터 독립했으나 1961년에 영국 연방에 가입했다.

1974년 그리스계 키프로스 인과 터키계 키프로스 인 사이의 11년 동안의 내분(1963~1974년)이 끝나고, 키프로스 섬을 그리스에 병합하고자 그리스 군사 정권의 지원을 받은 그리스계 키프로스 민족주의자들이 쿠데타를 시도했다. 그러나 1974년 터키는 키프로스를 침공해 섬의 37%를 점령했다. 터키는 키프로스에 군사 개입을 하면서 몰래 미국과 북대서양조약기구의 지원을 받았다. 그 결과 수천 명의 키프로스 난민이 발생했으며, 키프로스 북부는 터키계 키프로스의 분리 국가가 되어 터키군 4만 명이 주둔하고 있다. 사실상 키프로스는 분단되어 북부와 남부가 다른 길을 가고 있다. 키프로스공화국은 입헌 민주주의 국가이며, 호경기와 훌륭한 인프라로 높은 수준의 번영을 이루고 있다. 또한 국제연합과 유럽연합(2004년 5월 1일 가입) 등 여러 국제기구의 회원국이며, 키프로스 섬의 유일하게 적법한 정부로 승인받고 있다. 키프로스공화국이 실효 지배하지 못하는 지역인 북키프로스는 터키의 지원에 의존하고 있다. 키프로스 분쟁을 해결하기 위한 마지막 노력으로 유엔 사무총장의 아난 계획(Annan plan)이 있었으나, 이 계획은 터키계의 지지는 받았지만 그리스계에게는 거부당했다.

〈그림 5-35〉 키프로스의 지역구분

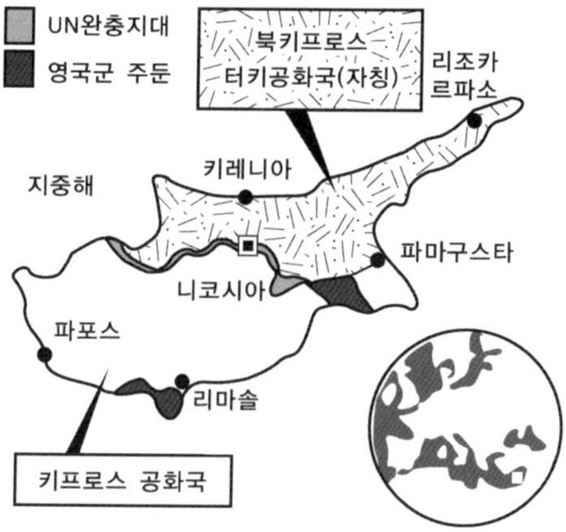

2008년 3월 수십 년간의 그리스계 키프로스 통제 지역과 국제연합 완충지대 사이의 장벽이 철거됐다. 이 장벽은 레프코시아(그리스 어이며 영어로 Nicosia) 중심부의 레드라 거리(Ledra Street) 한가운데를 가로막고 있어, 32년 동안 키프로스 분단의 강력한 상징으로 여겨졌다. 2008년 4월 3일 레드라 거리가 터키계와 그리스계 공무원이 각각 주재하는 가운데 다시 개방되었다(〈그림 5-35〉).

참고문헌

강경원. 2007. 『초등교사를 위한 지리학의 기초』. 서울: 학문사.

구동회. 2010. 「로컬리티 연구에 관한 방법론적 논쟁」. 『국토지리학회지』, 제44권, 500~523쪽.

_____. 2011. 「우리나라 세계지역구분체계의 문제점과 개선방안」. 『국토지리학회지』, 제45권, 41~58쪽.

권기철. 1998. 「독립 후 인도의 경제발전 전략 – 산업정책을 중심으로」. 『인도연구』, 제3권, 서울: 한국인도학회.

권오혁. 2000. 『신산업지구 – 지식, 벤처, 전문기업의 네트워크』. 서울: 한울 아카데미.

권정화. 2002. 「부분과 전체 – 근대 지역지리방법론의 고찰」, 『한국지역지리학회지』, 제7권, 제4호, 81~92쪽.

_____. 2005. 『지리사상사 강의 노트』. 서울: 한울 아카데미.

김경학. 2000. 「인도의 경제위기와 정치적 민주주의의 발전」. 제15회 집담회(전남대학교).

金富植. 1993. 「Fertile Cresent 小考」. 『상명지리』, 제11호, 111~115쪽.

김옥선. 2006. 「우리나라 콜센터의 성장과 공간분포 특성」. 『地理學論叢』, 제47호, 31~63쪽.

김종규·강경원·손명철 편역. 1998. 『코리아 I, II』. 서울: 민음사.

문순철. 1997. 「중국의 농촌개혁과 小城鎭 – 浙江省 溫州市 龍港鎭의 사례」. 서울대학교 대학원, 박사학위논문.

_____. 1997. 「중국 小城鎭 공간정책의 의의와 역할」. 『대한지리학회지』, 제32권, 229~244쪽.

_____. 1998. 「중국의 개혁과 도시 공간구조의 변화」. 『대한지리학회지』, 제33권, 589~604쪽.

박종수. 1997. 「인도의 경제」. 『아시아 · 태평양 1997』, 서울: 까치.

손명원. 2005. 「실크로드의 자연환경」. 『한국지역지리학회지』, 제11권, 29~39쪽.

손명철 편역. 1994. 『지역지리와 현대사회 이론』. 서울: 명보문화사.

_____. 1995. 「産業化의 進展에 따른 地域變化에 관한 硏究 – 京畿道 利川 地方勞動市場의 空間性을 中心으로」, 서울大學校 大學院, 博士學位論文.

_____. 2002. 「근대 사회이론의 접합을 통한 지역지리학의 새로운 방법론」. 『한국지역지리학회지』, 제8호, 150~160쪽.

심혜숙. 1992. 「조선족의 연변 이주와 그 분포특성에 관한 소고」. 『문화역사지리』, 제4호, 321~331쪽.

외교통상부. 2009. 『재외동포현황』. 서울.

外務部. 1995. 『海外同胞 現況』. 서울.

柳佑益. 1986.「현대 지리학의 이론과 실제 – 지역지리학의 르네상스를 위한 소고」.『현대사회』, 제6권, 제45호, 246~263쪽.

柳濟憲. 1987.「미국 지리학에 있어서 지역개념의 발달」.『地理學論叢』, 제14호, 345~358쪽.

엄은희. 2009.「공정무역과 윤리적 소비의 세계화」.『대한지리학회 2009 연례학술대회 발표논문요약집』. 121쪽.

尹 豪. 1993.「中國 朝鮮族의 人口動向」.『韓國人口學會誌』, 16(1), 19~36쪽.

呂弼順. 1997.「中國 鄕鎭企業의 立地變化와 經營特性 – 延邊朝鮮族 自治州 延吉市 鄕鎭企業을 事例로」. 경북대학교 대학원, 석사학위논문.

이광수·김경학·백좌흠. 1998.「인도의 근대사회 변화와 카스트의 성격전환 – 카스트의 계급으로 전환」.『인도연구』, 제3권, 서울: 한국인도학회.

李補根. 1994.『중국 鄕鎭企業의 현황과 발전방향』. 서울: 아우내.

이채문·박규택, 2003.「중앙아시아 고려인의 극동 지역 귀환 이주」.『한국지역지리학회지』, 제9권, 559~575쪽.

이한상. 1997.「인도의 산업 및 농업발전」.『서남아연구』, 제2호, 서울: 한국외대외국학종합연구센터.

李惠恩. 1983.「都市의 起源」.『地理學會報』, 第19號, 1-15쪽.

_____. 1990.「키부츠(KIBBUTZ)에 대한 小考」.『韓國地理教育學會學會報』, 第12號. 1~4쪽.

이희연·최재헌. 1998.「지리학에서의 지역연구 방법론의 학문적 동향과 발전방향 모색」.『대한지리학지』, 제33권, 557~574쪽.

임병조·류제헌. 2007.「포스트모던 시대에 적합한 지역개념의 모색 – 동일성(identity) 개념을 중심으로」.『대한지리학회지』, 제42권, 582~600쪽.

장보웅. 1997.「몽골 유목민의 겔(ger)과 음식문화에 관한 연구」.『한국지역지리학회지』, 제3권, 155~163쪽.

전종한·서민철·장의선·박승규. 2005.『인문지리학의 시선』. 서울: 논형.

정승일·박태화·임영대. 1999.『아시아』. 서울: 교학연구사.

정치영·김두철. 2002.「山地에서의 農耕地保全對策의 摸索 – 日本 오카야마縣 '타나다(棚田)' 保全事業을 事例로」.『대한지리학회지』, 제37권, 143~160쪽.

조아라. 2010.「일본 홋카이도의 지역개발 담론과 관광이미지의 형성 – 전후 고도성장기 대량관광에서 포스트모던 관광까지」.『문화역사지리』, 제22권, 79~96쪽.

_____. 2011.「아이누 민족문화 관광실천의 정치공간 – 홋카이도 시라오이의 경험」.『국토지리학회지』, 제45권. 제1호, 107~124쪽.

曺賢美. 1995.「在日韓國人高齢者の就業状況 – 東京都大田區の場合」.『經濟地理學年報』, Vol. 41, 57~71쪽.

최병두. 2002.「새로운 지역지리학과 세계화시대 지역발전」.『한국지역지리학회지』, 제8호,

131~149쪽.
崔起榮, 1996,「한말 천주교회와『越南興亡史』」. 아시아문화연구, 12, 한남대학교 아시아문화연구소.
한주성. 1991.『인간과 환경 — 지리학적 접근』. 서울: 교학연구사.
_____. 1998.「재미·재중·재일동포의 거주지 분포와 직업구성의 공간적 특성」.『한국지역지리학회지』, 제4권, 219~234쪽.
_____. 2007.『인구지리학(개정판)』. 한울아카데미: 서울.
형기주. 1997.「몽고지지 연구 서설」.『대한지리학회지』, 제32권, 265~273쪽.

姜 平. 1998.「中國における地域格差の決定要因」.『經濟地理學年報』, Vol. 44, pp.415~416.
藁谷哲也. 2004.「アンコール·ワットにおける石材の風化に關わる溫·濕度の年變化」.『自然科學研究所研究紀要』(第1部 地理學)(日本大學 文理學部 自然科學研究所), 제39호, pp.59~67.
高田將志. 2003.「ブタンヒマラヤの自然と人々の暮らし」.『人文地理』, 第55卷, pp.185 ~187.
高阪宏行. 1982.「地域概念と地域構築問題」.『地理誌叢』, 第23號, pp.1~9.
谷内 達. 2010.「地誌的記述における絶對量と相對量」.『地理學評論』, Vol. 83, pp.243~247.
菊池一雅 譯. 1990.『東南アジアの地理』. 東京: 白水社.
吉木岳哉·田村和俊·福井捷朗. 2000.「アンコール遺跡群の立地する地形」.『季刊地理學』, Vol. 52, pp.228~229.
吉野正敏. 1999.「モンスーンアジアの環境變化と稻作社會一研究の展望と問題の提起」.『地理學評論』, Vol. 72(Ser. A), pp.566~588.
大和田春樹·大森博雄·松本 淳. 2005.「中國黃土高原の降雨季における氣流系の季節變化について」.『地理學評論』, Vol. 78, pp.534~541.
島津俊之. 1989.「村落空間の社會地理學的考察 — 大和高原北部·下狹川を例に」.『人文地理』, 第41卷, pp.195~215.
藤岡謙二郎 外. 1982.『日本地誌』(改訂增補版), 東京: 大明堂.
藤卷正己·瀨川眞平. 2003.『現代東南アジア入門』. 東京: 古今書院.
木內信藏. 1968.『地域概念』. 東京: 東京大學出版部.
福島あずさ·高橋日出男. 2012.「ネパールにおける降水特性の地域性と季節變化」.『地理學評論』, Vol. 85, pp.127~137.
森川 洋. 1978.「結節地域·機能地域の分析手法 — 中國地方を例として」.『人文地理』. 第30卷, pp.17~38.
_____. 1992.「地誌學の研究動向に關する一考察」.『地理科學』, Vol. 47, pp.15~35.
相馬秀廣. 2006.「中國タリム盆地および周邊地域におげる古代遺跡とその立地環境 — Corona 衛星寫眞

の利用を中心として」. 『人文地理』, 第58卷, pp.217~218.

______. 2002. 「內陸中央アジアの環境變化ートルフアン盆地のカレ-ズを中心として」. 『人文地理』, 第54卷, pp.78~82.

上野和彥. 1992. 「中國鄕鎭企業の存在形態」. 『人文地理』, 第44卷, 第2號, pp.24~43.

桑原靖夫. 國境を越える勞動力. 東京: 岩波新書.

上海市成人中等學校高中敎材編寫組編. 2000. 『成人中等學校高中課本 地理』. 上海教育出版社.

西脇保幸. 2006. 「トルコの地域性ー地政學と國內格差の視點から」. 『人文地理』, 第58卷, pp.330~331.

石原 潤. 1999. 「中國における商業政策の變遷と集貿市場」. 『人文地理』, 第51卷, pp.532~ 533.

成田孝三. 1995. 「世界都市におけるエスニックマイノリテイへの視点ー 東京・大阪の'在日'をめぐって」. 『經濟地理學年報』, Vol. 41, pp.308~329.

小林健太郞. 1980. 「地誌構成における知覺的世界の位置付けー行動的地誌に關する一試論」, ≪人文地理≫, 第32卷, pp.183~186.

松永光平. 2011. 「中國黃土高原の環境史近研究の成果と課題」. 『地理學評論』, Vol. 84, pp.442~459.

松村嘉久. 1998. 「近年における中國の'都市'をめぐる諸問題」. 『經濟地理學年報』, Vol. 44, pp.413~414.

手塚 章. 1998. 「近年のフランスにおける景觀(paysage)論」. 『人文地理』, 第50卷, pp.80 ~84.

神田龍也. 2007. 「棚田保全活動の展開とその役割ー岡山縣中北部の集落を事例として」. 人文地理, 第59卷, pp.332~347.

新井智一. 2003. 「東京田無市と保谷市におけるロカリテイの變化と兩市の合併」. 『地理學評論』, Vol. 76, pp.555~574.

野尻 亘. 2009. 「分布・境界と進化ーアルフレッド・ラッセル・ウォレスの生物地理學方法論」. 『人文地理』, 第61卷, pp.293～311.

王權聲・張竝南・万必文・王民・班武奇・鄧偵. 2003. 『地理參考圖册』. 中國地圖出版社編制出版.

月原敏博. 1999. 「ヒマラヤ地域研究の動向と課題ーその人間地生態の把握と地域論の構築に 向けて」. 『人文地理』, 第51卷, pp.577~597.

利光有紀. 1983. 「"オトル"ノートーモンゴルの移動牧畜をめぐって」. ≪人文地理≫, 第35卷, pp.548~559.

日本地誌研究所. 1989. 『地理學辭典』. 二宮書店: 東京.

長谷川典夫. 1987. 『教養のための地理學トピックス』. 東京: 大明堂.

朝野洋一・寺阪昭信・北村嘉行 編. 1988. 『地域の概念と地域構造』. 東京: 大明堂.

祖田亮次. 1999. 「サラワク・イバン人社會における私的土地所有概念の形成」. 『人文地理』, 第51卷, pp.329~351.

田邊 裕 總監修. 2002. 『世界地理大百科事典 5 (アジア・オセアニア Ⅰ, Ⅱ)』. 東京: 朝倉書店.

中尾佐助. 1966.『裁培植物と農耕の起源』. 東京: 岩波書店.

中辻 享. 2004.「ラオス燒火田山村における換金作物栽培受容後の土地利用ールアンパバーン縣 シェンヌン郡10番村を事例として」. ≪人文地理≫, 第56卷, pp.449~469.

中村尙司. 1982.「スリランカの經濟と社會ー硏究上の問題點をめぐって」.『地理』, Vol. 27, No. 3, pp.11~16.

中村和郞·手塚 章·石井英也 編. 1991.『地域と景觀』. 東京: 古今書院.

增山 篤. 2010.「空間的連坦かつ最大限均質な部分地域への地域區分となるための必要條件」.『地理學評論』, Vol. 83, pp.585~599.

池口明子. 2002.「ベトナム·ハノイにおける鮮魚流通と露天商の取引ネットワーク」.≪地理學評論≫, Vol. 75, pp.858~886.

蔡劍波. 1998.「中國の國有企業改革と金融改革」.『經濟地理學年報』, Vol. 44, pp.258~259.

川端基夫. 2011.「地域のストーリーを讀み解く地理をめざしてーローカル·コンテキストとはどのようなものか」.『人文地理』, 第63卷, pp.167~170.

千葉立也. 1987.「在日朝鮮·韓國人の居住分布ー第三世界をめぐるセグリゲ-ションの諸問 題」. 古賀正則編.『昭和60, 61年度 文部省 科學硏究費 補助金(總合硏究 A) 硏究成果報 告書』. pp.45~84.

秋山元秀. 2005.「中國治水文明の興亡」. ≪人文地理≫, 第57卷, pp.208~209.

鍬塚賢太郞. 2010.「アジア産業集積とローカル企業のアップグレードーインドICT産業の大都市集積の場合」.『經濟地理學年報』, Vol. 56, pp.216~233.

板倉勝高. 1981.『地場産業の發達』. 東京: 大明堂.

板倉勝高 編. 1978.『地場産業の町(上·下)』. 東京: 古今書院.

河野通博. 1988.「中國における砂漠化とその防治についての覺書」.『地理學評論』, Vol. 61, pp.186~197.

河野通博·青木千枝子 譯. 1988.『現代中國地誌』. 東京: 古今書院.

橫山 智. 2011「燒畑再考ー燒畑は環境破壞の原因か?」.≪人文地理≫, 第63卷, pp.176~179.

後藤 晃. 1988.「'西アジア農法についてー乾燥地における傳統的農業の技術的適應」.『地理學評論』, Vol. 61, pp.113~123.

Anselin, L. and M. Madden. eds. 1990. *New Directions in Regional Analysis*. London: Belhaven Press.

Berry, B.J.L. 1964. "Approaches to Regional Analysis." *Annals of the Association of American Geographers*, Vol. 54, pp.2~11.

Berry, B.J.L., E.C. Conkling and D.M. Ray. 1976. *The Geography of Economic*

Systems, New Jersey: Prentice-Hall.

Bryant, C.R., L.H. Russwurm and A.G. McLellan. 1982. *The City's Countryside: Land and Its Management in the Rural-Urban Fringe*, London: Longman.

Bunge, W. 1966. "Locations are not Unique." *Annals of the Association of American Geographers*, Vol. 56, pp.376~377.

Cole, J. 1996. *Geography of the World's Major Regions*. London: Routledge.

Cressy, G. 1958. "Qanats, Karez and Foggara." *Geographical Revew*, Vol. 48, pp.27~44.

Cressey, G.B. 1963. *Asia's Land and Peoples*. New York: McGraw-Hill.

de Blij, H.J. 1971. *Geography: Regions and Concepts*. New York: John Wiley & Sons, Inc.

de Blij, H.J. and P.O. Muller. 1992. *Geography: Regions and Concepts*(6th ed). New York: John Wiley & Sons.

_____. 2000. *Geography: Realms, Regions, and Concepts*(9th). New York: John Wiley & Sons, Inc.

Dettmann, K. 1969. "Islamische und westliche Elemente im heutigen Damaskus." *Geographische Rundschau*, Vol. 21, pp.64~68.

Dobby, E.H.G. 1970. *Monsoon Asia*(3rd. ed.), London: University of London Press.

Drez, J. and S. Ammya. 1994. *India: Economic Development and Social Opportunity*, Delhi: Oxford Univ. Press.

English, P.W. 1984. *World Regional Geography: A Question of Place*(2nd), New York: John Wiley & Sons.

Hart, J.F. 1982. "The Highest Form of the Geographer's Art." *Annals of the Association of American Geographers*, Vol. 72, pp.1~29.

Herbert, D.T. and C.J. Thomas. 1982. *Urban Geography: A First Approach*. Chichester: John Wiley & Sons.

Harbertson, A.J. 1905. "The Major Natural Regions: An Essay in Systematic Geography." *Geographical Journal*, Vol. 25, pp.300~312.

Hoyt, Guelke, L. 1977. "Regional Geography." *The Professional Geographer*, Vol. 29, pp.3~4.

Goudie et al. eds. 1988. *The Encyclopaedia Dictionary of Physical Geography*. Oxford: Basil Blackwell.

Grigg, D.B. 1965. "The Logic of Regional Systems." *Annals of the Association of American Geographers*, Vol. 55, pp.465~491.

_____. 1967. "Regions, Models and Classes." in Chorley R.J. and P. Haggett., eds.

Models in Geography. London: Methuen, pp.461~510.

Rigg, J. 1991. *Southeast Asia: A Region in Transition: A Thematic Human Geography of the ASEAN Region*. London: Unwin Hyman.

Johnston, R.J., J. Hauer and G.A. Hoekveld. eds. 1990. *Regional Geography: Current Developments and Future Prospects*. London: Routledge.

Jonas, A. 1988. "A New Regional Geography of Localities?" *Area*, Vol. 20, pp.101~110.

Jones, H.R. 1981. *A Population Geography*. London: Harper & Row.

Langton, J. 1984. "The Industrial Revolution and the Regional Geography of England." *Transactions of the Institute of British Geographers*, New Ser., Vol. 10, pp.145~167.

Markusen, A. 1996. "Sticky Places in Slippery Space: A Typology of Industrial Districts." *Economic Geography*, Vol. 72, pp.293~313.

McGee, T.R. 1967. *The Southeast Asian City: A Social Geography of the Primate Cities of Southeast Asia*. London: Bell.

Morrill, R.L. 1970. *The Spatial Organization of Society*, Belmont: Duxbury Press.

Nayyar, D. 1978, "Industrial Development in India: Some Reflections on Growth and Stagnation." *Economic and Political Weekly*, Vol. XIII. pp.31~33.

Nayyar, R. 1991. *Rural Poverty in India: An Analysis of Inter-State Differences*. Delhi: Oxford University Press.

New York Times. 2007. 28 August.

Nir, D. 1987. "Regional Geography Considered from the Systems Approach." *Geoforum*, Vol. 18, pp.187~202.

Platt, R.S. 1928. "A Detail of Regional Geography: Ellison bay Community as an Industrial Organism." *Annals of the Association of American Geographers*, Vol. 18, pp.81~126.

Qingsong, Z. 1998. "Recent Environmental Changes Influenced by Human being in Lower Reach of Yellow River." *Journal of the Korean Geographical Society*, Vol. 33, special edition, pp.729~738.

Robinson, H. 1976. *Monsoon Asia*(3rd ed.). Norwich: MacDonald & Evans.

Rubenstein, J.M. 1994. *An Introduction to Human Geography*. New York: Macmillian Publishing Co.

Schaefer, F.K. 1953. "Exceptionalism in Geography: A Methodological Examination." *Annals of the Association of American Geographers*, Vol. 43, pp.226~245.

Senagupta, A. 1998. *Fifty Years of Development Policy in India.* Hiramnay.

Terlouw, C.P. 1990. "Regions of the World System: Between the General and the Specific." Johnston, R.J., Hauer, J. and Hoekveld. eds. *Regional Geography: Current Developments and Future Prospects.* pp.50~66.

Thrift, N. 1990. "For a Regional Geography 1." *Progress in Human Geography*, Vol. 14, pp.272~279.

______. 1990. "Doing Regional Geography in a Global System: The New International Financial System, the City London, and the South East of England, 1984-7." Johnston, R.J., Hauer, J. and Hoekveld. eds. *Regional Geography: Current Developments and Future Prospects*, pp.180~207.

Tuason, J.A. 1987. "Reconciling the Unity and Diversity of Geography." *Journal of Geography*, Vol. 85, p.193.

Wirth. E. 1979. *Theoretische Geographie.* Stuttgart: Teubner.

Whittlesey, D. 1954. "The Regional Concept and the Regional Method." in James, P.E. and C.F. Jones. eds. *American Geography: Inventory and Prospects.* Syracuse: Syracuse Univ. pp.19~68.

찾아보기

인명

| ㅁ |

| ㅂ |

| ㅅ |

| ㅇ |

| ㅍ |

| ㅎ |

용어

| ㄱ |

| ㄴ |

ㅣㄷㅣ

ㅣㄹㅣ

ㅣㅁㅣ

ㅣㅂㅣ

| ㅊ |

| ㅋ |

| ㅌ |

지은이

한주성
대구 출생(1947년)
경북대학교 사범대학 사회교육과 지리전공 졸업
경북대학교 대학원 지리학과 졸업(문학석사)
일본 도호쿠대학 대학원 이학연구과 지리학교실 졸업(이학박사)
일본 도호쿠대학 대학원 객원연구원, 미국 웨스턴 일리노이 대학교 방문교수
대한지리학회 부회장 겸 편집위원장, 한국경제지리학회장 역임
현 충북대학교 사범대학 교수

▎주요 논문 및 저서

「日本における自動車貨物流動の空間的パタ-ンとその変化」
「人口移動からみた韓國の都市群システム」
「韓國における路線トラック輸送網の形成過程」
「日本における長距離高速バス路線網の發達」
「韓國忠淸北道沃川郡における定期市の移動商人と消費者の特性」 외 다수
『교통지리학의 이해』(도서출판 한울: 2011년 대한민국학술원 우수학술도서 선정)
『[개정판] 경제지리학의 이해』(도서출판 한울)
『[개정판] 인구지리학』(도서출판 한울)
『유통지리학』(도서출판 한울: 2004년 대한민국학술원 우수학술도서 선정)
『인간과 환경-지리학적 접근』(교학연구사)
『流通의 空間構造』(교학연구사)
『交通流動의 地域構造』(보진재출판사)
『사회 1, 3』(금성출판사, 공저)
『사회과부도』(금성출판사, 공저)
『한국지리』(금성출판사, 공저)
『세계지리』(금성출판사, 공저)
『지리부도』(금성출판사, 공저)

한울아카데미 1492
다시 보는 아시아 지리

지은이 | 한주성
펴낸이 | 김종수
펴낸곳 | 도서출판 한울

편집책임 | 이교혜

초판 1쇄 인쇄 | 2012년 9월 24일
초판 1쇄 발행 | 2012년 10월 5일

주소 | 413-756 경기도 파주시 파주출판도시 광인사길 153(문발동 507-14) 한울시소빌딩 3층
전화 | 031-955-0655
팩스 | 031-955-0656
홈페이지 | www.hanulbooks.co.kr
등록 | 제406-2003-000051호

Printed in Korea.
ISBN 978-89-460-5492-9 93980

* 책값은 겉표지에 표시되어 있습니다.

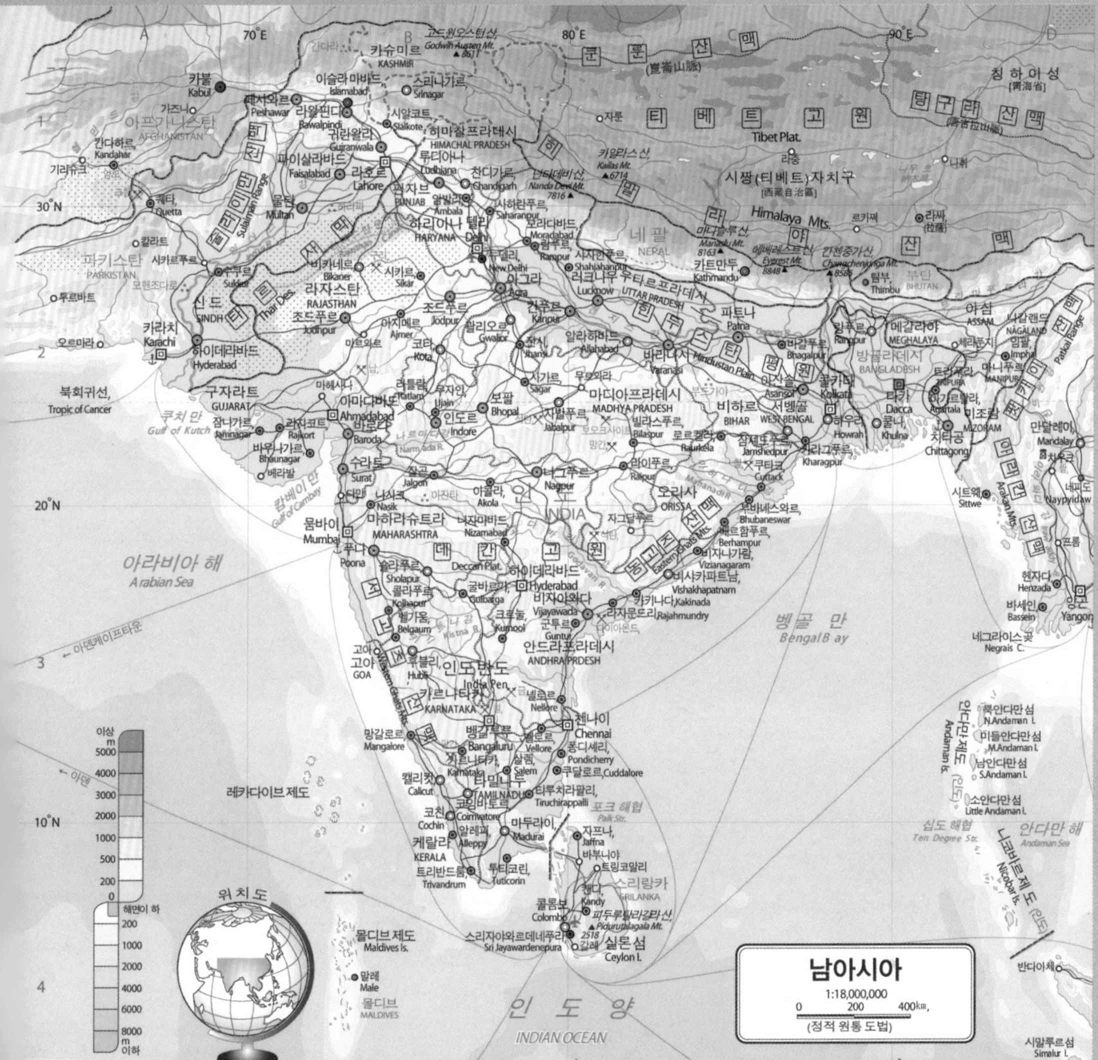
남아시아
1:18,000,000
0 200 400㎞
(정적 원통 도법)
쿤 룬 산 맥
(崑崙山脈)
티 베 트 고 원
Tibet Plat.
시짱(티베트)자치구
(西藏自治區)
탕구라 산맥
칭하이성
(青海省)
히 말 라 야 산 맥
Himalaya Mts.
카슈미르
KASHMIR
고드윈오스틴산
Godwin Austen Mt.
8611
카일라스산
Kailas Mt.
6714
난다데비산
Nanda Devi Mt.
7816
마나슬루산
Manaslu Mt.
8163
에베레스트산
Everest Mt.
8848
칸첸중가산
Chanachenjunga Mt.
8586
카불
Kabul
아프가니스탄
AFGHANISTAN
칸다하르
Kandahar
퀘타
Quetta
파키스탄
PARKISTAN
이슬라마바드
Islamabad
페샤와르
Peshawar
라왈핀디
Rawalpindi
스리나가르
Srinagar
시알코트
Sialkote
히마찰프라데시
HIMACHAL PRADESH
구즈란왈라
Gujranwala
파이살라바드
Faisalabad
라호르
Lahore
루디아나
Ludhiana
찬디가르
Chandigarh
펀자브
PUNJAB
물탄
Multan
술라이만 산맥
Sulaiman Range
하리아나
HARYANA
델리
Delhi
뉴델리
New Delhi
사하란푸르
Saharanpur
모라다바드
Moradabad
람푸르
Rampur
네팔
NEPAL
카트만두
Kathmandu
부탄
BHUTAN
팀부
Thimbu
라싸
(拉薩)
수쿠르
Sukkur
신드
SINDH
타르 사막
Thar Des.
비카네르
Bikaner
시카르
Sikar
라자스탄
RAJASTHAN
조드푸르
Jodhpur
아지메르
Ajmer
아그라
Agra
러크나우
Lucknow
우타르프라데시
UTTAR PRADESH
칸푸르
Kanpur
샤자한푸르
Shahjahanpur
카라치
Karachi
하이데라바드
Hyderabad
과리오르
Gwalior
코타
Kota
잔시
Jhansi
알라하바드
Allahabad
바라나시
Varanasi
힌두스탄 평원
Hindustan Plain
파트나
Patna
바갈푸르
Bhagalpur
아삼
ASSAM
메갈라야
MEGHALAYA
나갈랜드
NAGALAND
임팔
Imphal
마니푸르
MANIPUR
파트카이 산맥
Patkai Range
방글라데시
BANGLADESH
다카
Dacca
트리푸라
TRIPURA
아가르탈라
Agartala
미조람
MIZORAM
치타공
Chittagong
쿨나
Khulna
콜카타
Kolkata
하우라
Howrah
서벵골
WEST BENGAL
비하르
BIHAR
아산솔
Asansol
잠셰드푸르
Jamshedpur
카라그푸르
Kharagpur
북회귀선
Tropic of Cancer
구자라트
GUJARAT
쿠치 만
Gulf of Kutch
잠나가르
Jamnagar
라지코트
Rajkot
바우나가르
Bhaunagar
아마다바드
Ahmadabad
바로다
Baroda
캄베이 만
Gulf of Cambay
수라트
Surat
라틀람
Ratlam
우자인
Ujjain
인도르
Indore
보팔
Bhopal
사가르
Sagar
마디아프라데시
MADHYA PRADESH
자발푸르
Jabalpur
빌라스푸르
Bilaspur
로르켈라
Raurkela
라이푸르
Raipur
커터크
Cuttack
오리사
ORISSA
부바네스와르
Bhubaneswar
베르함푸르
Berhampur
나그푸르
Nagpur
인도
INDIA
잘곤
Jalgon
나시크
Nasik
아콜라
Akola
마하라슈트라
MAHARASHTRA
니자마바드
Nizamabad
뭄바이
Mumbai
푸나
Poona
데칸 고원
Deccan Plat.
동고츠 산맥
Eastern Ghats Mts.
비지아나가람
Vizianagaram
비사카파트남
Vishakhapatnam
카키나다
Kakinada
라자문드리
Rajahmundry
아라비아 해
Arabian Sea
숄라푸르
Sholapur
콜라푸르
Kolhapur
벨가움
Belgaum
굴바르가
Gulbarga
하이데라바드
Hyderabad
비자야와다
Vijayawada
군투르
Guntur
쿠르눌
Kurnool
안드라프라데시
ANDHRA PRDESH
벵골 만
Bengal Bay
고아
GOA
서고츠 산맥
Western Ghats Mts.
후블리
Hubli
인도반도
India Pen.
카르나타카
KARNATAKA
넬로르
Nellore
첸나이
Chennai
망갈로르
Mangalore
벵갈루루
Bangaluru
벨로르
Vellore
퐁디셰리
Pondicherry
쿠달로르
Cuddalore
살렘
Salem
캘리컷
Calicut
타밀나두
TAMILNADU
티루치라팔리
Tiruchirappalli
코임바토르
Coimvatore
코친
Cochin
마두라이
Madurai
포크 해협
Palk Str.
알레피
Alleppy
케랄라
KERALA
트리반드룸
Trivandrum
투티코린
Tuticorin
자프나
Jaffna
트링코말리
스리랑카
SRILANKA
캔디
Kandy
콜롬보
Colombo
피두루탈라갈라산
Pidurutalagala Mt.
2518
스리자야와르데네푸라
Sri Jayawardenepura
실론섬
Ceylon I.
레카다이브 제도
몰디브 제도
Maldives Is.
말레
Male
몰디브
MALDIVES
인 도 양
INDIAN OCEAN
위 치 도
네그라이스 곶
Negrais C.
안다만 제도
Andaman Is.
북안다만섬
N.Andaman I.
미들안다만섬
M.Andaman I.
남안다만섬
S.Andaman I.
소안다만섬
Little Andaman I.
십도 해협
Ten Degree Str.
안다만 해
Andaman Sea
니코바르 제도
Nicobar Is.
반다아체
시말루르섬
Simalur I.
아라칸 산맥
Arakan Mts.
시트웨
Sittwe
만달레이
Mandalay
네피도
Naypyidaw
헨자다
Henzada
바세인
Bassein
양곤
Yangon
아상
5000
4000
3000
2000
1000
500
200
0
해면이하
200
1000
2000
4000
6000
8000
이하
70°E
80°E
90°E
30°N
20°N
10°N
A
B
C
D
1
2
3
4

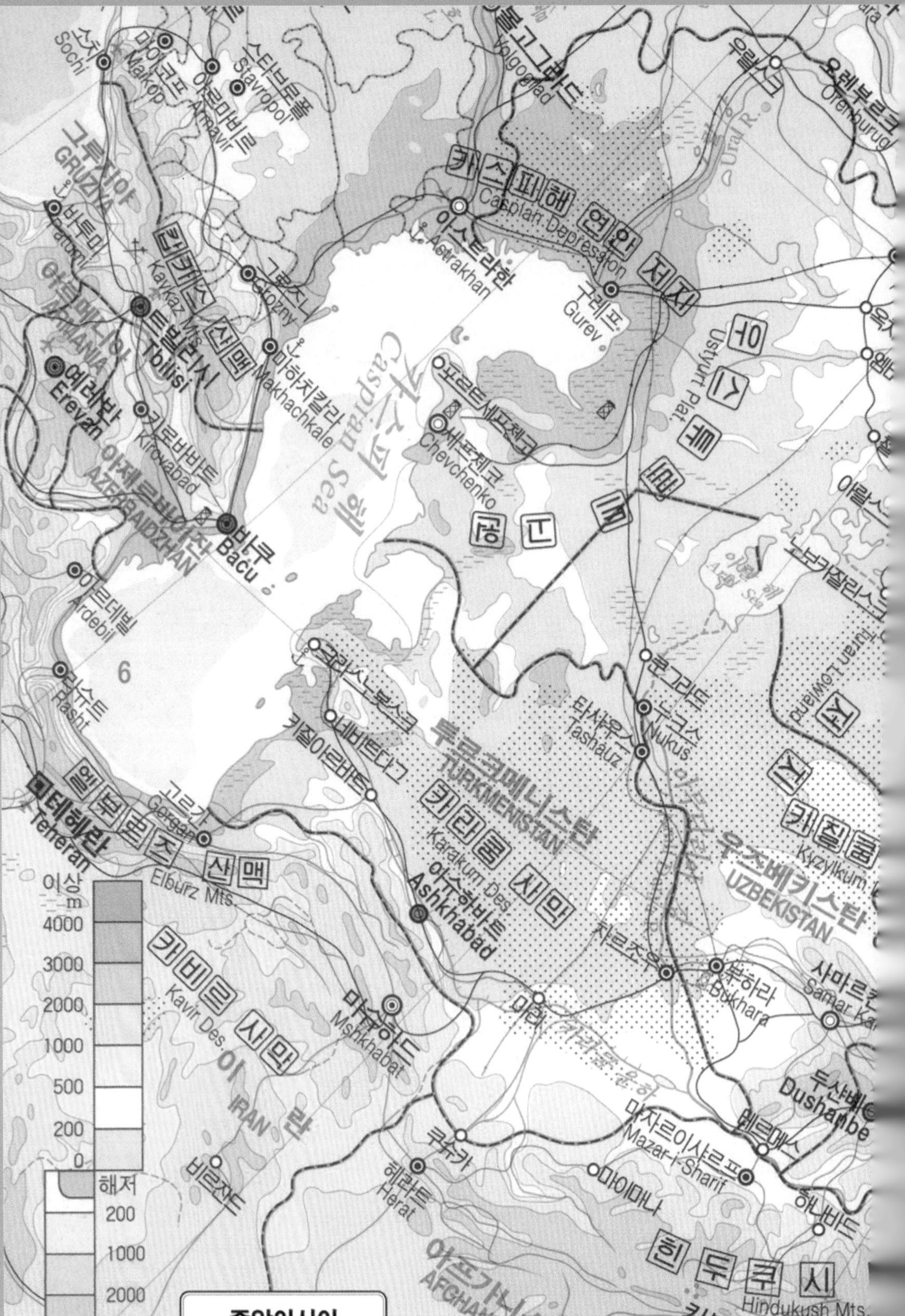
중앙아시아
0 200 400 600km
이상 m
4000
3000
2000
1000
500
200
0
해저
200
1000
2000
3000
m 이하
소치 Sochi
마이코프 Maikop
아르마비르 Armavir
스타브로폴 Stavropol
볼고그라드 Volgograd
우랄스크
오렌부르크 Orenburug
Ural R.
카스피해 연안 저지
Caspian Depression
아스트라한 Astrakhan
그루지야 GRUZIJA
바투미 Batumi
캅카스 산맥 Kavkaz Mts.
그로즈니 Grozny
구레프 Gurev
Ustyurt Plat.
트빌리시 Tbilisi
아르메니아 ARMENIA
예레반 Erevan
마하치칼라 Makhachkale
카스피해 Caspian Sea
포르트셰프첸코
셰프첸코 Chevchenko
키로바바트 Kirovabad
아제르바이잔 AZERBAIDZHAN
바쿠 Bacu
아르데빌 Ardebil
라슈트 Rasht
6
크라스노봇스크
네비트다그
키질아르바트
투르크메니스탄 TURKMENISTAN
타샤우스 Tashauz
누쿠스 Nukus
쿤그라드
Aral Sea
노보카잘린스크
키질쿰 Kyzylkum
우즈베키스탄 UZBEKISTAN
카라쿰 사막 Karakum Des.
아슈하바트 Ashkhabad
엘부르즈 산맥 Elburz Mts.
테헤란 Teheran
고르간 Gorgan
카비르 사막 Kavir Des.
이란 IRAN
마슈하드 Mshkhabat
차르조우
부하라 Bukhara
사마르칸트 Samar Kand
마리
두샨베 Dushanbe
마자르이샤리프 Mazar-i-Sharif
테르메스
쿠슈카
헤라트 Herat
비르잔드
마이마나
아프가니스탄 AFGHANISTAN
힌두쿠시 Hindukush Mts.
하나바드
카불 Kabul
가즈니

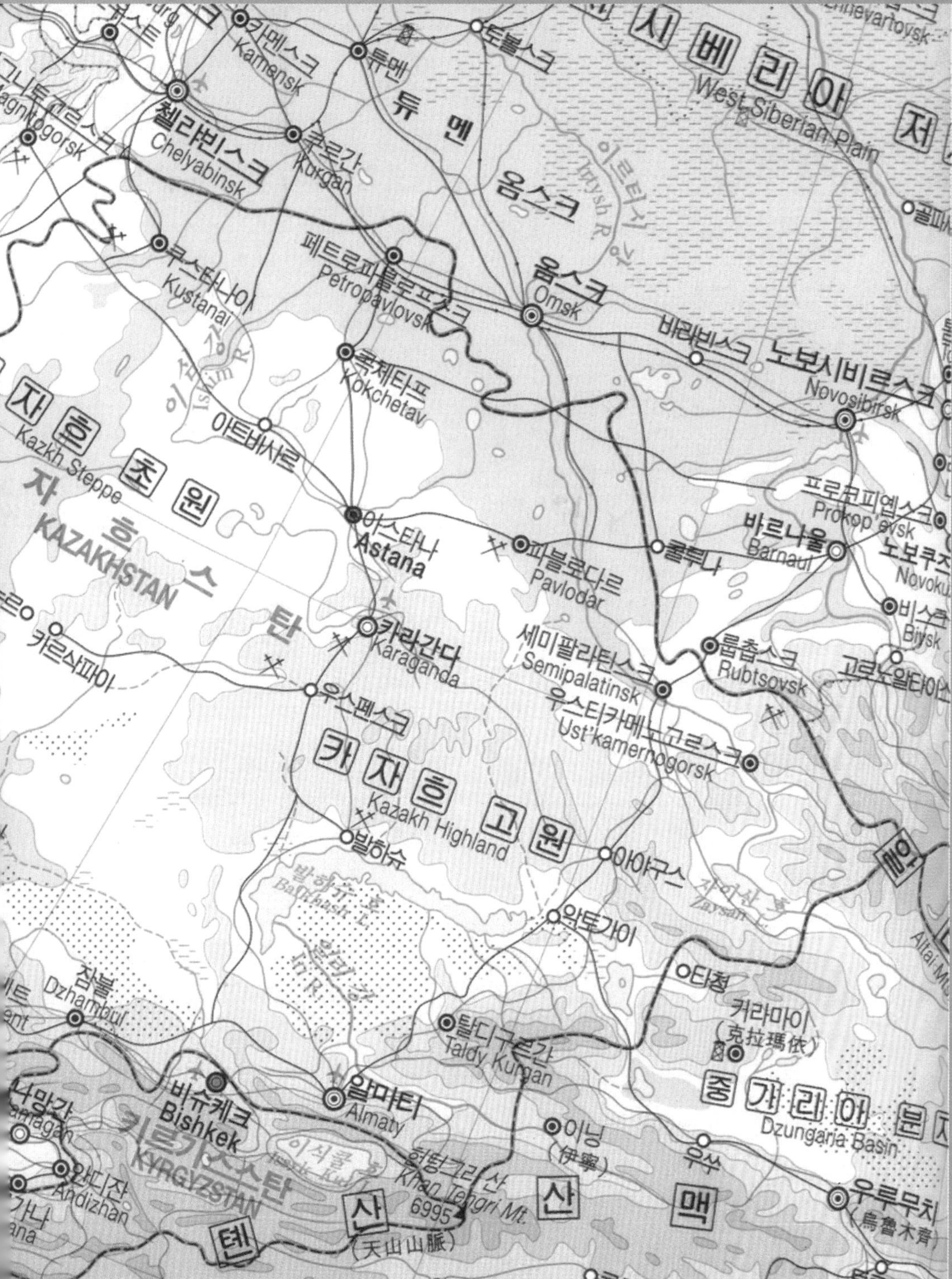

시 베 리 아
West Siberian Plain
저
카멘스크
Kamensk
튜멘
토볼스크
튜 멘
첼랴빈스크
Chelyabinsk
쿠르간
Kurgan
Magnitogorsk
옴스크
Irtysh R.
쿠스타나이
Kustanai
페트로파블로프스크
Petropavlovsk
옴스크
Omsk
바라빈스크
노보시비르스크
Novosibirsk
콕체타프
Kokchetav
Ishim R.
아트바사르
Kazkh Steppe
자 흐 초 원
자
흐
KAZAKHSTAN
스
탄
아스타나
Astana
파블로다르
Pavlodar
쿨룬다
프로코피옙스크
Prokop'evsk
바르나울
Barnaul
카라간다
Karaganda
세미팔라틴스크
Semipalatinsk
루브촙스크
Rubtsovsk
카르살파이
우스펜스크
우스티카메노고르스크
Ust'kamenogorsk
카 자 흐 고 원
Kazakh Highland
발하슈
아야구스
Zaysan L.
Balkhash L.
악토가이
Ili R.
잠불
Dzhambul
타청
카라마이
(克拉瑪依)
탈디쿠르간
Taldy Kurgan
비슈케크
Bishkek
알마티
Almaty
중 가 리 아 분 지
Dzungaria Basin
이닝
(伊寧)
우쑤
키르기스스탄
KYRGYZSTAN
안디잔
Andizhan
한텡그리 산
Khan Tengri Mt.
6995
톈 산 산 맥
(天山山脈)
우루무치
(烏魯木齊)
쿠처
투루판
아커쑤
(阿克蘇)
타림 강
Tarim R.
옌치
쿠얼러
카스거얼
(喀什噶爾)
타 림 분 지
Tarim Basin
투 루 판
Turfan B
아르칸트
타클라마칸 사막
Takla Makan Des.
Altai Mts.

서남아시아
1 : 20,000,000
0 200 400 600
(람베르트 정적 방위 도법)
러시아
RUSSIA
Black Sea
그루지아
GRUZIYA
트빌리시
바쿠
아제르바이잔
AZERBAIDZHAN
예레반
아르메니아
ARMENIA
카스피해
Caspian Sea
투르크메니스탄
TURKMENISTAN
앙카라
Ankara
아나톨리아고원
Anatolia Plat.
시리아
SYRIA
알레포
Aleppo
다마스쿠스
Damascus
레바논
LEBANON
베이루트
Beirut
키프로스 섬
Kypros I.
텔아비브
Tel Aviv
암만
요르단
YORDAN
카이로
Cairo
수에즈
Suez
시나이 반도
Sinai Pen.
바그다드
Baghdad
이라크
IRAQ
메소포타미아
Mesopotamia
시리아사막
Syrian Des.
트랜스 아라비아 송유관
테헤란
Teheran
엘부르즈산맥
Elburz Mts.
카비르사막
Kavir Des.
이란
IRAN
마슈하드
Mashhad
호라산
Khorasan
이스파한
Isfahan
자그로스산맥
Zagros Mts.
루트사막
Lut Des.
이란고원
Iran Plat.
쿠웨이트
KUWAIT
중립지대
Neutral Zone
네푸드사막
Nefud Des.
페르시아만
Persian G.
바레인
BAHRAIN
카타르
QATAR
도하
Doha
아랍에미리트
ARAB EMIRATES
아부다비
Abu Dhabi
두바이
Dubai
무스카트
Muscat
리야드
Riyadh
네지드
Nejd
헤자즈
Hejaz
사우디아라비아
SAUDI ARABIA
아라비아반도
Arbian Pen.
메카
Mecca
지다
Jidda
룹알할리사막
Rub'al Khali Des.
오만
OMAN
예멘
YEMEN
하드라마우트
Hadhramaut
사나
Sanaa
아덴
Aden
아덴만
Aden Bay
누비아사막
Nubian Des.
하르툼
Khartoum
에리트레아
ERITREA
에티오피아
ETHIOPIA
지부티
DJIBOUTI
아비시니아고원
Abyssinia Plat.
소말리아 반도
포트사이드←9286→싱가포르